水利水电工程施工技术全书

第二卷　土石方工程

第六册

混凝土面板堆石坝施工技术

沈益源　黄宗营　等　编著

·北京·

内 容 提 要

本书是《水利水电工程施工技术全书》第二卷《土石方工程》中的第六分册。本书系统阐述了水利水电混凝土面板堆石坝工程先进的施工技术和方法，主要内容包括：综述、施工规划、导流与度汛、坝基开挖与处理、筑坝材料、坝体填筑、趾板施工、面板与防浪墙施工、接缝止水、安全监测等。

本书可作为水利水电工程施工领域的工程技术人员、工程管理人员和高级技术工人的工具书，也可供从事水利水电工程科研、设计、建设及运行管理和相关企事业单位的工程技术人员、工程管理人员使用，并可作为大专院校水利水电工程及机电专业师生教学参考书。

图书在版编目（CIP）数据

混凝土面板堆石坝施工技术 / 沈益源等编著. -- 北京 : 中国水利水电出版社, 2017.4
（水利水电工程施工技术全书. 第二卷, 土石方工程; 第六册）
ISBN 978-7-5170-5904-2

Ⅰ. ①混… Ⅱ. ①沈… Ⅲ. ①混凝土面板坝－堆石坝－工程施工 Ⅳ. ①TV641.4

中国版本图书馆CIP数据核字(2017)第236353号

书　　名	水利水电工程施工技术全书 **第二卷　土石方工程** **第六册　混凝土面板堆石坝施工技术** HUNNINGTU MIANBAN DUISHIBA SHIGONG JISHU
作　　者	沈益源　黄宗营　等　编著
出版发行	中国水利水电出版社 （北京市海淀区玉渊潭南路1号D座　100038） 网址：www.waterpub.com.cn E-mail：sales@waterpub.com.cn 电话：(010) 68367658（营销中心）
经　　售	北京科水图书销售中心（零售） 电话：(010) 88383994、63202643、68545874 全国各地新华书店和相关出版物销售网点
排　　版	中国水利水电出版社微机排版中心
印　　刷	北京瑞斯通印务发展有限公司
规　　格	184mm×260mm　16开本　21.5印张　510千字
版　　次	2017年4月第1版　2017年4月第1次印刷
印　　数	0001—3000册
定　　价	**89.00**元

《水利水电工程施工技术全书》
编审委员会

《水利水电工程施工技术全书》
各卷主（组）编单位和主编（审）人员

卷序	卷名	组编单位	主编单位	主编人	主审人
第一卷	地基 与基础工程	中国电力建设集团（股份）有限公司	中国电力建设集团（股份）有限公司 中国水电基础局有限公司 葛洲坝基础公司	宗敦峰 肖恩尚 焦家训	谭靖夷 夏可风
第二卷	土石方工程	中国人民武装警察部队水电指挥部	中国人民武装警察部队水电指挥部 中国水利水电第十四工程局有限公司 中国水利水电第五工程局有限公司	梅锦煜 和孙文 吴高见	马洪琪 梅锦煜
第三卷	混凝土工程	中国电力建设集团（股份）有限公司	中国水利水电第四工程局有限公司 中国葛洲坝集团有限公司 中国水利水电第八工程局有限公司	席　浩 戴志清 涂怀健	张超然 周厚贵
第四卷	金属结构制作与机电安装工程	中国能源建设集团（股份）有限公司	中国葛洲坝集团有限公司 中国电力建设集团（股份）有限公司 中国葛洲坝建设有限公司	江小兵 付元初 张　晔	付元初
第五卷	施工导（截）流与度汛工程	中国能源建设集团（股份）有限公司	中国能源建设集团（股份）有限公司 中国葛洲坝集团有限公司 中国水利水电第八工程局有限公司	周厚贵 郭光文 涂怀健	郑守仁

《水利水电工程施工技术全书》
第二卷《土石方工程》编委会

《水利水电工程施工技术全书》
第二卷《土石方工程》
第六册《混凝土面板堆石坝施工技术》
编写人员名单

主　　编： 沈益源　黄宗营

审　　稿： 梅锦煜　马如骐

编写人员： 沈益源　吴桂耀　严大顺　岑丛定　李中方　帖军锋
黄宗营　陈校华　张耀威　朱自先　贺博文　吴成根
鲁　电　劳俭翁　蒋　剑　隗　收　周龙杰　张礼宁
叶晓培　方德扬　范双柱　郭　丹　杨森浩　刘　攀
王志伟　宁占金　张曦彦　王连喜　罗爱民　余亚飞
韦顺敏　余　丰

序　一

水利水电工程建设在我国作为一项基础建设事业，已经走过了近百年的历程，这是一条不平凡而又伟大的创业之路。

新中国成立66年来，党和国家领导一直高度重视水利水电工程建设，水电在我国已经成为了一种不可替代的清洁能源。我国已经成为世界上水电装机容量第一位的大国，水利水电工程建设不论是规模还是技术水平，都处于国防领先或先进水平，这是几代水利水电工程建设者长期艰苦奋斗所创造出来的。

改革开放以来，特别是进入21世纪以后，我国的水利水电工程建设又进入了一个前所未有的高速发展时期。到2014年，我国水电总装机容量突破3亿kW，占全国电力装机容量的23%。发电量也历史性地突破31万亿kW·h。水电作为我国当前重要的可再生能源，为我国能源电力结构调整、温室气体减排和气候环境改善做出了重大贡献。

我国水利水电工程建设在新技术、新工艺、新材料、新设备等方面都取得了突破性的进展，无论是技术、工艺，还是在材料、设备等方面，都取得了令人瞩目的成就，它不仅推动了技术创新市场的活跃和发展，也推动了水利水电工程建设的前进步伐。

为了对当今水利水电工程施工技术进展进行科学的总结，及时形成我国水利水电工程施工技术的自主知识产权和满足水利水电建设事业的工作需要，全国水利水电施工技术信息网组织编撰了《水利水电工程施工技术全书》。该全书编撰历时5年，在编撰过程中组织了一大批长期工作在工程建设一线的中青年技术负责人和技术骨干执笔，并得到了有关领导、知名专家的悉心指导和审定，遵循“简明、实用、求新”的编撰原则，立足于满足广大水利水电工程技术人员的实际工作需要，并注重参考和指导价值。该全书内容涵盖了水利水电工程建设地基与基础工程、土石方工程、混凝土工程、金属结构制作与机电安装工程、施工导（截）流与度汛工程等内容的目标任务、原理方法及工程实例，既有理论阐述，又有实例介绍，重点突出，图文并茂，针对性及可操作性强，对今后的水利水电工程建设施工具有重要指导作用。

《水利水电工程施工技术全书》是对水利水电施工技术实践的总结和理论提炼，是一套具有权威性、实用性的大型工具书，为水利水电工程施工"四新"技术成果的推广、应用、继承、创新提供了一个有效载体。为大力推动水利水电技术进步和创新，推进中国水利水电事业又好又快地发展，具有十分重要的现实意义和深远的科技意义。

水利水电工程是人类文明进步的共同成果，是现代社会发展对保障水资源供给和可再生能源供应的基本需求，水利水电工程施工技术在近代水利水电工程建设中起到了重要的推动作用。人类应对全球气候变化的共识之一是低碳减排，尽可能多地利用绿色能源就成为重要选择，太阳能、风能及水能等成为首选，其中水能蕴藏丰富、可再生性、技术成熟、调度灵活等特点成为最优的绿色能源。随着水利水电工程建设与管理技术的不断发展，水利水电工程，特别是一些高坝大库能有效利用自然条件、降低开发运行成本、提高水库综合效能，高坝大库的（高度、库容）纪录不断被刷新。特别是随着三峡、拉西瓦、小湾、溪洛渡、锦屏、向家坝等一批大型、特大型水利水电工程相继建成并投入运行，标志着我国水利水电工程技术已跨入世界领先行列。

近年来，我国水利水电工程施工企业积极实施走出去战略，海外市场开拓业绩突出。目前，我国水利水电工程施工企业在亚洲、非洲、南美洲多个国家承建了上百个水利水电工程项目，如尼罗河上的苏丹麦洛维水电站、号称"东南亚三峡工程"的马来西亚巴贡水电站、巨型碾压混凝土坝泰国科隆泰丹水利工程、位居非洲第一水利枢纽工程的埃塞俄比亚泰克泽水电站等，"中国水电"的品牌价值已被全球业内所认可。

《水利水电工程施工技术全书》对我国水利水电施工技术进行了全面阐述。特别是在众多国内外大型水利水电工程成功建设后，我国水利水电工程施工人员创造出一大批新技术、新工法、新经验，对这些内容及时总结并公开出版，与全体水利水电工作者分享，这不仅能促进我国水利水电行业的快速发展，提高水利水电工程施工质量，保障施工安全，规范水利水电施工行业发展，而且有助于我国水利水电行业走进更多国际市场，展示我国水利水电行业的国际形象和实力，提高我国水利水电行业在国际上的影响力。

该全书的出版不仅能提高水利水电工程施工的技术水平，而且有助于提高我国水利水电行业在国内、国际上的影响力，我在此向广大水利水电工程建设者、工程技术人员、勘测设计人员和在校的水利水电专业师生推荐此书。

孙洪水

2015年4月8日

序二

《水利水电工程施工技术全书》作为我国水利水电工程技术综合性大型工具书之一，与广大读者见面了！

这是一套非常好的工具书，它也是在《水利水电工程施工手册》基础上的传承、修订和创新。集中介绍了进入21世纪以来我国在水利水电施工领域从施工地基与基础工程、土石方工程、混凝土工程、金属结构制作与机电安装工程、施工导（截）流与度汛工程等方面采用的各类创新技术，如信息化技术的运用：在施工过程模拟仿真技术、混凝土温控防裂技术与工艺智能化等关键技术，应用了数字信息技术、施工仿真技术和云计算技术，实现工程施工全过程实时监控，使现代信息技术与传统筑坝施工技术相结合，提高了混凝土施工质量，简化了施工工艺，降低了施工成本，达到了混凝土坝快速施工的目的；再如碾压混凝土技术在国内大规模运用：节省了水泥，降低了能耗，简化了施工工艺，降低了工程造价和成本；还有，在科研、勘察设计和施工一体化方面，数字化设计研究面向设计施工一体化的三维施工总布置、水工结构、钢筋配置、金属结构设计技术，推广复杂结构三维技施设计技术和前期项目三维枢纽设计技术，形成建筑工程信息模型的协同设计能力，推进建筑工程三维数字化设计移交标准工程化应用，也有了长足的进步。因此，在当前形势下，编撰出一部新的水利水电施工技术大型工具书非常必要和及时。

随着水利水电工程施工技术的不断推进，必然会给水利水电施工带来新的发展机遇。同时，也会出现更多值得研究的新课题，相信这些都将对水利水电工程建设事业起到积极的促进作用。该全书是当今反映水利水电工程施工技术最全、最新的系列图书，体现了当前水利水电最先进的施工技术，其中多项工程实例都是曾经创造了水利水电工程的世界纪录。该全书总结的施工技术具有先进性、前瞻性，可读性强。该全书的编者们都是参加过我国大型水利水电工程的建设者，有着非常丰富的各专业施工经验。他们以高度的社会责任感和使命感、饱满的工作热情和扎实的工作作风，大力发展和创新水电科学技术，为推进我国水利水电事业又好又快地发展，做出了新的贡献！

近年来，我国水利水电工程建设快速发展，各类施工技术日臻成熟，相继建成了三峡、龙滩、水布垭等具有代表性的水电工程，又有拉西瓦、小湾、溪洛渡、锦屏、糯扎渡、向家坝等一批大型、特大型水电工程，在施工过程中总结和积累了大量新的施工技术，尤其是混凝土温控防裂的施工方法在三峡水利枢纽工程的成功应用，高寒地区高拱坝冬季施工综合技术在拉西瓦等多座水电站工程中的应用……，其中的多项施工技术获得过国家发明专利，达到了国际领先水平，为今后水利水电工程施工提供了参考与借鉴。

目前，我国水利水电工程施工技术已经走在了世界的前列，该全书的出版，是对我国水利水电工程建设领域的一大贡献，为后续在水利水电开发，例如金沙江上游、长江上游、通天河、黄河上游的水电开发、南水北调西线工程等建设提供借鉴。该全书可作为工具书，为广大工程建设者们提供一个完整的水利水电工程施工理论体系及工程实例，对今后水利水电工程建设具有指导、传承和促进发展的显著作用。

《水利水电工程施工技术全书》的编撰、出版是一项浩繁辛苦的工作，也是一项具有创造性的劳动过程，凝聚了几百位编、审人员近5年的辛勤劳动，克服各种困难。值此该全书出版之际，谨向所有为该全书的编撰给予关心、支持以及为此付出了辛勤劳动的领导、专家和同志们表示衷心的感谢！

2015年4月18日

前 言

由全国水利水电施工技术信息网组织编写的《水利水电工程施工技术全书》第二卷《土石方工程》共分为十册，《混凝土面板堆石坝施工技术》为第六册，由中国水利水电第十二工程局有限公司编撰。

混凝土面板堆石坝由于其具有就地取材、安全性好、适应性强、施工机械化程度高、施工速度快、经济性好、绿色环保等优点，受到坝工界的青睐和重视，成为了一种富有竞争力的坝型。截至 2013 年，国内外已建、在建和拟建的混凝土面板堆石坝约 600 多座，其中我国最多，约占 47%。我国从 1985 年开始用现代技术修建混凝土面板堆石坝，虽然起步晚，但通过引进、消化、吸收、再创新，混凝土面板堆石坝在水利水电工程中得到了广泛的应用，筑坝技术在不断创新中得到了较快发展，并积累了丰富的经验。目前，我国混凝土面板堆石坝在数量、坝高、规模、筑坝技术等方面已居世界前列，截至 2014 年年底，我国已建成坝高 30m 以上的混凝土面板堆石坝有 223 座，其中坝高 150m 以上有 10 座，坝高 100m 以上有 56 座。2008 年建成的水布垭水电站混凝土面板堆石坝，坝高 233m，是世界上已建成的最高的混凝土面板堆石坝。紫坪铺水库混凝土面板堆石坝，坝高 156m，2008 年 5 月 12 日经受了汶川 8.0 级特大地震的考验，大坝距地震震中仅 17km，经震后检查仅产生轻微损坏，这充分体现了混凝土面板堆石坝的安全性。通过水布垭、三板溪、洪家渡、天生桥一级、滩坑、紫坪铺、巴山、吉林台一级、董箐等一系列水电站混凝土面板堆石坝工程实践，我国丰富和发展了 200m 级高混凝土面板堆石坝的筑坝技术，基本具备了向 250～300m 级超高混凝土面板堆石坝发展的技术条件。在我国西部地区，水力资源丰富，但自然条件差，地质条件复杂，地震烈度高，交通不便，混凝土面板堆石坝是一种具有活力的重点坝型，特别是在交通运输不便、经济欠发达地区，有许多适宜建 250～300m 级高混凝土面板堆石坝的条件，随着我国西部大开发进程的加快和筑坝技术的不断创新，300m 级高混凝土面板堆石坝筑坝技术将会有新突破。

中国水利水电第十二工程局有限公司自1986年以来共承建了混凝土面板堆石坝41座，其中坝高150m以上有6座，坝高100m以上有16座，在混凝土面板堆石坝工程施工中积累了丰富的经验和雄厚的技术力量，部分关键技术达到了国际领先水平，研发的面板防裂技术及配套外加剂，在多个工程中应用，均取得了面板无裂缝的佳绩，创国内新纪录。所建的混凝土面板堆石坝中，有2座获得“鲁班奖”、1座获得“詹天佑奖”、3座获得“国家优质工程奖”，紫坪铺水库混凝土面板堆石坝和九甸峡水库混凝土面板堆石坝分别获得了国际大坝委员会颁发的“堆石坝里程碑工程特别奖”和“堆石坝里程碑工程奖”。中国人民武装警察部队水电第一总队（简称武警水电一总队）1994年开始承建天生桥一级水电站混凝土面板堆石坝，1999年年底建设完成，为当时国内已建和在建的同类坝型最高。为我国200m级高混凝土面板堆石坝的设计和施工发挥了非常重要的指导和借鉴的作用，推动了我国高混凝土面板堆石坝技术的迅速发展。武警水电一总队共承建的包括天生桥一级、洪家渡、水布垭等水库混凝土面板堆石坝有11座，其中坝高100m以上的8座，积累了丰富的混凝土面板堆石坝的施工经验和先进的施工技术。该单位承建的混凝土面板堆石坝中，有1座获得“国际堆石坝里程碑工程奖”、3座获得“鲁班奖”、1座获得“詹天佑奖”。

为全面总结混凝土面板堆石坝的筑坝技术，全国水利水电施工技术信息网组织编写了《水利水电施工技术全书》第二卷第六册《混凝土面板堆石坝施工技术》。本书依托我国已建成的混凝土面板堆石坝，尤其是坝高100m以上的混凝土面板堆石坝的工程实践，从施工规划、导流与度汛、坝基开挖与处理、筑坝材料、坝体填筑、趾板施工、面板与防浪墙施工、接缝止水、安全监测等方面进行了筑坝施工技术的全面总结，并列举了大量的工程实例，介绍了混凝土面板堆石坝先进的施工技术和经验，适合从事混凝土面板堆石坝研究、设计、施工和工程管理的广大工程技术人员和工程管理人员阅读借鉴。

本书由中国水利水电第十二工程局有限公司、中国人民武装警察部队水电第一总队组织编写，中国水利水电第十五工程局有限公司参与了本书的审查，由沈益源、黄宗营等编著。全书共分10章，其中第1章由吴桂耀、沈益源编写，第2章由严大顺、岑丛定、沈益源编写；第3章由严大顺、李中方、沈益源、隗收、周龙杰编写；第4章由帖军锋、陈效华、张礼宁、杨森浩、王连喜编写；第5章由张耀威、朱自先、叶晓培、刘攀、宁占金、罗爱民编写；第6章由黄宗营、贺博文、方德扬、宁占金、罗爱民、韦顺敏、余亚飞编写；

第7章由吴成根、沈益源、鲁电、张曦彦编写；第8章由劳俭翁、鲁电、沈益源、郭丹编写；第9章由沈益源、李中方、王志伟编写；第10章由蒋剑、范双柱、余丰编写，全书由梅锦煜、马如骐审稿。全国水利水电施工技术信息网组织专家为本书进行了3次审查，宗敦峰、郑桂斌等同志为本书的审查付诸了大量的心血，提出了许多宝贵的意见，中国水利水电第十二工程局有限公司郭丹同志为本书的编写做了大量的工作，在此一并表示感谢。

由于个人经验和水平有限，本书难免存在许多错误和不当之处，也有大量的新技术、新工艺和好的工程经验没有在书中体现，欢迎广大读者批评指正，共同探讨，共同促进混凝土面板堆石坝施工技术的发展。

作者

2016年12月

目　录

1 综　　述

混凝土面板堆石坝（Concrete Face Rockfill Dam，简称CFRD或面板坝）是土石坝的主要坝型之一，是现代筑坝技术的重大创新。混凝土面板堆石坝是由堆石料（或砂砾石料）分层碾压填筑形成坝体，起支撑作用，在其上游面设置钢筋混凝土面板作为防渗体，简称为面板堆石坝或面板坝。

现代典型的混凝土面板堆石坝由上游盖重体（任意料填筑区）、面板、垫层区、过渡区、上游堆石区（主堆石区）、下游堆石区（次堆石区）、下游护坡等部分构成。坝顶上游面设置防浪墙，面板与河床基础及两岸坡通过趾板连接，面板与趾板、防浪墙之间以及面板之间设置止水结构。桐柏下水库面板坝典型断面见图1-1。

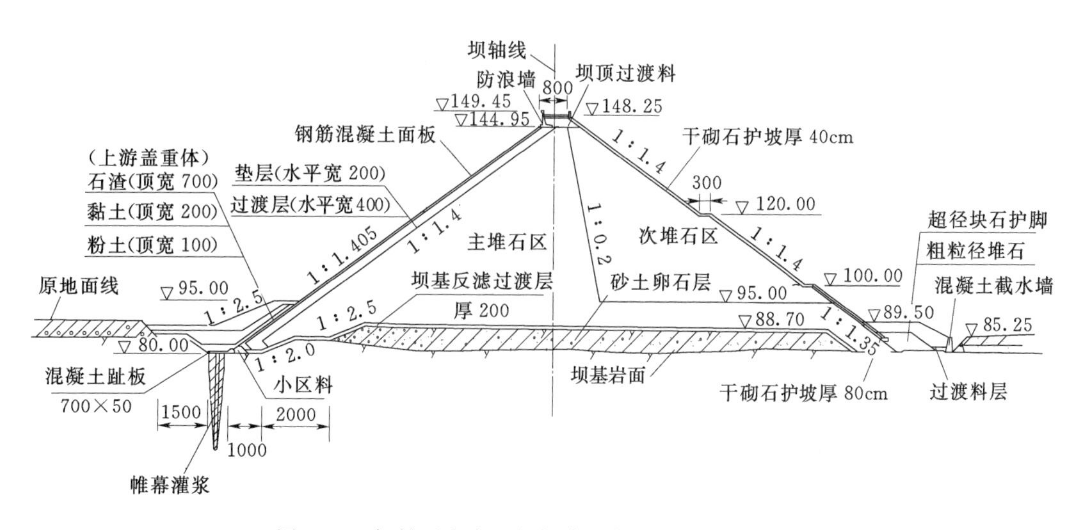

图1-1　桐柏下水库面板坝典型断面图（单位：cm）

混凝土面板堆石坝由于其安全性好、适应性强、施工速度快、工期短、造价低、施工机械化程度高、绿色环保等优点，受到坝工界的青睐和重视，成为一种富有竞争力的坝型。施工速度快、适应性强是混凝土面板堆石坝的最大优势。全机械化施工，速度快，筑坝材料兼容性大，当地的硬岩、软岩、砂砾石都是筑坝的材料；坝基技术要求简单，坝体可以填筑在弱风化岩层基础上，也可以在河床覆盖层上筑坝。因此，具有强大的生命力。我国从1985年开始用现代技术修建混凝土面板堆石坝，虽然起步晚，但发展速度很快。近30年来，混凝土面板堆石坝在水利水电工程中得到了广泛的应用，筑坝技术在不断创新中得到了较快发展，并积累了丰富的经验。我国混凝土面板坝在数量、坝高、规模、筑坝技术等方面都居国际前列。

1.1 发展历程

1.1.1 国外发展概况

混凝土面板堆石坝最早出现在19世纪50年代美国加利福尼亚州内华达山脉的矿区，当时在塞拉山上的水力淘金矿需要蓄水用于淘金，当地适合的筑坝材料有岩石和木材，矿工们又有采石爆破的技术，因此第一座混凝土面板堆石坝是采用木面板防渗的抛填堆石坝。

面板堆石坝的发展进程大致可分成三个时期：

(1) 1850—1940年是以抛填堆石为特征的早期阶段。该阶段修建的面板堆石坝坝高一般低于100m，坝体变形较大，面板开裂渗漏问题严重。早期阶段的抛填堆石坝，上下游边坡很陡，达到1：0.5～1：0.75，坡面采用人工整理；到1900年，混凝土面板堆石坝已成为一种典型的堆石坝，1920—1940年间建了许多30m以上的混凝土面板堆石坝，而且坝高越来越高，如1931年建成的美国盐泉（Salt Spring）坝坝高达100m。

(2) 1940—1965年为从抛填堆石到碾压堆石的过渡阶段。由于抛填堆石坝变形量大，导致混凝土面板开裂和大量渗漏，虽然安全并不成为问题，但大量渗漏总是难以接受。因此，在1940—1950年混凝土面板堆石坝的发展有一停滞时期，没有更多的普及推广。

(3) 1965年以后是以碾压堆石为特点的现代阶段。1965年实质上完成了抛填堆石到碾压堆石的过渡，碾压堆石完全取代了抛填堆石，进入面板堆石坝发展的现代阶段。堆石碾压层厚一般不超过2m，采用振动碾碾压，坝体密实度高，变形量小，混凝土面板的运行工况大为改善，混凝土面板开裂和渗漏量大为减少，从而使混凝土面板堆石坝又重新崛起，成为主要的堆石坝坝型，并向更高的高坝发展。1971年澳大利亚建成的高110m塞沙那（Cethana）面板混凝土堆石坝奠定了现代混凝土面板堆石坝的技术基础。经过40多年的发展，混凝土面板堆石坝的设计和施工技术日趋成熟，随着薄层碾压施工技术的不断进步和完善，混凝土面板堆石坝的数量迅速增加，坝高向200m以上发展，已建大坝运行状态良好。因此，在全世界范围内得到了广泛的应用。据不完全统计，截至2013年年底，国外100m以上混凝土面板堆石坝达30多座（见表1-1），混凝土面板堆石坝逐渐成为当今水利水电工程建设的主要坝型之一。

1.1.2 国内发展概况

我国最早的抛填式混凝土面板堆石坝是猫跳河二级百花水电站，于1966年建成，坝高48.70m，其上游坡为1：0.6，上游面设分块式钢筋混凝土面板，面板下设置一层干砌石垫层。此后陆续修建了南山、三渡溪等水库这种类型的混凝土面板坝，坝高均不超过50m。最后一座抛填式混凝土面板堆石坝为罗村水库，坝高57.60m，1979年开工，1990年建成，大坝基本上按传统经验进行设计，后期受现代技术的影响，在面板、止水等结构上作了局部修改，混凝土面板采用滑模浇筑，垂直缝间距12m，不设水平缝。百花水电站大坝、罗村水库大坝剖面分别见图1-2和图1-3。

表 1-1　国外 100m 以上混凝土面板堆石坝表（部分统计资料）

序号	坝名	国家	坝高 /m	坝顶长 /m	坝体积 /万 m^3	坝坡		坝料岩性	面板面积 /m^2	库容 /亿 m^3	泄洪流量 /(m^3/s)	装机容量 /MW	完成年份	备注
						上游	下游							
1	南岗三级	老挝	220			1.4	1.4	砂岩	50000				2005	
2	巴贡	马来西亚	205		1700	1.4	1.4	硬砂岩	130160	4380		2400	2010	
3	康伯斯诺伏斯	巴西	196		1200	1.3	1.4	玄武岩	106000	14.8				
4	阿瓜密尔巴	墨西哥	185.5		1300	1.5	1.4	砂砾石/凝灰岩	130000		14900	960	1994	
5	雅肯布	委内瑞拉	160.5	150	300	1.5	1.7	砂砾石	6000	4.36				
6	阿里亚	巴西	160	828	1400	1.4	1.4	玄武石	139000	58	11000	2511	1980	
7	新国库	美国	150	427	410	1.4	1.4	变质安山岩		12.6		80	1966	老坝加高
8	米苏可拉	希腊	150		140	1.4	1.4	灰岩	50000				1995	
9	萨尔瓦兴那	哥伦比亚	148	362	390	1.5	1.4	砂砾石/硬砂岩	50000	9.06	3300	270	1985	
10	摩哈里	莱索托	146		240	1.4	1.4	玄武岩	87000	4.38			2002	
11	塞格雷多	巴西	145	705	730	1.3	1.3	玄武岩	87000	30	15800	1260	1992	
12	安奇卡亚	哥伦比亚	140	280	250	1.4	1.4	角闪岩	223000	0.45	4600	340	1974	
13	辛戈	巴西	140	850	1270	1.4	1.4	花岗岩麻岩	120000	38	33000	5000	1994	
14	柯曼	阿尔巴尼亚	133										1986	
15	考兰	泰国	130	1000	800	1.4	1.4	灰岩	140000	95	3200	300	1984	
16	谢罗罗	尼日利亚	130	560	390	1.3	1.3	花岗岩	50000	700		600	1984	
17	格里拉斯	哥伦比亚	127	110	130	1.6	1.6	砂砾石	14300	2.52	300		1982	

续表

序号	坝名	国家	坝高 /m	坝顶长 /m	坝体积 /万 m³	坝坡		坝料岩性	面板面积 /m²	库容 /亿 m³	泄洪流量 /(m³/s)	装机容量 /MW	完成年份	备注
						上游	下游							
18	希拉塔	印度尼西亚	125	453	380	1.5	1.5	角砾岩/安山岩		21.6	2600	1000	1987	
19	伊塔	巴西	125	880	930	1.3	1.3	玄武岩	110000	51		1450	2000	
20	依太普利	巴西	125	620	400	1.25	1.3	片麻岩、白云岩	45000	16.5		1500	2003	
21	利斯	澳大利亚	122	360	270	1.3	1.3—1.5	辉绿岩	37800	6.41	4742		1986	
22	杜利奎	委内瑞拉	115			1.4	1.5	灰岩	53000				1984	
23	帕尔台拉	葡萄牙	112	540	270	1.3	1.3	花岗岩	55000				1955	
24	塞萨那	澳大利亚	110	213	140	1.8	1.3	石英岩	27300		2000		1971	
25	尤柳艾	马来西亚	110			1.3	1.4	砂岩	48000				1989	
26	拉巴	南斯拉夫	110			1.3	1.3						1967	
27	圣塔扬娜	智利	106	390	270	1.5	1.6	砂砾石	27000	1.6	1075		1995	
28	福蒂纳	巴拿马	105			1.3	1.4	安山岩石					1987	老坝加高
29	皮星奈可	罗马尼亚	105		240	1.7	1.7	云母片麻岩	30000				1986	
30	托拉塔	秘鲁	100			1.3	1.3						2002	

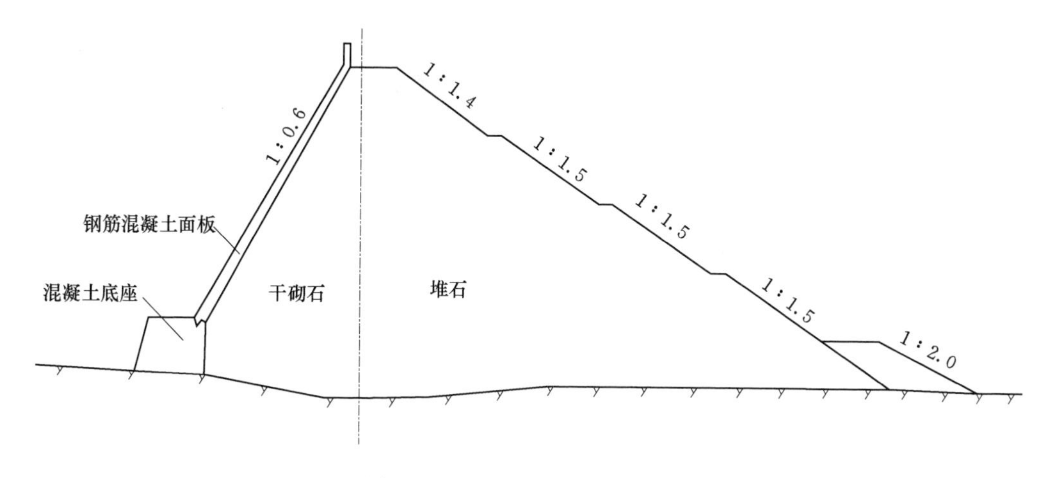

图 1-2　百花水电站大坝剖面图

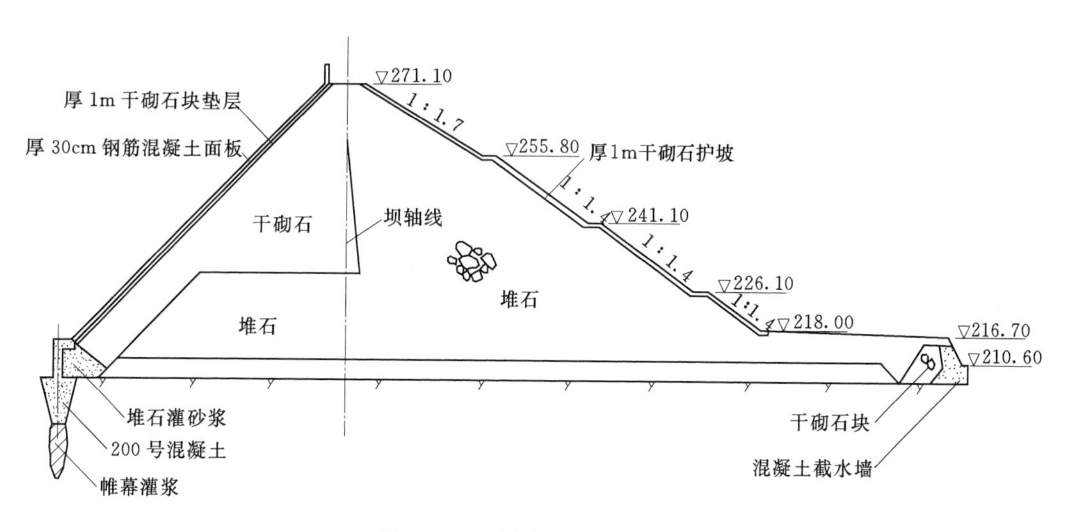

图 1-3　罗村水库大坝剖面图

1985 年，我国从湖北西北口水库大坝开始采用现代技术建设混凝土面板堆石坝。此后，混凝土面板堆石坝建设在我国方兴未艾，虽然起步较晚，但发展很快，至今已成为世界上修建混凝土面板堆石坝最多的国家，已经形成中国特色的混凝土面板堆石坝筑坝技术。这一技术的发展过程大体分为三个阶段，即引进消化阶段、自主创新阶段和突破发展阶段。

(1) 1985—1990 年为我国混凝土面板堆石坝技术的引进消化阶段。这一阶段开工建设的面板堆石坝约 14 座。其中，西北口水库混凝土面板堆石坝，高 95m，列入国家“七五”重点科技攻关项目，开展了大量试验研究和计算分析，取得了高 100m 级混凝土面板堆石坝的研究和设计成果，建成后运行情况总体良好，是这一阶段的里程碑工程。这一阶段的技术特点是：①筑坝技术虽起步较晚，但起点较高；②已有无轨滑模、碾压砂浆固坡等技术开发和创新；③最大坝高不超过 100m；④开始起草设计导则，向规范化建设迈出了第一步；⑤对混凝土面板堆石坝特性认识不足，混凝土面板裂缝较多。

（2）1991—2000年为自主创新阶段。这一阶段开工建设的混凝土面板堆石坝约70余座，建成40多座。其中，天生桥一级坝为我国第一座200m级高混凝土面板堆石坝，在建设过程中开展了大量设计施工技术研究，取得了丰富的研究成果，成为这一阶段的里程碑工程。这一阶段的技术特点是：①从西北口水库大坝混凝土面板裂缝问题到沟后溃坝事件中总结了大量宝贵的经验和教训；②建成了多座坝高100m及以上高坝，100m级高坝的筑坝技术日益成熟；③自主创新了面板堆石坝设计与施工成套技术，并开始向200m级高坝发展；④混凝土面板裂缝得到较好控制；⑤编制发布了设计、施工规范；⑥坝体变形控制尚缺乏经验，混凝土面板产生结构性裂缝的工程还比较多。

（3）2000年以后为突破发展阶段。这一时阶段开工建设的100m以上混凝土面板堆石坝超过60座，建成40多座。通过我国混凝土面板堆石坝工程建设的长期实践，形成了坝体变形控制、数字化质量控制、挤压边墙固坡、混凝土面板防裂设计、深厚覆盖层上建坝、不对称峡谷建坝、高寒地区建坝等成套的混凝土面板堆石坝设计和施工技术。在这一阶段中，国家“九五”重点科技攻关课题《200m级高混凝土面板堆石坝研究》，依托水布垭水电站大坝开展全方位的科学研究，取得突破性研究成果。迄今，水布垭水电站大坝运行性态总体良好，成为这一阶段的里程碑工程之一。其余，如修建于非对称狭窄河谷上的洪家渡高坝，通过坝体合理分区和采用较高密实度设计指标，引入先进的冲碾压实技术，严格变形控制和施工质量管理，取得了坝体变形小、面板无结构性裂缝、大坝渗漏量较小的良好效果；建成于2006年的紫坪铺水库混凝土面板堆石坝，坝高156m，2008年5月12日经受了汶川8.0级特大地震的考验，大坝距地震震中仅17km，震后检查仅产生轻微损坏。因此，被国际大坝委员会授予“国际堆石坝里程碑工程特别奖”。九甸峡水电站混凝土面板堆石坝，坝高136m，修建在深39m的深厚覆盖层上，属高寒地区不对称河谷深厚覆盖上的高面板堆石坝，建成后运行状态良好，被国际大坝委员会授予“国际堆石坝里程碑工程奖”。溧阳抽水蓄能电站上水库面板堆石坝，坝高165m，引进采用数字化技术，采用先进的信息技术对坝料料源质量、填筑层厚、碾压遍数、振动碾行走速度、激振力等技术参数进行有效监控，保证了大坝填筑的质量。这一阶段的混凝土面板堆石坝的技术特点是：①最大坝高突破200m；②深厚覆盖层上修建的面板坝坝高突破100m，覆盖层厚度超过50m；③设计施工技术日益成熟，取得了200m级高坝筑坝的全套技术；④坝体变形控制和面板防裂取得良好效果；⑤混凝土面板堆石坝设计和施工规范完成了新一轮修订；⑥筑坝技术水平跃居世界前列，并走出国门；⑦开展了“300m级高混凝土面板堆石坝适应性和对策研究”，并在强地震区、深覆盖层、深厚风化层、岩溶等不良地质条件和在高陡边坡、河道拐弯等不良地形条件下建造了高混凝土面板堆石坝。

截至2014年，我国已建、在建、拟建的坝高100m以上混凝土面板堆石坝80多座（见表1-2），我国坝高100m以上部分混凝土面板堆石坝参数见表1-3。其中部分高坝的主要特点如下：水布垭水电站混凝土面板堆石坝，坝高233m，是至今为止最高的混凝土面板堆石坝；天生桥一级水电站混凝土面板堆石坝，坝高178m，堆石体体积1800万m^3，面板面积17.27万m^2，坝体填筑规模为国内最大；吉林台一级水电站混凝土面板堆石坝，坝高 157m，设计地震烈度 9 度，是我国强震区最高的砂砾石混凝土面板坝；紫坪铺水库混凝土面板堆石坝，坝高 156m，经受 2008 年 5 月 12 日汶川 8.0 级特大地震的强震考验，坝址处实际地震烈度达 9～10 度，实际遭遇地震加速度峰值在 0.5g 以上；洪家渡水电站混凝土面板堆石坝，坝高 179.5m，河谷不对称且岸坡高陡（左岸趾板边坡高 310m）；董箐水电站混凝土面板堆石坝，坝高 150m，大坝主体采用砂岩和泥岩等软岩混合料填筑；猴子岩水电站混凝土面板堆石坝，坝高 223.5m，河谷狭窄，宽高比为 1.27；公伯峡水电站混凝土面板堆石坝，坝高 132.2m，面板长 218m，一次性浇筑到顶不分期；梨园水电站混凝土面板堆石坝，坝高 155m，大坝一次性填筑到顶后，面板分两期浇筑，其中一期面板最大块长 142.88m，二期面板最大块长 116.99m。

表 1-2　我国坝高 100m 以上混凝土面板堆石坝统计表（截至 2014 年）

序号	水电站	地点	河流	坝高/m	坝体积/万 m^3	面板面积/m^2	库容/亿 m^3	装机容量/MW	施工起止时间/年
1	水布垭	湖北巴东	清江	233	1574	139700	45.80	1840	2002—2008
2	三板溪	贵州锦屏	清水江	185.5	871.4	84032	40.94	1000	2002—2008
3	洪家渡	贵州黔西、织金	六冲河	179.5	902	72100	49.47	600	2001—2005
4	天生桥一级	贵州兴义、广西隆林	红水河	178	1769	172700	102.60	1200	1994—2000
5	滩坑	浙江青田	瓯江小溪	162	960	79000	41.90	600	2004—2009
6	吉林台一级	新疆尼勒克	喀什河	157	836.2	75250	25.30	460	2001—2006
7	紫坪铺	四川都江堰	岷江	156	1177	116600	11.12	760	1999—2008
8	巴山	重庆城口	汉江任河	155	550	58000	3.15	140	2005—2009
9	马鹿塘二期	云南麻栗坡	盘龙江	154	689.31	35292	5.47	240	2004—2010
10	董箐	贵州贞丰、关岭	北盘江	150	959	99800	9.55	880	2005—2010
11	龙首二级（西流水）	甘肃张掖	黑河	146.5	253	26884	0.86	157	2002—2005
12	吉勒布拉克	新疆哈巴河	哈巴河	146.3	520		2.32	140	2009—2014
13	瓦屋山	四川洪雅	周公河	138.7	316.73	20000	5.84	240	2003—2007
14	九甸峡	甘肃卓尼、临潭	洮河	136	385	36200	9.43	300	2005—2008
15	布西	四川木里	鸭嘴河	135.8	325	37000	2.36	20	2008—2011
16	龙马	云南墨江、江城	把边江	135	383	46634	5.90	285	2002—2007
17	苏家河口	云南腾冲	槟榔江	133.7	640	60592	2.25	315	2005—2010
18	乌鲁瓦提	新疆和田	喀拉喀什	133	649.53	75800	3.47	60	1995—2001
19	珊溪	浙江文成	飞云江	132.5	576	70000	18.24	200	1997—2001
20	公伯峡	青海循化、华隆	黄河	132.2	482	57528	6.20	1500	2001—2006
21	引子渡	贵州平坝	三岔河	129.5	310	37619	5.31	360	2001—2005
22	肯斯瓦特	新疆玛纳斯	玛纳斯河	129.4	755		1.91	100	2009—2014

续表

序号	水电站	地　点	河　流	坝高/m	坝体积/万 m^3	面板面积/m^2	库容/亿 m^3	装机容量/MW	施工起止时间/年
23	街面	福建尤溪	尤溪	126	340	30000	18.20	300	2003—2006
24	鄂坪	湖北竹溪	汇湾河	125.6	298	43912	3.03	114	2002—2006
25	白溪	浙江宁海	白溪	124.4	403	48370	1.68	18	1996—2001
26	黑泉	青海大通	宝库河	123.5	544	79000	1.82	12	1996—2001
27	芹山	福建周宁	穆阳溪	122	248	42000	2.65	70	1997—2001
28	纳子峡	青海门源	大通河	121.5	507		7.33	87	2009—2014
29	白云	湖南城步	巫水	120	170	22120	3.60	54	1994—1998
30	中梁一级	重庆巫溪	大宁河	118.5	236		0.99	72	2005—2009
31	古洞口	湖北兴山	古夫河	120	188	28116	1.38	45	1993—1998
32	芭蕉河一级	湖北鹤峰	芭蕉河	115	192	36000	0.99	34	2002—2006
33	泗南江	云南墨江	泗南江	115	297	35000	2.63	200	2005—2008
34	潘口	湖北竹山	堵河	114	311	46000	23.38	513	2008—2012
35	金造桥	福建屏南	金造溪	111.3	175	35000	0.95	66	2003—2006
36	苗家坝	甘肃文县	白龙江	111	356		2.68	240	2008—2014
37	高塘	广东怀集	白水河	110.7	195	26400	0.96	36	2000—2002
38	双沟	吉林抚松	松江河	110.5	258	37300	3.88	280	2000—2006
39	察汗乌苏	新疆和静	开都河	110	410	45500	1.25	300	2005—2009
40	那兰	云南金平	藤条江	108.7	259	40800	2.86	150	2003—2006
41	多诺	四川九寨沟	白水江	108.5			0.56	100	2007—2013
42	斜卡	四川九龙	九龙河支流踏卡河	108.2			0.85	135	2009—2014
43	茄子山	云南龙陵	苏帕河	107.5	140	22000	1.21	16	1996—1999
44	鱼跳	重庆南川	大溪河	110	163	30000	0.95	48	1998—2001
45	柳树沟	新疆和静、	开都河	106	169		0.77	195	2010—2013
46	洞巴	广西田林	西洋江	105.8	316	52700	3.15	72	2004—2007
47	白沙河	湖北竹溪	泉河	105.6	248.73		2.78	50	2010—2013
48	鲤鱼塘	重庆开县	桃溪河	105	180	25300	1.04	1.5	2003—2007
49	思安江	广西灵川	思安江	103.9	210	41236	0.89	12	2001—2004
50	洮水	湖南茶陵	沔水河	102.5	172	26900	5.15	69	2007—2009
51	金家坝	重庆酉阳	甘龙河	102.5	243.4		1.58	75	2008—2011

续表

序号	水电站	地　点	河　流	坝高/m	坝体积/万 m³	面板面积/m²	库容/亿 m³	装机容量/MW	施工起止时间/年
52	盘石头	河南鹤壁	卫河支流淇河	102.2	548	75000	6.08	10	2000—2005
53	温泉	新疆伊宁	喀什河	102	273		2.07	135	2007—2010
54	柴石滩	云南宜良	南盘江	101.8	235	38200	4.37	60	1996—2001
55	白水坑	浙江江山	江山港	101.3	150.8	24212	2.46	40	2001—2004
56	积石峡	青海循化	黄河	100	288		2.64	1020	2005—2010
57	猴子岩	四川康定	大渡河	223.5	980	62130	7.04	1700	2010—
58	江坪河	湖北鹤峰	溇水	219	704		13.66	450	2008—
59	玛尔挡	青海玛沁	黄河	211			14.82	2200	2013—
60	姚家坪	湖北恩施	清江	179.5	639.6	67000	4.3	240	2010—
61	卡基娃	四川木里	木里河	171	586	61036	3.859	452.4	2011—
62	溧阳蓄能上库	江苏溧阳	芝麻沟、吉山沟	165	1575.23		0.142	1500	2010—
63	阿尔塔什	新疆阿克苏	叶尔羌河	163	1712		28.07	750	2014—
64	龙背湾	湖北竹山	官渡河	158.3	695	81752	8.3	180	2010—
65	梨园	云南香格里拉、玉龙	金沙江	155	778	87590	8.05	2400	2009—
66	羊曲	青海兴海、贵南	黄河	150	395		14.72	1200	2010—
67	溪古	四川九龙	九龙河	144	385		0.998	249	2009—
68	普西桥	云南墨江	阿墨江	140	390		5.31	200	2011—
69	吉音	新疆于田	克里雅河	124	554		0.82	24	2010—
70	金佛山	重庆南川		119	329		1.03	7.06	2010—
71	石头峡	青海门源	大通河	114.5	483		9.85	90	2010—
72	金川	四川金川	大渡河	112	401		4.88	860	2010—
73	涔天河（加高）	湖南江华	潇水	110	250		16	150	2010—
74	坪上	山西定襄	滹沱河	105			3.22		2010—
75	文登蓄能上库	山东文登	宫院子沟	101	473	36500	0.13	1800	2014—
76	茨哈峡	青海兴海、同德	黄河	254	3150		41.04	2600	拟建
77	古贤	山西吉县、陕西宜川	黄河	199	4642.3		165.57	2100	拟建
78	泸水	云南泸水	怒江	176			14.11	2750	拟建
79	大柳树	宁夏中卫	黄河	156	1450	164000	98.6	1740	拟建
80	牛牛坝	四川美姑	美姑河	155	456	49800	2.22	80	拟建
81	碛口	山西临县、陕西吴堡	黄河	140	2395		125	1800	拟建
82	卜寺沟	四川马尔康	足木足河	130			2.48	360	拟建

表 1-3　　我国坝高 100m 以上部分混凝土面板堆石坝参数一览表

序号	水电站	地点	河流	坝高/m	坝长/m	体积/万 m^3	坝坡		坝料岩性	面板			趾板宽度/m	库容/亿 m^3	施工起止时间/年
							上游	下游		面积/m^2	厚度/m	含钢率/%			
1	天生桥一级	贵州、广西	南盘水	178	1137	1769	1.4	1.25	灰岩	180000	0.3～0.9	0.4、0.3、0.4	6～10	102.60	1994—2000
2	珊溪	浙江文成	飞云江	132.5	448	576	1.4	1.57	流纹岩/砂岩/砂砾石	70000	0.3+0.003H	0.4	6～10	18.24	1997—2001
3	乌鲁瓦提	新疆和田	喀拉喀什	133	365	650	1.6	1.5	砂砾石/石英片岩	72200	0.3+0.003H	0.5、0.5、0.4	6、8、10	3.47	1995—2000
4	白溪	浙江宁海	白溪	124.4	398	403	1.4	1.52	熔凝灰岩	36200	0.3+0.003H	0.4	5～8	1.68	1996—2001
5	黑泉	青海大通	宝库河	123.5	438	544	1.55	1.4	砂砾石/花岗片麻岩	79000	0.3+0.0035H	0.4、0.3	4～7	1.82	1996—2000
6	芹山	福建周宁	穆阳溪	122	286	248	1.4	1.4	凝灰岩	42000	0.3+0.003H	0.5	5、6、8	2.65	1997—2001
7	古洞口	湖北兴山	古夫河	120	186.5	188	1.5	1.4	砂砾石/灰岩	28116	0.3+0.003H	0.4、0.4	4.5～9.5	1.38	1993—1999
8	白云	湖南城步	巫水	120	200	170	1.4	1.4	灰岩砂岩	22120	0.3+0.002H	0.4、0.35	最大 10m	3.60	1992—1997
9	高塘	广东怀集	白水河	110.7	288	195			花岗岩	26400	0.3+0.003H	0.4～0.5	8	0.96	—2002
10	茄子山	云南龙陵	苏帕河	107.5	258	140	1.4	1.4	二云母花岗岩	22000	0.3+0.003H	0.3～0.4、0.3	5、7	1.21	1996—1999
11	柴石滩	云南宜良	南盘江	103	316	235	1.4	1.4	白云岩	38200	0.3～0.6	0.4	6、7	4.37	1996—2001
12	鱼跳	重庆南川	大溪河	110	220	163	1.4	1.4	砂岩	22000	0.3+0.003H			0.95	1998—2001
13	双沟	吉林抚松	松江河	110	294	258	1.4	1.4	安山岩	37300	0.3～0.65	0.5、0.4	5.5～7.5	3.95	2000—2010
14	盘石头	河南鹤壁	淇河	102.2	621	548	1.4	1.5	砂岩页岩	75000	0.3～0.59		4、7	6.08	2000—2007
15	水布垭	湖北巴东	清江	233	675	1574	1.4	1.4	灰岩	139700	0.3～1.1	0.4	6～12	45.80	2002—2008
16	洪家渡	贵州黔西	六冲河	179.5	427.8	902	1.4	1.4	灰岩	72100	0.3～0.91	0.4	4.5	49.47	2001—2005

续表

序号	水电站	地点	河流	坝高/m	坝长/m	体积/万 m^3	坝坡		坝料岩性	面板			趾板宽度/m	库容/亿 m^3	施工起止时间/年
							上游	下游		面积/m^2	厚度/m	含钢率/%			
17	吉林台	新疆尼勒克	喀什河	157	419	836	1.7	1.9	砂砾石	75250	0.3～0.8		6、8、10	25.30	2001—2006
18	紫坪铺	四川都江堰	岷江	156	664	1177	1.4	1.5	灰岩	116600	0.3～0.83		6～12	11.12	2002—2006
19	公伯峡	青海循化	黄河	132.2	429	482	1.4	1.8	片麻岩/砂砾石	57528	0.3～0.7	0.3～0.4	5～9	6.20	2001—2005
20	引子渡	贵州平坝	三岔河	129.5	276	310	1.4	1.59	灰岩	37619	0.3～0.74		4.5～6	5.31	2001—2005
21	白水坑	浙江江山	江山港	101.3	228	151	1.4	1.4	凝灰岩、砂砾石	24212	0.3～0.55		6	2.48	2001—2004
22	三板溪	贵州锦屏	清水江	185.5	424	871	1.4	1.4	变余凝灰岩	84032	0.3～0.91		6～12	40.94	2002—2008
23	滩坑	浙江	小溪	162	507	960	1.4	1.58	砂砾石	79000	$0.3+0.0035H$	0.3、0.4	4～7	41.90	2004—2009
24	察汗乌苏	新疆	开都河	110	347	410	1.5	1.8	砂砾石	45500				1.25	2005—2009
25	龙首二级	甘肃张掖	黑河	146.5	191	280	1.5	1.5～1.4	辉绿岩	26884				0.86	2001—2004
26	瓦屋山	四川洪雅	周公河	138.7	277	416	1.4	1.3			0.3～0.42			5.84	2003—2007
27	街面	福建	尤溪	126	500.5	342	1.4	1.35	砂岩	58000				18.24	2003—2006
28	潘口	湖北竹山	堵河	123	322	346	1.4	1.5	灰岩	46000	$0.3+0.0038H$	0.5、0.5	4、6、8	23.38	2008—2010
29	芭蕉河	湖北鹤峰	芭蕉河	115	280	192	1.35	1.3	砂岩	36000				0.99	2002—2006
30	思安江	广西桂林	思安江	103.9	386	210	1.4	1.46	灰岩	41236			6、8、10	0.89	2001—2005
31	洮水	湖南茶陵	洣水河	102.5	313	172	1.4	1.55		59000				0.52	2007—2009
32	积石峡	青海循化	黄河	100	348	288	1.4	1.3	砂砾石、石渣		$0.3+0.003H$	0.4、0.5	4～7.4	2.64	2005—2010
33	大柳树	宁夏	黄河	165	770	145	1.6	1.4～1.7	砂岩	164000	0.3～0.8	0.35、0.35	6～10	110.00	

注 H 为坝高。

1.1.3 主要施工新技术

我国混凝土面板堆石坝近40年的发展过程中，通过技术创新和优化集成，运用科学、高效、系统的施工管理，解决了施工中出现的关键技术问题和施工难题，取得了一系列突破性成果。

（1）趾板高边坡开挖技术。根据趾板地形地质条件、开挖面倾向、坡度以及建基面要求等具体情况，通过现场爆破试验，采用深孔梯段爆破、光面和预裂爆破技术，对于地质条件差的区域，采用“多循环、小药量、弱爆破”的控制爆破施工工艺，提高趾板建基面的完整性。

（2）深覆盖层上筑坝技术。对于坝基位于深覆盖层上的情况，采取清除表面松散体，对保留的河床覆盖层采用挤压加固、强夯等多种处理方法，提高坝基承载力，减少坝基开挖工程量。对坐落在深覆盖层上的趾板，采用钢筋混凝土防渗墙、深孔帷幕灌浆，在趾板与钢筋混凝土防渗墙之间设置钢筋混凝土连接板形成坝体的防渗体。

（3）上游坝面垫层料固坡技术。除常规的碾压砂浆固坡工艺外，新技术主要有：挤压边墙技术、翻模固坡技术和移动块体固坡技术。

1）挤压边墙技术。采用挤压机连续挤压低强度低弹性模量的混凝土，在垫层区上游面超前一个碾压层厚，形成一道梯形边墙，逐层加高，以挤压边墙作为上游坝面垫层料的护坡。混凝土挤压式边墙使垫层料填筑与上游坝面垫层料防护施工一次完成，简化了上游坡面垫层料超填、坝坡整修、斜坡碾压、坡面保护等施工工序，加快了垫层料坡面保护施工进度，提高了坡面保护能力，对度汛安全也十分有利。

2）翻模固坡技术。使用锚固于垫层料中带楔形板的翻身模板，垫层料初碾后拔出楔形板，形成一定厚度的间隙，灌注砂浆，再进行终碾，实现垫层料填筑与坡面固坡一次成型，施工完成后即具备度汛挡水条件。

3）移动块体固坡技术。在垫层料外侧安装预制钢筋混凝土移动块体作为垫层料的约束体，为保证垫层料碾压密实度，避免上层碾压时已碾压的下层因振动而松动和坍落，移动块体采用三层循环使用。第一层碾压合格后，在已碾压完毕的垫层料上利用汽车吊安装第二层移动块体；第二层碾压合格后，再依次吊装第三层移动块体，进行填筑碾压；至第四层时，吊离第一层的移动块体进行安装；至第五层时吊离第二层移动块体进行安装，依次类推，循环使用。最后用反铲挖除多余三角区域的垫层料，辅以人工平整形成上游坡面，整理后采用砂浆固坡。该技术施工工艺简单。

（4）超长面板施工技术。对高度大于100m的大坝，混凝土面板一般分期分段浇筑。公伯峡水电站采用钢筋剥肋滚压直螺纹连接、仓面活动溜槽、超宽滑模、振动抹面器微震收面、起始块轻型滑模连续浇筑、土工布覆盖保湿养护等新技术，实现了218m超长混凝土面板一次性浇筑。与传统的混凝土面板分期分段浇筑相比，超长混凝土面板一次性施工技术提高了工程质量、加快了工程进度，有利于防止混凝土面板结构性裂缝的产生。

（5）铜止水带现场连续滚压成型技术。目前，多数高坝采用新型止水结构，其施工复杂，安装难度较高。同时，由于铜止水带焊接工艺复杂，且在上游坡面上进行焊接，施工质量和安全问题尤为突出。通过工程实践研制发明了铜止水带的连续滚压成型机。将连续滚压成型机放置在坝面上，将成卷的铜带卷材在施工现场压制成型。加工垂直缝铜止水时，滚压成型机出料口正对面板垂直缝方向，出料方向与混凝土面板坡度基本一致，现场滚压制作出的铜止水带即可方便地安装到位，并根据止水带需要的长度连续整体加工，实现了铜止水带通长连续无接头，减少和避免了接头焊接的薄弱环节。在洪家渡水电站等混凝土面板堆石坝还采用了 T 形、十字形、L 形等异形接头整体冲压成形的新工艺，提高了铜片止水系统在高水头下运行的可靠性。

（6）面板防裂技术。混凝土面板是面板堆石坝最重要的防渗结构，由于面板的长度长，厚度薄，运行过程中承受的作用水头高，易受坝体变形和温度变化影响等因素，容易产生裂缝。按产生的原因分类，面板裂缝分为结构性裂缝和温度及干缩裂缝。结构性裂缝，主要采取减少基础约束，提高填筑密实度，减少坝体沉降变形；采用坝体全断面填筑均衡上升，减少坝体各部位之间的不均匀变形；以及在面板浇筑前采取坝体超高填筑、坝体预留 3～6 个月的预沉降期，使面板浇筑时坝体沉降速率小于 5mm/月等防裂措施。温度及干缩裂缝，除了选择合适的面板施工时段、加强温控、保温保湿等措施外，通过优化混凝土配合比设计，掺用优质高效的外加剂，添加钢纤维或聚丙烯纤维、聚丙烯腈纤维、VF 防裂剂等方法提高面板混凝土自身的抗裂能力。1990 年万安溪面板坝开始研发以添加 MN 高效减水剂、BLY 引气剂和 VF 防裂剂为核心的混凝土面板防裂技术取得成功，后在多个混凝土面板坝工程中得到推广应用。珊溪水库混凝土面板堆石坝，坝高 132.5m，创造了 7 万 m^2 面板无裂缝的当时国内新纪录。白溪水库混凝土面板堆石坝，坝高 124m，首先采用添加聚丙烯纤维防裂，取得良好效果。三板溪水库混凝土面板堆石坝，坝高 185.5m，在混凝土面板表面涂刷水泥基渗透结晶新型材料，在面板表层 20mm 范围增强混凝土的致密性，提高混凝土面板防渗效果。

（7）数字化控制施工技术。水布垭水电站混凝土面板堆石坝，在国内首先采用 GPS 卫星定位系统对铺料层厚度、振动碾碾压遍数、行走轨迹、行走速度等施工参数进行实时、连续和自动控制和监控，并将可视化成果作为坝体碾压质量评定的依据之一，大大提高了坝体的施工质量。数字技术的成功应用，大幅度降低了现场施工和监理人员的劳动强度，提高了施工效率，保障了大坝填筑质量。随后，在溧阳抽水蓄能电站上水库大坝、梨园水电站混凝土面板堆石坝等工程中推广应用。

1.2 特点

1.2.1 分类

（1）按筑坝材料分类。混凝土面板堆石坝的筑坝材料兼容性大，当地的硬岩、软岩、砂砾石都可作为筑坝的材料。

混凝土面板堆石坝按坝体组成材料的不同特性可分为：硬岩堆石坝、软岩堆石坝、砂砾石坝、堆石砂砾石组合坝等。一般以 30MPa 岩石饱和无侧限抗压强度作为硬岩和软岩的分界线，不同坝料的设计和施工的技术要求有所不同。

（2）按坝基分类。混凝土面板堆石坝对坝基基础适应性强，适用于各种河谷地形，可建在地质条件较差的坝址。

按坝基分类分为：硬基坝、软基坝和复合基础坝。①硬基坝：坝基坐落在河床岩石上，如芙蓉江鱼塘水电站混凝土面板堆石坝断面见图 1-4；②软基坝：河床段趾板和坝基均坐落在河床覆盖层上，如九甸峡水库混凝土面板堆石坝断面见图 1-5；③复合基础坝：河床段趾板和部分基坝（趾板下游约 1/3 坝高范围）坐落在河床岩基上，下游其余部分基坝坐落在覆盖层上，如滩坑水电站混凝土面板堆石坝断面见图 1-6。

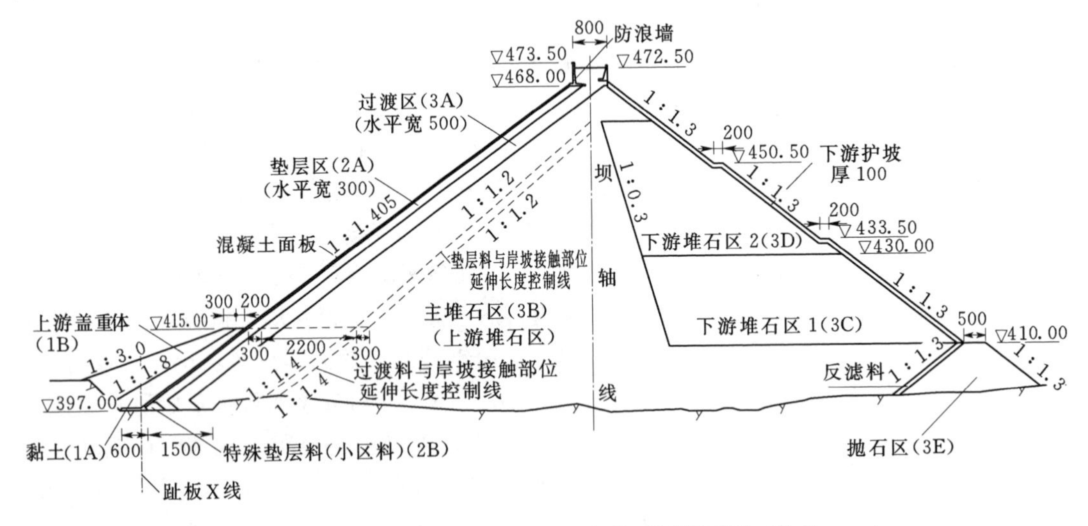

图 1-4 芙蓉江鱼塘水电站混凝土面板堆石坝断面图（单位：cm）

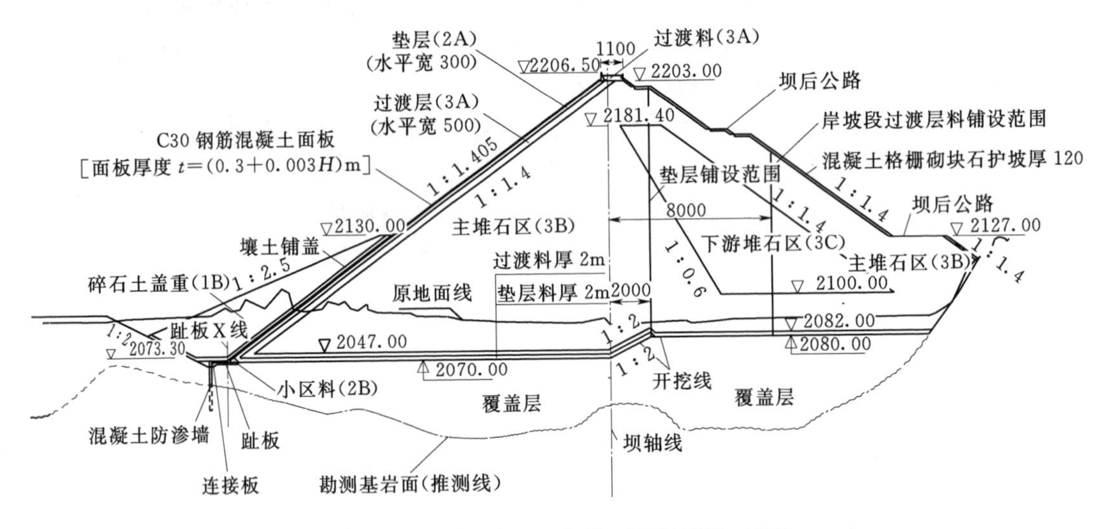

图 1-5 九甸峡水库混凝土面板堆石坝断面图（单位：cm）

1.2.2 主要特征

现代混凝土面板堆石坝与传统面板堆石坝相比，其主要特征可归纳为以下内容。

(1) 薄型趾板。利用开挖岩面浇筑趾板，并锚固于基岩上，作为帷幕灌浆和固结灌浆的盖板，趾板顶部双向配筋，配筋率一般为混凝土体积的 0.3%～0.4%。除了特殊地形地质条件外，现代面板坝一般都采用薄型趾板。趾板作为防渗结构的一部分，以采用允许水力梯度和地基渗透稳定性控制渗径，除本身宽度外，可采用连接板、混凝土或喷混凝土

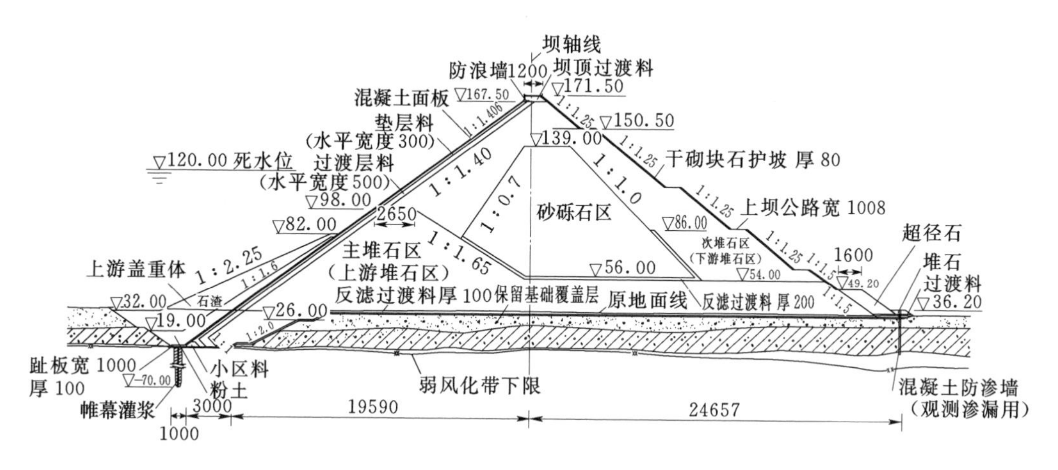

图 1-6　滩坑混凝土面板堆石坝断面图（单位：cm）

向上下游方向延伸来增加渗径。

（2）面板。厚度一般为 $t=0.3+0.003H$（H 为坝高），比传统面板厚度所减薄。可根据需要设置或不设置水平施工缝，周边缝、垂直缝内设置多层止水结构，面板中部双向配筋，配筋率一般为混凝土体积的 0.35%～0.4%。混凝土面板竖向分为长条形的板块，采用滑模连续浇筑，取代传统采用纵横缝分割成块状人工立模浇筑块。面板的宽度一般为 12～16m，靠近两岸边的条块宽度为中间条块宽度的一半。

（3）防浪墙。坝顶设置防浪墙，以节省填筑工程量。

（4）坝体。坝体按不同级配分区，采用机械薄层碾压堆石体或砂砾石，可使坝体达到较高的密实度，孔隙率一般都在 25%以下，有的小于 20%，变形模量可达 30～130MPa；在坝料用料方面有了更多的余地，坝体填筑所需的土石料可就地取材，并充分利用枢纽建筑物开挖石料；坝体变形量总体较小，总沉降量大部分在施工期内完成，使大坝运行更为可靠。

（5）垫层。用级配良好的细堆石料做垫层，最大粒径小，细粒含量高，水平和斜面都经压实。混凝土面板下部的垫层，经历了从大块石砌筑到碎石垫层，再从粗级配碎石垫层到细级配碎石垫层的发展过程，其功能不仅对面板起支撑和整平作用，还起第二道防渗的作用，在面板或接缝一旦发生漏水时可限制水流入渗量，并起反滤作用，截住随水流渗入的泥沙，使缝隙淤塞自愈。周边缝下使用最大料径为 4cm 的小区料，可以碾压得更为密实，反滤作用效果明显。

（6）坝轴线。采用直线形或折线形。巴山水电站混凝土面板堆石坝，坝高 156m，坝轴线为折线形。

1.2.3　主要优点

混凝土面板堆石坝能在不长的时间内得到快速发展，是由其在技术上、经济上所具有的优势决定的。其优势主要归纳为安全性、经济性和适应性三个方面。

（1）安全性。在坚硬岩基或密实的砂砾石层上修建的混凝土面板堆石坝，具有良好的抗滑稳定性。上下游坝坡一般根据经验采用 1∶1.3～1∶1.5 的坡比，坝体运行时在水压力的作用下，其垂直方向所受的合力与水平方向上的合力之比一般大于6∶1，坝体不会发生倾覆和水平滑移。

对于碾压密实的堆石体，由粗颗粒组成的骨架比较稳定，且坝体自身具有较强的反滤体系和抗渗透破坏能力，渗透稳定安全性好。在国内外已运行的混凝土面板堆石坝中，有的坝渗漏量达$1m^3/s$以上，如谢罗罗坝和安其卡亚坝，都没有对大坝安全带来危害。

混凝土面板堆石坝具有良好的抗震性能。由于坝体内部浸润线低，下游水位以上堆石体绝大部分均处在干燥区，不会因地震产生附加的孔隙水压力影响堆石的抗剪强度和整体稳定性；碾压密实的堆石体，地震产生的少量的永久变形，一般面板坝能够承受，在强烈地震作用下，面板可能会开裂或局部挤压破坏，引起渗漏量增加，但不会威胁到大坝的稳定安全。紫坪铺水库混凝土面板堆石坝坝高156m，2008年5月12日经受了汶川8.0级特大地震的考验，大坝距地震震中仅17km，经震后检查仅产生轻微破损，主要损坏有以下几点。

1）5～6号、23～24号面板垂直缝挤压破坏。

2）大坝左岸高程845.00m施工缝以上三期面板外凸和脱空较多，约有23块，右岸有少量外凸和脱空。

3）防浪墙中部出现沿垂直缝挤压损坏、左右岸出现沿垂直缝张开，防浪墙底部与其临近面板存在脱空。

4）坝顶沉降744.3mm（2008年5月17日，Y8测点），约为坝高的0.45%。

5）坝顶左右侧下游栏杆倒塌破坏。

6）下游坝坡上部干砌石护坡松动、且有外凸现象。

7）坝顶路面与上游防浪墙、下游栏杆混凝土基础出现张开。

8）坝下量水堰水量增加，在震前库水位826.00m时，渗漏量10.4L/s，震后在2008年5月20日，库水位828.65m时，渗漏量为16.9L/s，总渗漏量不大。

大坝基岩原设计地震加速度0.26g，本次实际遭遇地震加速度峰值在0.5g以上。经震后专题检查鉴定，大坝总体是安全的。实践表明，紫坪铺水库混凝土面板堆石坝经受了超设计标准的地震考验，大坝具有较强的抗震能力。

（2）经济性。混凝土面板堆石坝主要利用当地材料，可以节省大量的水泥、钢材、木材，造价较低，受材料供应和运输条件制约小，可实现快速施工。混凝土面板堆石坝在工程量、投资、工期、工程提前投产产生效益等方面，具有明显综合经济效益。

（3）适应性。混凝土面板堆石坝对坝址地形、地质、气候条件以及建筑材料有较强的适应性，从而有广泛的应用范围。混凝土面板堆石坝适应各种河谷的地形条件，既适合宽阔的河谷，又可以在不对称、陡边坡的峡谷处建坝，还可以根据地形条件建成折线形混凝土面板堆石坝。混凝土面板堆石坝对坝址的不同地质条件也能较好地适应，国内已有多座100m以上的高坝建在深厚河床覆盖层上，如九甸峡水电站大坝、那兰水电站大坝；国内外有许多混凝土面板堆石坝趾板建在强风化岩、残积土、砂砾石覆盖层上，只要经过适当处理，运行都是安全的。在多雨地区建造混凝土面板堆石坝，可全年施工不受气候限制；高纬度的严寒地区，海拔4000m以上的高寒山区，气温达－40℃，已有的混凝土面板堆石坝都能安全运行。而筑坝材料一般都可以就地取材，可采用软岩筑坝，充分利用建筑物开挖料，也可以采用天然砂砾料筑坝，或者采用开挖料和天然砂砾料混合筑坝。

1.2.4 施工特点

混凝土面板堆石坝是一种碾压式土石坝，为加快填筑进度应有充足的料源，良好的上坝交通条件，以及合理的设备配套和高效的施工组织。混凝土面板堆石坝有以下的特点。

（1）简化导流与度汛。混凝土面板堆石坝在施工中可利用碾压堆石体抗冲刷和防渗透破坏能力较强的特点，改变传统观念，允许施工中的堆石体在适当的防护条件下挡水或过水度汛，不降低导流标准的同时，简化了导流度汛的程序和导流建筑的规模。

（2）强化坝料平衡。混凝土面板堆石坝的主体是堆石体。通常是通过爆破开采石料、利用当地砂砾石料。由于填筑材料用量大、费用大，关系到工程进度和投资。因此，必须重视和规划好坝料的空间平衡和时间平衡，充分利用枢纽建筑物开挖料，实施就地取材，强化合理利用的原则。

（3）合理安排坝体填筑程序，控制坝体沉降。填筑程序是混凝土面板堆石坝施工中的关键技术，直接影响坝体施工质量及施工速度，坝体可根据施工和度汛的需要，在平面和立面上合理分期填筑，为填筑施工提供了灵活性，为施工度汛和均衡施工提供了有利条件。坝体施工分期对坝体结构影响较大，实践证明，以下几点尤为重要。

1）坝体要求平衡上升均衡填筑。

2）堆石区纵横向分期高差不宜大于40m，临时边坡不陡于设计规定值。

3）下游堆石体对混凝土面板有结构性影响，应限制上下游高差，必要时可多分一个水平梯级台地。

4）有条件，填筑可下游高，上游低，可减少上游面的水平位移。

5）分期蓄水，对坝体形成预压十分有利，一般蓄水不能一步到位。

1.3 展望

1.3.1 主要关注的问题

“控制变形和面板防裂”是混凝土面板堆石坝快速筑坝的核心技术，工程建设各方及科研单位始终围绕该项核心技术全面地进行研究和技术创新，主要关注的问题体现在以下几个方面。

（1）面板防裂技术。进一步优化原材料选择和混凝土配合比，完善面板结构和周边约束，提高混凝土面板自身的抗裂能。

（2）坝体变形控制。重点是减少混凝土面板浇筑以后堆石体变形、堆石体各区之间的不均匀变形以及坝体与两岸坡之间的相对变形控制，同时要研究减少长期变形如风化、流变等变形措施，提高堆石体变形和面板变形的协调性。

（3）导流技术。河道截流以后的第一个汛期如何安全度汛，是施工组织的关键。有的研究快速施工技术，使坝体在第一个汛期到来前达到相应的挡水高程；有的研究采用坝面过流，保护坝脚；有的工程河面较宽阔，研究采用分期导流、“先下部闭气后截流”的施工技术。

（4）信息技术应用。对于大型混凝土面板堆石坝工程，采用可视化的数字大坝技术，研究机械化与信息化相融合，提高施工管理水平，确保工程质量。

（5）绿色施工技术。重点关注土石方平衡，尽可能利用建筑物开挖石料和当地砂砾石，放宽软岩使用条件和范围，尽可能少开采或不开采石料场，或将采石料场布置在库区淹没线以下，减少对环境和景观的影响。对于开挖边坡进行绿化、复绿。

1.3.2 发展趋势展望

目前，我国拟新建的混凝土面板堆石坝中，坝高超过150m的近10座，已开展项目前期准备工作、正在进行可行性研究的茨哈峡水电站最大坝高达到254m，适应性研究中的最大坝高达300m级。这些坝多位于西部地区，坝址多具有河谷狭窄、岸坡陡峻、覆盖层深厚、地震烈度高、气候条件恶劣等特点。未来混凝土面板堆石坝的主要发展方向及技术挑战，体现在以下几个方面。

（1）坝更高。“300m级高混凝土面板堆石坝适应性及对策研究”课题的成果表明，在采取适当的工程技术措施后建设300m级高混凝土面板堆石坝是可行的，但需深入研究300m级高坝的应力和变形特性及工程措施。

（2）在深厚覆盖层建高混凝土面板堆石坝。深覆盖层上混凝土面板堆石坝的高度将向200m级高坝发展。覆盖层防渗处理深度将向100m级深度推进。同时，研究悬挂式防渗结构的可行性。

（3）在狭窄河谷中建高面板堆石坝。在建和拟建的200m级混凝土面板堆石坝中，长高比（坝顶长度/坝高）最小值为1.3，规划中，有的高坝其长高比小于1.0，有的河谷极不对称。这些建在不对称狭窄河谷中的高坝，须高度重视对坝体“三维效应”、高陡边坡、接缝止水大变形结构等方面的研究和技术处理。

（4）高寒地区修建混凝土面板堆石坝。在黑龙江最北端的大兴安岭地区，或新疆北部地区，有的工程接近北纬54°，极端最低气温低于－52℃，在高寒地区修建混凝土面板堆石坝，将带来新的挑战。

（5）高地震烈度抗震研究及工程措施。在建或拟建混凝土面板堆石坝工程中，部分工程坝高超过100m，设计地震动水平峰值加速度超过0.4g；少数工程坝高超过200m，设计地震动水平加速度峰值接近0.5g。

（6）试验和计算技术更加精准。高水头下的堆石料大尺寸三轴试验、原型级配相对密实度试验、渗透变形试验、周边缝仿真模型试验、堆石坝长期变形性能试验、土工离心模型试验，考虑堆石破碎影响、高应力水平、复杂应力路径等条件及流变、湿化和劣化等因素下的本构模型，神经网络等精准计算将进一步发展。

（7）高坝及深厚覆盖层坝基的安全监测。水平和垂直位移远程监测设施的研发将提上议事日程。深厚覆盖层上土石坝渗漏量的监测方法、设施需进一步摸索和发展。地震监测技术、监测自动化也将进一步发展。

在我国西部水力资源丰富，自然条件差，混凝土面板堆石坝更具有活力，特别是在交通运输不便、经济欠发达地区。如：金沙江上游、澜沧江、怒江、大渡河和黄河上游以及西藏雅鲁藏布江等，有许多适宜建高混凝土面板堆石坝、心墙坝的条件。古水、马吉、松塔、如美、日冕、两河口、茨哈峡等水电站，坝高为250～300m。随着我国西部大开发进程的加快和筑坝技术的研发创新，300m级高混凝土面板堆石坝筑坝技术将会有新突破。

2 施 工 规 划

2.1 总体要求

2.1.1 规划原则

（1）执行国家法律、法规及行业强制性规范要求，满足上级主管部门及工程投资建设方的建设要求。

（2）深入调查，收集与工程建设相关的自然条件、技术供应条件、市场信息等资料，根据工程特点，因地制宜提出施工方案，并进行全面技术经济比较。

（3）结合当前施工技术发展状况，积极开发和推广应用新技术、新材料、新工艺和新设备，凡经实践证明技术经济效益明显的科技成果，应尽可能推广应用，努力提高技术与经济效益。

（4）充分做好工程截流前的各项施工准备工作，确保工程截流后的第一个枯水期内能够完成度汛项目施工，确保度汛安全。

（5）统筹安排，综合平衡，妥善协调各分部分项工程，努力提高各建筑物开挖料的利用率和直接上坝率，均衡组织施工。

（6）对于高坝、大库容工程，应研究面板分期施工、分期蓄水的可能性，尽量缩短首台机组发电投产时间，创造提前发电效益。

2.1.2 规划内容

（1）分析基本资料、研究施工条件。基本资料是进行施工条件分析的主要依据。基本资料主要有招标文件及工程的设计资料，包括：地形、水文气象、工程地质和水文地质、筑坝材料、工程所在地区的社会经济情况和对外交通状况，以及工程设计图纸等。

（2）选择导流方案。正确选择导流方式与导流方案对降低工程造价、缩短工期、提高工程质量和施工度汛安全具有决定性作用，是混凝土面板堆石坝施工组织设计的关键环节。

（3）确定施工分期与控制进度。合理规划坝体填筑分期，确定控制性进度目标是混凝土面板堆石坝施工规划研究的主要内容。规划中应根据工程总工期和拦洪度汛标准，以施工导流为主线进行坝体施工分期规划，并与施工布置、施工方法、筑坝材料供应条件、土石方挖填平衡和施工设备能力等统筹协调。确定控制时段的施工强度，是拟定施工计划的关键和确定施工总进度的基础。

（4）选择施工方案。根据施工分期和控制进度提出主要分项工程的施工方案包括：导流施工、坝料开采、大坝填筑、趾板与面板混凝土施工等，各分项方案的选择应从以下几个方面进行比较。

1）施工程序和施工进度的可靠程度以及施工期间的安全可靠程度。

2）土石方挖填平衡和施工强度的均衡合理性。

3）筑坝材料的开采、加工和运输条件。

4）坝区和坝料的施工布置条件。

5）施工机械设备和劳动力供应条件。

6）水库蓄水和初期运行条件。

7）施工临建工程规模和工程单价。

8）应用新技术、新材料、新设备和新工艺的条件。

（5）确定施工总平面布置。施工总平面布置应根据施工需要分阶段逐步形成，满足各阶段施工需要，做好前后衔接，初期场地平整范围宜按施工总布置要求确定。

施工总平面布置应在施工导流方案和主体工程施工分区确定后，着重研究下列内容。

1）施工临时设施项目的组成、规模和布置。

2）对外交通衔接方式、站场位置、场内及上坝道路和跨河设施的布置情况。

3）可供生产、生活设施布置场地的相对位置、高程、面积等。

4）临时建筑工程和永久设施的结合。

施工总布置应做好土石方挖填平衡，统筹规划堆渣、弃渣场地；弃渣处理应符合环境保护及水土保持要求。

（6）制定技术供应计划。根据施工进度计划、定额资料和施工经验，分别计算劳动力、主要材料、施工机械设备需要量，经施工组织汇总、平衡，提出分年度或各施工分期需要量计划，并根据施工总进度要求制定技术供应计划。

2.1.3 规划步骤

混凝土面板堆石坝工程施工规划基本步骤见图 2-1。

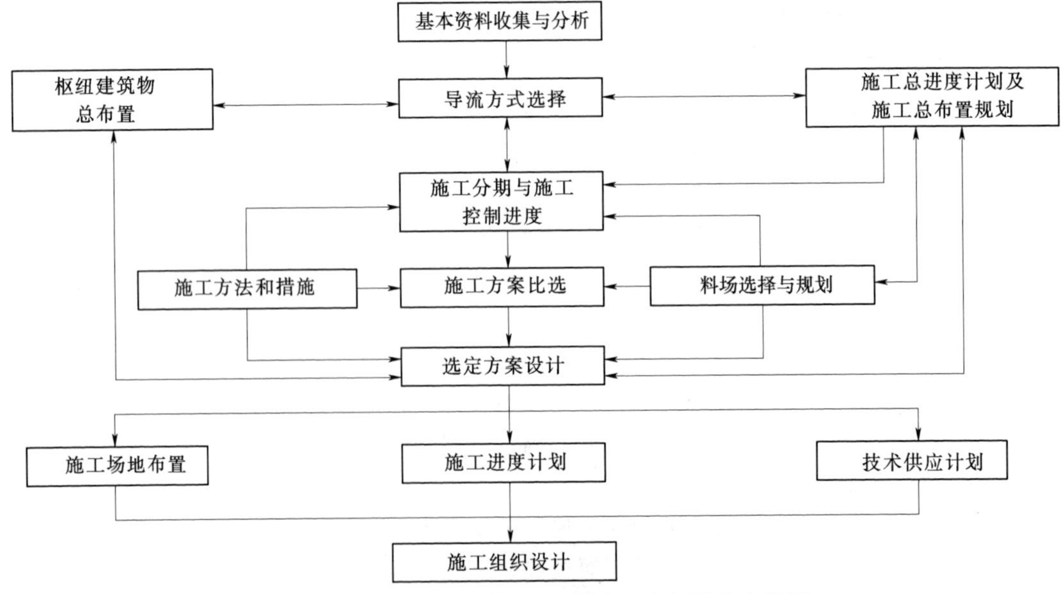

图 2-1 混凝土面板堆石坝工程施工规划基本步骤图

2.1.4 规划成果

混凝土面板堆石坝工程，施工规划形成的主要成果有以下内容。

（1）施工总平面布置图。

（2）施工用地范围图。

（3）场内施工道路布置图。

（4）施工总进度计划图。

（5）土石方平衡规划计算表及各种料源采购或开采量明细表。

（6）施工资源配置计划表。

（7）施工安全、环保设施投入计划表。

（8）上述图表对应的文字报告。

2.2 施工布置

2.2.1 场地规划

（1）施工场地选择。混凝土面板堆石坝工程枢纽建筑物布置一般比较集中，大坝枢纽常与取水枢纽、泄洪建筑物相伴紧凑布置。施工以土石方挖填为主，具有土石方开挖弃渣、中转料储存量大，施工机械化程度高等特点，施工布置场地宜选择在坝址下游两岸及料场沿途交通便利的有利地段。场地选择的基本原则如下。

1）施工场地布置应遵循因地制宜、因时制宜、有利于生产、方便生活、节约用地、经济合理的原则。

2）渣场和中转储料场宜充分利用山沟地形布置，可分多处布置，弃渣场位置应尽量靠近弃渣区中心且交通便利处，中转储料场应选择储存、回采便利，不易被污染地带。

3）施工生产场地应优先满足砂石加工、混凝土生产、机械保养等设施布置需要，场地要求交通连接便利，场平工作量少，对生态影响小，并尽量靠近施工区。

4）合理规划，尽量利用荒地、滩地、山坡地，不占或少占耕地、经济林地；应避开文物古迹，避免损坏古树名木，符合环境保护及水土保持要求。

5）施工场地应避开滑坡、泥石流等不良地质地段，上、下边坡应稳定，场地高程应满足全年 20 年一遇（即 $P=5\%$）洪水度汛安全要求。

6）遇工程附近场地狭窄、施工布置困难时，可适当利用库区场地，但应满足分期导流、蓄水要求。充分利用山坡小台阶式布置，并根据施工阶段要求尽可能重复利用施工场地，短期布置的设施，可利用部分弃渣场地。

（2）施工布置规划。施工布置规划应围绕料场规划、上坝线路的布置为重点进行合理分区规划。规划的主要程序为：料场规划→上坝道路规划布置→工程弃料、堆存料场布置→重要生产辅助企业布置→其他生产辅助设施布置→生活办公设施布置→风、水、电系统布置。

各主要施工布置区域可分为下列几个方面。

1）工程弃料、中转料堆放区。混凝土面板堆石坝工程在施工过程中将产生较多的工程弃料和中转储备料，堆放区选择的合理性，对工程的建设成本及生态环境等会造成较大影响，场地宜分区就近布置，并做好永久的挡渣、排水设施，场地的容量应满足计划堆存量的1.5倍以上。

2）砂石加工系统。砂石加工系统包括混凝土骨料、大坝垫层料生产、掺配等，需要布置场地较大，宜优先选择布置在料源地附近，靠近上坝运输线路，地形适合，可根据地形采用多台阶布置。

3）混凝土生产系统。面板混凝土应具有良好的和易性、抗裂性、耐久性，为减少混凝土运输过程中坍落度损失，系统宜就近布置，由于面板施工期短，针对混凝土面板特点常在坝顶两端附近或坝体临时断面的坝面上增设临时系统生产，其他结构混凝土，选择在靠近混凝土施工区的合适位置，布置相对固定的混凝土生产系统。

4）生产辅助企业区。生产辅助企业区包括汽车和施工设备修理保养厂、钢筋加工厂、预制厂、施工仓库等，只要场地合适、交通便利都适合布置，其中的危险品仓库，应严格按消防安全要求隔离布置。

5）机电、金属结构、大型施工机械的堆存及安装场地。金属结构与设备安装一般都在土建施工高峰期过后进场。因此，场地选择应优先使用土建退场的场地，或建筑物的开挖平台、弃渣场平台等，并尽量靠近安装区的中心。

6）生活办公区。应布置在边坡安全，爆破飞石、施工噪声等干扰小，工人上下班往返便利的合适地带，现场没有合适场地，生活区距施工区较远时，可配置场内通勤班车接送。

各施工区域在布置上并非截然分开的，它们在施工、生产工艺及布置上是相互联系的，有时相互穿插，组成一个统一的、调度灵活的、运行方便的整体。在区域规划时，一般根据现场布置条件及生产工艺的相互关联度，将关联紧密的设施尽可能邻近布置。

各类生产及生活设施的布置规模及要求，可根据施工强度计划情况，参见《水电工程施工组织设计规范》(DL/T 5397)，或参照同类工程经验类比确定。

(3) 布置方案比选。在完成施工布置规划后，对主要的布置项目应进行方案比选，比选的主要项目及内容包括以下几点。

1）料场的运距里程，覆盖层剥离量，料场储量及质量情况，开采条件能否满足施工强度需要。

2）主要上坝运输线路的顺畅程度、可靠性及修建线路的技术条件、工程量。

3）场地平整的技术条件、工程量及形成时间。

4）区域规划的合理性，相互之间的干扰、影响程度，管理是否集中、方便，场地是否有拓展的余地等。

5）施工供水、供电条件。

6）场地上、下边坡安全情况，防洪标准等。

7）场内安全、防火、卫生能否满足要求，对污染环境的各污染源采取的措施是否合理有效。

8）方案比选评价应注意的问题。

A. 方案比选应在满足施工进度、质量、安全的条件下进行。

B. 在满足主要项目比较的基础上进行其他项目的比较，力争取得优越的技术经济指标。

C. 各定量对比指标计算方法和采用的综合指标应基本一致，并力求准确。

2.2.2 道路布置

混凝土面板堆石坝工程具有土石方挖填工程量大、坝体填筑强度高、施工运输车流量大等特点，道路布置的合理性是影响工程进度、施工安全、运输成本的关键因素之一。

（1）道路布置原则与要求。

1）施工道路应根据地形条件、枢纽布置、料源分布、运输量大小、运输强度、车辆型号等统筹规划布置。

2）道路布置应尽量与永久道路结合考虑，线路布置应尽可能避开居民点或穿越工作区，运输线路宜自成体系，尽量与地方公路分离。

3）坝体填筑需要布置多条上坝道路供料时，应尽可能利用坝体分期填筑高差，布置坝内临时道路连接形成运输循环路线。

4）运输道路的标准应符合运输车辆载重等级和行车速度的要求。实践证明，建设高标准道路的投资，可以从提高工作效率及降低运输车辆损耗中得到补偿。

5）有夜间施工要求的道路沿线应有良好的照明设施，主干道路照度标准不低于10lx，悬崖陡坡、转弯路段应加强照明。

6）运输道路应经常维护和保养，及时清除路面掉渣，并经常洒水，防止粉尘飞扬。道路两侧排水顺畅，防止路面积水。

（2）上坝道路布置。上坝道路的布置形式一般有岸坡式、坝后式及混合式三种。线路一般宜从下游侧进入坝内，料源在上游侧，必须从上游侧进料时，应架设跨趾板桥，在进入坝体填筑轮廓线内，可利用两岸坝肩地形、坝内填筑分区灵活设置的斜坡道连接，组成直达坝体各填筑区的运输路线。

岸坡式道路布置适宜用于两岸地形较为平缓，道路易修建的地形。道路宜左右岸交替布置，道路的高程“级差”一般为20～30m。当两岸地形陡峻，沿岸坡修路困难时，可加大上坝道路布置“级差”。在坝下游坡面可布置临时斜坡道路，为延长各层道路的使用时间，在上层道路接通后，采用反向回填方式将下层所留的临时斜坡道路补填封闭。在岸坡陡峻的狭窄河谷内，明线道路布置困难时，可采用交通隧洞通向坝区。

部分工程，坝后坡设有永久“之”字形道路，上坝道路布置应充分利用坝后永久道路，坝外道路与坝后“之”字形道路应在岸坡转弯处相接。

（3）坝内或坝后临时道路设置。坝内或坝后临时道路根据坝体分期施工、两岸上坝道路高程级差需要布置，连接分期填筑的不同高程平台一般采用坝内临时道路。不同高程的两级上坝道路之间，若坝后没有永久道路，一般可采用坝后临时道路连接，坝内或坝后临时道路可最大限度减少坝外上坝道路的数量，创造最短运距，降低施工成本。道路一般在主、次堆石区内可灵活布置，不受限制。上游垫层、过渡区应尽量避免布置道路，确有需要时，道路的宽度应适当加宽，须满足补填施工时垫层区、过渡区、主堆石区分区填筑施工需要，道路宽度一般不小于10m，道路的纵坡一般较陡，多选择10％～12％，局部可达15％。

（4）跨趾板布置。若填筑料源位于坝址上游，运输道路需要跨越趾板，须对趾板、止水设施及垫层进行保护，一般采用架临时钢栈桥跨越。跨趾板桥的位置及高程确定应服从道路总体布置要求，并兼顾架桥的工程量和两端接线道路修建难度。桥梁走向应尽量与趾板“X”线正交，以缩短桥梁的长度。桥梁一般为单跨简支梁，桥面宽受地形及车流量制约，岸坡较陡且车流量较小时，采用单车道居多，岸坡较缓且车流量大时，可考虑双车道。桥墩设计根据基岩情况，可采用混凝土、浆砌石、钢筋石笼等结构型式。

对于河床部位或缓坡地形的岸坡，若趾板槽开挖深度较浅，可采用填渣道路跨越，填渣前应对趾板及止水设施进行有效保护，趾板的预埋止水出露部位底部应采用枕木垫实，面层加盖保护面板，趾板混凝土表面一般可先铺一层土工布，然后铺一层沙垫层，再填渣跨越。

（5）场内施工道路规划布置的技术指标，可根据年运量、行车密度、车型等确定。

2.2.3 砂石加工系统布置

混凝土面板堆石坝中，除面板、趾板等的混凝土骨料需要加工外，坝体的填筑有大量的小区料、垫层料、反滤料需要采用级配碎石料。目前，大多数已建和在建的混凝土面板堆石坝工程，小区料、垫层料、反滤料的加工工艺，基本上是采用砂石加工系统加工的各档碎石料进行机械掺配或电子称量进行掺配，也有少数采用直接机械破碎法生产。

（1）生产规模。砂石加工系统一般按二班制生产，根据施工总进度确定的垫层料、反滤料的填筑强度，根据式（2-1）、式（2-2）计算砂石加工系统的处理能力。

$$Q_h=[Q_{ch}(1-\gamma)k_3k_4+Q_{ch}\gamma k_1k_2]k_5k_6k_7 \tag{2-1}$$

$$Q_{ch}=\frac{Q_{mc}Ak_8k_9+Q_0}{N} \tag{2-2}$$

上两式中 Q_h——系统小时处理能力，t/h；

Q_{ch}——垫层料、反滤料生产能力，t/h；

Q_{mc}——高峰期垫层料、反滤料的填筑强度，m^3/月；

A——垫层料、反滤料的容重，可按 2.20t/m^3 选取；

Q_0——工程其他砂石料月需用量，t/月；

γ——砂率，可按级配包络线查取；

N——月工作小时数，一般按两班制计算，取 $N=350$h；

k_1——石粉及细砂流失补偿系数；一般 $k_1=1.10\sim1.25$；

k_2、k_4、k_6——生产中运输、堆存中的损耗补偿系数，各取 1.01～1.02；

k_3——加工损耗补偿系数，对人工骨料 $k_3=1.01\sim1.06$；对天然骨料 $k_3=1.03\sim1.15$；

k_5——处理工段损耗补偿系数，无弃料工艺时取 1.01；有超径弃料时，按超径比例选取；

k_7——级配平衡系数，对人工骨料及天然料设有级配调整设施时 $k_7=1.0$；天然骨料无级配调整设施时由级配平衡计算确定；

k_8——掺拌、储存损耗补偿系数，取 $k_8=1.01\sim1.03$；

k_9——运输、填筑损耗补偿系数，取 $k_9=1.01\sim1.03$。

（2）设备选型。砂石加工系统的破碎设备的选择，与原料的物理性质、产能要求等有关，设备的选择除考虑破碎设备对岩石的适应性，更应考虑设备的投资和运行成本，根据垫层料、反滤料的品质要求，粗碎采用颚式破碎机较多，中细碎以颚式、圆锥式、反击式破碎机为主，制砂则更多地采用立轴式制砂机、反击高效制砂机、锤击式破碎机等设备。

对于二班制作业的粗碎设备，其负荷系数取0.65～0.75；筛分、中细碎及制砂设备的负荷系数取0.75～0.95。

(3) 堆场容量。砂石骨料储存容量按其用途，结合系统的料源开采、加工、运输能力和地形、气候、河流的水文条件以及垫层料、反滤料的填筑进度等因素确定。采用天然料或主体工程开挖料作为原料时，以储存原料为主；采用料场采挖料作为原料时，以储存半成品和成品料为主。砂石的总储备量，应满足高峰时段填筑的需要，可按高峰期月平均用量的50%～80%确定。

一般利用天然料加工系统需设置毛料场，采用料场开采的石料作为原料时可不设毛料堆场；小区料、垫层料、反滤料加工系统的半成品料堆具有高峰调节作用，其容积宜按高峰时段的3～5d的砂石容量确定；小区料、垫层料、反滤料的成品料堆，一般按5～7d的生产量堆存。

采用平铺立采法工艺生产成品垫层料时，需要布置一个掺配场。在掺配场掺配时，一般摊铺厚度控制在3m左右，因此需要的掺配场地及成品料堆场面积一般较大。

(4) 系统布置。砂石加工系统的布置，应充分利用有利地形，缩短工艺流程路线，简化运输过程，并尽可能做到依靠重力自溜下料；把安装有重型和强烈振动设备的建筑物（如破碎、筛分车间）布置在地质条件良好的地段。采用平铺立采法进行垫层料或反滤料生产时，采用自卸车运输向掺配场供料，掺配场地布置结合施工总布置，可与垫层料加工系统设在一起，也可布置在大坝附近。

溧阳抽水蓄能电站垫层料加工系统主要生产垫层料、反滤料和级配砂。系统采用粗碎、中细碎和超细碎三段破碎，垫层料采用中碎后的半成品料与垫层砂掺拌而成；第一层反滤料采用5～20mm料和反滤料砂掺拌拌制；第二层反滤料采用5～80mm料与5～20mm料拌制。系统处理能力400t/h，生产能力320t/h。系统分三个台阶，碎石原料卸料布置在高程140.00m，粗碎及中细碎车间布置在高程132.00m，其他车间、料堆等布置在高程120.00m。粗碎配置2台PE870×1060颚式破碎机，中细碎配置2台CH1600重锤反击式破碎机，超细碎车配置2台PCX1818反击高效制砂机。设置5d用量的成品料堆场，其系统布置见图2-2。

(5) 砂石加工系统布置注意事项。

1) 多料场供料的天然砂砾石料筛分生产，一般应尽量在主料场附近集中设厂。

2) 采用人工轧制碎石料的加工系统，应在大坝与采石场之间的合适位置布置加工厂。

3) 砂石加工系统应尽量靠近运输干线，并便于供水和供电。

4) 砂石加工厂是个多尘、高噪声源的工厂，加工厂的位置应尽可能远离职工居民生活区。

5) 厂址应具备为建厂所需要的地基条件，厂区地面应高于20年一遇的洪水位。

2.2.4 混凝土生产系统布置

混凝土面板堆石坝工程的混凝土浇筑，主要包括趾板混凝土和面板混凝土等。趾板混

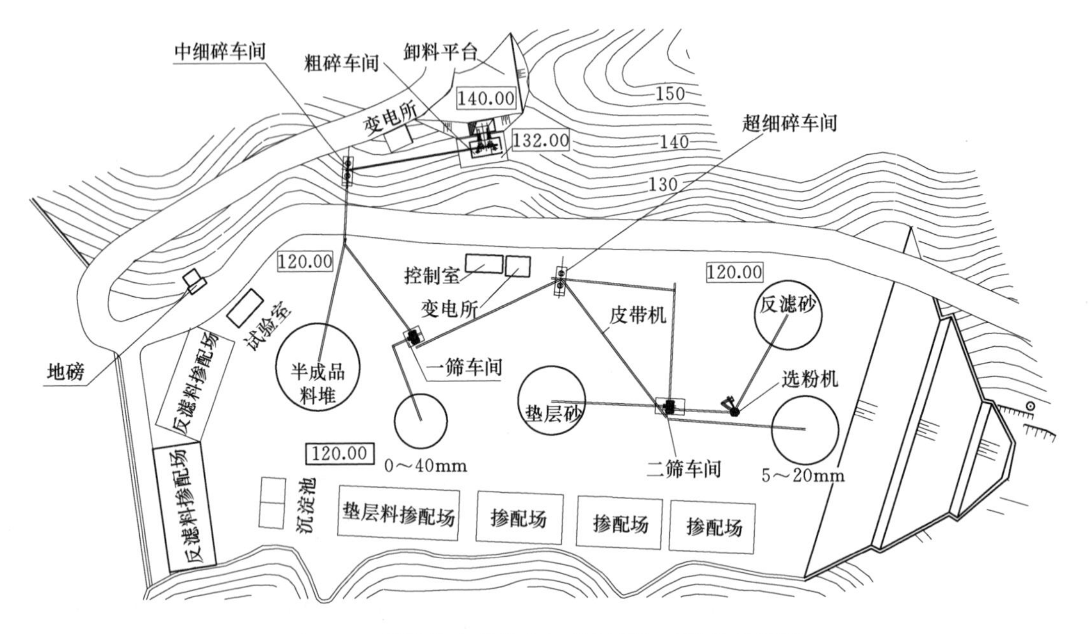

图 2-2　溧阳抽水蓄能电站垫层料加工系统布置图

凝土和面板混凝土工程量较小，施工强度不大，混凝土生产系统的布置可结合枢纽工程统一规划，也可根据具体情况分散布置搅拌站。

（1）趾板混凝土生产系统。趾板为小体积混凝土结构，止水材料埋设要求高，空间分布为条带状，上下部位落差大，一般浇筑跨越时段比较长。趾板混凝土生产系统布置应结合枢纽工程统一规划，合理利用资源，方便施工。混凝土生产系统布置方式应因地制宜尽量采用集中拌和楼，若趾板与集中拌和楼较远，也可在趾板附近单独布置搅拌站。

（2）面板混凝土生产系统设计和布置。面板混凝土浇筑强度按式（2-3）计算：

$$P=\frac{kQ_{max}}{nm} \tag{2-3}$$

式中　P——浇筑强度，m^3；

Q_{max}——施工总进度确定的混凝土浇筑高峰月强度，m^3；

n——高峰月期间每日工作小时数，可取 20h；

m——高峰月内每月工作天数，可取 25d；

k——浇筑强度的日不均匀系数，即高峰月内最高小时强度与月平均每小时强度之比，可取 1.3～1.5。

面板混凝土可采用拌和楼或搅拌站生产，考虑到避免长距离运输带来的骨料分离、坍落度损失、砂浆流失，为有效控制混凝土质量，可采用在坝面布置混凝土生产系统，即在已形成的坝面上布置搅拌机、配料机和相关设备，形成安拆方便的搅拌站，坝面混凝土生产系统工艺流程见图 2-3。

为保证面板混凝土的含气量，坝面混凝土生产系统宜采用自落式搅拌机，并适当延长拌和时间。面板混凝土生产系统，一般可布置在坝面中间或两端。

滩坑水电站大坝一期面板混凝土生产系统，布置在高程 123.00m 的坝面中间，采用

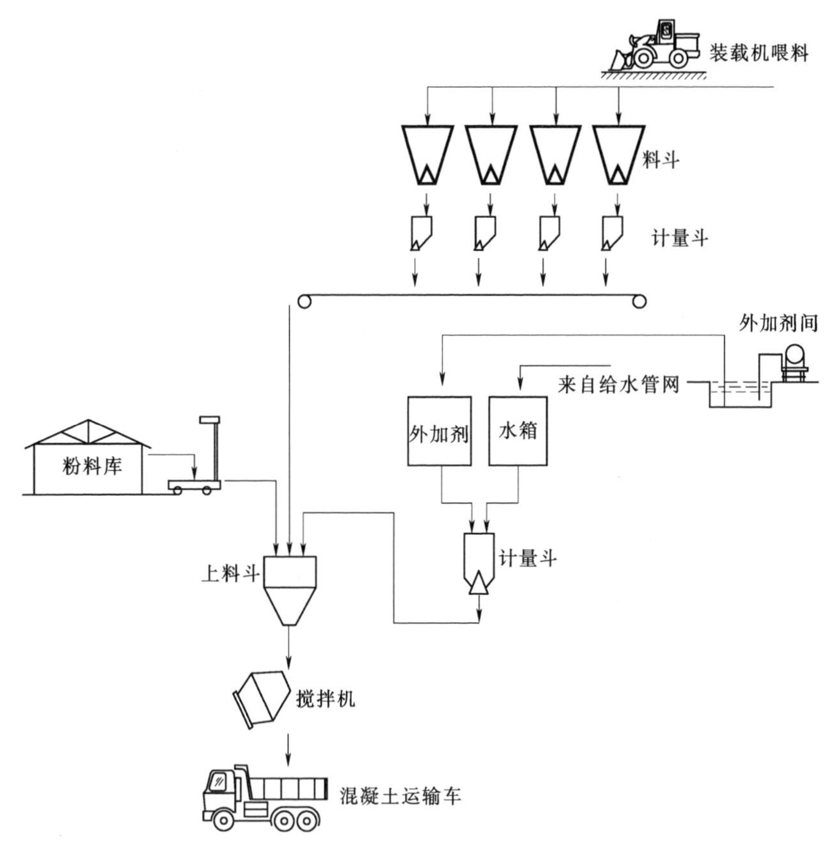

图 2-3 坝面混凝土生产系统工艺流程图

$1m^3$ 工程车向两侧面板供料。该系统高峰生产强度 12000m^3/月，系统配置 2 台 0.75m^3 自落式搅拌机、2 台 PL1200 配料机、设置 1d 骨料容量的成品堆场及灰库。其系统布置见图 2-4。

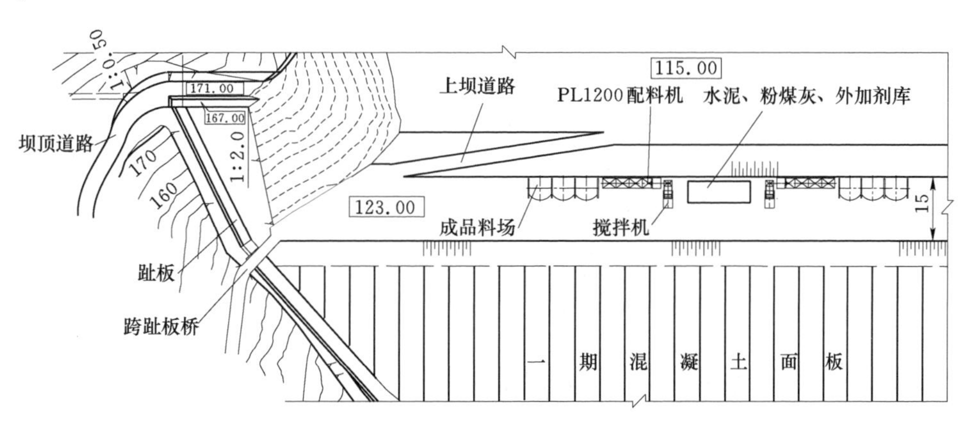

图 2-4 滩坑水电站大坝一期面板混凝土生产系统布置图（单位：m）

布置在坝面上的面板混凝土生产系统布置应注意以下几点。

1）面积适度。因搅拌站占地较大，需腾出足够面积供拌和系统布置，若面板采用分期施工，则坝面上游应预留足够的宽度，在坝体填筑结束后的坝顶布置拌和系统可沿坝长条形布置。

2）运距较短。对于长度500m的以上的面板坝，拌和系统宜布置在坝顶中央，从而缩短运距，以防混凝土运输时间过长或耗时过久而造成分离、灰浆流失、泌水和有害的温度变化。

3）交通通畅。当坝顶宽度小于10m时，拌和机出料口距面板距离应不小于6m，确保坝顶交通安全、畅通。

对于部分大中型工程，采用坝外固定式拌和楼（系统）供料，采用混凝土搅拌车运输，质量也有保证，集中拌和系统由施工总布置统一规划。

2.3 进度规划

2.3.1 施工阶段划分

混凝土面板堆石坝工程建设全过程可分为工程筹建期、施工准备期、主体工程施工期、工程尾工完建期四个阶段，第一阶段为工程投资方筹建准备期，工程施工总工期应为后三阶段工期之和。为缩短工程建设周期，工程建设相邻两个阶段的部分工作可交叉平行进行。

（1）工程筹建期。项目立项、工程投资方成立项目筹建机构至施工队伍进场所需的准备时间，应完成的主要工作：项目立项审批工程对外交通，工程征地、移民、场平，施工供电和通信系统，以及施工招标、评标、签约等工作。

（2）施工准备期。施工队伍进场至主体工程开工或河道截流闭气所需的时间，应完成的主要工作：场内“四通一平”、导流工程、两岸坝基及趾板基础开挖、料场覆盖层剥离、料场开采与大坝填筑碾压生产性试验、临时房屋和施工工厂设施建设等。

（3）主体工程施工期。河道截流至水库下闸蓄水所需的工程建设时间，应完成的主要工作：大坝主体结构施工及坝前铺盖填筑、泄洪系统工程、引水发电系统的进口控制闸门、库区清理及大坝蓄水验收等。

（4）工程尾工完建期。水库下闸蓄水至工程完工验收阶段，完成导流洞封堵及灌浆、坝顶等与水库蓄水关系不密切的其他建筑物尾工完建工作、施工场地清理、复耕等。

2.3.2 准备工程

混凝土面板堆石坝工程，在截流后的第一个、第二个汛期来临前，坝体安全度汛面貌是极为关键的节点目标，而准备工程是实现度汛目标的前提，未完成必要的准备工程而仓促开工，反而会打乱施工导流度汛部署，造成极大的被动，影响工程质量、安全，耗费工程投资，拖延整个工程的工期。

（1）施工准备工程的主要项目及内容。

1）场外和场内交通道路、跨江桥梁等交通设施建设。

2）料场复勘、覆盖层剥离及必要的坝体填筑前备料工作。

3）砂石开采加工系统、混凝土生产系统、汽修厂等辅助企业和工厂的建设。

4）场内外供电线路、变压站，场内风、水管路等设施的建设。

5）仓库、办公、住宅等现场施工营地的建设。

6）导流隧洞工程及上下游围堰工程建设。

在施工准备工程建设的同时，根据需要，部分属于永久工程项目，如大坝两岸及坝头的边坡治理、危岩处理、永久上坝道路、结合施工供电的永久输电线路及其他在准备工程期间必须兴建的永久工程，也要在准备工程期间内安排完成，否则将影响主体工程的开工及施工进度。

（2）施工准备工期的主要影响因素。施工准备阶段工期的长短，根据不同的工程特点，变化很大，主要受下列因素的影响。

1）工程建设地区原有工业、交通等基础设施的发展水平。当地的基础设施完善、交通发达，则现场的施工准备工程规模可较小，准备工期短，反之，准备工期需要较长。

2）工程建设地区的自然条件，特别是坝址区的地形、地质及进场道路条件。恶劣条件，将使环境边坡治理、场内外道路、输电设施的建设工期大大延长，需要的准备工期长。

3）施工征地、移民的难易程度，工程建设地区的民族文化不同，将影响准备工期。

4）筑坝材料的开采条件，料场距坝址近、料源充足、覆盖层剥离量少、开采道路布置条件好，则准备工期短。

5）主体建筑物的布置形式、施工导流方案，也将影响准备工期。

（3）准备工程施工进度编制。准备工程的施工进度，应在施工设计的各相关专业的设计工作基本完成，并提出了准备工程的规模和工程量之后进行编制，编制准备工程的施工进度，应以工程建设控制性进度要求为基础，使各项准备工程与主体工程的施工进度需要合理衔接。编制准备工程施工进度计划的步骤如下。

1）列出准备工程的项目，了解各项准备工程布置概况，收集工程量等资料。

2）根据各项准备工程的规模、工程量、施工特性，参照类似工程的经验，采用先进技术水平，分析、拟定所需的工期。

3）分析各准备工程与服务主体之间及准备工程之间的相关关系，结合控制性进度表，绘制初步的准备工程施工进度表。

4）综合平衡土石方、砌石、混凝土、房建等工程的施工强度及投资比例，调整、完善准备工程的施工进度。

5）有时需要根据初步确定的投资计划、征地移民进展情况，适当调整准备工程的施工进度。

2.3.3 导流工程

混凝土面板堆石坝工程，宜优选采用隧洞导流、河床一次断流的导流方案，导流工程施工进度一般包括导流隧洞、参与泄洪度汛的水库泄洪洞、放空隧洞、上下游围堰等建筑物进度安排，以及截流时段、导流洞下闸封堵时段等关键节点时机的选择。

（1）导流隧洞及泄洪洞。建成导流洞工程，是进行河床截流的前提条件。因此，在准备工程开工后，应尽量创造条件安排导流洞施工，导流洞施工与其他准备工程、两岸坝肩开挖工程应同时进行，使两岸坝肩水上部分开挖能抢在河床截流前完成，否则将影响主关键线路工期。

参与泄洪度汛的泄洪洞、放空洞，在截流后的第一个枯水期内不参与导流，但有的要在第一个或第二个汛期参与度汛泄洪的，可以安排在相应汛前完成，开工时间可根据施工项目的工作量倒算确定，不必过早安排施工，以免占用工程前期的资源。

（2）上、下游围堰。围堰结构型式及挡水时段选择取决于导流方案，但不论选择何种围堰，在河床截流后，应在一个枯水期内完成，上、下游围堰同步施工，围堰的填筑升高速度，必须要达到能挡下月洪水度汛标准。

对于河床宽、覆盖层较深的工程，在条件许可的情况下，可考虑将基础防渗墙采用河床段分期施工，安排在施工准备期内先完成，并做好墙顶过流保护措施，在河床截流后，有效节省了龙口的闭气。白溪、滩坑水电站工程应用了该项“先完成河床基础闭气后截流”技术，提前1个月完成了基坑截流后的闭气，对确保河床截流后的第一个枯水期内度汛目标的实现有积极意义。

（3）截流时机选择。导流建筑物具备过流条件，是进行河床截流的前提，混凝土面板堆石坝工程，在截流前一般应完成两岸水上部分坝基开挖，截流后的第一个枯水期，是最为关键的施工阶段，截流时机应选择在枯水期的初期。截流时机选择，应综合考虑下列多方面因素。

1）在大流量河流上截流，为降低截流难度，最好选在河流出现最枯流量并避开流冰时段进行。

2）满足围堰施工要求。河床截流后，要求围堰在一个枯水期内完成，采用全年围堰挡水的工程，应分析围堰本身的施工工期，从度汛要求时间节点倒排推算，确定河床截流的最晚时间。

3）满足坝体度汛断面施工要求。利用坝体临时断面挡水度汛的工程，截流后到第一个汛期汛前，必须完成河床坝基开挖与处理，并使坝体上升到拦洪高程，常常是填坝的高峰期，难度大。因此，应尽量提前截流，延长坝体度汛断面填筑时间，降低度汛风险。

4）在截流难度不大，或具有“洪中有枯”水文特性的河流上，为加快施工进度，可考虑在洪水期末进行截流，但必须详细分析截流风险，在确有把握的情况下才可进行。

（4）下闸时间选择。导流洞下闸蓄水是水利水电工程关键里程碑节点，影响因素多，从编制施工总进度的角度，应综合考虑以下因素，全面比较分析确定。

1）永久的泄洪建筑物必须具备泄流条件，导流洞下闸后，水库即开始蓄水，对于调蓄库容不大的工程，可能在较短时间即有泄洪的要求，永久的泄洪建筑物必须投入使用；对于年调节或多年调节水库，下闸后短期内不需泄洪的，应按最不利情况进行蓄水计算，确保水库需要泄洪时，泄水建筑物能够投入使用，否则不能下闸封堵。

2）下闸前应做好库区清理、移民搬迁工作，对于库容量大，蓄水缓慢水库，可根据分期蓄水计划，分期搬迁移民。

3）满足导流洞封堵施工要求。下闸后水位不断上升，而导流洞封堵需要一定的时间，在堵头未发挥作用之前，水压力全由闸门承受，对于水位上升较快的水库，应进行蓄水计算，根据闸门的设计水头和堵头施工所需时间，确定下闸的时间。

4）以发电为主的工程，当水库蓄至最低发电水位后，即具备发电条件，在厂房机组安装有条件提前时，宜在汛末下闸蓄水，拦蓄部分洪水，争取提前发电。

5）下闸后将影响下游生态用水或航行要求的，应在下游供水设施建成后才能下闸。

2.3.4 坝基开挖与处理

（1）坝基开挖。坝基开挖一般常分为岸坡和河床两部分，分界线一般按高出枯水期常水位2～3m，或按截流前月平均流量相应水位加2～3m确定。

1）岸坡开挖。岸坡开挖一般不受洪水影响，应安排在截流前完成，其开工时间，应视准备工程进度而定，宜早为好。对于两岸边坡开挖高差大、危险岩体处理及岸坡地质缺陷处理工作量大的坝址，应根据处理方案慎重分析施工方法和工期，早做准备，提前开工，力争在截流前完成岸坡开挖及边坡支护。

2）河床开挖。河床开挖需待截流后在围堰内进行，混凝土面板堆石坝施工河床截流后的第一个枯水期最为关键。因此，河床开挖一般是控制施工总进度的关键项目，基坑宜采用大型的开挖和运输设备，加快开挖进度。河床坝基开挖一般分趾板和坝基两个区域同时进行，趾板区一般要求坐落到弱风化基岩，开挖期相对较长，坝基区不一定要完全清除河床覆盖层，开挖期较短，开挖完成后可考虑先安排坝后区填筑，以降低坝体填筑高峰强度。对于趾板坐落在覆盖层上的深覆盖层坝基，前后区开挖所需工期相差不大的，可根据出渣便利统筹考虑坝基开挖，开挖完成后再安排填筑。

（2）基础处理。混凝土面板堆石坝基础处理一般包括坝基地质断层、岩溶洞穴回填、陡坡反坡等地质缺陷处理，趾板固结和帷幕灌浆、深覆盖层上的坝基防渗墙等。

1）地质缺陷处理。一般在坝基开挖完成后由低到高的顺序处理，河床段地质缺陷处理后，开始坝体填筑，两岸的地质缺陷可随坝体填筑升高时逐步处理，以不影响坝体填筑为原则。

2）趾板固结和帷幕灌浆。一般在河床趾板混凝土浇筑完成并达到70%养护强度后，安排固结灌浆跟进施工；在相应部位固结灌浆完成后，安排帷幕灌浆施工，由低到高顺序进行，趾板灌浆可与坝体填筑平行作业，汛期洪水位以下部位灌浆施工宜在枯水期内完成，两岸灌浆，可均衡安排施工，帷幕灌浆一般应在水库蓄水前全部完成或完成最高初期蓄水水位以下部分。

3）深覆盖层上的坝基防渗墙，防渗墙与趾板之间设置连接板过渡，连接板应在坝体填筑达到一定高度，坝前区侧向水平位移稳定后安排施工。

2.3.5 坝体填筑

混凝土面板堆石坝坝体填筑进度是工程控制性关键线路上的施工项目。填筑施工一般受气候因素影响较小，但在北方及高寒地区，冰冻期若安排坝体填筑应进行必要的试验，调整施工参数，其施工效率和物资供应也将受不同程度影响，施工强度安排应考虑上述因素。

坝体填筑进度应根据工程总工期要求和导流度汛方案，以施工导流为主导，并兼顾面板分期施工需要，进行坝体填筑分期规划，施工强度规划应统筹考虑施工场地布置、料场开采、上坝道路、土石方挖填平衡、施工方法等多方面因素，反复协调论证后，安排坝体填筑施工进度。

坝体填筑宜在坝基、两岸岸坡处理验收以及相应部位的趾板混凝土浇筑完成后进行，填筑进度安排应遵循“紧前松后”的原则。对于趾板基础坐落在基岩上的混凝土面板堆石坝，基础开挖、处理、混凝土施工需要一段较长时间，在坝基开挖完成的情况下，可考虑在距趾板线不小于30m的下游区，先安排坝体填筑，在坝前趾板混凝土浇筑完成后，再将上游预留区补填齐平。在河床较宽，岸坡有滩地，采用河床分期导流的情况下，也可以考虑沿坝轴线纵向分期，先完成部分岸坡滩地填筑，主河床在断流后再安排施工。总之，在条件许可的情况下，应尽可能创造条件，早安排坝体填筑施工，对削减填筑高峰强度，提高土石方填筑可利用料的直接上坝率、促使坝体尽早完成初期沉降等方面都是有利的。

坝体填筑宜尽可能保持全断面平起填筑，由于坝体挡水度汛、面板分期施工等需设置临时断面时，临时断面的高差不宜大于30m，上游临时断面的顶宽不宜小于30m。

2.3.6 混凝土施工

混凝土面板堆石坝的混凝土工程项目主要包括趾板、面板、坝顶防浪墙等结构。

（1）趾板混凝土。趾板混凝土应在坝体上游相邻垫层、过渡层和主堆石区填筑前完成，而坝体上游垫层、过渡料填筑，是坝体临时断面挡水度汛的重要组成部分，一般是控制工期项目。因此，河床段趾板混凝土应在基础开挖、处理完毕后尽快施工，两岸趾板混凝土可与坝体填筑平行安排施工，施工进度规划安排应考虑以下几方面因素。

1）趾板混凝土的总体施工顺序是由河床向两岸，由低到高逐段进行，两岸趾板应以不影响坝体填筑进度为原则，并兼顾基础灌浆等后续工序的工期要求。

2）混凝土施工应尽可能避开高温、寒冷季节和雨季，不可避免时应采取相应的保护措施。

3）混凝土施工应尽可能避开与枢纽建筑物之间的施工干扰，趾板常与岸坡溢洪道、泄洪洞进口相邻，开挖施工的滚石会对趾板施工安全造成较大影响，应统筹协调安排好各建筑物的施工期，采取有效防范措施，保证趾板工期和施工安全。

4）易风化岩石在趾板开挖完成后应尽快进行混凝土施工，否则应喷薄层混凝土防护。

（2）面板混凝土。面板混凝土根据坝高不同、水库拦洪度汛或提前蓄水等因素可分期浇筑，坝高70m以下，面板混凝土应一次浇筑完成，高坝超过100m，可分2～3期施工。混凝土面板是面板堆石坝工程防渗体系中最为重要的组成部分，防裂要求高。面板混凝土的裂缝主要包括结构性裂缝和干缩裂缝，其产生的原因，主要取决于堆石体变形和施工环境因素，如堆石体变形过大、温度和干缩引起的裂缝等。因此，面板混凝土的施工时机选择重点应满足混凝土防裂需要。同时，面板混凝土施工工期制约了表面止水、坝前铺盖填筑等后续项目施工，影响了导流度汛、水库蓄水等重要里程碑工期。其施工进度安排主要应考虑以下几方面因素。

1）面板混凝土施工前，坝体应有4～6个月的预沉降时间，坝体的沉降速率应小于5mm/月，面板混凝土分期施工时，先期施工的面板顶部填筑应有一定的超高。

2）面板混凝土宜选择合适的季节施工，改善温度收缩应力。我国的南方地区宜选择春季和冬季的非负温时段，避开夏季和秋季高温时段；北方严寒、寒冷地区宜选择春末夏初和秋季的正温季节，避开高温和冰冻期。

3）面板混凝土施工应满足导流度汛及水库下闸蓄水工期要求。采用枯水期围堰挡水的工程，一期混凝土面板及表面止水、坝前铺盖填筑等均需在枯水期内完成，面板混凝土施工期应兼顾考虑后续项目的工期需要。

（3）坝顶防浪墙混凝土。坝顶防浪墙混凝土在混凝土面板浇筑完成后开始施工，坝顶结构可能对水库蓄水验收有一定影响，其他方面影响不大。

2.4 料源规划

2.4.1 料源选择

筑坝材料一般可使用建筑物的开挖料、天然砂砾料、山麓堆积料、料场爆破开采石料、人工加工级配料等，根据坝体分区填筑质量要求不同，有单独使用或分区填筑于坝体内。料源选择的原则有以下几个方面。

（1）充分利用枢纽建筑物的开挖料，并根据开挖料的不同性质，合理规划用于坝体的不同填筑部位，满足坝体填筑质量要求。

（2）开采料场宜选择运距较短、储量较大、剥采比小、便于高强度开采的料场。

（3）料源选择必须满足不同时期坝体各分区，对填筑料质量的不同要求和供料强度要求。

（4）开采料场应尽量避开居民点，施工干扰少，少占或不占耕地，少毁林木，注意环境保护，维护生态平衡。

2.4.2 料源平衡规划

做好料源平衡规划是面板堆石坝工程的一项极为重要工作，在料源平衡规划中，必须在质量、数量、时间、空间上对可使用料源和坝体填筑部位进行统筹规划、综合平衡，达到既保证坝体填筑进度，又满足坝体各分区对石料质量的不同要求。应充分利用建筑物开挖料，提高开挖料的有效利用率，直接利用优先，尽可能减少筑坝材料的中转储存，缩短运距，节约施工成本。料源平衡规划的基本步骤有以下几个方面。

（1）列出各填筑区填筑料所需的数量和质量要求，填筑时间和强度要求，填筑的部位。

（2）列出各类可利用料源的数量、质量、开挖时间及具体位置。

（3）物料平衡计算，确定需开采料的数量、质量及开采时间要求，选择合适的开采料场，编制物料平衡计算表。

（4）规划各料源到相应填筑区的道路。

（5）绘制料源平衡调配图。

2.5 资源配置

（1）施工设备配置。混凝土面板堆石坝施工中，铺填与压实两种坝面作业是决定整条施工生产线的最主要的工序。因此，与这两种作业对应的施工机械应为主导机械，在施工设备配置时，应以铺填与压实机械为主体进行组合配套。

铺填机械宜采用自卸汽车卸料，推土机平料。主堆石区和次堆石区宜采用进占法铺料，过渡料、垫层料和小区料宜采用后退法铺料。平料用推土机的生产率应与卸料机械的生产率相适应。设备数量按施工高峰时段的平均强度计算确定，适当留有余地。

堆石的压实标准要求很高，一般要用振动碾碾压才能达到要求，碾压机械的机型选定，须确定各种压实工作参数，包括碾重、激振力、振幅、频率、压实遍数以及行走速度等。以上参数可根据类似工程的施工经验或通过计算初步拟定，通过生产性试验最终确定。

装车、运输设备，应根据各施工期高峰填筑强度、运输道路条件、车型等因素，通过计算确定。

混凝土面板施工一般采用无轨滑模浇筑，用于滑升的卷扬机，按设计要求的牵引力选配。混凝土的水平运输可采用自卸汽车、混凝土运输车。混凝土斜坡运输可采用斜溜槽。

（2）劳动力配置计划。劳动力配置应考虑生产人员和非生产人员。生产人员劳动力配置应根据施工工程量、施工进度计划安排及开挖、填筑、浇筑等的施工工艺、设备配置情况确定，生产人员劳动力配置计划也可参考有关定额。

2.6 安全与环保

2.6.1 安全施工

（1）安全文明施工目标。混凝土面板堆石坝施工应确保人身死亡“零”目标、无重伤事故，杜绝重大机械设备事故和重大交通事故、重大火灾事故，控制轻伤事故频率。

文明施工应做到施工场区道路畅通，施工材料置放有序，施工机械定点停放，作业场地工完场清，场区安全标识齐全，生活区域清洁卫生。

（2）建立安全文明施工管理机构。混凝土面板堆石坝工程施工，要建立安全文明施工管理机构，负责对安全生产的重大问题进行研究、协调、决策、处理。其主要职责有：宣传、贯彻安全生产方针、政策、法律、法规，制定安全生产规章制度，并贯彻落实，对工程项目的危险源进行识别，并制定紧急救援预案；深入施工场所检查安全防护设施状况，并对不安全因素提出整改意见；编制安全技术措施计划，并监督落实；组织开展各项安全生产活动。

工地治安保卫部门要加强对治安、交通、消防、火工材料的日常管理。制定交通、消防、火工材料等的管理规定，并监督实施；保证工地危险部位消防器材的完好。对场内机动车辆进行有效的管理，危险路段的安全标识齐全。

设备物资管理部门负责制定机械设备安全管理制度，编制机械设备的安全操作规程；保证机械设备安全防护装置的完好。负责采购的个人劳动防护用品、现场安全防护用品、用具的质量应符合安全标准的要求。严格按有关安全管理规定，对火工品、油库、氧气瓶、乙炔瓶的仓储安全负责。

生产指挥部门负责施工协调工作，做好工程安全度汛措施的落实工作和防汛抗灾的组织工作；维护现场安全生产、文明施工秩序。

（3）安全生产文明施工的主要规章制度。混凝土面板堆石坝工程施工一般应建立以下安全生产文明施工规章制度：

1）《安全生产责任制》明确各级各类人员在本工程施工中的安全生产责任。

2）《安全生产、文明施工检查制度》规定安全生产、文明施工检查的内容、形式、时间、组织者、参加者及隐患整改要求。

3）《安全教育活动制度》规定安全生产、文明施工教育的内容、形式、对象及各类安全活动的组织、时段。

4）《易燃易爆物品安全管理规定》，明确炸药、雷管等火工品的押运、仓储、领用、退库等环节的安全要求，以及氧气瓶、乙炔瓶及油库的有关存储、使用的安全要求。

5）《施工用电安全管理规定》明确施工用电线路架设、变压器配置、配电箱、开关箱配置、现场照明及电动工具的使用等方面的安全规定。

6）《交通安全管理规定》对场内公路的养护、危险路段的标识、机动车辆的行驶、驾驶人员的管理等做出具体规定。

7）《高处作业安全管理规定》明确高处作业人员的基本要求及作业人员的行为要求和高处作业各项防护设施的要求。

8）《起重机械安全管理规定》明确起重机械安装、运行、维护、拆除的安全管理规定。

9）《爆破作业安全管理规定》明确爆破作业人员、爆破作业程序及爆破作业行为的有关安全事项。

10）《高边坡开挖作业安全管理规定》明确高边坡开挖的施工程序，安全防护要求。

11）《焊接作业安全规定》明确焊接作业中的防火、防爆、防触电等方面的安全规定。

12）《重大事故紧急救援预案》明确重大意外事故的抢救过程的指挥、通信联络、紧急疏散和抢救过程的有关规定。

（4）安全文明施工主要管理措施。混凝土面板堆石坝工程施工，安全生产的主要管理措施体现在以下几个方面。

1）组织保证：建立健全安全生产管理网络。

2）制度保证：建立以《安全生产责任制》为核心的各项安全生产、文明施工规章制度，并不断完善，保证实施。

3）措施保证：对单位工程、分部工程或特殊工序认真编制有针对性的安全技术措施，并向参加施工的全体人员进行安全交底，履行交底人与被交底人的书面签字手续。

4）落实责任：实行层层签订"安全生产责任书"制度，使安全生产责任落到实处。

5）定期检查：做好定期安全、文明生产检查工作，一般每月组织一次全工地安全、文明生产检查。同时，做好季节性、阶段性、专业性安全检查，每次检查后做好整改措施落实情况的验证记录。

6）广泛教育：对所有进场人员均进行三级安全教育，提高施工人员的安全生产素质，并建立个人教育档案。

7）活动多样：不拘形式，广泛开展各项安全活动，提高施工人员的安全生产意识。

8）严格考核：根据"安全生产责任书"的履行情况，进行安全生产考核奖罚。

9）制定安全技术措施计划：为提供符合职业安全卫生标准的劳动条件，针对项目施工进程，以工程爆破、道路运输、边坡支护、施工用电、机械设备安全操作、施工现场安全防护设施、安全生产教育培训活动等为主要内容，提前编制安全生产技术措施计划。

文明施工的主要管理措施有以下几个方面。

1）加强对施工人员管理，严格执行操作规程，严格遵守安全文明生产纪律，进入施工现场按劳保规定着装和使用安全防护用品，禁止违章作业。

2）挂牌施工，施工现场进口处设置“五牌一图”，即施工单位及项目名称牌、安全生产六大纪律宣传牌、防火须知牌、安全无重大事故计数牌、建筑施工十项安全措施牌、施工现场总平面图。

3）规范临建设施，临时设施搭建严格按施工总平面图的布置，本着“需要、实用、统一、美观”的原则，并符合有关消防规定，严禁乱搭乱建。

4）做好施工道路维护，施工道路应平整、畅通，路基坚实，安全标志、设施齐全，并有专人养护，道路的宽度、坡度、转变半径符合安全要求，配置洒水车，不定期洒水，防止扬尘污染环境。

5）定制布设线路管道。风、水、电管线、通信设施、施工照明布置合理，标识清晰，维护责任到人。

6）施工机械管理有序，施工机械设备按施工平面管理，定点停放，消防器材齐备。

7）材料定点置放。材料进场按施工进度计划要求，并在指定场所分门别类置放有序，决不随意乱堆乱放，堵塞通道。

8）防护设施齐全。施工用各类脚手架、工作平台、栈桥、吊篮、通道、爬梯、护栏、盖板、安全网等安全防护设施完整、可靠，安全标志醒目。

9）警示标志醒目。施工现场的临边、洞口、上下层立体交叉作业场所通道等危险部位以及电气设备、危险品仓库安全警示标志齐全。

10）工业卫生符合规定，遵守国家有关环境保护法规，积极开展粉尘、有毒气体、噪声治理，施工废水、生活污水经处理后达标排放。

11）生活后勤整洁。办公室、仓库、宿舍等场所保持清洁卫生，划分卫生包干区，定期打扫，职工食堂、饮食店、小卖部等符合国家卫生法规，有防鼠、防蝇设施，定期消毒，不销售过期、霉变的食品、饮料。

12）与当地居民和睦相处。遵守当地政府的乡规民约，尊重当地群众的风俗习惯，与当地政府和群众建立良好关系，以保证工程施工按合同要求顺利进行。

（5）主要危险源辨识及防范措施。

1）溢洪道、趾板、大坝两岸坝基等部位开挖相互干扰大，采石料场开挖工作面多，爆破作业安全协调问题十分突出。为确保各爆破作业面的安全，爆破作业严格遵守“统一指挥、统一信号、统一时间、统一警戒”，应在整个工地划定距各爆破点500m范围的爆破警戒区，在警戒区范围内的各施工通道口设立醒目的爆破警戒牌，并在工地设置爆破作业警报装置，各爆破作业面在实施爆破前，对工作面、警戒点的进行全面检查，在确认安全后，实施爆破。

2）岸坡、溢洪道陡峭，开挖作业危险性极大。在岸坡、趾板、溢洪道的开挖作业时，遵循“自上而下、分层分区、层内分块、循环作业、及时支护”的原则，在同一垂直面上下不准同时进行撬挖和翻渣作业，在不同垂直面的上下开挖作业时，在通道口要设专门的安全监护人员，开挖边坡的撬挖、支护要在分层开挖过程中逐层进行，上层的支护要保证下一层开挖的顺利安全，上一层未撬挖、支护完毕，不得进行下一层的开挖作业，随着开挖高程下降，及时对坡面进行测量检查，以防偏离设计开挖线，避免在形成高边坡后再进行处理，坝肩从上到下每隔25m左右设一道高1.5m围栏，溢洪道在每层马道外侧设一道高1.5m围栏，以防边坡受季节性不利气候影响而发生滚石下落伤人。在无照明的夜间、大雨、浓雾天、雷电和五级以上大风等恶劣天气，均不得进行露天爆破作业。

3）导流洞、泄洪洞及闸门井等地下洞室开挖，塌方、落石、触电、有害气体等安全问题突出。地下洞室平洞开挖作业前，将洞口周围的碎石清理干净，及时锁口，在洞脸边坡外侧设置积石槽，如遇洞口以上边坡和两侧岩石不完整时，采用喷锚支护或混凝土永久支护；凿岩钻孔采用湿式作业；每次放炮后出渣前，均必须进行安全处理，清除所有松动的浮石，并设置爆破后降尘喷雾洒水设施；洞内不使用汽油发动机施工设备，并对内燃机施工设备配废气净化装置；洞壁下边缘设排水沟，洞内地面保持平整、不积水；电力线路和风水管路分别固定在洞壁两侧，洞内照明采用安全电压；定期检测洞内粉尘、噪声、有毒气体。

竖井开挖要锁好井口，做好表面排水及防渗，在井口设有高度不低于1.2m的防护围栏，围栏底部距地面0.50m范围处全封闭，并在井口搭设防雨棚；井壁设置人行爬梯。施工用风、水、电管线沿井壁固定牢固。照明采用安全电压。提升机械设置可靠的限位装置、限速装置、断绳保护装置和稳定吊斗装置。

4）混凝土面板堆石坝趾板灌浆作业与大坝填筑过程中，存在滚石下落伤人的安全隐患，必须采取防护措施。石料上坝卸车、推土机推平及碾压作业时，由专人负责指挥，避免石料滚落。同时，在5m高处沿坝面水平方向设一道全封闭的安全护栏，以后沿坝面水平方向每20m高设一道防护围栏，用Φ32@2m螺纹钢作插筋，双层毛竹脚手片封闭，阻挡万一下落的石块，保护灌浆作业人员的安全施工。

5）施工车辆多、吨位大且道路情况复杂，使安全行车问题突出。混凝土面板堆石坝工程施工高峰期载重车辆多，吨位大，承担各开挖面的石料运输、各混凝土浇筑面的混凝土运输等。为保证场内道路交通安全，首先在道路布置上进行优化，尽量减少弯道和陡坡，保证各施工干道路面宽度，转弯半径一般不小于15m，纵坡控制在10%以内，个别短距离路段不大于12%。同时做好排水沟，路面由专人养护，保证路基坚实，边坡稳定。在路堤边坡大于1∶2、高度大于2m的弯道，坡度大于4%的路段外侧设钢筋混凝土安全墩及反光警告标志，交叉路口处设置指示标志、限速标志，规定车辆在施工区域内的行驶速度不超过15km/h，在弯道、会车和大雾天气时不超过3km/h，并在交叉路口处设交通岗由专人指挥。浓雾天气在施工道路的危险路段的外侧沿线和弯道处设红色警示灯。同时，加强对驾驶人员的安全教育，谨慎驾驶，不酒后驾车，不开“疲劳车”“英雄车”，每次出车前要对车辆的制动系统、方向机、灯光、喇叭等进行全面检查，以确保行车安全，尤其是大雾等恶劣天气的运输安全；施工道路由养护队进行养护，保证路面完好、整洁、不积水。

6）炸药、雷管、油料和氧气瓶（乙炔瓶）的运输、存放、使用安全问题十分突出，必须严格控制。炸药库、雷管库的选址、库房结构应严格按规定，由当地公安部门审批验收，符合安全距离要求。炸药、雷管分库存放，做好围栏、避雷装置、隔离带等防盗、防爆、防火设施，并设专人昼夜值班。炸药、雷管运输用专用车辆，并安排押运员，炸药、雷管不得同车运输，炸药、雷管搬运时轻拿轻放。火工品的领用严格执行审批制度，领用人员必须持有爆破员证。装药时，现场有保卫人员监督装药情况，未装完的炸药、雷管等火工品及时退库，防止火工品的流失。油库四周设高 2m 实体围墙，库内道路布置成环行道，宽度 4m。油库内照明、动力设备采用防爆型，装有阻火器等防火安全装置；安装保护油罐贮油安全的呼吸阀。油罐区安装避雷装置，油罐设置防静电接地装置，其接地电阻均不大于 30Ω。库房应设置醒目的安全防火、禁止吸烟等警告标志，并配备干粉灭火器及沙土等灭火器材。

氧气瓶、乙炔瓶分库存放，气瓶的防护罩、防振圈齐全。使用时气瓶之间及与明火之间要保持安全距离，瓶身尤其是瓶口不得沾染油污，搬运时轻拿轻放，库房配干粉灭火器。

7）消防安全。工地应成立义务消防队，请当地消防部门对其进行必要的消防知识培训，并消防演练，保证在出现火警时在第一时间能及时进行灭火。职工宿舍和仓库修建时，应按消防规定要求的间距布置，并设消防通道和消火栓。办公室、职工宿舍每 $50m^2$ 配 1 只 8kg 干粉灭火器；仓库每 $20m^2$ 配 1 只 8kg 干粉灭火器，并对员工进行灭火器材的使用培训。仓库区、易燃材料堆集场距其他建筑物不小于 20m，易燃废品集中堆放，且距其他建筑物不小于 30m。宿舍、办公室、休息室内严禁存放易燃易爆物品，各类用电设备严格按用电负荷选择保险丝。

（6）施工过程安全控制措施。

1）堆石坝趾板及溢洪道开挖过程安全控制。将设计边线处至少 5m 范围内的浮石、杂物清除干净，坡面悬浮层要清除，并撬挖成一个确无危险的坡度，做好截水沟，大坝左右岸趾板、溢洪道开挖由上而下，严禁开挖面出现倒坡，每次放炮后，对爆破面进行安全处理，否则不得进行下一工序作业。

2）堆石坝填筑过程安全控制。运输石料上坝，重车靠公路内侧行驶。车辆在填筑区卸料倒车时有专人指挥。大坝垫层区人工削坡时，作业人员系安全绳，牵引斜坡振动碾的卷扬机锚固应可靠，卷扬机钢丝绳、地锚勤检查，垫层区沿斜面每升高 20m 设一道安全护栏，护栏高 1.5m；次堆石区卸料和碾压时，设监护人，防止落石伤及坝后坡干砌块石作业面施工人员。

3）堆石坝混凝土面板、溢洪道等部位混凝土浇筑过程安全控制。支模过程，高空作业要在脚手架外侧部位挂密目安全立网，作业人员工作时正确佩戴安全帽、安全带，不得在同一垂直面上下同时作业；高处、复杂结构模板的安装、拆除要编制安全措施。高处拆模时，下面应标出工作区，并有人监护，严禁从高处往下掷物。堆石坝面板混凝土浇筑滑模时，要注意经常检查卷扬系统的地锚牢固情况和卷扬钢丝绳的完好情况以及制动系统情况，滑模时统一指挥，作业人员全部撤离滑模平台。在钢筋施工过程，钢筋的调直、弯曲、断料等加工过程中，机械传动装置要设防护罩，并有保护接地或接零，防止钢筋机械的伤害；在水平和垂直运输钢筋时，捆扎牢固，防止碰人撞物，高处绑扎钢筋时，不允许在脚手架上、模板上放置过量钢筋。混凝土浇筑过程，施工前要全面检查仓内模板支撑、拉筋及平台、漏斗、漏筒是否安全可靠；振捣过程中，经常观察模板、支撑、拉筋是否变形，下料、振捣时，不允许碰到模板及支撑和拉筋；电动振捣器配置触漏电保安器，电源线绝缘良好。

4）灌浆作业过程安全控制。钻机地锚的抗拔力不小于钻机额定最大向上反力的1.5倍；斜坡施工应设有平整工作平台，临空面设有防护栏杆。开钻前，认真检查；灌浆前，进行10～20min最大灌浆压力的耐压试验。运行中，安全阀必须确保额定负荷动作。现场通风、照明良好，水源充足。

5）脚手架搭设、使用过程安全控制。脚手架的搭设根据设计要求进行，保证脚手架的强度和刚度，脚手架上的栏杆、挡脚板、安全网、剪刀撑、连墙杆、垂直通道等安全防护设施一应俱全。作业层脚手片铺满、铺稳，不得有探头板。使用前经过检查验收，并挂牌施工，使用中经常清理脚手架上的垃圾，并严格控制使用荷载在3000N/m^2以内。遇六级以上大风或大雪、大雾、大雨天气暂停作业。

6）高处作业过程安全控制。高边坡撬挖、洞室进口等高空部位混凝土浇筑、溢洪道混凝土浇筑、堆石坝上下游坡面修整和混凝土面板浇筑等高处作业，应严格按《建筑施工高处作业安全技术规范》（JGJ 80）的要求，做好临边、洞口防护，并保证登高设施的完好。同时，对作业人员的个人劳动防护用品及操作中使用的工具经常检查。在堆石坝迎水坡面，沿斜面每升高20m设一道高1.5m的防护栏，遇六级以上大风时，禁止一切高处作业，高处临边防护栏杆做相间的红白油漆标识，夜间设示警红灯。

7）施工用电。施工用电设计首先要根据现场情况，确定电源进线、变电所、配电室、总配电箱、分配电箱等的位置及线路走向，然后进行负荷计算，选择变压器容量、导线截面和电器的类型（规格），绘制电气平面图、立体图和接线系统图。同时，制定安全用电技术措施和电气防火措施。用电工程图纸必须单独绘制，并作为用电施工的依据，用电施工组织设计必须由电气工程技术人员编制，技术负责人审核，经主管领导批准后实施。

施工变压器设有高度不低于1.7m的栅栏和带锁的门，并有警示标志，采用柱式安装时，变压器底部距地面不小于2.5m，外壳接地电阻不大于4Ω；线路采用“三相五线”制，现场电源线一律架空，选用标准金属外壳配电箱，所有用电设备配置触漏电保护器，洞室照明采用安全电压。各级配电盘（箱）外壳完整，金属外壳设有通过接线端子板连接的保护接零，箱内装漏电保护器，开关箱高度不低于1.0m，并有防雨设施。施工供电线路架空高度不低于5.0m，并满足电压等级的安全要求，作业面的用电线路高度不低于2.5m，如遇局部难以架空的场所，如线路穿越道路或易受机械损伤的场所时，设套管防护，管内不设接头，管口封闭。在构筑物、脚手架上安装用电线路时，设专用横担与绝缘子。作业面的用电线路高度不低于2.5m。

2.6.2 环保

（1）环境保护目标。防止生产废水、生活污水污染水源；做好噪声、粉尘、废气和有毒有害气体的防治工作；保持施工区、生活区清洁卫生；确保开挖边坡和渣场边坡稳定，防止水土流失，保证施工人员和附近群众的安全健康。

（2）建立环境保护组织机构。混凝土面板堆石坝工程施工应设置环境保护组织机构，并配置相应的管理人员。环境保护的主要职责有以下几个方面。

1）环境保护情况进行监督与控制。

2）结合工程实际，制定环境保护规章制度，并监督贯彻落实。

3）制定防止职业病和职业危害及环境保护的措施，并对措施的执行情况进行监督检查。

4）负责对环境保护工作的考核奖惩。

5）深入施工现场，掌握环境保护工作动态，总结、评比环境保护工作。

（3）环境保护的主要措施。

1）健全网络：及时协调解决施工中存在的环境保护重大问题。

2）措施到位：按照“谁主管、谁负责”的原则，在制定施工技术措施和组织施工的同时，制定有针对性的环境保护措施，并经审查批准后贯彻落实。

3）落实责任：实施环境保护目标管理，层层签订“环境保护责任书”，将环境保护责任落实到个人。

4）完善制度：制定生产废水、生活污水排放标准和管理制度，制定粉尘、有毒物质和噪声治理措施，制定环境卫生管理规定、水土保持管理规定等，保护和改善施工现场的生产、生活环境，防止由于工程施工造成的水土流失、水源污染及大气污染，保障施工期间附近居民和施工人员的身体健康。

5）检查考核：施工现场的环境保护实行定期检查和考核，检查各施工生产场所落实环境保护措施的情况。

6）教育培训：将环境保护教育纳入教育培训计划，在组织安全教育培训时，针对工程实际，将环境保护的要求以及环境保护的法律、法规知识作为教育培训的重要内容，对职工进行培训教育。

7）动态监测：严格控制“三废”的排放，设立工地环境保护监督组，配备尘、噪和有毒有害气体的监测器材，实行跟踪监测。

8）生产废水：对砂石料系统、混凝土拌和系统、堆石坝主副坝坝基开挖、溢洪道开挖、地下洞室开挖等处的废水通过设沉淀池的方法进行处理，使水质达标后排放。

9）生活污水：对生活区盥洗污水、厨房污水、洗涤污水、浴室污水等经沉淀池和中和隔油池处理，医务室设漂白粉精消毒池，厕所设化粪池，粪便经发酵处理后定期运至当地卫生部门指定地点。

10）环境卫生：生活区内设垃圾箱，粪便经化粪池处理；施工现场设置流动厕所，各主要施工场所各设置一加围栏的废料堆放点，并有专人清理。

11）水土保持：施工场地采取设排水沟、护坡等水土保持措施，防止施工过程中产生新增水土流失，严格按定的渣场弃渣，并进行必要的碾压、挡护和绿化，严格管理，防止局部水土流失。渣场要按设计体型堆弃，防止因弃渣不当造成堆渣体形成高陡边坡，根据设计要求及时做好渣体的排水沟，防止暴雨洪水冲刷堆渣体，确保渣体安全，防止水土流失。

12）扬尘控制：施工道路在气候干燥时每天采用洒水车洒水，临近生活办公区、居民点时，增加洒水次数，避免扬尘对周围环境空气的污染；水泥、石灰、粉煤灰等易飞扬的细颗粒散体材料，在库内存放或罐装，如确需露天暂时堆放时，要下垫上盖，防止飞扬和流失污染，运输土石方、砂石料、混凝土、建筑废弃物等无法包装的物品时，装车不得过满，以免逸出沿途散落；开挖钻孔采用湿式作业法，严禁打干钻；禁止随意焚烧油毡、橡胶、塑料、皮革等会产生有毒烟尘和恶臭气体的物质。

13）噪声控制：严格控制噪声源，尽量选用低噪声设备和工艺，或安装消声器等，在传播途径上采取吸声、隔声、阻尼等措施。进行强噪声作业时，严格控制作业时间，夜间和午休时间不得施工，筛分楼、破碎机、制砂机、空压机站、拌和楼等强噪声设施布置在远离生活及办公区域，上述工作场所设置有声级不大于 85dB（A）的隔音值班室，且配有足够的防噪耳塞等个体防护用品。

14）工完场清，工程完工后，及时拆除临建设施，清除施工区和生活区及其附近的施工废弃物及建筑垃圾等，平整场地，进行绿化，归还施工用地。

2.7 工程实例

2.7.1 滩坑水电站大坝填筑施工主要设备配置

（1）概述。滩坑水电站枢纽由拦河坝、溢洪道、泄洪洞、引水发电厂房、地面开关站等建筑物组成。拦河坝为混凝土面板堆石坝，坝顶高程 171.00m，最大坝高 162.0m，坝顶长度 507.0m，坝址处河谷地形呈 U 形，河床枯水期水面宽 90～130m，河床覆盖层深达 28m，坝体填筑分区从上游至下游划分为：垫层区、过渡区、主堆石区、砂砾料区、次堆石区等，坝体填筑总量约为 948 万 m^3。坝体填筑料源主要利用溢洪道和其他各建筑物开挖料及河滩砂砾料，其中河滩砂砾料填筑 246 万 m^3。

溢洪道位于左岸，利用天然垭口地形开挖而成，石方开挖总量约 575 万 m^3，岩体风化浅，坚硬完整，系紫灰、灰绿色含砾晶屑熔结凝灰岩，微风化基岩的湿抗压强度达 156.2MPa，软化系数为 0.63，是坝体石方填筑的主要料源。

坝体填筑计划从 2005 年 12 月中旬开始至 2008 年 7 月底完成，填筑至防浪墙底分五期完成，其中，2006 年坝面过流度汛，汛期停止填筑施工。填筑计划工期 25.5 个月，月平均填筑强度 37.2 万 m^3，填筑高峰期在 2006 年枯水期，抢截流后的第二个枯水期坝体上游临时度汛断面填筑，高峰期月平均填筑强度为 60 万 m^3。

（2）主要施工设备用量计算。大坝 2006 年枯水期的填筑石料主要使用溢洪道进水渠开挖料，石料平均运距约 3.5km，当坝体填筑至高程 54.00m 以后，约在 2006 年年底开始使用部分坝心砂砾料，砂砾料的使用按由近到远的原则，开始使用的料源都在坝址上、下游附近，平均运距在 3km 以内。因此，开始使用砂砾料后，运输条件已开始有所改善，运输设备统一按 3.5km 石料运输计算运距，坝体填筑压实根据现场填筑碾压试验结果，选用 25t 自行碾和 22t 拖式碾两种，上游垫层、过渡区采用自行碾，大坝主体采用拖式碾为主，碾压 8 遍，估算坝体运输、填筑设备有以下几个方面。

1）挖掘机。根据以往类似工程的施工经验，按每月 25d，每天二班制工作，每 $1m^3$ 斗容挖掘机装车能力为 1.5 万～2.0 万 m^3/月，按高峰期平均施工强度 60 万 m^3/月的要求，挖掘机装车设备总斗容量应达到 $60\div1.5=40m^3$ 以上。

2）自卸汽车。目前大中型面板堆石坝工程，以 15～32t 自卸车为主力运输车型，滩坑大坝工程拟按 20t 车型估算，20t 自卸车场平均运行速度一般为 12～15km/h，平均运距 3.5km，则运输车辆每次作业的循环时间：

$$T=t_1+t_2+t_3 \tag{2-4}$$

式中 t_1——装车时间，取 3.5min；

t_2——行车时间，20t 自卸汽车场内平均行车速度按 13km/h 计，取 32.3min；

t_3——卸车时间，通常取 1.0～1.5min。

$$T=3.5+32.3+1.5=37.3\text{min}$$

按高峰期平均运输强度 60 万 m^3/月，每月有效工作时间 25d，每天二班制工作，时间利用系数 K_t 值取 0.8，转换成小时运力要求为：

$$P=\frac{60\times10^4}{25\times2\times8K_t}=\frac{60\times10^4}{25\times2\times8\times0.8}=1875\text{m}^3/\text{h}$$

填筑方压实干容重 ρ 取 2.2t/ m^3，则需要的运输车辆总吨位：

$$G=\frac{P\rho T}{60}=\frac{1875\times2.2\times37.3}{60}=2564\text{t}$$

运输车辆按 20t 车型折算，运输车辆总数应不少于 129 台。

3）推土机。大坝填筑按每月 25d，每天二班制施工，折算为台班填筑强度约为 1.2 万 m^3/台班，填筑平仓需采用 TY230 以上大功率推土机完成。根据坝体填筑工况实测工作效率统计，TY230 推土机的生产效率约为 2500m^3/台班，估算坝面平仓设备数量为：12000÷2500=4.8 台。另外，考虑拖式碾的牵引、其他工作面配合等因素，实际配置数量应根据牵引碾的台数及其他需要配合工作面数量而增加。

4）振动碾。大坝填筑采用振动碾压实，施工选用 25t 自行碾和 22t 拖式碾两种，按填筑层厚 80cm，碾压 10 遍估算，每台振动碾的台班生产效率为 2400～3000m^3/台班。需要碾压设备应不少于 12000÷2400=5（台）。

（3）主要填筑设备配置。根据以上设备计算结果，滩坑水电站大坝主要填筑设备配置情况见表 2-1。

表 2-1　　　　滩坑水电站大坝主要填筑设备配置情况表

设备名称	型号及规格	数量/台	备　注
正铲挖掘机	RH30E，5.3m^3	1	
正铲挖掘机	CAT375，3.0m^3	2	
正铲挖掘机	PC400，2.6m^3	3	
反铲挖掘机	PC650，2.8m^3	2	
反铲挖掘机	CAT330，1.6m^3	6	
反铲挖掘机	PC220，1.0m^3	8	其中坝面填筑配合 3 台
装载机	WA380-3，3.0m^3	3	主要用于垫层料掺配等
装载机	ZL50，3.0m^3	2	主要用于垫层料掺配等
自卸汽车	TEREX3305F，32t	7	
自卸汽车	BJZ3364，20t	132	

续表

设备名称	型号及规格	数量/台	备　　注
自卸汽车	15t	25	
推土机	D8R，305HP	2	
推土机	SH320，320HP	2	
推土机	TY230，230HP	4	
推土机	TY220，220HP	2	
自行式振动碾	BW225D	2	
牵引式振动碾	YZT25	4	
牵引式振动碾	10t	1	主要用于坡面碾压
自行式周边碾	DD16，1.5t	3	
液压振动夯	HC-7	2	
手扶振动碾	YZS08，0.8t	2	
露天液压钻	ROC，D7	2	
高风压钻机	CM351	4	

（4）实施情况。大坝填筑于2005年12月中旬开始，2006年4—9月坝面过水度汛，停止填筑施工，2006年10月初恢复坝体填筑，至2007年7月，保持连续10个月平均填筑强度达60万m^3。2006年12月最高月填筑强度达86万m^3，填筑总工期23个月，较计划缩短2.5个月。

滩坑水库已于2008年4月1日开始下闸蓄水，开始3个月下游量水堰一直没有流量，后随水库蓄水位升高，量水堰出口开始有少量溢水，至今实测下游量水堰的流量值稳定在19.5L/s左右。至2009年7月30日止，实测坝体累计最大沉降量为86.8cm。表明坝体的渗漏量小、沉降总量较小、总体压实效果良好。

2.7.2 三板溪水电站料源平衡规划

（1）概述。三板溪水电站位于贵州省沅水干流河段清水江中游，工程具有发电、防洪、改善上游航运条件等综合效益，总装机容量1000MW。枢纽工程由拦河坝、左岸溢洪道及泄洪洞、右岸引水发电系统、左岸驳运码头等建筑物组成。

拦河主坝为混凝土面板堆石坝，坝顶长423.34m，坝顶高程482.50m，最大坝高185.50m，主坝坝体自上游至下游依次分为垫层区、过渡区、上游堆石区、下游堆石区，周边缝下设特殊垫层区，上游高程370.00m以下设黏土铺盖区和盖重区，坝体填筑总量为871.4万m^3。左岸山凹地形设有一座副坝，副坝利用原山体作为坝体一部分，也为混凝土面板堆石坝，最大坝高50m，坝体结构与主坝相似，坝体填筑总量33.6万m^3。合计坝体填筑总量为905.0万m^3，其拦河坝各区填筑工程量汇总见表2-2。

（2）填筑需用量换算。坝体填筑总量为905万m^3，扣除上游黏土及表面盖重任意料填筑，坝体石渣填筑压实方总量为861.9万m^3，转换成开挖自然方，约需石料712.8万m^3，开挖自然方与填筑压实方的换算系数，可根据填筑压实干容重及孔隙率指标，与石料天然干容重指标的比值换算，人工碎石料考虑20%左右的加工损耗，初步估算时，综合换算系数可按 1∶1.2 考虑。

表 2-2　　　　三板溪水电站拦河坝各区填筑工程量汇总表

填筑区名称	工程量/万 m^3	设计填筑要求			主要料源
		最大粒径/mm	设计干密度/(g/cm^3)	孔隙率 n/%	
垫层区料	24.0	80	≥2.21	18.15	人工碎石
特殊垫层区料	0.8	<40	≥2.21	18.15	人工碎石
过渡区料	43.7	300	≥2.19	19.49	洞渣、石料场
上游堆石区料	466.5	800	2.17	19.33	建筑物开挖、料场
下游堆石区料	297.0	800	2.15	20.07	建筑物开挖、料场
两岸接坡区料	24.6	500	≥2.18	19.85	石料场
上游黏土铺盖料	11.0				七里冲土料场
上游石渣盖重料	32.1				工程弃渣
坝后干砌块石护坡	5.3				八洋河石料场
合计	905.0				

（3）可用料源调查分析。根据料源调查及岩石物理力学试验结果，八洋河石料场强风化上部岩石强度偏低，不能用于大坝填筑料，强风化岩中下部岩石软化系数为 0.27～0.3，强度较低，不能单独作为大坝填筑料，但与弱风化岩混合后可用于大坝下游高程 340.00m 以上的次堆石区填筑，弱风化以下岩石为次坚硬至坚硬岩类，为较好坝体填筑料源。建筑物开挖时，也弃除强风化中上部岩石，强风化下部与弱风化岩石混合料单独收集用于大坝下游次堆石区填筑，弱风化以下岩石料及洞渣料，均单独收集储存。

1）工程前期可用料收集情况。三板溪水电站主体土建工程分 3 个标段：Ⅰ标段为导流洞及左右岸坡开挖等工程；Ⅱ标段为拦河坝、溢洪道及泄洪洞工程；Ⅲ标段为右岸引水发电系统工程。Ⅰ标段和Ⅲ标段分别于 2002 年 7 月和 11 月开工，大坝标段于 2003 年 7 月进场准备，9 月中旬完成河床截流，2003 年 12 月初开始坝体填筑。

在大坝开始填筑前，Ⅰ标段和Ⅲ标段的基础开挖工作已基本完成，在业主的统一协调下，对各建筑物开挖可用料进行了系统收集，在场内南斗溪①沟收集了 41.3 万 m^3；南斗溪②沟收集了 38.0 万 m^3，大乌沟收集了 54 万 m^3，合计 133.3 万 m^3，以上均为开挖自然方，回采率取 90%，可回采量约 120.0 万 m^3。各开挖料分洞渣、弱风化岩、风化岩混合料 3 个品种分类收集堆存。

2）大坝标段建筑物开挖可用料分析。两岸坝基及溢洪道一期开挖已由Ⅰ标段完成，大坝标段建筑物开挖主要包括溢洪道二期及泄洪洞工程。溢洪道二期石方开挖 158.3 万 m^3，其中强风化料 54.2 万 m^3，新鲜料 104.1 万 m^3；强风化料中下部可与弱风化岩掺混后用于坝体次堆石区填筑，利用率取 50%，弱风化以下料直接利用率取 97%，可利用石料为 128.1 万 m^3；其中，间接量约 24 万 m^3，回采率取 90%，可回采量约 21.6 万 m^3，溢洪道开挖实际可利用量 125.7 万 m^3。

泄洪洞石方开挖 43.9 万 m^3，其中洞口明挖 26.8 万 m^3，利用率取 50%，间接使用，

扣除回采损耗，可用量约12.1万m^3；洞身开挖17.2万m^3，直接利用率取97%，可利用量约16.7万m^3，泄洪洞实际可利用量约28.8万m^3。

各建筑物开挖累计可用量约274.5万m^3。

3）八洋河石料场开采。坝体石渣填筑除利用各建筑物开挖料以外，不足料源从八洋河石料场开采，需开采用量：712.8－274.5＝438.3万m^3。

八洋河石料场自然坡度较陡，走向长、横向窄，开采条件较差，开采高程范围为340.00～460.00m，高差120m，长约500m，可开采储量约700万m^3，储量满足使用需要。料场无用层在大坝标段开工前已完成剥离，料场无用层剥离后剩余强风化中下部岩体要求与弱风化岩石按3∶7混合后，用于坝体下游次堆石区填筑。

（4）料源平衡调配规划。大坝于2003年12月初开始填筑，至2005年8月分五期填筑到顶，一期坝体采用“一枯拦洪”度汛方案，要求一期上游临时度汛断面在2004年4月底以前填筑至高程390.00m，填筑量240万m^3，除垫层、过渡料外，坝体填筑料要求全部使用满足主堆石质量要求的弱风化以下石料填筑，由于八洋河料场前期开采条件差，开采强度难以满足填筑供料要求，需采取提前备料措施，坝体二期以后填筑，施工强度要求有所下降，同时开始下游次堆石区填筑，前期已有相当多的备料，八洋河料场的供料条件也有较大改善，可不再需要提前备料。

围绕大坝填筑进度要求，料源平衡调配规划如下。

1）在大坝开始填筑前，完成八洋河料场70万m^3弱风化以下石料的备料工作，并产生表层55万m^3风化岩混合开挖，料场总备料量达125万m^3。

2）溢洪道二期弱风化以下石方开挖，安排在坝体一期开始填筑以后开挖，在大坝一期填筑同期，可开挖弱风化以下石方约20万m^3。

3）泄洪洞洞身开挖也安排在坝体一期开始填筑以后进行，直接用于大坝一期上游过渡区填筑使用。

4）前期各建筑物开挖产生的间接利用料，可用于主堆石区和上游过渡区填筑的弱风化以下石料及洞渣料，优先用于一期坝体填筑。

5）大坝下游次堆石区填筑开始以后，填筑料优先使用中转料场前期收集的风化岩混合料，不足部分再从八洋河料场开采。

6）坝体最后部分填筑，全部采用料场直接开采供料，避免剩料。

7）场内渣场、中转储料场的容量规划根据土石方平衡调配结果调整，本工程因有前期备料需要，在八洋河料场下游侧山岙内，新增了一个容量150万m^3的中转储料场，高程345.00m以下储存风化岩混合料，上部堆存弱风化以下岩石料。

3 导 流 与 度 汛

混凝土面板堆石坝工程坝体可充分利用枢纽各建筑物开挖料填筑，具有就地取材、料源丰富、施工机械化程度高、施工速度快等施工特点。坝体采用不同颗粒级配的石渣料填筑，坝体自身的防渗反滤体系较健全，具有较强的抗渗透破坏能力，可利用坝体临时断面挡水度汛。但坝体过流抗冲能力相对较差，坝面过流必须经充分论证，并有可靠的保护措施。坝体变形协调要求较高，对于河谷较狭窄或高坝，一般不适宜顺坝轴线方向进行分期填筑施工。因此，混凝土面板堆石坝工程的施工导流与度汛方案，宜优先采用枯水期围堰挡水、汛期坝体临时断面挡水度汛、隧洞导流方案。

采用枯水期围堰挡水的导流方案，必须在截流前做好充分的施工准备，保证截流后能够尽快完成坝基开挖，开始坝体填筑，并在一个枯水期内完成坝体临时挡水度汛断面的填筑，若施工能力难以达到该要求，应考虑采用全年围堰挡水度汛方案或对坝面采取临时过流保护度汛。

在宽河谷且坝体高度较低的条件下，也可以采用河床分期导流方式，一期围堰围岸边滩地或部分河槽，同时进行导流隧洞施工，使导流建筑物与部分主体工程同步施工，对缩短建设工期有利。导流泄水建筑物建成后，拦断主河道，河水由隧洞导流，在一个枯水期内将主河道坝体抢填至挡水度汛高程。

3.1 导流

混凝土面板堆石坝工程，绝大多数都采用河床一次断流、隧洞导流方式。导流标准的选择，应结合工程具体情况进行分析、论证，导流标准的比选应遵循相关规范的规定，一般根据下列情况酌情选用规范的上限或下限。

（1）导流标准应根据被保护永久建筑物的等级确定，根据永久建筑物等级划分所处的上限或下限，相应的导流建筑物洪水标准，可酌情采用上限或下限，也可根据实际情况，必要时提高或降低等级。

（2）当河流水文实测系列较长，洪水规律性明显时，可根据洪水规律性适当选取标准；若水文实测系列不长，或资料不可靠时，应从不利情况出发，选取上限。

（3）根据围堰的高低及其形成的库容的大小，或河流下游影响区保护对象的重要性选取标准。库容越大，失事造成的危害也大，其标准应适当提高；河流下游有重要保护对象，一旦失事，对下游的危害较大时，也应适当提高标准。

（4）基坑施工期长短。工期越长，遭遇较大洪水几率越大，导流标准宜稍高一些，反之亦然。

（5）采用枯水期洪水标准，应根据保护对象施工需要的时段，选择相应时段的洪水标准。

（6）当导流建筑物与永久建筑物相结合时，其结合部分应采用永久建筑物的设计标准。

导流建筑物级别划分标准见表3-1。

表3-1　　导流建筑物级别划分标准表

级别	保护对象	失事危害程度	使用年限/年	建筑物规模	
				高度/m	库容/亿 m^3
3	有特殊要求的1级永久性水工建筑物	淹没重要城镇、工矿企业、交通干线，或推迟工期及第一台机组发电工期，造成重大灾害和损失	＞3	＞50	＞1.0
4	1级、2级永久性水工建筑物	淹没一般城镇、工矿企业，或影响工期及第一台机组发电工期，造成较大损失	3～2	50～15	1.0～0.1
5	3级、4级永久性水工建筑物	淹没基坑，但对总工期及第一台机组发电影响不大，经济损失较小	＜2	＜15	＜0.1

注　分属不同级别时，应取其中最高级别，但对3级导流建筑物，符合该规定指标不得少于2项，其中建筑物规模指标高度和库容应同时满足。

混凝土面板堆石坝工程导流设计洪水标准根据导流建筑物级别按表3-2确定。

表3-2　　混凝土面板堆石坝工程导流设计洪水标准表

导流建筑物级别	3	4	5
设计洪水重现期/年	50～20	20～10	10～5

3.2　截流

3.2.1　围堰设计

混凝土面板堆石坝工程，一般土石方挖填量较大，大型土石方设备需要量较多，围堰的结构型式宜优先选用土石围堰，可充分利用开挖弃料，并可适合在各类地基上修建，方便机械化快速施工。在基岩或河床覆盖层较薄、且围堰与坝体间距离较近时，也可以采用浆砌石或混凝土围堰。下游围堰在条件许可的情况下，可与坝后量水堰永久结合。

（1）围堰断面尺寸拟定。堰顶宽度应视围堰高度、堰顶交通、度汛要求、结构型式等因素而定，高于10m的围堰，顶宽不宜小于3m，堰高超过20～30m，顶宽一般为4～6m；堰顶有通车要求的，顶宽应按交通要求确定；围堰顶宽应满足不同结构型式的机械化施工最小宽度要求。围堰若需考虑抵御超标准洪水因素时，顶宽还应满足设置临时子堰的要求；围堰的边坡拟定应考虑填筑料的性质、压实程度及地基承载力等影响因素，一般适合建坝地址，地基承载力影响不大。因此，边坡稳定主要取决于填筑材料的抗剪强度，压实干容重。围堰的边坡应进行抗滑稳定验算，对于重要工程或堰高超过15m，应进行渗流稳定验算。

（2）围堰防渗。在覆盖层较深的地基上修建土石围堰，堰基一般采用混凝土防渗墙、高喷防渗墙、帷幕灌浆等进行基础防渗处理，若基础能开挖到相对隔水层，设计水头较低的工程，可开挖截水槽回填黏土防渗。

堰体防渗一般选用心墙或斜墙防渗形式，堰体的防渗材料应用最为广泛的是黏土或土工膜。对于围堰工作量大、工期紧的工程，选用斜墙防渗形式，更有利于基础防渗处理与堰体填筑同步施工。如猴子岩水电站工程的上游围堰，基础防渗墙 8630m^2，围堰填筑 90 万 m^3，采用斜墙防渗结构，满足了基础防渗处理与堰体填筑同步施工，缓解了工期压力，其围堰结构断面见图 3-1。

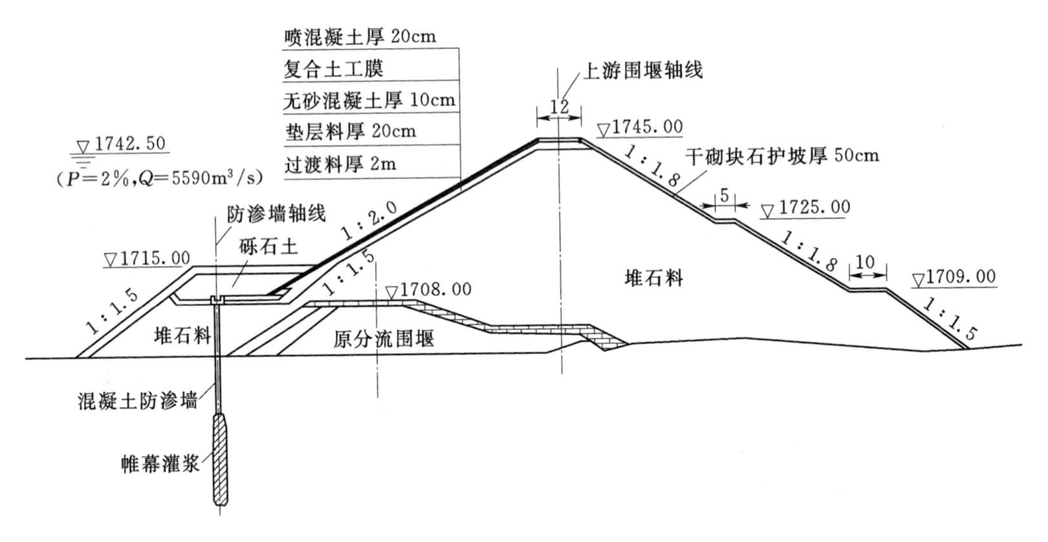

图 3-1　猴子岩水电站上游围堰结构断面图（单位：m）

3.2.2　截流设计

混凝土面板堆石坝工程，主体工程施工需要配置较强的大型土石方挖运设备。因此，截流施工所需要的大块径石料的开采与抛投能力相对较强，一般优先选用上游围堰单戗立堵截流方式。

截流戗堤一般作为围堰堰体的一部分，截流戗堤的布置，应考虑与围堰防渗体的关系，尽量布置在围堰防渗体轴线的下游侧，防止截流过程中戗堤进占大块径抛投料流失进入防渗体部位，造成围堰闭气困难。

截流戗堤的断面形式为梯形，戗堤顶高程必须满足整个进占填筑过程中不受洪水的漫溢和冲刷，通常按截流施工时段内 5～10 年重现期月或旬平均流量对应的堰前水位，加1～2m 的安全超高，若上游有梯级水库，其调蓄作用改变了河道水文特性，应根据改变后的流量情况专门论证后确定，龙口段的堤顶高程应尽量压低到截流时上游水位以上 0.5～1m 控制，堤顶纵坡一般不大于 5%，以利于车辆通行。戗堤顶宽主要与抛投强度及设备选型有关，一般不小于 8m，通常为 10～15m，有时为提高抛投强度，顶宽可达 30m。

截流戗堤的边坡一般是物料在水中进占抛投过程中自然形成的，取决于抛投物料的自然休止角，根据已建工程统计成果，戗堤上游边坡一般为1∶1.2～1∶1.5，下游边坡为1∶1.4～1∶1.5，堤头边坡为1∶1.3～1∶1.5。

龙口位置选择应尽量选择在河床覆盖层较薄处，以免在龙口合龙过程中，河床覆盖层冲刷，引起堤头塌滑失稳，龙口下游侧不宜有顺坡向陡坡或深坑。龙口位置选择还应兼顾现场施工布置条件，应便于布置施工道路和备料场。

龙口宽度确定主要取决于龙口的水力条件，通常根据戗堤堤头抛投物料的抗冲稳定能力计算确定。龙口宽度过大，将增大截流工程量，加长截流时间；龙口宽度过小，则增大戗堤预进占及堤头保护难度。因此，龙口宽度应通过多方案比选后慎重确定，对大流量河道必要时还应通过模型试验验证后优选。

3.2.3 截流施工

截流施工的非龙口段戗堤进占填筑，一般安排在汛期末或枯水期内施工，两岸戗堤在进占填筑过程中，围堰防渗墙施工平台抛填可尾随进行，为尽早进行防渗墙跟进施工创造条件。非龙口段戗堤进占时，应根据口门的落差和流速，分段使用不同粒径的抛投料，并随着口门的逐步束窄，逐渐加大抛投料的粒径，以减少戗堤抛投料的流失量。口门束窄至流速和落差较大时，一般口门平均流速控制在4m/s以内，落差小于1m，或普通抛投物难以稳定的情况下，对堤头进行防冲保护，预留龙口段选择合适时机进行截流施工。

龙口段戗堤选择晴天少雨、河道流量不大于截流设计流量的时段进行截流施工，龙口段戗堤可从两岸同时抛投或一岸抛投进占合龙，选择两岸或一岸的截流方案，主要取决于现场的施工条件及截流设备抛投能力，有条件的情况下，应采用两岸同时抛投的方案，尽快完成龙口段闭合。当施工条件不具备，采用单向进占合龙时，应对另一侧堤头加强防冲保护，避免截流过程中，龙口流速不断增大，造成堤头塌滑冲损。

龙口段进占施工过程中，应根据不同宽度口门的流速、水位落差等水力学指标，分段规划抛投材料的规格及采用适当的抛投技术，一般可将龙口段划分成3～4个施工区段，开始1～2个施工段口门流速相对较小，可采用全断面抛投法，由多车齐头并进，全断面抛投进占填筑。随着口门束窄，龙口接近于倒三角状，进入龙口流速最大区，为截流施工最困难阶段，截流抛投物在动水中难以稳定，使得戗堤进占举步维艰，可改用上挑角抛投法进占填筑，上挑角部位由于受侧向收缩的影响，其流速值只有戗堤轴线位置的65%～75%，抛投块体相对易于稳定，利用上挑角挑开堤头水流，堤头跟进填筑，依次循环推进，过了流速最大区，采用全断面抛投法将口门快速合龙。

龙口段的截流物料，优先利用各建筑物的开挖料，不足部分再考虑从料场开采制备，截流石料要求岩性坚硬，遇水不易破碎分解，块石粒径要求能满足相应龙口流速的抗冲稳定要求。对于部分大块石制备困难的工程，可制备相应重量的混凝土预制块（四面体或六面体）、钢筋石笼、合金网兜石笼等代替。合金网兜石笼具有取材、制作方便、适应于地形变化的稳定性较好等特点，已越来越多被推荐使用。

3.2.4 围堰施工

混凝土面板堆石坝工程的围堰施工，河床截流后的第一个枯水期最为关键，在截流后，应尽快完成基础防渗墙施工平台的填筑，加大基础防渗施工设备投入，缩短围堰闭气时间。对于岸坡段防渗轴线较长的工程，两岸的基础防渗可在截流戗堤进占填筑的同时，安排岸坡段的基础防渗结构跟进施工，预留龙口段在截流后快速完成施工，实现基坑闭气。堰体分层填筑加高，进度应能满足挡次月设计洪水标准的要求。

对于一些大型工程，河面宽度相对较宽，施工准备期较长，在有条件的情况下，可安排围堰基础“先闭气、后截流”施工，可节省截流后的基坑闭气时间，为大坝在第二年汛期提前达到度汛目标创造条件。如滩坑水电站，坝址处枯水期水面宽达 90～130m，坝基冲积层厚达 28m，工程在 2004 年枯水期及 2005 年汛期期间利用两岸坝肩开挖的同时，完成围堰基础防渗墙分期施工，并做好度汛过流保护措施，2005 年 10 月完成河床截流后，即实现基坑闭气，节省了常规施工安排需一个多月的龙口闭气时间。

3.3 度汛与排水

3.3.1 度汛方案

混凝土面板堆石坝工程，一般采用河床一次断流，隧洞导流方案。初期导流（如第一、二个汛期）度汛一般有三种形式：坝体临时断面挡水度汛；全年围堰挡水度汛；坝面过流度汛。中后期导流（如第二个汛期及以后）度汛一般由大坝临时断面挡水，来水由导流隧洞（及永久泄洪洞）联合下泄，由于坝前拦洪库容加大，应根据《水电工程施工组织设计规范》（DL/T 5397）的规定，结合工程水文特点、封孔蓄水时间及施工条件，确定坝体度汛标准。大型水利枢纽工程，水库常布置有泄洪放空系统，一般可参与工程施工期度汛泄洪，以达到安全度汛之目的。

（1）坝体临时断面挡水度汛。坝体临时断面挡水度汛具有导流成本低、工期短等优点，是混凝土面板堆石坝工程最常用的一种度汛方式，该度汛方案要求河床截流后的第一个枯水期内能完成围堰闭气、坝基开挖与处理、坝体临时度汛断面施工。该方案围堰工程只需能满足枯水期挡水标准即可，汛期利用坝体临时断面能够达到较高的挡水标准，减小导流洞的断面尺寸，且第 2 年汛期以后，坝体填筑可以继续施工，不受洪水影响。

坝体第一个枯水期内所能达到的临时断面度汛高度，往往是决定导流洞规模的关键参数。坝体临时断面高度越大，则导流建筑物的过流断面可以减小。因此，确定坝体临时断面挡水高度，是确定导流建筑物规模的重要依据，是导流方案设计的重点研究问题之一。

坝体临时断面挡水度汛，需要在截流前做好一切施工准备工作，确保工程截流后的第一个枯水期内能够完成坝体临时挡水断面的施工。施工准备的主要内容包括：场内及上坝道路、两岸坝肩开挖与边坡保护、料场开采道路及覆盖层剥离、垫层料生产系统、开采爆破及碾压生产性试验、施工设备等。

坝体临时断面挡水度汛，一般对坝体开始填筑后的一期填筑强度要求较高，而坝体刚开始填筑时，料场的开采工作面位于开采区上部，往往是料场开采条件最差的时段，若建筑物前期开挖可利用填坝料不足的情况下，应考虑必要的料场备料工作，尽早打开料场的开采工作面，保证临时度汛断面填坝石料供应。

坝体临时度汛断面设计应满足施工、稳定、渗流、变形及规定的安全超高等方面的基本要求。临时断面的设计原则如下。

1）临时断面的相邻台阶高差不宜超过 30m，高差过大时，可以通过增设平台协调坝体沉降，平台要有相当的宽度。

2）临时断面的顶部必须有足够的宽度，能满足垫层料、过渡料、主堆石料的分区填筑施工要求，且在遇到超标洪水时，有突击加高抢险的余地。众多工程实践项目表明，临时断面的合适顶宽度为 25～30m，有时断面顶宽是根据施工所能达到的能力要求而拟定的。

3）临时断面位于坝断面的上游部位，上游边坡即为坝的永久坝坡，下游边坡应不陡于设计下游坝坡。

4）临时断面顶高程应根据坝的级别、拦洪库容、下游保护对象的重要性，按相关规定和标准选用设计和校核洪水分别计算，其中设计洪水标准计算的拦洪高程应考虑安全超高值，安全超高值一般为 1.5～2.0m，重要的工程，可采用 3m 的超高值，校核洪水标准计算的拦洪高程不计安全超高值。

5）临时断面在挡水度汛前应完成上游面垫层料的护面结构施工。

坝体临时断面可采用垫层料挡水度汛，垫层料在上游面碾压砂浆、喷涂沥青砂、混凝土挤压边墙、翻模砂浆等不同护面形式保护下均可以实现安全度汛，而混凝土面板混凝土应在其下卧堆石体有足够长的预沉降稳定时间后再施工。

“一枯拦洪”度汛方案适合于有明显枯水期时段的流域河道，且在一个枯水期时段内能够保证完成坝体临时挡水度汛断面填筑的工程，一般在中小型混凝土面板堆石坝工程中应用最为广泛，大型工程中河道较为狭窄、坝基覆盖层处理工作量较小、坝体临时断面填筑能够满足度汛要求的情况下也是首选方案。

我国应用“一枯拦洪”导流方案的堆石坝工程十分普遍，有成屏、东津、白溪、引子渡、洪家渡、三板溪、街面、龙马、巴山、董箐、马鹿塘等水电站，其导流度汛标准见表 3-3。

表 3-3　　国内采用“一枯拦洪”方案部分工程的导流度汛标准表

坝名	完成年份	坝高/m	导流隧洞/(条—m×m)	上游围堰		大坝临时断面		截流时间/(年.月)
				标准	高度/m	标准	高度/m	
成屏	1989	75.0	1—10×10	枯季 $P=5\%$	12	全年 $P=1\%$	50	1986.12
东津	1995	85.5	1—ϕ5m	枯季 $P=5\%$	16	全年 $P=1\%$	57	1992.11
白溪	2001	124.4	1—10×13	枯季 $P=10\%$	12	全年 $P=2\%$	68	1998.9
引子渡	2004	129.5	1—10×14.5 1—9×11	枯季 $P=10\%$	24	全年 $P=2\%$	70	2001.10
洪家渡	2006	179.5	3—13×14.8	枯季 $P=10\%$	16	全年 $P=1\%$	57	2001.10
三板溪	2006	185.5	1—16×18	枯季 $P=5\%$	24.4	全年 $P=1\%$	93	2003.9
街面	2006	126.0	1—9×11.5	枯季 $P=10\%$	23	全年 $P=0.5\%$	47.5	2004.10

续表

坝名	完成年份	坝高/m	导流隧洞/(条—m×m)	上游围堰		大坝临时断面		截流时间/(年.月)
				标准	高度/m	标准	高度/m	
龙马	2007	135.0	1—12×17	枯季 $P=10\%$	19.5	全年 $P=1\%$	56.5	2004.11
巴山	2009	155.0	1—10×13	枯季 $P=10\%$	31.2	全年 $P=2\%$	80	2006.10
董箐	2010	149.5	2—15×17	枯季 $P=10\%$	45	全年 $P=1\%$	79	2006.1
马鹿塘	2010	154.0	1—12×13	枯季 $P=10\%$	15	全年 $P=1\%$	35	2006.11

（2）全年围堰挡水度汛。全年围堰挡水度汛方案要求：截流后的第一个枯水期内完成全年围堰施工，第2年汛期由围堰挡水，围堰挡水度汛标准按围堰临时建筑物标准设计，当坝体高度超过围堰高度，需要坝体临时断面挡水度汛，度汛设计标准应按永久建筑物等级标准设计。

全年围堰挡水度汛方案适合于坝基开挖处理工作量大、坝体临时挡水度汛断面填筑量大，或工期紧迫的工程。对于枯水期水文特征不明显地区，一般可采用全年围堰方案。在我国一些大型混凝土面板堆石坝工程中，“一枯拦洪”方案难以实现的情况下，使用了全年围堰挡水度汛方案。如紫坪铺、梨园、猴子岩等水电站工程。

（3）坝面过流度汛。坝面过流度汛方案要求：截流后的第一个枯水期内完成围堰闭气及过水保护、坝基开挖、部分坝体填筑及度汛坝面保护，截流后的第一个汛期，基坑过流与导流洞联合泄洪度汛，汛期大坝停工，第二个枯水期完成坝体临时挡水度汛断面填筑；第二个汛期，由坝体临时断面挡水度汛，导流洞泄洪，坝体继续施工。

基坑过流度汛方案适用于“一枯拦洪”难以实现的面板堆石坝工程，且采用全年围堰导流工程投资过大的工程，或因故正常工期延误，达不到度汛要求的应急度汛方案。采用此方案，第一个汛期对大坝施工有所影响，建设总工期要适当延长，对围堰与坝面过流时的水流流态、流速、过水能力、过水保护结构稳定等应进行验算，必要时应通过水力学模型试验验证。

坝面过流一般有两种形式，一种为中间预留过水槽，两岸坝肩可在汛期继续施工，该方案对过水槽的保护要求较高，需采用全断面钢筋石笼护面，如天生桥一级水电站大坝采用了该度汛方案；另一种为全断面过流，碾压密实大坝主、次堆石区的过流面，当近底流速小于3m/s，可不作其他保护措施，汛后铺一层细料后即可恢复施工。如穆阳溪、珊溪、滩坑等水电站工程，采用了该度汛方案，汛后坝面基本未受损。

3.3.2 施工排水

混凝土面板堆石坝工程，普遍采用枯水期围堰挡水，汛期大坝临时断面挡水度汛的导流方案。河床截流后施工排水的任务包括以下三个方面。①初期排水：即在基坑上下游围堰合龙闭气后，在一定时间内一次性排干基坑内残留积水。②经常性排水：在基坑施工过程中，不断排除因围堰及地基渗透入基坑的渗流，降雨和施工废水等。③围堰过流后的基坑一次性排水：枯水期围堰，汛期围堰过流后，在大坝上游基坑将有一潭积水，在基坑恢复施工前，需排干基坑积水。

(1) 初期排水。围堰合龙闭气后，为使主体工程能在干地施工，必须排除基坑的积水，基坑的积水量可根据围堰闭气时月或旬平均流量对应的河道下游水位估算，初期排水量除基坑积水外，还应考虑围堰渗漏、岸坡潜流渗水、降雨汇水等因素，特别是与围堰防渗体施工质量密切相关，较难准确估算，初步估算排水设备用量时，一般可考虑1.3～1.5倍的扩大系数。在实际施工中，可采用试抽法，调整设备数量。

排水时间的确定，应考虑基坑工期的紧迫性、基坑水位允许下降速度、抽水设备及用电负荷的供应能力等因素，一般情况下，大型基坑可采用5～7d，中型基坑可采用3～5d。控制基坑水位下降速度，主要是为避免渗透压力造成围堰边坡失稳，针对土石围堰，一般开始排水阶段降速0.5～0.8m/d，接近排干时可允许达1.0～1.5m/d。若堰体以石渣填筑为主，透水性较好的情况下，降水速率可适当加快。

混凝土面板堆石坝工程，基坑开挖最深位置一般在上游河床趾板处。因此，基坑经常性排水泵站一般要求布置在大坝上游侧。初期排水设备的选型及布置，应尽量与经常性排水系统相结合，宜分上下游两处布置，上游侧根据经常性排水需要进行设备选型及布置，初期排水完成后转为经常性排水使用，其余初期排水需要的水泵，宜布置在下游侧，扬程较低，节省管路及动力。排水泵站分固定式和浮动式两种，当基坑水深在6m以内，可采用固定式泵站，水深吸程大于6m，采用浮动式泵站较为方便，设软管与堰顶硬管连接(见图3-2)。泵站的布置应选择堰脚内侧岸坡处，接近于基坑水域较深处，对基坑开挖及围堰加高填筑施工干扰尽可能少，排水口应引出围堰外侧坡以外，不至于对围堰边坡造成冲刷。

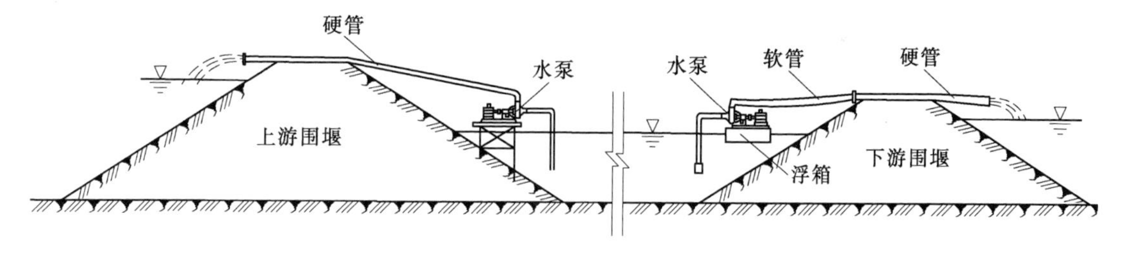

图3-2　排水泵站布置图

(2) 经常性排水。混凝土面板堆石坝工程，经常性排水主要集中在大坝上游基坑内，排水量主要由基坑渗水、降雨汇水、施工废水三部分组成。

1) 基坑渗水：主要含围堰及地基渗水两部分，渗水量应按围堰可能出现的最大作用水头计算。

2) 降雨汇水：混凝土面板堆石坝工程，必须在坝体范围以外的两岸山坡布置截水沟，将岸坡汇水直接拦截引排至基坑以外，降雨汇水按截水沟范围内的汇水面积计算，降雨强度可按一般时段和暴雨时段两种情况分别考虑，一般时段可按多年平均降水换算成日平均雨量计算；暴雨时段可按多年日最大降雨量计算。

3) 施工废水：包括大坝填筑碾压洒水、混凝土及灌浆施工废水等，大坝填筑碾压废水可按150～200L/m^3计；混凝土工程施工废水量可按700～1000L/m^3计，灌浆工程施工废水量可按 4000～5000L/m³ 计。

排水泵站一般采用固定式布置，在大坝河床趾板上游设置集水坑，布置挡水子围堰，水泵布置应考虑一备一用，上游围堰较高的情况下，排水管路可考虑埋管穿越堰体，可降低水泵扬程，减少排水能耗，排水管路应增设控制阀门，防止洪水期河水倒灌。经常性排水泵站布置见图 3-3。

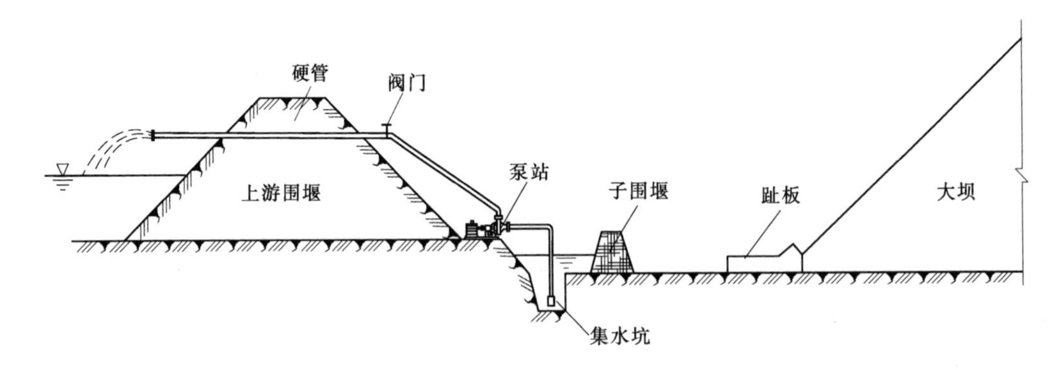

图 3-3　经常性排水泵站布置图

(3) 围堰过流后的基坑一次性排水。大坝施工采用枯水期围堰方案，汛期基坑可能进水，由大坝临时断面挡水度汛，预测到基坑可能要进水时，应停止上游基坑的经常性排水活动，撤离排水泵站，使基坑内积水自然升高，必要时再采取预冲水措施，保护上游围堰及大坝上游垫层区在基坑进水时不被冲损。

基坑进水后，坝体内会有较多的积水，汛后排除上游基坑积水时，当基坑水位降至坝内积水高程以下，应重点控制好上游基坑的降水速率，使坝体内的积水能顺利通过坝体反向排水系统排出，保持坝体内外水位差一般不超过 50cm，避免反向水压过大破坏大坝上游垫层区。

基坑进水后，上游基坑的积水一般都比较深，一次性排水泵站可采用临时浮动式泵站，排干积水后，恢复上游基坑的经常性排水设施，继续开展基坑内的施工活动。

3.4　下闸封堵

导流洞完成导流任务后，须进行封堵或改建成泄水建筑物，导流洞下闸封堵应根据施工总进度、坝址水文特性、下游供水要求等因素综合分析确定。当有数孔闸门时，应拟定闸门的沉放顺序，可同时下闸，也可分批先后沉放。

混凝土面板堆石坝工程，广泛采用枯水期围堰坝体临时断面挡水度汛方案，面板及表面止水、坝前铺盖等施工一般都安排在枯水期内完成，在上述项目完成后方能下闸封堵。因此，导流洞下闸封堵时间一般安排在枯水期末至汛初这个阶段，下闸设计流量相对较小，库水位上升速度较慢，可为堵头施工赢得时间，并能拦蓄汛期来水，发挥水电站发电效益。

导流洞下闸后库水位即开始上升，应立即组织堵头段施工，确保在库水位达到封堵闸门设计水头之前，完成导流洞堵头段的封堵施工。

3.4.1 导流洞下闸

大型水库下闸前，应进行下闸蓄水验收，中型水库由竣工验收主持单位决定是否进行下闸蓄水验收，小型水库可不进行下闸蓄水验收，但在蓄水前，验收主持单位应组织蓄水前专项检查，报验收主持单位同意后，确定蓄水和运行方案。

（1）下闸应具备的条件。

1）挡水建筑物的形象面貌满足蓄水的要求。

2）蓄水淹没范围内的移民搬迁安置和库底清理已完成并通过验收。

3）蓄水后需要投入使用的泄水建筑物已基本完成，具备过流条件。

4）大坝观测仪器、设备安装和调试完成，并已测得初始值和施工期观测值。

5）蓄水后未完工程的建设计划和施工措施已落实。

6）蓄水安全鉴定报告已提交。

7）蓄水后可能影响工程安全运行的问题已处理，有关重大技术问题已有结论。

8）蓄水计划、导流洞封堵方案、下闸后下游供水方案等已编制完成；并做好各项现场准备工作，包括封堵闸门及启闭设备的安装与调试完成。

9）年度度汛方案，包括水库调度运行方案已经有管辖权的防汛指挥部门批准，相关措施已落实。

10）工程验收的资料已经准备齐全。

（2）下闸封堵的主要工作内容。

1）封堵闸门的沉放就位及止漏。

2）封堵闸门的启闭设备及其他施工设备、人员的安全撤离。

3）导流洞出口围堰、洞内排水、堵头段全断面凿毛处理及插筋施工等。

4）堵头混凝土施工及灌浆。

3.4.2 堵头结构

导流隧洞堵头形式有截锥形、短钉形、柱形、拱形等（见图 3-4）。截锥形堵头能将水压力均匀传至洞壁岩石，受力情况好，常被广泛采用；短钉形堵头受力不均匀，钉头部

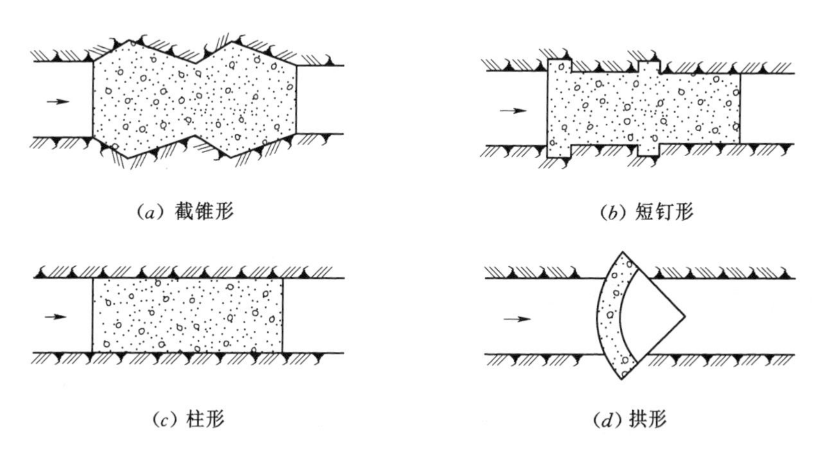

图 3-4 堵头形式图

位应力较集中，受力不均匀，已很少采用；柱形堵头，结构简单，但不能充分利用岩壁受力，完全依靠自重摩擦力及黏结力达到稳定，在低水头小型工程中有部分采用；拱形堵头混凝土用量少，但对隧洞围岩承压及防渗要求较高，可用于岩体坚固、完整性的地层，在混凝土面板堆石坝工程中也很少采用。

混凝土面板堆石坝工程，堵头的位置应布置在趾板或库岸的灌浆帷幕线上，与坝基防渗帷幕系统连接成整体，堵头的长度根据抗剪断强度计算确定。

3.4.3 堵头施工

导流洞混凝土封堵成败的关键在于封堵的组织与协调、堵头混凝土施工质量的控制等，堵头施工应在进口闸门下闸后迅速开展，尽快完成堵头施工。

(1) 隧洞堵头段二次开挖需严格按图施工，一般采用基础保护层控制爆破的开挖方式，即采取光面爆破一次成型的方法，尽可能减少隧洞围岩的破坏，隧洞堵头段不允许欠挖，以形成较好的“瓶塞”体形。堵头段隧洞周边松动岩石及喷混凝土均要求全部挖除，并进行清理。

(2) 需采取措施确保隧洞堵头混凝土的施工质量，堵头混凝土分层按 3～4m 控制，混凝土浇筑采用平铺法施工，要求按一定的厚度、次序、方向分层进行，施工中特别注意堵头顶部混凝土必须浇筑密实，堵头顶部混凝土采用泵送入仓，后期适当加大输送压力，输送完成后将压力稳定一段时间。

(3) 导流隧洞断面较大，堵头的体积也大，为防止产生温度裂缝，并缩短完成堵头接缝灌浆所需时间，堵头混凝土内宜埋设冷却水管，进行冷却降温，以尽早达到堵头接缝灌浆要求的稳定温度。

(4) 在堵头混凝土浇筑完成，强度达到 70%后，一般先进行堵头顶拱回填灌浆，固结灌浆在回填灌浆完成一周后开始，接缝灌浆须在堵头混凝土冷却至稳定温度后进行，为了保证灌浆质量，灌浆设计采用预埋灌浆管引至堵头外或灌浆廊道内实施。所有预埋灌浆管应编号，并标注清楚，灌浆管采用镀锌钢管。

3.5 工程实例

3.5.1 三板溪水电站混凝土面板堆石坝工程施工导流

三板溪水电站混凝土面板堆石坝坝高 185.5m，总库容 40.9 亿 m^3，溢洪道最大下泄流量 13100 万 m^3/s，坝体填筑总量 871.4 万 m^3，工程施工导流设计采用“一枯拦洪”方案。工程实际于 2003 年 9 月 17 日实现大江截流，11 月 10 日开始大坝填筑，2004 年 4 月 13 日完成坝体一期临时挡水度汛断面填筑，填筑量 230 万 m^3，平均填筑强度 46 万 m^3/月，最大月填筑强度为 71.6 万 m^3/月，提前 17d 达到挡全年 100 年一遇洪水标准，临时断面总高度 93m，上、下游坝面台阶高差 45m，是已建工程中采用“一枯拦洪”方案坝体临时断面填筑最高的大坝。

上、下游土石围堰按不过水围堰进行设计，其体型结构简单，堰体填筑料可就地取材，能够充分利用大坝坝基及其他建筑物开挖的弃渣，后期易于拆除，施工时使用大型机械设备，便于快速施工，其围堰横剖面见图 3-5。

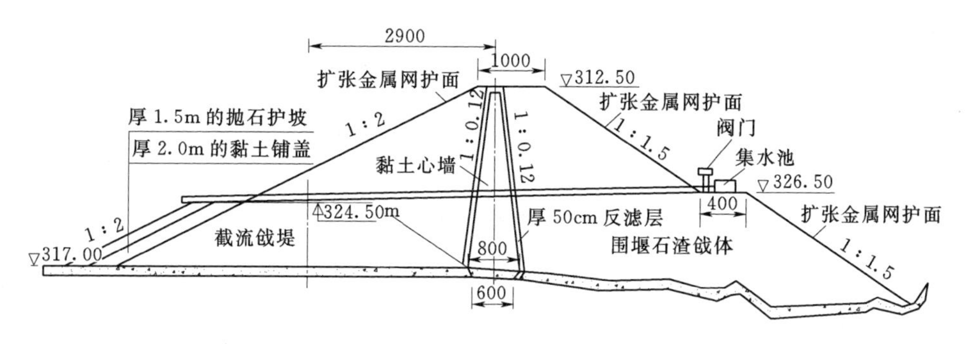

图3-5　三板溪水电站上游围堰横剖面图（单位：mm）

三板溪水电站大坝利用垫层料及表面碾压砂浆挡水度汛，垫层料宽度为4m，采用最大粒径8cm的人工碎石掺配料，小于5mm细颗粒含量为35%～50%；过渡料水平宽6m，采用最大粒径30cm，小于5mm细颗粒含量为10%～25%，对垫层料起反滤作用。当年实际挡水深度约63m，挡水后垫层料无损坏，未见附加沉降现象，由于度汛时下游洪水位较高，未能观测到实际渗水量。

总结众多混凝土面板堆石坝工程实践经验，选择有经验的施工单位、充足的施工设备资源保障、必要的提前备料、合理的筑坝道路规划布置，是混凝土面板堆石坝采用枯水期围堰断流、坝体挡水度汛方案取得成功的必要条件。

3.5.2　天生桥一级水电站大坝施工导流

天生桥一级水电站大坝坝基冲积层最深厚度26m，下部有淤泥夹层，需全部挖除，河床基坑开挖总量达230万m^3，采用了导流洞与坝面联合过流度汛方案。工程于1994年12月25日截流，第一个枯水期（1994年11月11日至1995年5月20日），围堰挡水标准为枯水期20年一遇，流量1670m^3/s，一条导流洞过流。1995年汛期围堰、坝面过流保护标准30年一遇全年洪水，流量10800m^3/s。1996年由两条导流洞过流，汛期临时坝体挡水，度汛标准500年一遇洪水，流量18800m^3/s。导流洞于1997年12月15日下闸封堵，1998年汛前完成封堵，进入工程后期导流及水库开始蓄水阶段。

上、下游土石过水围堰的溢流面采用叠瓦式混凝土楔形搭板保护，下游边坡采用钢筋笼保护，这种结构型式具有适应变形能力强结构安全可靠等特点，在我国西南地区最常使用，其围堰断面见图3-6。

1995年汛期，在坝面河床段预留宽120m的过水槽，与导流洞联合过流度汛。过水槽全断面采用钢筋铅丝石笼护面，侧墙埋设坝体锚筋与护面钢筋铅丝石笼固定，两岸坝体汛期继续施工，其保护断面见图3-7。

3.5.3　滩坑水电站面板堆石坝工程施工导流

滩坑水电站坝高162m，坝体填筑总量949.6万m^3，坝址位于U形河谷，坝址处枯水期水位宽达90～130m，坝基冲积层厚达28m，下卧淤泥质黏土碎石层，趾板区开挖到基岩。工程于2004年11月至2005年4月，先完成上、下游围堰基础防渗墙，并进行度汛保护。2005年10月13日截流，截流后第一个枯水期，完成围堰过流保护及大坝过流断面填筑。2006年汛期基坑过流，汛末恢复施工，到2007年4月25日完成坝体临时挡

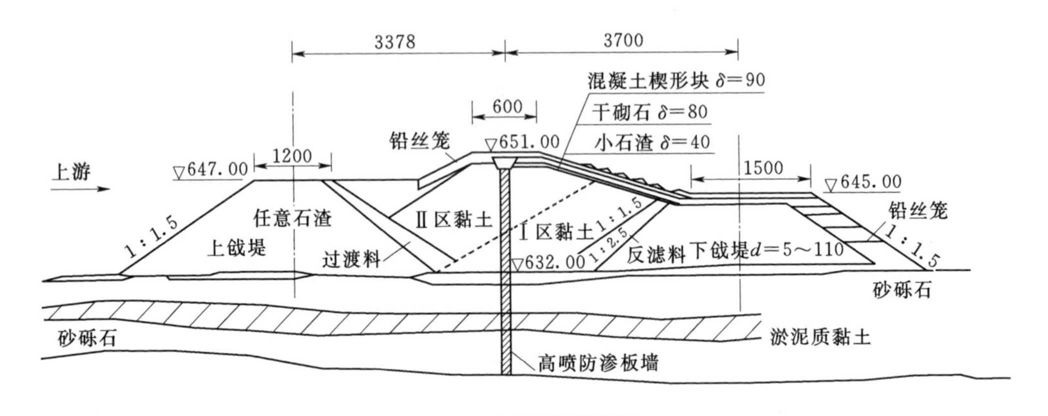

(a)上游围堰横剖面

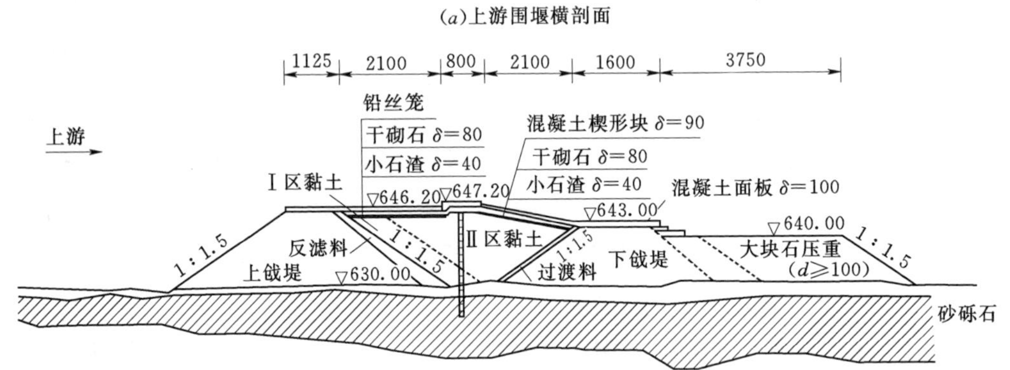

(b)下游围堰横剖面

图 3-6　天生桥一级水电站过水围堰断面示意图（单位：cm）

水度汛断面填筑，临时断面的填筑方量达 473 万 m^3，具备挡 200 年一遇洪水标准。2008 年 2 月 28 日导流洞下闸封堵。

滩坑水电站上游围堰采用土石溢流堰和自溃式挡水子堰结构型式，子堰高 6m，溢流堰高 18m，枯水期围堰挡水，挡水设计标准为 11 月至次年 4 月的 10 年一遇洪水。汛期溢流堰过流度汛，围堰过流设计标准为全年 20 年一遇洪水，相应流量 $10400m^3/s$，溢流堰单宽设计过流量 $33.2m^3/(s \cdot m)$，堰面最大流速达 19.6m/s。围堰溢流面采用条带状钢筋混凝土面板结构，具有施工方便、整体稳定性好等特点，其过水围堰断面见图 3-8。

上、下游围堰施工采用“先闭气后截流”工艺技术，河床截流后提前一个多月的实现基坑闭气。

滩坑水电站坝体过流断面控制高程 37.00m，略低于下游堰顶高程，坝前水跃影响区控制高程 30.00m，坝面仅对上游垫层区表面采用厚 7cm 碾压砂浆保护，主要利用水垫保护，2006 年汛期先后 4 次坝面过流，洪水后检查仅在坝后区出现局部细颗粒带走现象，汛后恢复施工，对局部冲损区铺一层过渡细料处理。滩坑水电站坝体过流断面结构见图 3-9。

3.5.4　滩坑水电站导流洞封堵

（1）堵头设计。滩坑水电站导流洞断面尺寸 12m×14m（宽×高）城门洞形，隧洞Ⅲ

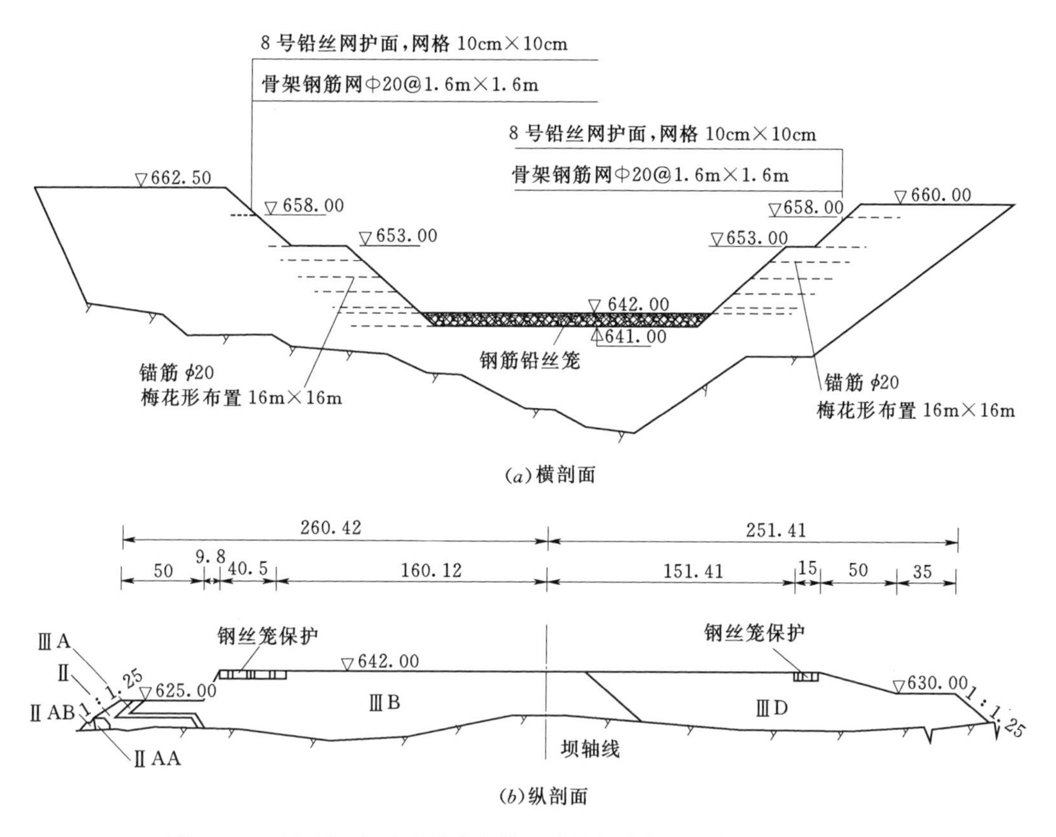

图 3-7　天生桥一级水电站大坝体过水槽保护断面示意图（单位：cm）

类围岩采用喷混凝土支护后直接过流，堵头封堵设计水头 132.30m，堵头结构型式采用截锥形，长 30m。导流隧洞下闸后，对堵头段边墙及底板进行二次开挖，清除顶拱喷混凝土及松动岩块，形成截锥形断面。

堵头位置选择在导流隧洞桩号 0+490～0+520 的洞段，位于坝轴线上游约 154m，堵头迎水面稍前于大坝左岸帷幕灌浆线，堵头段岩石为晶屑熔结凝灰岩，微风化—新鲜、较完整为主，无大的地质构造，仅有少量节理裂隙，洞壁干燥为主，局部潮湿，属Ⅰ～Ⅱ类围岩。

堵头混凝土强度标号采用 C20，抗渗标号 W8，混凝土中掺用水泥用量 5%的氧化镁（MgO），堵头内布置 9 层间距约 1.8m 的冷却水管。堵头分两段施工，每段长 15m，为了便于灌浆施工，在距堵头上游端 10m 以后的断面中部设置一条长 20m 灌浆廊道，廊道尺寸 2.5m×3.0m 城门洞形。其导流洞堵头断面结构见图 3-10。

堵头拱顶 120°角范围进行回填灌浆，固结灌浆沿洞周边全断面布置，孔间距及排距均为 3m，梅花形布置，孔深入岩 6.0m，左右边墙及施工横缝进行接缝灌浆，灌浆施工采用埋管法。

（2）堵头施工。滩坑水电站导流洞于 2008 年 4 月 29 日下闸蓄水后开始堵头段施工，堵头段按设计要求二次扩挖成截锥形，扩挖采取光面爆破一次成型，扩挖后对隧洞周边松动岩石及顶拱喷混凝土层进行彻底清除。2008 年 5 月 15 日堵头段扩挖完成。开挖完成

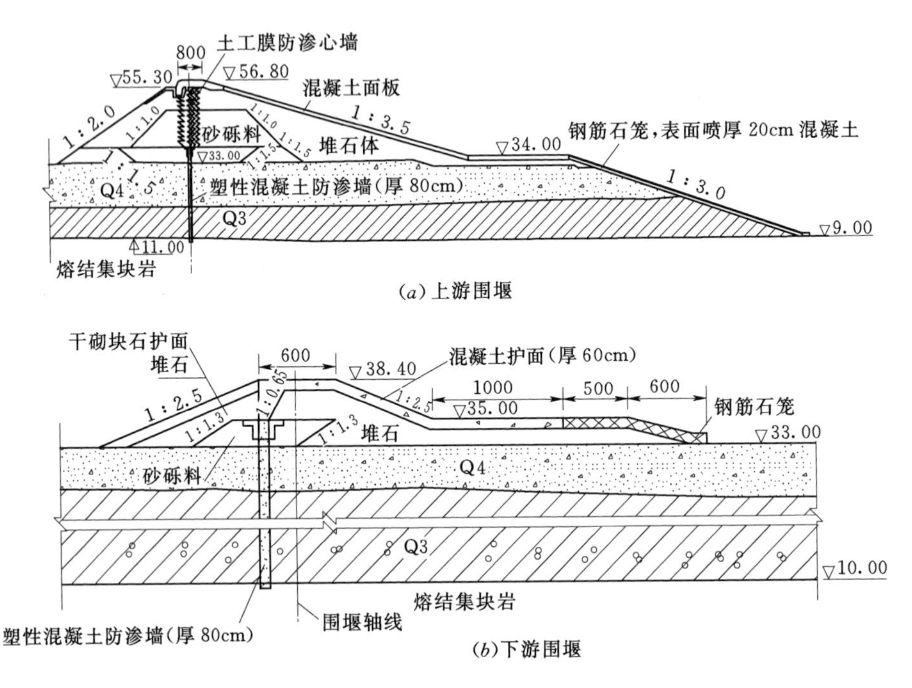

图 3-8　滩坑水电站过水围堰断面示意图（单位：cm）

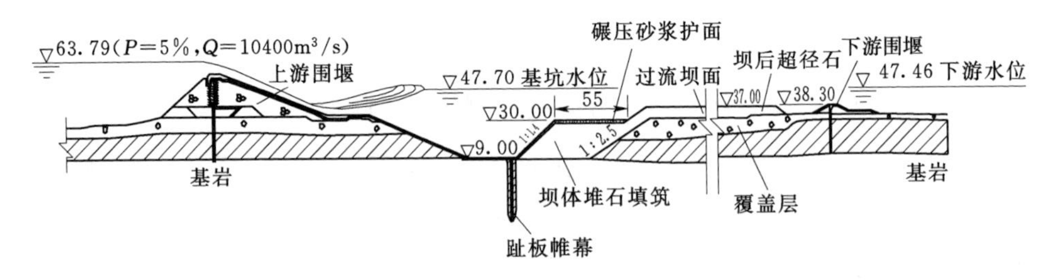

图 3-9　滩坑水电站坝体过流断面结构示意图（单位：m）

后，在堵头上、下游侧设置草袋子围堰挡水，埋设排水钢管，并在导流洞桩号 0+510 灌浆廊道内安装控制阀门。2008 年 5 月 18 日开始浇筑堵头混凝土，施工分两段、每段分三层浇筑，泵送混凝土入仓，并按设计要求预埋冷却水管，冷却水管采用 ϕ25mm 钢管。2008 年 6 月 13 日完成堵头混凝土施工。

堵头混凝土冷却分两期进行。初期采用河水冷却，冷却水温度约 20℃，混凝土浇筑完成 12h 后开始，冷却时间 10d，后期冷却在混凝土浇筑完成 25d 后开始，采用加冰水冷却，冷却水温度 4～7℃，冷却 15d 后闷水测温，实测温度 13.5～15℃，于 2008 年 7 月 22 日开始接缝灌浆，同年 7 月 28 日完成。

（3）堵头灌浆。堵头段底板固结灌浆采用先钻孔、预埋 1 英寸镀锌管，在第一层混凝土回填后即进行灌浆，边墙、顶孔周边固结灌浆在混凝土浇筑前逐层先进行无盖重灌浆，灌浆采取单孔单灌、孔口循环的灌浆方法，灌浆压力 1.5MPa，于 2008 年 6 月 11 日完成洞周固结灌浆施工。

顶拱回填灌浆在顶拱层混凝土浇筑完成一周后开始，回填灌浆管路采用埋管法，埋设

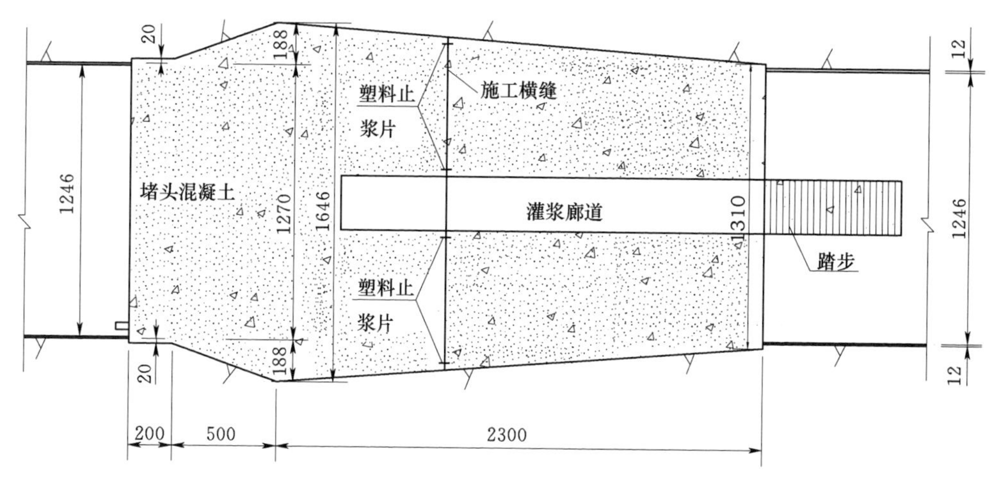

图 3-10　滩坑水电站导流洞堵头断面结构示意图（单位：cm）

3 排 1 英寸镀锌灌浆管，顶拱一排，两边 30°夹角对称各一排，每排灌浆管路均为 4 根，长度分别为 29m、20m、10m、1m，其中 1m 管兼作排气管。灌浆时先灌边排管，再灌顶排灌，排内先灌 29m 管，再依次灌 20m、10m、1m，灌浆压力采用 0.2MPa，规定压力下，灌浆孔停止吸浆，延续灌注 10min 结束。

边墙接触灌浆利用原固结灌浆孔埋设直径 2.54mm 镀锌管，深入基岩 10cm。灌浆采用孔口封闭一次性纯压式灌浆，灌浆压力为 0.2MPa，按由低到高的顺序灌浆，当上层灌浆管路出浆比重达标后，依次关闭管口球阀，灌浆结束标准为：达到设计压力且不吸浆后持续 5min 结束。

堵头横缝接缝灌浆在堵头施工后浇块埋设直径 2.54mm 镀锌管，灌前对灌区灌浆系统进行通水检查，通水压力为 0.4MPa，灌浆灌路通畅，灌区密闭良好，灌前对缝面充水浸泡 48h 后，排除缝内积水，进行灌浆施工，灌浆压力采用 0.5MPa。灌浆结束控制标准为当排气管排浆接近比重达到 1.735，且管口压力达到设计压力，注入率不大于 0.4L/min 时，持续 20min，灌浆结束。关闭管口阀门，再停止灌浆机，闭浆时间为 24h。

灌浆完成后，结合灌浆记录资料和堵头下游表面检查，堵头全断面无渗水、冒水情况，原先的渗水、冒水点都得到有效闭合。对灌浆及冷却水管管路进行封堵处理，管路封堵均采用“压力灌浆封孔法”封堵。

（4）排水管封堵。在堵头灌浆施工完成后，关闭排水闸阀，对排水管进行进回填二期混凝土封闭，闸阀下游段排水管用高标号水泥回填灌浆封堵。

4 坝基开挖与处理

混凝土面板堆石坝的坝基开挖与处理主要包括：坝基及趾板区覆盖层开挖、趾板开挖、趾板下游坝基及岸坡石方开挖、坝顶以上两岸边坡开挖、趾板固结及防渗处理以及地质缺陷处理等。

4.1 特点

4.1.1 基本要求

(1) 坝基开挖与处理属于隐蔽工程，直接影响大坝的安全，一旦发生事故，难以补救。因此，应严格按设计要求及相关规范认真施工，并应特别注意趾板地基的处理。在施工过程中，应如实、准确地进行地质描绘、编录和整理，如发现新的地质问题，应及时研究并提出处理方案。

(2) 坝基开挖与处理施工前及过程中，应对岸坡施工危险源进行辨识，采取必要的措施确保施工安全。坝体轮廓线以外影响施工安全的危岩、浮石等不稳定体应提前处理。

(3) 坝基开挖与处理施工时，应设置可靠的排水系统，使开挖、基础处理和其他施工作业在无积水条件下进行，并防止各种地表水流冲刷边坡和垫层。

(4) 对开挖后可能造成滑坡、崩塌的部位，应采取有效措施保证开挖边坡稳定，岸坡中存在滑动面及软弱夹层时，应采用灌浆、锚杆、钢筋桩、锚索、换填混凝土等措施或按设计要求进行处理。

(5) 趾板基础岩石开挖以不破坏基岩的完整性为原则，应采取控制爆破技术，必要时预留保护层，使趾板基础开挖面平顺完整、避免陡坎和反坡。

(6) 对开挖的最终边坡和建基面，如裂隙发育或风化速度较快，应按设计要求及时采取喷水泥浆或喷混凝土等保护措施。

(7) 趾板地基遇到岩溶、洞穴、断层破碎带、软弱夹层、易冲蚀面等不良地质及勘探孔、洞时，应按设计要求进行处理。

(8) 对设计保留的河床砂砾石覆盖层，需挖除表层杂物及淤泥，细砂夹层或透镜体，在坝体填筑前，按设计要求进行振动碾压、挤压或强夯等措施进行处理。

(9) 趾板建在覆盖层上时，应采用混凝土防渗墙、帷幕灌浆或按设计要求进行覆盖层基础防渗处理。由于防渗墙不沉降，覆盖层地基上趾板可能发生沉降。因此，趾板应通过连接板与防渗墙相接。同时，需做好渗流逸出区的反滤保护，可在防渗墙下游的覆盖层坝基上铺设反滤料等措施提高其渗透稳定性。

(10) 坝基为砂砾石层，当与坝体材料的层间关系不能满足反滤要求时，应按设计要求进行处理或在坝基上面设置水平反滤层进行处理。

4.1.2 施工特点

（1）坝基开挖与处理是坝体施工的关键工序，涉及安全度汛，施工工期比较紧张。

（2）施工程序受导流方式和坝区地形制约，河床部位开挖及坝基处理需在围堰保护下进行。

（3）趾板部位的开挖技术、质量标准要求高，需严格控制施工工艺，确保施工质量。

（4）施工场地一般比较狭窄，有的开挖边坡陡峻，工程量集中，工序多，上、下游交叉施工相互干扰大，须合理安排施工程序，做好安全防护措施。同时，要精心规划布置施工道路和排水系统。

（5）工期安排和施工机械设备配备应留有足够的余地，以应对气象及地质条件和工程量变化等不利因素影响，确保工期和安全度汛。

（6）坝肩开挖岸坡较陡，施工道路布置困难，施工道路以上边坡出渣采用翻渣方式时，须设置集渣平台，并在临河一侧设置拦渣坎等防护设施，防止开挖渣料抛落河中。

4.2 坝基开挖

坝基开挖一般应按自上而下的顺序进行。根据水利水电工程施工特点，坝基开挖一般分为河水面以上左右岸坡开挖区、河床部位开挖区，每个区又可视情况分为趾板开挖区、主堆石开挖区和下游次堆石开挖区等进行分期分区开挖。

坝基开挖前，应详细调查边坡岩石的稳定性，包括设计开挖线外对施工有影响的坡面和岸坡等；对存在不安全因素的边坡，应进行处理。

4.2.1 开挖程序

（1）确定开挖程序的原则。

1）坝基开挖应按照自上而下、先岸坡后河床的顺序进行，施工过程中形成的临时边坡应满足稳定要求。在特殊情况下，需开挖岸坡下部时，应先进行论证，并采取措施确保安全。

2）截流前宜完成水上部分的两岸边坡、岸坡趾板基础开挖，以及岸边溢洪道等干扰坝体填筑部位的开挖。截流前可以进行施工的坝基开挖项目以及对坝体填筑有安全影响的项目均应提早安排。

3）坝体填筑前宜完成河床段坝基开挖及清理工作。为争取截流后第一个枯水期完成更多的工程量，可安排坝体中下游部位提前填筑，预留从趾板下游边线起，1/3 坝高的宽度范围（不少于 30m）区域，待该区域内的趾板和坝基开挖完成，趾板浇筑和固结灌浆完成后，再填补预留部分。

4）施工中应做好施工期排水、控制爆破、边坡支护及边坡安全监测等工作。按自上而下逐层进行开挖支护，边坡开挖成形后，根据设计要求及实际地质条件及时进行支护。断层破碎带在相应的开挖完成后及时处理。

5）要考虑水文气象条件对开挖施工的影响。尽量安排在雨季前开挖，并充分利用枯水季节开挖河床部位；雨季施工应采取措施，确保工程施工质量和安全。

6）坝基开挖中凡符合坝体填筑要求的石料，应安排好填筑部位，尽量做到开挖与填筑同步进行。不能直接上坝填筑时，应设置临时周转堆放场地。凡不能用于坝体填筑的弃料，应尽量作为围堰或其他临建工程的填方。

7）堆石坝地基应按设计要求分区进行处理。当岸坡存在局部反坡或凹坑时，应根据有关规定进行削坡、填补混凝土等处理，以保证处理后的坡面形态满足设计要求。

（2）坝基开挖总体程序。坝基开挖一般自上而下顺坡分区分层进行。截流前，先进行河床水面以上岸坡及趾板开挖，截流闭气后，再进行河床开挖及该部位趾板开挖。坝基开挖总体程序主要包括：施工准备、开口线外侧处理及植被清理、覆盖层开挖、石方开挖及边坡支护等。

1）施工准备：主要包括测量放样、施工道路布置、施工风水电、施工辅助设施，以及边坡排水等。

A. 测量放样：测量放样包括施工测量控制网组建、开挖区原始地形测量、开挖轮廓点放样和开挖断面测量。施工前测量人员对业主提供的测量控制网进行复核，并以此为基准点建立施工控制网。通过测量，放出设计开挖边线，对原始地形、地貌进行复测，核实开挖原始断面，确定开挖及清理范围。

B. 施工道路布置：应根据永久开挖边坡、地形及地质情况，充分利用已有的场内道路，结合工程截流、围堰填筑以及上坝道路等因素综合布置。施工道路路面应满足运输车辆重车通行、运输强度及交会错车的要求，施工道路平均纵坡一般不大于10%，最小转弯半径满足重车安全通行要求。

C. 施工风水电：根据工程布置、施工特点及施工程序安排，施工用水、电就近接引，施工供风根据工作面布置和设备用风需求，采用移动式空压机或固定空压机站供风的方式。为满足夜间施工需要，每隔50m布置一个随工作面下移的散射灯，局部使用投光灯照明，以保证工作面光线充足。

D. 施工辅助设施：根据施工总布置并结合现场实际，合理规划布置锚杆加工及钢筋网编制等综合加工厂、施工机械设备停放保养厂、综合仓库、油库、炸药库、混凝土拌和站等施工辅助设施。

E. 边坡排水：边坡开挖施工前，按照设计要求在边坡开挖开口线以外设置截水沟，边坡开挖过程中，按照“高水高排”的原则，层层拦截周边地表或山体的水流，防止大量雨水漫流冲刷边坡、流入基坑。

2）开口线外侧处理及植被清理：根据测量放出的开挖的开口线，向外延伸至少5m进行边坡植被清理；对开口线以外进行全面检查，按设计要求对开挖边线以外影响施工和运行安全的危石、浮石等不稳定岩体进行处理，保证施工和运行安全。清理完毕后，在开挖开口边线外按设计要求设置截排水系统。

3）覆盖层开挖：采用反铲按设计要求开挖，预留余量，再用反铲配合人工修整。覆盖层开挖应自上而下分层进行，严禁自下而上或采取倒悬的开挖方法。

4）石方开挖：采用自上而下、分层进行梯段爆破的施工方法，设计边坡轮廓面采用预裂爆破或光面爆破；水平建基面采用水平光面爆破或预留保护层等措施。石方开挖以梯段爆破开挖为主，局部采用风镐辅以人工撬挖处理。

5）边坡支护：边坡支护和基础处理应在分层开挖过程中逐层及时进行，上层的支护及处理应保证下一层开挖安全顺利进行。

（3）岸坡开挖程序。岸坡土方、岸坡石方开挖施工程序分别见图4-1、图4-2。

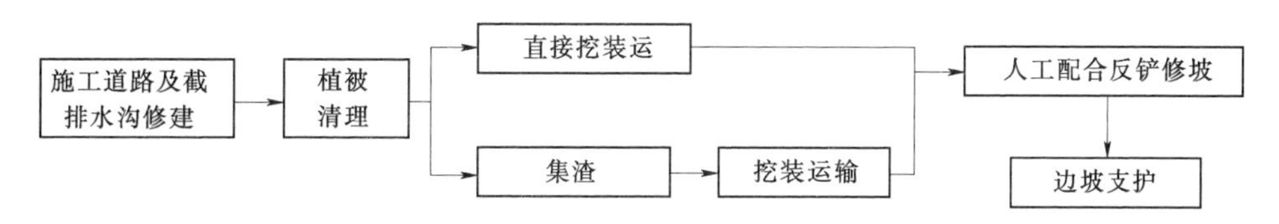

图4-1 岸坡土方开挖施工程序图

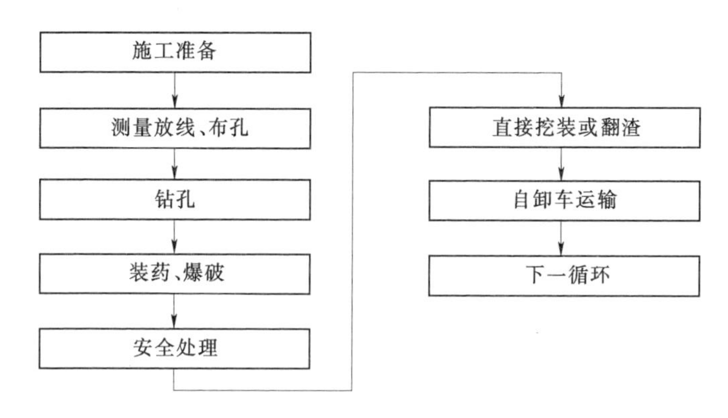

图4-2 岸坡石方开挖施工程序图

（4）河床基坑开挖程序。河床基坑开挖在上下游围堰闭气并完成基坑初次抽排水后进行。按照自上而下的顺序进行，先开挖河床淤积物、砂砾石覆盖层，再按设计要求进行左右岸及河床石方开挖。

4.2.2 岸坡开挖

岸坡开挖自上而下分层进行，同一层面开挖按照“先土方开挖，后石方开挖，再边坡支护”的顺序进行，做到开挖一层、支护一层，支护滞后开挖不超过一层。石方开挖作业面较大时可分区钻爆，同一台阶的开挖应同步下降，若不能同步时，相邻高差不应大于一个台阶。

（1）开挖分层。覆盖层及强风化层开挖分层高度不大于5m；石方开挖分层高度不宜大于15m，根据边坡地质条件、马道设置、施工设备性能等因素分层高度通常为8～12m。

（2）覆盖层开挖。岸坡覆盖层采用反铲按设计坡比开挖，预留修坡余量，采用人工配合反铲修整。覆盖层开挖应自上而下分层进行，严禁自下而上或采取倒悬的开挖方法。一般按照3～5m分层，1～2m^3反铲直接挖装，10～25t自卸车运至指定弃渣场。或采用反铲翻渣至下层集渣平台，再由装载机或反铲挖装、自卸汽车运至指定弃渣场。集渣平台靠近河床一侧，应设置拦渣措施，避免开挖渣料落入河道。

在开挖过程中，应经常检测边坡设计控制点和高程，在地质条件较差部位设变形观测点，定时观测边坡变形情况，如出现异常，立即报告并采取应急处理措施。

(3) 石方开挖。岸坡石方开挖采用梯段爆破，边坡开挖轮廓面采用预裂爆破或光面爆破，爆破前应按照《水工建筑物岩石基础开挖工程施工技术规范》(DL/T 5389) 的要求进行爆破试验，确定爆破参数。钻爆实施过程中，应根据开挖揭露的岩石地质情况适时调整钻爆参数。开挖过程中须加强观测，做到支护及时跟进。

1) 梯段爆破。采用液压钻或潜孔钻造孔、手风钻辅助。每次钻孔爆破前，应将台阶面上的浮渣清理干净，按照爆破设计由测量人员定出爆破孔位，并用红油漆标明。紧邻设计边坡面应设置缓冲孔，减小梯段爆破对边坡保留岩体的振动破坏影响。

梯段爆破孔、缓冲孔钻孔直径不宜大于 150mm，炮孔间排距按照爆破试验或工程经验确定。梯段爆破孔根据台阶坡面角可采用垂直或倾斜钻孔。梯段爆破一般采用 V 形起爆网络，孔间、排间微差顺序起爆，必要时采用孔内微差顺序起爆。缓冲孔的孔距、排距，宜较前排主爆破孔减小 1/3～1/2，其单位岩石耗药量应与前排主爆破孔相同或略小一些，按每个爆破孔所承担爆破的体积及爆破单位岩石耗药量来确定缓冲孔装药量。

2) 预裂爆破。预裂孔采用潜孔钻或手风钻造孔，为保证钻孔精度及边坡坡面平整度，通常按开挖梯段分层高度一次预裂一层，逐层进行边坡预裂开挖。为便于钻孔设备造孔，钻机钻设预裂孔时，与设计开挖线成一定角度开钻，使孔底适当超出设计开挖线，以便下一梯段钻孔时孔口能钻在设计线上。钻孔前按照设计图纸现场精准放线，标出边坡开挖线，并按照爆破设计对预裂孔精确测量放样、定位。在钻孔时，采用水准仪配以铅锤控制钻孔角度，钻孔过程中，适当控制钻孔速度，以确保钻孔角度、方位准确无误，并使所有预裂孔孔底应处于同一水平面上。

预裂爆破参数：钻孔直径不大于 110mm，孔距一般为孔径的 8～10 倍（硬岩取大值，软岩取小值），预裂孔与缓冲孔的排距一般为预裂孔孔距的 1.2～1.5 倍。预裂爆破采用空气间隔不耦合装药，不耦合系数一般为 2～5。装药时，先将药卷按设计间隔和装药结构用胶布绑扎在竹片上，然后放入孔内，竹片靠保留岩体一侧，用纸团等松软物质盖在药卷顶部，再用钻孔岩屑等封堵密实。

4.2.3 河床开挖

基坑开挖可利用上下游围堰填筑道路，从上、下游围堰修建道路至基坑，在基坑内形成多个工作面作业。基坑内施工道路应满足基坑开挖、装运设备的通行需要。

(1) 开挖分区。河床基坑开挖一般开挖层厚较小、施工区域大，为了满足施工进度，可结合现场实际情况，按照方便施工、减少干扰的原则，将河床基坑按照左右岸或基坑平面位置划分成趾板开挖区、坝轴线上游主堆石开挖区和坝轴线下游开挖区等若干施工区。

(2) 施工方法。围堰闭气后抽干基坑积水，保持基坑在无积水条件下施工。测量放出设计开挖边线，由上、下游围堰填筑道路降坡进入河床基坑，河床淤积物、砂砾石覆盖层采用反铲或装载机直接挖装，15～25t 自卸车运至指定渣场。当遇到较大孤石或台阶时，采用手风钻钻孔，浅孔小药量爆破解小。

基坑左右岸边坡岩层开挖按照自上而下的顺序进行，岸坡石方开挖采用梯段爆破，边坡开挖轮廓面采用预裂爆破或光面爆破开挖，建基面保护层采用水平预裂、柔性垫层一次爆破法或分层爆破方法。

4.2.4 趾板开挖

趾板开挖通常分为左坝肩趾板、右坝肩趾板、河床部位趾板三个开挖区。在施工中，左、右坝肩趾板开挖随相应的岸坡开挖同步进行，平行作业。

河床部位趾板开挖采用自上而下分层进行，先开挖两侧边坡，再开挖河床基础部位。

趾板覆盖层及强风化层开挖以后，根据出露岩石的地质情况，一般需要进行 X 线的二次定线确定趾板开挖的最终建基面。

4.2.4.1 开挖分层

趾板开挖自上而下分层进行，分层高度应根据地质条件、边坡马道设置、施工设备性能等因素确定。一般情况下，覆盖层及强风化层开挖分层高度一般 3～5m；石方开挖分层高度一般为 10～15m。

4.2.4.2 施工方法

趾板开挖，先开挖覆盖层，再开挖岩层；临近水平建基面或边坡轮廓线部位，预留保护层，采用预裂爆破或光面爆破进行开挖。

（1）覆盖层开挖。趾板覆盖层一般采用反铲开挖，10～25t 自卸汽车运输，运至指定弃渣场，边坡采用人工配合反铲修整。

对于两层施工道路之间不能直接装车的开挖部位，采用反铲、推土机翻渣至下层出渣道路或集渣平台上，再采用装载机或反铲挖装，自卸汽车出渣。对于松动块体及不稳定危石及时处理。雨天施工时，施工台阶略向外倾斜，以利排水。

（2）石方开挖。趾板石方开挖采用梯段爆破、自上而下逐层开挖，为保证趾板开挖成型质量并减少爆破对趾板基础保留岩体的影响，趾板边坡和趾板基础开挖优先采用光面爆破或预裂爆破；不具备光面爆破或预裂爆破条件的部位预留保护层，采用光面爆破开挖。

开挖前应进行爆破试验，对岩体爆前、爆后声波波速进行检测，根据检测结果及时对爆破参数进行调整。

1）梯段爆破。采用潜孔钻、手风钻造孔。紧邻设计边坡面可设缓冲孔，缓冲孔的孔距、排距，宜较前排主爆破孔减小 1/3～1/2，以减小梯段爆破对边坡保留岩体的振动影响。梯段爆破采用控制爆破，最大一段起爆药量应通过爆破试验确定，以减小爆破有害效应及爆后石渣大块率。梯段爆破采用连续装药结构，缓冲孔采用间隔装药结构，一般采用 V 形起爆网络，孔间、排间微差顺序起爆，必要时采用孔内微差顺序起爆，起爆网络连接应在爆破技术人员指导下，由专业爆破员连接，以确保爆破成功。

爆破后，先对坡面松动块石进行清理，再用反铲挖装 10～25t 自卸汽车运至指定弃渣场或中转料场。

2）预裂爆破。钻孔前按照设计图纸现场精准放线，标出边坡开挖线，并按照爆破设计对预裂孔精确测量放样、定位。钻孔时，应控制钻孔角度和钻孔速度，以确保钻孔角度、方位符合设计要求，并使所有预裂孔的孔底处于同一水平面上。

预裂孔采用卷状乳化炸药，人工装药，装药结构为空气间隔不耦合形式。装药时，先将药卷按设计间隔距离用胶布绑扎在竹片上，然后放入孔底，用钻孔岩屑将孔口封堵密实。

预裂孔线装药密度 $q_{线}$ 一般由经验公式计算或采用类似工程经验数据确定。

$$q_{线}=0.034R_{压}^{0.63}a^{0.67}$$

式中 $q_{线}$——预裂爆破线装药密度，kg/m；

$R_{压}$——岩石的极限抗压强度，MPa；

a——炮孔间距，m。

预裂爆破一般应早于梯段爆破主爆孔 100ms 起爆，预裂爆破参数应在爆破施工过程中，根据实际爆破效果及时进行优化调整。

3）预留保护层开挖。为保证建基面的完整性，减少爆破有害效应影响，可在趾板建基面、边坡及马道部位预留岩体保护层。保护层厚度应由爆破试验确定，当无条件进行试验时，保护层厚度一般为上一层梯段爆破药卷直径的 25～40 倍。建基面保护层采用水平预裂、水平光面、柔性垫层一次爆破方法或分层爆破法开挖。采用柔性垫层一次钻爆建基面保护层时，孔径不应大于 50mm，药包直径应小于 40mm，孔底柔性垫层厚度不小于 20cm。

对趾板基础易风化或暴露时间较长的部位，趾板建基面开挖完成后应按设计要求及时喷混凝土或喷水泥砂浆进行保护。

洪家渡水电站趾板开挖中，边坡采用预裂爆破与光面爆破相结合的方法进行开挖，提高了趾板开挖成型质量与施工效率，为大坝填筑争取了时间。

4.2.5 边坡支护与趾板锚杆施工

边坡支护一般按“开挖一层支护一层”的原则进行，上层支护须保证下一层开挖的安全，下层开挖应不影响上层支护施工。一般情况下，支护层与开挖层的间隔应不超过一层。

边坡支护自上而下逐层逐区进行，每一层边坡开挖验收后，搭设脚手架，所有支护工作一般均在脚手架上进行。边坡支护施工程序：开挖边坡验收→测量放样→搭设脚手架→锚杆施工→第一层喷混凝土→钢筋网安装（若有）→第二层喷混凝土→养护、验收。

4.2.5.1 锚杆施工

锚杆是边坡支护的常用方法。面板坝趾板上设有系统锚杆，作为趾板结构的一部分，锚杆上部弯折与趾板钢筋网相连，并保证在趾板混凝土中有足够的锚固长度。

锚杆材料通常采用螺纹钢筋。

（1）砂浆锚杆的施工工艺流程为：脚手架搭设→孔位放样→钻孔冲洗→砂浆拌制→注浆、安插锚杆→质量检查。

（2）施工控制要点。锚杆施工前，应进行生产性工艺试验，以确定最优的施工参数和工艺。

砂浆配合比一般为水泥∶砂 1∶1～1∶2（重量比），水灰比为 0.38～0.43。当采用先注浆后插锚杆时，注浆管应插至距孔底 10～20cm，随砂浆的注入缓慢匀速拔出，然后插入锚杆，当杆体插入若无砂浆溢出，应及时补注。当采用先插锚杆后注浆时，注浆管插至距孔底 10cm 处，孔口应设排气管。

锚杆砂浆达到龄期后，按照有关规程规范要求的比例，每 300～400 根锚杆为一组，对锚杆进行拉拔检测，检查锚杆的抗拉强度等是否满足设计要求；或采用无损检测的方法，检查锚杆注浆的密实度。

4.2.5.2 喷射混凝土支护

喷射混凝土分层分区进行，同一作业区自下而上依次进行喷射。喷射混凝土采用混凝土喷射机按湿喷法喷射，钢筋网由人工制作安装。

(1) 喷射混凝土材料。

1) 水泥。选用符合国家标准的普通硅酸盐水泥。当有防腐或特殊要求时，应采用特种水泥，水泥强度等级不得低于32.5MPa。

2) 骨料。细骨料采用质量良好的粗、中砂，含水率控制在6%以下；粗骨料采用天然骨料或人工轧制碎石，粒径一般不大于15mm。喷射混凝土用的骨料级配，应满足表4-1要求。

表4-1　喷射混凝土的骨料级配表　　小于某粒径的含量，%

等级 \ 骨料粒径/mm	0.15	0.30	0.60	1.20	2.50	5.00	10.00	15.00
优	5～7	10～15	17～22	23～31	34～43	50～60	78～82	100
良	4～8	5～22	13～31	18～41	26～54	40～70	62～90	100

3) 外加剂。速凝剂的质量应符合规范要求并有生产厂的质量证明书，初凝时间不应大于5min，终凝时间不应大于10min。

(2) 喷射混凝土配合比。应通过室内试验和现场试验确定，其抗压强度、抗拉强度和与基岩面的黏结力应符合设计要求，在保证喷层性能指标的前提下，尽量减少水泥和水的用量。速凝剂的品种和掺量应通过现场试验确定，喷射混凝土的初凝和终凝时间，应满足设计和现场喷射工艺的要求，喷射混凝土的强度应符合设计要求。

(3) 喷射混凝土施工。喷射前要对喷射面进行检查，清除开挖面的浮石、坡脚的石渣和堆积物，埋设喷射厚度标志，喷面存在滴水部位应埋设导管排水。

钢筋网一般在工作面现场绑扎，钢筋网与锚杆之间点焊固定。

喷射混凝土每层喷射厚度一般为5cm，后一层在前一层混凝土终凝前进行喷射；若终凝1h后再行喷射，应先用风水清洗喷层面；对不平部位先喷凹处找平。喷嘴距离受喷面一般60～100cm，喷射料束与受喷面夹角不小于75°。喷射混凝土在终凝2h后喷水养护，经常保持潮湿状态，养护时间不少于7d。对需挂钢筋网的边坡部位，在喷射第一层混凝土后再铺设钢筋网，然后进行喷射第二层混凝土至设计要求厚度。

4.3 坝基处理

坝基的稳定和安全是保证混凝土面板坝正常运行的先决条件，趾板地基又是混凝土面板坝防渗的关键部位。因此，坝基与岸坡的处理，应按照设计及有关规范要求认真施工，特别应注意趾板地基的处理。

4.3.1 覆盖层处理

随着新型大功率碾压设备的采用和基础处理技术的进步，国内外均已成功地将100m以上高坝的趾板建在覆盖层上，如智利圣塔扬娜（Santa Juana）坝、阿根廷洛斯卡拉科列斯（Los Caracoles）坝，我国的那兰、察汗乌苏、九甸峡、斜卡等水电站混凝土面板堆石坝，这些工程的成功实践表明面板坝趾板置于密实覆盖层上是可行的。

当混凝土面板堆石坝基础覆盖层小于5m时，一般采用全部挖除的方法处理，坝基直接坐落在基岩上。当坝基覆盖层中等厚度5～10m时，一般采用部分挖除的方法处理，对趾板下游0.3～0.5倍坝高范围全部挖到基岩，趾板建在基岩上。当坝基覆盖层厚大于10m时，可将坝基坐落在覆盖层上，趾板建在覆盖层上，采用混凝土防渗墙防渗，在防渗墙与趾板之间设置混凝土连接板，以延长渗径。对坝基保留的覆盖层采用振动碾压、挤压或强夯等措施进行加固处理，以提高基础承载力，降低压缩变形量。

水布垭水电站河床砂卵石覆盖层基本为洁净的砂砾石，坝基保留区厚度7～11.8m，向两岸逐渐变薄。保留区范围为坝轴线上游0－135至坝轴线下游0＋190，面积11759m^2，保留区砂砾石层总方量约13万m^3。保留区砂砾石层先清除大块石及后期施工遗留的残渣，采取强夯施工措施改善坝基物理、力学性能。夯击点距4.0m×4.0m，梅花形布置。强夯夯击能为：点夯3000kN·m（夯锤重20t，落距15m），满夯1600kN·m（夯锤重16t，落距10m）。点夯采用跳夯方式，分两序施工。点夯后整平夯坑，满夯一遍，锤印相互搭接1/3锤径。通过超重型动力触探、面波测试和预钻式旁压试验等多种检测方法取得的参数对比分析，砂卵石层干密度由2.1g/cm^{3}提高到2.18g/cm^3，超过了设计指标2.15g/cm^{3}的要求；渗透系数降低了一个量级；在坝基表层4～5m范围内，承载能力由300kPa提高到600kPa以上。

那兰、察汗乌苏水电站混凝土面板堆石坝的趾板及全部坝基坐落在砂砾石覆盖层上，对趾板及其下游0.3倍坝高范围采用强夯处理，采用混凝土防渗墙防渗，加设混凝土连接板与趾板混凝土相连接。其中，那兰水电站混凝土面板堆石坝河床坝基仅对覆盖层表面1～2m进行表面开挖处理，使基础面保持平顺，然后采用25t振动碾碾压10遍处理。察汗乌苏水电站混凝土面板堆石坝高漫滩河床覆盖层最大厚度47m，一般34～46m。河床覆盖层基础开挖到高程1544.00m（至少清除覆盖层1m），采用20t拖式振动碾碾压4～6遍处理。

九甸峡水利枢纽混凝土面板堆石坝，坝高133.5m，坝顶宽度11m，坝轴线长232m，坝顶高程2206.50m；上游坝坡坡比为1∶1.4，下游综合坡比为1∶1.5，上游混凝土面板厚度为0.3～0.69m，坝体填筑总量约为300万m^3。大坝整个坝基坐落在覆盖层上，基础覆盖层最大深度约为40余米。大坝坝身加上基础覆盖层总高度大于175m，其中上游侧河床段趾板处覆盖层深度约为25m，河床段趾板上游设置连接板，与防渗墙连成一体，防渗墙最大深度为28.2m。坝轴线上游开挖到高程2073.00m以后，采用25t自行式振动碾碾压8遍后进行强夯处理。强夯前铺筑碎石厚80cm，强夯时河床地下水位低于建基面5m以上，分两序强夯。采用W200A型履带吊机，其最大起重量为50t，最大提升高度为36m，强夯重锤采用重量为20.8t，锤径2.2m，圆台形，底面为圆形，夯锤底面积为

4.84m²。夯锤落距为15m，夯点中心距岸坡的距离不大于3m，夯点梅花形布置，间排距均为4m，夯击点数不少于10次，且最后两击相对沉降量小于5cm。分序强夯完成后，采用推土机推平，进行满夯，重锤搭接距离为1/3锤径。河床地基强夯完成后，总沉降量大于60cm，挖坑取样干密度值在2.17～2.26g/m³之间。强夯结束后表面采用振动碾碾压6遍，然后填筑各2m厚的垫层及过渡层。

4.3.2 地质缺陷处理

由于混凝土面板堆石坝基础范围广，不可预见的不良地质缺陷多，有的地形较为复杂。因此，坝基处理的工程量较大，在坝基开挖设计中要充分重视这一因素，在施工时要留出足够的坝基处理时间。

（1）陡坡及倒悬体处理。大坝基础开挖后，存在局部出露的岩石、开挖边坡呈陡坡、倒悬状甚至反坡的现象，如不处理，在大坝填筑时，将造成局部填料不能碾压到位，密实度和弹模达不到设计要求，可能导致局部不均匀变形。因此，施工过程中必须对陡坡、倒悬或反坡地形进行处理。处理方法主要有：一是采用钻孔爆破开挖修坡，使坝轴线方向坝基地形坡度不陡于1∶0.5，上下游方向坡度不陡于1∶1.4；二是采用浆砌石或素混凝土贴坡处理，使坝基地形坡度满足设计和填筑碾压施工的要求。

（2）断层破碎带处理。基础开挖至建基面设计高程后，视断层破碎带范围大小，按设计要求采用不同的方法处理。主要处理方法有以下几个方面。

1）对较大的断层破碎带和软弱夹层，采用开挖、换填的方法处理，开挖处理的深度为1.0～2.0倍的断层破碎带处理宽度，并不小于0.5m，两侧边坡不陡于1∶1，开挖后回填混凝土塞，底部铺设钢筋网。当混凝土塞宽度满足碾压条件时，上部回填垫层料、过渡料。

2）对规模较小的断层破碎带和软弱夹层，将断层破碎带和软弱夹层内充填物开挖至设计深度，回填垫层料、混凝土处理。

3）对于横穿趾板基础的断层或不良地质段，应向趾板下游延伸扩大处理范围，采用钢筋混凝土盖板或喷射混凝土铺盖，延长渗径。趾板下游处理长度一般不小于相应部位设计水头的1/10。

4.3.3 孔洞处理

溶沟溶槽及溶洞的处理。坝基范围内的溶沟溶槽及溶洞，其处理原则为如下。

（1）趾板区、垫层区、过渡料区以及距趾板边线水平距离15m范围内的岩溶洞穴，进行彻底清理，回填混凝土，洞顶及反坡部位进行回填灌浆。

（2）堆石区范围内的岩溶洞穴，处理范围由设计确定，其洞口段处理长度一般在5～15m之间，采用浆砌石或回填混凝土处理，顶部进行回填灌浆。对有明显的地下水出露或涌水点，以及运行期可能出现地下水活动的岩溶系统，作好排水和反滤保护。

对坝基范围内的勘探洞或其他洞室，在设计要求的处理长度范围内，采用人工清除洞内充填物、浮渣、松动岩石等，用浆砌石或混凝土回填，并作回填灌浆处理。

对于人员无法进入的各类孔洞，采用高压风水冲洗后，回填水泥砂浆或混凝土。

4.3.4 坝基防护

趾板及岸坡开挖后，对裂隙发育或在外界环境作用下风化较快的部位，应在坝基清理完成后及时喷水泥砂浆、喷混凝土保护或按照设计要求进行防护处理，以防止岩石表面风化、雨水冲刷等造成进一步破坏。

对趾板、河床基础等水平建基面，应及时覆盖，当其上部暂不施工覆盖时，应采取喷混凝土、喷水泥砂浆或预留保护层待覆盖前再进行开挖等措施。

开挖过程中，根据地下水出露情况，尽早形成截水沟及地表排水系统，采取多种措施，防止雨水渗入引起垫层区的冲刷破坏，保持边坡稳定。

4.3.5 趾板固结灌浆

趾板固结灌浆应在趾板混凝土强度达到设计强度的70%以后开始钻孔、灌浆。固结灌浆应按分序加密的原则进行，灌浆孔排与排之间、同一排孔与孔之间可分为二序施工。

(1) 钻孔。固结灌浆孔的孔径一般不小于42mm，可使用各类钻机钻进，包括风动或液压凿岩机、地质钻机等。一般孔深不大于5m的浅孔采用凿岩机钻进，5m以上的中深孔可用潜孔钻或地质钻机钻进。

灌浆孔位与设计位置的偏差不宜大于10cm，钻孔方向、孔深应满足设计要求。为了避免钻孔时损坏混凝土内的结构钢筋、止水片、监测仪器和锚杆等，趾板混凝土浇筑时应埋设灌浆孔导向管。

(2) 钻孔冲洗与压水试验。在灌浆孔段钻孔完成后，应使用高压水或风水联合冲洗钻孔，排除岩石裂隙及钻孔内的充填物、岩粉、渣屑等，冲洗水压力采用灌浆压力的80%，冲洗时间至回水清净时止或不大于20min。地质条件复杂以及对裂隙冲洗有特殊要求时，冲洗方法应通过现场试验确定。

压水试验：在各序孔中选取不少于5%的灌浆孔在灌浆前进行简易压水试验，简易压水试验可结合裂隙冲洗进行。

(3) 灌浆。基岩灌浆段长不大于6m时，可采用全孔一次灌浆法；大于6m时，应分段灌注。对于安装灌浆塞困难的区域，可采用孔口封闭灌浆法。

各灌浆段长度可采用5～6m，特殊情况下可适当缩短或加长，但应不大于10m。

固结灌浆可采用纯压式，也可采用循环式。灌浆塞宜安装在盖重混凝土与基岩接触部位。当采用循环式灌浆时，射浆管出口与孔底距离不大于50cm。

灌浆孔宜单孔进行灌注。对相互串浆的灌浆孔可多孔并联灌注；但软弱地质结构面和结构敏感部位，不宜进行多孔并联灌浆。

固结灌浆的压力应根据地质条件、设计要求和施工条件确定。接触段灌浆压力不宜大于0.3MPa。以下各段灌浆时，灌浆塞宜安设在基岩中，灌浆压力可适当增大。灌浆压力宜分级升高。应严格控制灌浆压力和注入率，防止趾板混凝土抬动。

固结灌浆的浆液应由稀至浓逐级变换，浆液水灰比可采用2∶1、1∶1、0.8∶1、0.5∶1四级，开灌浆液水灰比可选用2∶1，经试验论证也可采用单一比级的稳定性浆液。当采用多级水灰比浆液灌注时，浆液变换原则为：①当灌浆压力保持不变，注入率持续减少时，或注入率不变而压力持续升高时，不改变水灰比；②当某级浆液注入量已达300L以上，或灌浆时间已达30min，而灌浆压力和注入率均无改变或改变不显著时，应改浓一级水灰比；③当注入率大于30L/min时，可根据具体情况越级变浓。

固结灌浆施工中特殊情况的处理可按照《水工建筑物水泥灌浆施工技术规范》(DL/

T 5148）的规定执行。

各灌浆段灌浆的结束条件应根据地质条件和工程要求确定。一般情况下，当灌浆段在最大设计压力下，注入率不大于 1L/min 后，继续灌注 30min，可结束灌浆。

固结灌浆孔封孔可采用导管注浆法或全孔灌浆法 。

（4）质量检查。趾板固结灌浆工程的质量检查一般采用钻孔压水试验的方法，检测时间可在灌浆完成 7d 以后，检查孔的数量不宜少于灌浆孔总数的 5%。压水试验采用单点法。工程质量合格标准为：单元工程内检查孔试段合格率应在 85%以上，不合格试段的透水率不超过设计规定值的 150%，且不集中。

4.3.6 防渗处理

混凝土面板堆石坝坝基的防渗，一般采用混凝土趾板与经过固结灌浆和帷幕灌浆处理后的稳定基岩连成整体，形成防渗体；或设置混凝土防渗墙，并用连接板将混凝土防渗墙与混凝土趾板相连接，形成防渗体。

趾板设计一般以允许水力梯度和地基渗透稳定作为控制条件。当地质条件不良时，在趾板上、下游方向延伸设置钢筋混凝土或喷混凝土盖板，以增加渗径，即根据开挖后揭示的地质情况，在趾板的上、下游侧一定范围，或者在坝基的特定区域，浇筑厚 20～30cm 的钢筋混凝土或喷射混凝土铺盖，延长渗径，作为防渗处理的一种方式。

混凝土面板帷幕灌浆包括趾板帷幕灌浆和通过灌浆平洞向两岸山体延伸的帷幕灌浆。帷幕灌浆深度、灌浆孔的排数、灌浆压力、质量控制标准等指标由设计根据实际的工程地质和水文地质情况、坝高等因素确定，帷幕灌浆采用的灌浆材料、工艺、方法、机具设备及参数指标等，与其他水利水电工程的基础帷幕灌浆相同。

混凝土面板堆石坝工程分期蓄水对趾板帷幕灌浆的进度要求是：趾板帷幕灌浆孔底高程低于相应蓄水位高程的全部灌浆孔应在蓄水前完成灌浆，并验收合格。

趾板帷幕灌浆一般要求如下。

（1）施工的条件。趾板帷幕灌浆应在相应部位趾板固结灌浆全部完成并经质量检查合格后方可开始钻灌施工。趾板上进行帷幕灌浆，由于两岸趾板一般坡度较陡，需要采用移动式灌浆平台，在趾板上铺设轨道，卷扬机牵引，钻孔及灌浆均在灌浆平台上操作。

（2）孔位预埋导向管。帷幕灌浆孔位与设计位置的偏差不宜大于 10cm，钻孔方向、孔深应满足设计要求。为了避免钻孔损坏混凝土内的结构钢筋、止水片、监测仪器和锚杆等，趾板混凝土浇筑时应埋设帷幕灌浆孔导向管。

（3）施工次序。对于两排孔的帷幕，一般应先进行下游排的钻孔和灌浆，然后再进行上游排的钻孔和灌浆。多排孔的帷幕，一般应先进行下游和上游边排孔的钻孔和灌浆，然后进行中间排孔的钻孔和灌浆施。每排帷幕应按三序施工，各序孔按“中插法”逐渐加密，即先导孔最先施工，接着依次施工Ⅰ序孔、Ⅱ序孔、Ⅲ序孔，最后施工检查孔。各排各序都要按照先后次序施工，即先序排、先序孔施工完成后，方可开始后序排、后序孔的施工。为了加快施工进度，减少窝工，按照规范，当前一序孔保持领先 15m 的情况下，相邻后序孔也可以随后施工。

（4）先导孔施工。先导孔的工作内容主要是获取岩芯和进行压水试验，同时要完成作为Ⅰ序孔的灌浆任务。先导孔应当在Ⅰ序孔中选取，通常 1～2 个单元工程可布置一个，或按本排灌浆孔数的10%布置。双排孔或多排孔的帷幕先导孔应布置在最深的一排孔中并最先施工，先导孔的深度一般应比帷幕设计孔深深5m。

对设计阶段资料不足或有疑问的地段可重点布置先导孔。先导孔通常使用回转式岩芯钻机自上而下分段钻孔，采取岩芯，分段安装灌浆塞进行压水试验。压水试验的方法为三级压力五个阶段的五点法。

先导孔各孔段的灌浆宜在压水试验后紧接进行。这样灌浆效果好，且施工简便，压水试验成果的准确性可满足要求。也有在全孔逐段钻孔、逐段进行压水试验直到设计深度后，再自下而上逐段安装灌浆塞进行纯压式灌浆直至孔口的。除非钻孔很浅，一般不允许对先导孔采取全孔一次灌浆法灌浆。

（5）抬动观测。

1）抬动观测的作用：①了解灌浆区域地面变形情况，以便分析判断对工程的影响；②通过实时监测，及时调整灌浆施工参数，防止趾板或地基发生抬动变形。

2）常用的抬动观测方法有以下两种。

A. 精密水准测量。即在灌浆范围内埋设测桩，在灌浆前和灌浆后使用精密水准仪测量测桩或标点的高程，对照计算抬升数值。必要时也可在灌浆施工的过程中进行观测，这种方法主要用来测量累计抬动值。

B. 测微计观测。建立抬动观测装置，安装百分表、千分表或位移传感器进行监测。

根据观测的目的要求可以选用其中的一种观测方法。但在灌浆试验时或对抬动敏感地带，应当同时采用上述两种方法进行观测。

（6）特殊情况处理。

1）冒浆。对轻微的冒浆，可让其自行凝固封闭；严重者，可变浓浆液、降低灌浆压力或间歇中断待凝，必要时应采取堵漏措施，如用棉纱、麻刀、木楔等嵌填漏浆的缝隙。

2）串浆。将所有互串孔同时进行灌浆，如其总的注入率不大于泵的正常排浆能力，可用一台泵以并联法作群孔灌浆；否则应用多台泵分别灌浆。若因条件限制，不能采用多台泵灌浆时，可暂将被串孔塞住，待灌浆孔灌完后再将被串孔内的浆液清理出来进行补灌。采用一台泵或多台泵进行群孔灌浆时，应加强观测防止地面抬动。

3）灌浆中断。对机械故障、停电、停水、器材问题等原因造成的被迫中断，应采取措施排除故障，尽快恢复灌浆，恢复时一般应从稀浆开始，若注入率与中断前接近，则可尽快恢复到中断前的浆液稠度，否则应逐级变浓；若恢复后的注入率减少很多，且短时间内停止吸浆，应起出栓塞进行扫孔和冲洗后再灌。对中断灌浆，如实行间歇灌浆、制止串冒浆等，应先扫孔至原深度后再进行复灌。

4）绕塞渗漏。灌浆中发现浆液绕过栓塞从孔口流出时，应立即松开栓塞，并通过栓塞注水冲洗，直至孔口返出清水为止。如孔径较大，灌浆塞位置不深，绕流出的浆液流量不大时，也可在孔中下入水管至灌浆塞的上面，通水冲洗，直至灌浆结束。从根本上预防绕塞泛浆的措施有孔口封闭灌浆法、自上而下分段灌浆法、金刚石或合金钻头钻进灌浆孔、膨胀量大适应孔型好的灌浆塞等。

5）孔口涌水。当涌水压力和流量较大时采取使用最浓级浆液灌注，必要时在浆液中可加入速凝剂，使用纯压式灌浆方式，提高灌浆压力，进行屏浆、闭浆和待凝等处理措施。当涌水压力和流量不大时，则在常规灌浆方法的基础上适当提高灌浆压力和增加闭浆待凝措施即可。

6）浆液失水变浓。在细微裂隙发育的岩层中灌浆，常常会遇到浆液失水变浓的情况。通常采取将已经变浓的浆液弃除，换用新浆灌注；适当提高灌浆压力，进一步扩张裂隙，增大注入量，但应防止岩体抬动；当大面积发生失水变浓现象时，说明灌浆材料不适用该地层，应当改换灌浆材料，如使用细水泥、超细水泥或超细磨水泥等。

7）岩体抬动。灌浆工程中有时会发生地面隆起、岩体劈裂或建筑物抬升裂缝等现象。如灌浆压力突降、注入率陡增等都是建筑物或岩体可能发生变形的征兆，这时应当立即降低灌浆压力或停灌待凝。同时，调查变形的部位及其可能造成的危害，复灌时要以低压浓浆小流量灌注。抬动变形通常限制在0.2mm以内，超过此限被认为是有害变形，必须防止。抬动一般是不可逆的，既要限制一次抬动量，也要限制累计抬动量。有的工程要求累计抬动值不超过2mm。

8）微渗漏孔段的灌浆。有的灌浆段灌前压水试验透水率很低，已经低于设计要求的防渗标准（3Lu、1Lu或更低），对于这种情况，应按《水工建筑物水泥灌浆施工技术规范》（DL/T 5148）的规定，仍应进行灌浆，实践表明许多灌前透水率小的孔段实际灌浆时仍然注入了不少的浆液。

（7）灌浆结束条件。帷幕灌浆各灌浆段灌浆的结束条件应根据地质和地下水条件、浆液性能、灌浆压力、浆液注入量和灌浆段长度等确定。在一般情况下，当灌浆段在最大设计压力下，注入率不大于1L/min后，继续灌注30min，可结束灌浆。

当地质条件复杂、地下水流速大、注入量较大、灌浆压力较低时，持续灌注的时间应延长；当岩体较完整，注入量较小时，持续灌注的时间可缩短。

（8）封孔。灌浆孔灌浆结束后，使用水灰比为0.5的浆液置换孔内稀浆或积水，采用全孔灌浆法封孔。

（9）质量检查。帷幕灌浆工程的质量应以检查孔压水试验成果为主，结合对施工记录、施工成果资料和检验测试资料的分析，进行综合评定。检查孔的数量一般为灌浆孔总数的10%左右，检查孔应采取岩芯，绘制钻孔柱状图。岩芯应全部拍照，重要岩芯应长期保留。帷幕灌浆检查孔压水试验应在该部位灌浆结束14d后自上而下分段卡塞进行，试验采用单点法。趾板帷幕灌浆工程质量的评定标准为：经检查孔压水试验检查，趾板混凝土与基岩接触段的透水率的合格率为100%，其余各段的合格率不小于90%，不合格试段的透水率不超过设计规定的150%，且不合格试段的分布不集中，灌浆质量可评为合格。

4.4 质量控制

坝基开挖与处理属于隐蔽工程，坝基的稳定和安全是保证面板坝正常运行的先决条件，趾板地基又是混凝土面板堆石坝防渗的关键部位。因此，必须按照设计及有关规范要求认真施工，加强施工质量管控。

4.4.1 质量检查主要项目和技术要求

（1）地质钻孔、探坑、竖井、平洞逐一检查，按照设计要求全部进行处理。

（2）坝基部位：草皮、树根、乱石、坟墓及各种建筑物等全部开挖清除，符合设计要求；按设计要求清除砂砾石覆盖层，或完成砂砾石表层处理；岩基处理符合设计要求。

（3）岸坡部位：开挖坡度和表面清理符合设计要求；开挖坡面稳定，无松动岩块、危石及孤石；凹坑、反坡已按设计要求处理。

（4）趾板部位：开挖断面尺寸、深度及底部标高符合设计要求，无欠挖；断层、裂隙、破碎带及软弱夹层已按设计要求处理；在浇筑混凝土范围内，渗水水源已处理，无积水、明流、岩面清洁。

（5）岩基的固结和帷幕灌浆的施工质量符合遵循《水工建筑物水泥灌浆施工技术规范》（DL/T 5148）的规定及设计要求，遵循先固结灌浆后帷幕灌浆的施工程序。在不影响趾板安全的前提下，宜适当提高灌浆压力，以与作用水头大小相适应。灌浆宜采用浓浆，改变以往稀浆起灌，逐级变浓的做法。

（6）混凝土防渗墙施工按《水电水利工程混凝土防渗墙施工规范》（DL/T 5199）的规定执行，防渗墙与趾板或连接板连接部位的止水按设计要求施工。

4.4.2 检查数量与方法

（1）坝区地质钻孔、探坑、竖井、平洞应逐个进行检查。

（2）岸坡开挖清理按 50～100m 方格网进行检查，必要时可局部加密。

（3）坝基砂砾石层开挖清理按 50～100m 方格网进行检查，在每个角点取样测量干密度和颗粒级配。对地质情况复杂的坝基，应加密布点。

（4）岩石开挖的监测点数，200m^2 以内不少于 10 个监测点，200m^2 以上每增加 20m^2 就要增加 1 个监测点，局部凸凹部位面积在 0.5m^2 以上者应增加监测点。

（5）趾板地基处理的检查数量，沿轴线方向每延米不少于 1 个监测点，并做好地质编录。

（6）岩基的固结和帷幕灌浆质量检查按（DL/T 5148）的规定执行，混凝土防渗墙施工质量检查按（DL/T 5199）的规定执行。

4.4.3 施工质量安全保证措施

（1）钻孔爆破。按照批准的爆破施工组织设计、爆破试验确定的爆破参数进行施工，周密安排爆破警戒，抓好钻孔、装药、填塞、网路连接、爆后检查等环节管控。

1）钻孔。钻孔是影响爆破效果的重要环节之一，应按照爆破试验确定的钻孔参数，保证孔距、孔径、孔深、孔的方位角及倾角满足设计要求。预裂孔、光面孔应按设计要求，使钻孔处在同一布孔面上，钻孔偏斜误差不超过 1°。钻孔完成后，清除孔内岩粉和积水，并对孔口予以保护。为减小爆破震动的影响，所有钻孔均不得钻入建基面。

2）装药。装药前应对作业场地、爆破器材堆放场地进行清理，装药人员应对准备装药的全部炮孔进行检查。深孔爆破中，应将孔口周围 0.5m 范围内的碎石、杂物清除干净。

从炸药运入现场开始，应划定装运警戒区，警戒区内严禁烟火；搬运爆破器材应轻拿轻放，尤其是起爆药包，应单独搬运，不得冲撞。夜间装药，现场应有足够的照明设施保证作业安全。

3）填塞。填塞是保证爆破质量的重要环节之一，深孔、浅孔爆破装药后必须有足够的填塞长度，并保证填塞质量。

4）爆破警戒。为确保爆破安全，在实施爆破前，必须制定安全警戒方案，做好安全警戒工作。

5）爆后检查。由爆破工程技术人员和爆破员先对爆破现场进行检查，在确保所有起爆药包均已爆炸且爆堆基本稳定后，才能发出解除警戒信号，允许其他施工人员进入爆破现场。

若爆后检查发现或怀疑有拒爆药包，应向爆破负责人汇报，由其组织有关人员做进一步检查；如发现有其他不安全因素，应立即采取措施进行处理，并不得发出解除警戒信号。

（2）灌浆施工。

1）施工过程中（工序）质量控制是保证灌浆工程质量的基础，灌浆压力是保证和控制灌浆质量的重要因素。在灌浆施工中，应使用灌浆自动记录仪，以便于测记灌浆压力、控制灌浆质量。

2）检查孔压水试验是评定灌浆工程质量主要的依据，但应注意施工过程质量及其他检测成果，综合进行评价分析。

3）灌浆孔的封孔极为重要，应严格按设计及规范要求执行，保证封孔质量。

4）由于趾板承受的水力梯度大，补强灌浆困难，除做好趾板下基岩的灌浆外，帷幕灌浆的耐久性对混凝土面板堆石坝尤为重要。近年来，采用高压、稳定浓浆灌浆，高标号水泥或细磨水泥等措施提高灌浆的耐久性。

4.5 工程实例

4.5.1 洪家渡水电站坝基开挖与处理

洪家渡水电站位于贵州省毕节地区织金县与黔西县交界的乌江北源六冲河下游，该水电站地层岩性为灰岩和泥页岩相间，岩石普氏硬度系数为6～8。坝址两岸极不对称，其中左坝肩为垂直陡高边坡，溶洞发育、地形陡峭、场地狭窄、环境复杂、高差大；右岸为25°～40°缓坡，河床平缓。两岸及河床分布着黏土、砂土、砂砾石、松散坍塌体和全风化的岩石等可直接开挖的覆盖层。坝肩开挖及支护范围：左岸高程1268.00～1030.00m，右岸高程1165.00～996.00m。基坑开挖及支护范围：左岸高程1030.00m～河床，右岸高程996.00m～河床。

（1）岸坡开挖。采用徕卡TCR全站仪放线，阿特拉斯液压潜孔钻、YQ-100型潜孔钻、CM351型高风压钻机造孔，爆破采用孔内、孔间毫秒微差分段爆破技术，周边孔采用预裂爆破，预裂孔与梯段孔之间设缓冲孔。采用孔间、孔内微差顺序爆破技术，在单孔装药量不变的情况下，对破碎效果有利，过渡料和主堆石料的块度级配均能满足设计级配曲线的要求。同时，梯段爆破采用导爆管雷管孔内分段、孔外接力的微差顺序接力爆破网络，实现了单孔单响，最大限度地减少了爆破振动影响，成功地解决了控制爆破石渣下河问题。

钻爆参数：通过爆破试验并根据爆破试验确定合理的爆破参数和起爆网络。并根据类似工程成功经验，对爆破参数进行修正，左坝肩开挖爆破参数如下。

梯段爆破：梯段高度 15m，垂直钻孔，钻孔直径 90～108mm，孔距 3.0m，排距 2.5m，孔深 16.0m，超钻深度 1.0m，炮孔堵塞长度 1.5～2.5m，采用不耦合连续装药，孔内、孔间顺序微差起爆网路。单孔装药量 30～60kg，炸药单耗 0.4～0.55kg/m^3。

预裂爆破：钻孔直径 90～108mm，孔距 0.8m，钻孔深度 10m 或 15m，采用不耦合间隔装药，药卷直径 32mm，线装药密度 350～450g/m，炮孔堵塞长度 2.0m。

缓冲孔距离预裂面 1.2～1.5m，钻孔深度为马道上的缓冲孔预留 1m 保护层，其余超深 1m。钻孔直径 90mm、孔距 2.0m，采用不耦合装药，药卷直径 45mm。

马道保护层开挖：为保证边坡马道的完整性，马道预留的保护层 1.0m，采用手风钻钻孔，设底部柔性垫层，一次爆破开挖。

爆破施工：钻孔与挖运平行作业，每个台阶工作面布置三台液压潜孔钻，一台专门用于预裂孔钻孔，两台用于梯段爆破钻孔，具体施工程序和施工方法如下。

预裂爆破钻孔前，精确测量边坡开挖线，并用红油漆标明预裂孔孔位；钻孔时，采用水准仪配铅锤控制钻孔角度；钻孔过程中，适当降低钻孔速度，以确保钻孔准确无误。装药时，先将药卷按设计间隔装药结构用胶布绑扎在竹片上，然后放入孔内，并用纸团放置在药卷顶部，孔口利用钻孔岩屑封堵密实。

梯段爆破采用孔间、孔内顺序微差起爆网络。每次钻孔前，清理台阶面上的浮渣、临空面，并按设计用红油漆标明爆破孔位，对局部根底较大（底盘抵抗线较大），采用手风钻钻辅助孔，与梯段爆破一起起爆。

（2）河床开挖。按照设计要求，坝轴线下游挖除覆盖层，坝轴线上游挖至强风化岩层，趾板区开挖要求进入弱风化岩层 0.5m。洪家渡水电站大坝基坑上下游全长 520m，从上游至下游划为三个区进行开挖。基坑开挖区域划分见图 4-3。

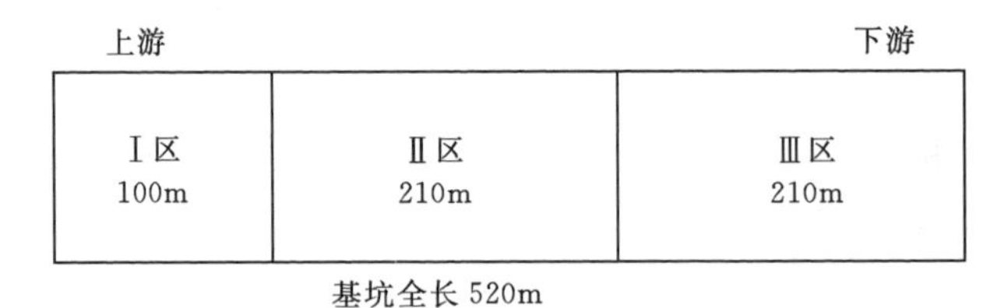

图 4-3　基坑开挖区域划分图

开挖顺序为：先挖Ⅰ区、Ⅲ区，再挖Ⅱ区。以Ⅰ区开挖为重点，尽早为大坝填筑及趾板区岩石开挖提供工作面，为趾板混凝土浇筑创造条件。覆盖层用挖掘机配推土机开挖，按 6m 左右一层开挖。

（3）趾板开挖。趾板一般分两期开挖，第一期开挖两岸河水位以上岸坡趾板，为避免后期大坝填筑与上部开挖交叉作业，在截流前结合岸坡开挖同步进行。第二期开挖基坑趾板，是混凝土面板堆石坝施工关键路线上的重点工序，在截流后进行，施工进度应满足第一个枯水期大坝填筑及趾板灌浆的需要。趾板开挖采用梯段爆破，边坡采用光面爆破。

1）梯段开挖：基坑趾板区岩石开挖深度一般较小，开挖深度小于 2.5m 时，全部按保护层开挖；开挖深度大于2.5m时，则留保护层厚1.5m，上部采用浅孔梯段爆破，趾板上部浅孔梯段开挖钻爆参数：钻孔直径45mm，孔距1.5m，排距1.5m，钻孔深度2.5m，药卷直径35mm，底部柔性垫层0.4m，炮孔堵塞长度1.0m。

2）保护层开挖：趾板1.5m保护层分两层开挖。第一层1.2m采用手风钻钻孔爆破，预留0.3m人工撬挖层；第二层采用风镐配合人工清理撬挖至设计建基面高程。趾板保护层钻爆开挖方案设计要点：一是保证趾板基础面岩石的完整性和平整性，减少爆破振动对建筑面岩体的不利影响；二是控制单响药量，防止爆破振动对已浇趾板混凝土的不利影响；三是在满足质量控制标准的前提下，简化钻爆施工程序，提高施工速度。

3）趾板保护层开挖钻爆参数：钻孔深度1.3m，超钻0.1m，钻孔孔径45mm，孔距1.2m，排距1.2m，药卷直径35mm，炮孔底部柔性垫层长0.2m，采用毫秒微差起爆网路。

钻爆作业施工一般以趾板斜长30m为一个单元。在一个单元进行钻孔的同时，另一个单元进行挖运出渣。钻孔前先精确测量放线，并用红漆标明炮孔孔位及钻孔深度。严格控制钻孔角度，适当降低钻孔速度，以确保孔向的准确性。光爆孔药卷用胶布绑在竹片上放入孔内，利用黏土条堵孔。爆破后石渣用推土机或$2m^3$反铲集渣，用$2m^3$反铲装15t自卸车运至料场存放。预留的30cm撬挖层用风镐配合人工撬挖。趾板保护层开挖作业面距离趾板混凝土浇筑工作面不宜小于40m。

锚喷支护：趾板边坡喷C20聚丙烯纤维混凝土厚15cm；锚杆直径25mm，间距2m×2m，锚杆长4.1m（深入基岩4.0m）。

4.5.2 水布垭水电站坝基开挖与处理

水布垭水利枢纽工程位于湖北省巴东县水布垭镇境内，水布垭水电站面板堆石坝高233m，坝轴线长675m，坝址河谷呈不对称的开阔V形，岸坡左陡右缓，左岸总体坡度为52°，右岸平均坡度为35°。大坝基础岩石为二叠系栖霞组（P_1q）灰岩，大多呈中厚—厚层状，间夹薄—极薄层，岩性不稳定，岩质软硬相间，岩溶发育较少，但层间剪切带较发育。

河床原始地面高程一般为193.50～197.60m。基岩面高程182.10～188.40m，最低基岩面高程177.20m；基岩面多在高程186.00m上下波动。覆盖层厚度7～14m，物质组成为第四系冲积物，分为一般砂卵砾石层，含砂砾粉土、黏土透镜体，含砂砾漂石块石层。河床段基础趾板开挖至高程175.80m，大坝0－42.7以上和下游0＋191以下河床覆盖层开挖至基岩面。

（1）土石方开挖。主要包括左右岸坝肩高程200.00m以上开挖与整修、1号危岩体开挖；大坝0－42.7上游和0＋191下游河床覆盖层开挖、保留体段覆盖层清理开挖；趾板的土石方开挖。

1）施工程序。总体施工程序：一期坝肩削坡、清理→高程200.00m以下河床段覆盖层、趾板基础、碾压混凝土围堰基础开挖→大坝Ⅰ期回填→二期坝肩开挖。

坝肩削坡施工程序：植被、浮土清理→测量放样→下钻孔任务书→开钻→爆破→人工或反铲清理排险→挖运→下一部位循环。

覆盖层开挖施工程序：大石解炮解小→推土机集料→反铲挖装自卸汽车运输。河床段趾板开挖施工程序：测量放样→下钻爆任务书→钻孔→爆破→挖运→清基→验收。

2）主要施工设备。钻孔设备：CM－351 高风压钻机、ROC－848 型液压潜孔钻、QZJ－100B 型快速钻、手风钻；挖装设备：1.2～1.8m^3 反铲；运输设备：20t 自卸汽车、32t 自卸汽车；其他设备：TY320 推土机等。

3）施工方法。覆盖层开挖主要采用反铲配自卸汽车挖装，表面及裹包的大孤石用手风钻钻爆破碎之后，由反铲或装载机配汽车挖运。河床段趾板直立边坡采用预裂爆破技术，预裂钻孔采用 QZJ－100B 型快速钻，孔径 80～90mm，孔距 1.0m。坝肩削坡开挖全部采用光面爆破的施工方法。深孔光面爆破采用直径 90mm 的 QZJ－100B 型快速钻钻孔，孔距 1.0～1.5m，3m 以下浅孔光面爆破采用直径 42mm 手风钻钻孔。趾板斜坡段采用光面爆破技术，光面爆破孔采用 QZJ－100B 型快速钻，孔径 80～90mm，孔距 0.8～1.0m，预裂与光面爆破均采用不耦合间断装药，线装药密度 180～260g/m。梯段爆破孔采用 CM－351 潜孔钻机钻孔，孔径 105mm，毫秒微差控制松动爆破，与预裂面之间设置缓冲爆破孔。水平趾板底板预留厚 2m 保护层，采用 QZJ－100B 型快速钻或手风钻钻水平孔，进行水平光面爆破。

（2）喷锚支护。施工部位：在左趾板高程 200.00m 以下、右趾板高程 210.00m 以下边坡和大坝左侧边坡、1 号危岩体等部位，进行喷锚支护。

1）施工程序：测量测图 → 地质编录 → 联合验收 → 钢管排架搭设施工及验收 → 锚杆孔（或排水孔）施工 → 坡面清理（或挂网）→ 监理工程师验收 → 喷护施工（试块取样）→ 检查喷护混凝土层厚 → 养护。

2）施工方法：锚杆孔和排水孔均在人工搭设的钢管排架上施工操作，锚杆孔采用直径 90mm 快速钻，排水孔采用直径 56mm 气腿钻造孔。排水孔在喷混凝土前插 PVC 花管，管口用布包扎保护，混凝土喷护完毕后拆掉保护层。孔深小于 3.0m 的锚杆孔采用“先注浆，后插锚杆”方法，即将灌浆管插至距孔底 50～100mm，随砂浆注入缓慢匀速拔出，浆液注入满足要求后再立即插入锚杆。孔深大于 3.0m 的锚杆孔采用“先插杆、后注浆”的方法，即将锚杆和注浆管先插入到孔底后，再采用注浆机进行注浆。喷混凝土采取“湿喷”法施工，台阶开挖一层后，即对该层单元面“自下而上”喷护。厚度在 10cm 内，可一次喷至设计厚度；在 10cm 以上则分层喷护。喷射混凝土终凝 2h 后及时洒水养护；夏季高温时，用花管流水养护。

（3）坝基处理。对两岸坝坡溶洞、断层及影响带、溶槽塌方、渗水处、陡坡等部位按照设计要求采取了清除、回填混凝土、补坡等处理措施。对大坝基础 0－42.7～0＋191 段厚度 8～10m 的砂卵石保留区采取强夯技术进行加固处理。

1）夯前的基础准备工作：清挖表层约 4m 至设计高程 196.00m；层面块径大于 1.0m 的块石进行清除或分解；排除强夯范围内的积水；对夯区表面进行平整，不平整度小于 10cm。

2）主要施工设备：Qu50 型履带式起重机 2 台，Qu25 型履带式起重机 2 台，锤径 2.2m、重量 20t 夯锤 3 个，锤径 1.8m、重量 16t 夯锤 1 个。

3）施工参数：通过在坝基下游砂卵层保留区进行强夯试验，确定的强夯参数为：间排距 4m×4m，梅花形布置，分两序夯击，点点跳夯，先施工一序点，再施工二序点。强夯夯锤重20t，锤径2.2m，夯锤提升高度15m，夯击能3000kN·m，覆盖层厚度超过8m，单击夯击不小于10次；8m以内夯击次数不小于8次。结束标准：最终二击沉降量不超过5cm。满夯夯锤重16t，锤径1.8m，夯锤提升高度10m，夯击能1600kN·m，锤印搭接1/3锤径。

4）施工质量评价：各夯区单点沉降量一般1～4击沉降最大，第5击减小，7～8击时即达到设计沉降控制参数，夯至8～10击基本趋于稳定状态，无大的沉降差异。在夯击表层3～5m范围内，砂卵石层干密度提高了6.5%，加固效果明显，检测结果均满足设计干密度不小于2.15g/m^{3}的要求。整个加固施工中，未出现异常缺陷及夯坑周围明显隆起，据施工经验，坝基加固效果较为理想。

（4）趾板灌浆。根据趾板开挖揭露的地质情况，为提高趾板混凝土与基岩接触面和基岩浅层的灌浆压力，在工程开工前，在大坝右岸选择与趾板岩性接近的部位，分别进行A、B两个区的灌浆试验。通过试验，确定趾板基岩灌浆布孔采用全面固结加帷幕的形式。

大坝趾板宽6～8.5m，布置2～3排固结灌浆，2排辅助帷幕灌浆，2排主帷幕灌浆，孔位梅花形布置。趾板固结灌浆孔距2m，孔深入基岩7m；辅助帷幕孔距2.0m，排距3m，孔深入基岩17.0m；主帷幕孔孔距2.0m，排距1.2m，帷幕孔深按设计帷幕底线控制，河床段孔深在80～120m间，两岸接灌浆平洞帷幕。

防渗板宽4.0～12.0m，布置3～6排固结孔，设计变更后，右岸高程282.00m、左岸高程265.00m以下进行了固结灌浆。防渗板高程200.00m以下固结灌浆孔排距2.0m，共6排，高程200.00m以上排距2.5m，孔深均入基岩5.0m。

趾板及防渗板固结及辅助帷幕灌浆均分两序施工，采用“自上而下、孔内循环”的方式；主帷幕分三序施工，采用“小口径钻孔、孔口封闭、自上而下分段、孔内循环”的灌浆方式。趾板上每隔10m布有一个抬动孔，每隔20m布置一组（2个）弹性波测试孔。灌浆施工在趾板防渗板混凝土达到70%强度后进行，自水平段开始按单元逐渐向两岸斜坡段上升的原则进行。趾板、防渗板灌浆完成工程量见表4-2。

表4-2　　趾板、防渗板灌浆完成工程量表

项　目	孔数/个	钻孔/m	灌浆/m
防渗板固结灌浆	1170	7375.99	6850.19
趾板固结灌浆	1369	12504.01	9876.23
趾板辅助帷幕灌浆	1016	18731.86	16772.01
趾板主帷幕灌浆	1278	66351.8	64911.27

4.5.3 天生桥一级水电站坝基开挖与处理

天生桥一级水电站位于广西隆林、贵州安龙县交界的南盘江干流上，混凝土面板堆石坝高182.7m，坝顶长1141.2m，坝址地形为不对称V形纵向河谷，大致与河流平行，倾向左岸。左岸为逆向坡，分布T_{2b}厚层、局部中厚层泥岩与砂岩互层，岩层倾角一般为32°～45°；右岸为顺向坡，主要出露T_{2x}^6、T_{2x}^5、T_{2x}^4，其间夹有薄层、极薄层泥岩较软夹层，以 T_{2x}夹层最多，裸露的 T_{2x}^{6}为中层厚层，局部厚层灰岩夹少量薄层泥岩，性状较好，岩层倾角为 35°～50°。河床部位冲积层范围 0.86～25.61m，主要为砂卵石及砂壤土，在冲积层下部近基岩面有一层厚 0.015～13.32m 的黏土和淤泥质黏土。

（1）坝基开挖。坝基河谷横向总的形态为近似梯形，顺河向呈波状起伏。河床宽度 100～150m，左侧相对比较平缓，右侧有深度 10～18m、宽度 30～40m 的顺向深槽，深槽与坝轴线呈 75°左右斜交。坝基地质构造比较简单。左岸高程 670.00～695.00m 范围受顺河流方向的紧密背向斜的影响，以及右岸高程 680.00m 以下薄层灰岩局部小型褶皱构造发育的影响，使这些地段岩层有突变。建基面断层不发育，左岸岩体相对右岸较为完整。断层及其破碎带宽度大于 1m 的有 8 条分别横穿整个坝基。

开挖方法：坝基基础开挖分两个阶段进行。

第一阶段为左右两岸坝肩高程 660.00m 以上及河床部位的大规模的一般开挖和河床冲积层开挖，高程 660.00m 以上的坝肩开挖于 1994 年 3 月开始，河床开挖于 1995 年 11 月开始。左岸坝肩，覆盖层较厚且坡度较陡，通过布置“之”字形施工支线道路，按照从上往下的顺序，采用挖掘机直接挖装自卸汽车运往弃渣场，反铲配合人工顺坡清理；右岸坝肩，坡度较缓、覆盖层较薄，采用推土机自上而下推渣，挖掘机、装载机装渣，自卸车运往弃渣场。河床部位冲积层较厚，按顺河流方向分成三个区段，采用装载机配合 $4m^3$ 挖掘机挖装自卸汽车运往弃渣场，对冲坑较深，表面淤泥采用挖塘机抽至上、下游围堰以外河床，淤泥质较厚的区域，采用回填干石渣料混合进行挖除。

第二阶段为随大坝填筑上升按高程分段进行坝基开挖与清理。坝基开挖和清理根据具体情况按高程分 5～10m 一个台阶进行，利用大坝填筑的交通道路对施工道路占用而未挖的部分和沟、槽部位进行开挖，以机械开挖为主，机械不能进入部位由人工辅助开挖。坝基清理为坝基开挖后的残渣、暴雨冲刷坡积物、坝轴线上游基础破碎带、溶沟溶槽基面清理。清理方式为人工集渣，机械装运至指定弃渣场。

（2）趾板区基础开挖。趾板基础开挖分两期进行，一期为一般开挖（即覆盖层、全风化层淤积物等的开挖）；二期为岩石开挖。

趾板基础一般开挖与坝基一般开挖同步进行。由于左岸及河床部位覆盖层较厚，主要采用液压挖掘机直接挖装自卸汽车运往弃渣场，而右岸部位覆盖层较薄，有的不到 1.0m。因此，采用推土机自上而下集渣，再由挖掘机挖装到自卸运输车运往弃渣场。一般开挖完成后，进行断面测量，根据岩体出露情况，由设计、监理进行二次定线，确定趾板开挖的最终建基面，二次定线确定后即进行趾板基础岩石开挖。

趾板区基础岩石开挖：根据二次定线确定的建基面进行岩石边坡开挖开口线放样，基础岩石开挖自上而下分层进行，建基面预留厚 1.5m 保护层。基础岩石开挖采用手风钻钻孔爆破，推土机集渣，液压挖掘机挖装自卸汽车运往弃渣场。上、下游侧边坡特别是上游侧边坡主要采用光面爆破，局部边坡较高区段采用预裂爆破。预裂孔采用潜孔钻钻孔。保护层采用手风钻钻孔，浅孔少药量爆破，第一次开挖深 0.8m，第二次开挖 0.5m。最后预留 30cm 撬挖层，在该区域趾板混凝土施工前人工撬挖并清洗基岩面，以达到保护建基面的目的。趾板基础开挖完成后，特别是两岸坝肩暴露时间很长，按设计规范要求，趾板基础开挖完成后要喷厚 10cm 的混凝土进行保护。为方便施工，采取预留厚 30cm 撬挖层保护的方法。

（3）坝基及趾板区基础处理。坝基基础处理。对坝基表面上存在的孤石体（高出表面1m以上）采用手风钻钻孔爆破，对坝基上出现的倒悬体采用手风钻钻爆，形成最终不陡于1∶0.3的顺向坡。沟槽破碎带、溶蚀夹层等采用人工挖除。趾板下游0.3H（H为正常蓄水位与建基面高程差）范围的沟槽、破碎带、溶蚀夹层清理完成，采用ⅡA料掺5%的水泥回填密实；ⅢB区范围的基础采用先回填ⅡA料再回填ⅢA料的方法处理；对坝轴下游的基础采用回填ⅡA料的方法处理。坝体填筑前，将探洞清理清洗干净，并采用M7.5浆砌石回填密实。

趾板建基面处理。钻探孔通过测量放样找出孔口，采用地质钻机进行扫孔并清洗孔壁，有水位观测管的先拆除，并经监理工程师验收合格后，用M10水泥砂浆回填封堵。对遗留下来的探洞段先进行清理、清洗，经验收合格后，再用C15混凝土回填，混凝土浇筑时分段进行，每段长约10m，混凝土浇完7d后进行回填灌浆；其余坝基内的探洞，采用M7.5浆砌石回填。断层破碎带采用人工撬挖，撬挖深度按宽度的2倍控制，并用高压风水枪冲洗干净，经监理工程师验收合格后采用C15混凝土回填，断层破碎带较大的部位按监理工程师要求打随机锚杆，以加固回填混凝土与基岩面的整体性。

趾板基础灌浆。大坝基础灌浆分为趾板区和非趾板区，帷幕灌浆孔沿趾板中心线呈单排折线布置，孔距2.0m。帷幕孔深一般为坝前水头的1/2，且帷幕底线深入到地层相对不透水层当中，设计最大帷幕孔深83.5m，最小孔深22m，帷幕设计允许透水率标准为检查孔压水试验值不大于3Lu。固结孔分布在帷幕线的两侧，孔距均为3.0m。固结灌浆孔与趾板形式的关系见表4-3。

表4-3　　固结灌浆孔与趾板形式的关系表

趾板形式	趾板宽度/m	趾板厚度/m	固结孔排数/排	固结孔深/m
A型	10	1.0	4	15
B型	8	0.8	3	12
C型	6	0.6	2	10

为防止灌浆过程中对趾板的破坏性抬动，设计规定趾板及岩层抬动值不得大于0.1mm。

4.5.4　那兰水电站坝基开挖与处理

那兰水电站位于云南省红河州金平县西南部猛拉乡境内藤条江下游河段，为国内首座河床趾板置于冲积层上的100m级高的混凝土面板堆石坝。坝址区两岸自然边坡30°～50°，呈V形河谷，左岸地形不完整，冲沟发育，右岸地形较完整。主要部分的地层为上第三系中新统上段（N_1^3）的碎屑岩，岩性为含砾粗砂岩、细砂岩夹粉砂质泥岩与泥质粉砂岩。河床冲积层厚5.1～24.3m，主要为卵砾石夹中细砂；两岸覆盖层（坡积层）厚0.5～5m。坝址区为一背斜结构，属牛场箱式向斜的次一级褶皱，背斜轴在近东西向河段大体沿河床展布，左（翼）岸岩层产状为近EW，N∠50°～90°，右（翼）岸岩层产状为近EW，S∠50°～70°。由于构造运动强烈，层间挤压错动普遍，不同方向的结构面均较发育。

（1）堆石体基础开挖。坝轴线上游的岸坡堆石体基础挖除覆盖层（植被、坡积层、松散堆积体等）及全风化中上部岩体，基础置于全风化下部岩体；坝轴线下游堆石体基础挖除覆盖层（植被、坡积层、松散堆积体等），基础置于全风化岩体。

河床堆石体基础要求对冲积层进行1～2m的清理开挖，对坝基进行平整，并用25t振动碾碾压10遍。

（2）趾板区基础开挖。由于趾板线上游河床冲积层厚达18m，为降低坝体高度，减少坝基开挖及坝体填筑量，采用垂直钢筋混凝土防渗墙与趾板和面板连成防渗系统，河床趾板置于高程322.00m的冲积层上，岸坡趾板基础开挖至弱风化岩体，其中坝顶附近趾板基础置于强风化岩基上。置于全、强风化岩基上的趾板基础在趾板后的坝基上设钢筋网喷厚10cm混凝土，其处理长度按坝前水头的1/5～1/2控制。对趾板基础含特殊垫层料基础的超挖部分，采用混凝土回填、找平。

（3）趾板基础处理。

1）断层、倒悬及陡坎：通过趾板基础的断层破碎带、挤压破碎带及节理裂隙密集带，采取加深开挖（断层破碎带或泥质充填物挖深至1倍宽度以上），回填混凝土塞；其处理范围根据作用水头及断层充填物性状而定，并在趾板后沿铺设一定长度的反滤料，延长渗径，避免坝基内的细颗粒流失。趾板下游0.5H（H为趾板平面上的水深）范围内，超过1m高的倒悬及陡坎采用削坡或回填混凝土，使之成为不陡于1∶0.25的坡度。

2）勘探钻孔、探洞、探坑和探槽：趾板区基础范围内未被挖除的探洞，用C15混凝土回填并进行回填灌浆。坝轴线上游坝基部位的探洞采用混凝土回填，坝轴线下游坝基部位的探洞采用浆砌石回填，回填长度约30m。趾板区基础范围内的勘探孔，开挖后用水泥砂浆封堵全孔。坝基内的勘探坑、槽，按坝体堆石料要求予以回填。

（4）趾板灌浆。包括固结灌浆和帷幕灌浆，在趾板混凝土浇筑前预埋直径76mm的灌浆孔口管。其中：固结灌浆3～4排，间排距1.5m×1.5m，A型趾板（宽6m）孔深7m、B型趾板（宽8m）孔深10m，趾板固结灌浆总量10380m，河床冲积层不做固结灌浆处理；帷幕灌浆分布在左右岸趾板和上游防渗墙上，为单排帷幕，孔距1.5m，帷幕深度按深入基岩单位透水率小于3Lu地层以下5m和不小于坝高的0.4倍控制，最大孔深50.8m，位于上游防渗墙上，帷幕灌浆总量17366.5m。

（5）防渗墙施工。那兰水电站河床段趾板直接坐落在砂砾层上，上游防渗墙布置于大坝最上游，通过宽3m的水平连接板与河床趾板相连，河床段面板、趾板、防渗墙连接见图4-4。防渗墙全长54.4m，深度8～15m，墙底深入弱风化岩体0.5m。防渗墙体厚0.8m，为钢筋混凝土结构，混凝土为C25W12，总面积584m^2。混凝土防渗墙施工采用冲击钻机结合抽砂桶出渣的方法成槽，导管水下浇筑混凝土。防渗墙共分为10个槽段，Ⅰ期槽段6个，Ⅱ期槽段4个。

1）造槽施工：防渗墙分两期槽孔施工，Ⅰ期、Ⅱ期槽孔间隔布置，先施工Ⅰ期槽孔，后施工Ⅱ期槽孔，同期槽孔又分为主孔和副孔，先用CZ30型冲击钻机钻进主孔，孔径为0.8m，在主孔之间劈打副孔，劈打副孔时在相邻的两个主孔中放置接砂斗出渣，一个槽

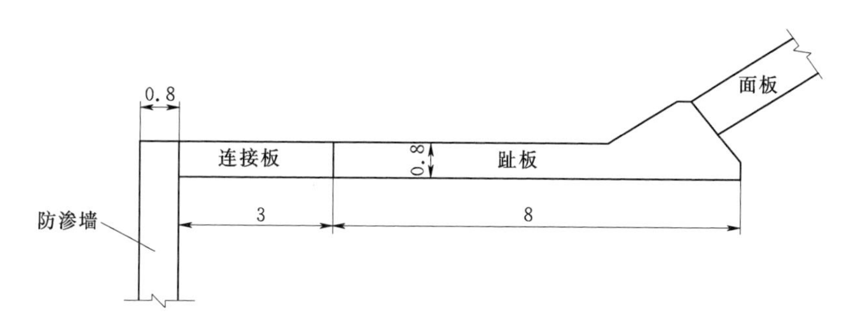

图 4-4　河床段面板、趾板、防渗墙连接示意图（单位：m）

段的主副孔完成后，再变换钻机和钻头位置，自上而下劈打孔间小墙（圆形孔之间的残余部分），遇砂岩、砾岩、大孤石，采用重锤冲击破碎，直至终孔。

2）清孔换浆：在槽孔施工完成并经验收合格后，混凝土浇筑前进行，槽底沉渣用抓斗抓取，结合泥浆泵向槽孔内注浆循环置换孔内沉渣。

3）水下混凝土浇筑：每个槽孔下两道钢导管，5.8m 槽段导管距槽孔端部 1.3m，5.2m 槽段导管距槽孔端部 1m，导管用直径 250mm 的钢管，每节 2m，节与节之间用法兰连接，导管下到离孔底 0.2m 左右。浇筑前，在导管内置入隔水塞，混凝土浇筑须连续进行，开始浇筑时导管底部一次埋入混凝土 0.5m 以上，正常施工后，槽内混凝土上升速度不小于 2m/h。导管埋入混凝土内的深度应保持在 2～6m 之间，以免泥浆进入导管内，槽孔内混凝土面均匀上升，高差小于 0.5m，混凝土顶面超浇 0.5m 以上。

4）接头孔施工：在邻近Ⅰ期、Ⅱ期槽孔混凝土浇筑完成，并达到 28d 龄期后进行接头孔施工。为保证连接处墙体厚度，接头孔按 0.9m 孔径施工，并保证接头孔位置准确，接头孔施工类似灌注桩，同时在孔内安放圆形钢筋笼。

根据那兰水电站趾板上游混凝土防渗墙的施工中出现的实际情况，建议 100m 级高坝混凝土防渗墙厚不宜小于 1.2m，以满足防渗墙水力梯度的要求；同时墙顶端扩大结构尺寸，以适应变形要求。

4.5.5　察汗乌苏水电站坝基开挖与处理

察汗乌苏水电站位于新疆维吾尔自治区巴音郭楞蒙古自治州和静县境内，为趾板建在覆盖层上的混凝土面板砂砾石坝。坝址区河谷呈 V 形，河道坡度约 6.44%，两岸地形基本对称，岸坡一般为 40°～60°。坝址区出露地层为泥盆系中统萨阿尔明组下亚组（D_2Sa）和第四系，基岩岩性为巨厚层—厚层英安质凝灰岩、凝灰质砾岩、凝灰质粉砂岩及变质砂岩等，岩石致密坚硬。

河床及左岸高漫滩覆盖层由上更新统（Q_3^{al}）和全新统（Q_4）两大层组成。河床、高漫滩河床覆盖层最大厚度 47m，一般 34～46m。主要由漂石、砂卵砾石组成。上部和下部为同一岩组，以含漂石砂卵砾石为主，上部层厚平均 25.3m，下部平均层厚 11.2m。中部含砾中粗砂层平均厚 5.9m，以中粗砂为主。岩体中断裂构造较发育，主要为顺层断裂和 NWW～NW 向断裂，规模一般不大。

（1）堆石体基础开挖。河床覆盖层基础，按高程 1544.00m 进行开挖并至少清除覆盖层 1m。同时，采用 20t 的拖式振动碾碾压 4～6 遍。

坝轴线上游两岸开挖边坡不陡于1∶0.5。对1∶0.25～1∶0.5的自然岸坡，在岸坡1∶0.5范围内用过渡料掺水泥进行干贫混凝土碾压，并增加碾压遍数2遍。对陡于1∶0.25的陡坡、倒悬，先削坡或回填浆砌石（混凝土）成1∶0.25的边坡，然后按缓于1∶0.25的边坡进行处理。

坝轴线下游岸坡开挖成不陡于1∶0.25的边坡，对陡坡、倒悬采取削坡处理或回填浆砌石（混凝土）成1∶0.25的边坡即可。

（2）趾板基础开挖。河床趾板坐落在砂卵石覆盖层上，趾板基础开挖到高程1544.00m，对趾板及其下游0.3倍坝高范围进行强夯处理，夯击能不小于3000kN·m，夯击点数10击，点夯后满夯，满夯夯击能2000kN·m，满夯后再用拖式振动碾碾压4～6遍，使表部1m深范围的干密度至少提高5%以上。

两岸趾板置于弱风化的岩石上，趾板上游侧按1∶0.5的稳定坡度进行开挖，下游按不陡于1∶1.5进行开挖，为便于边坡锚喷支护施工，每20m设一道宽2m的水平马道。根据开挖揭露的岩石情况，边坡支护采用锚杆、素喷混凝土、挂网喷混凝土以及锚筋桩等多种方式。

（3）节理裂隙及断层破碎带处理。趾板范围内岩石节理、裂隙断层（含破碎带），发育宽度小于300mm，清理表面充填物后灌水泥浆进行封堵，趾板下游5m范围喷厚20cm C25混凝土；发育宽度大于300mm以上时，趾板和垫层基础采用混凝土置换、混凝土板覆盖处理，混凝土板上覆盖垫层料和过渡料。

（4）基础处理。河床覆盖层上的趾板基础采用厚1.2m的混凝土防渗墙进行防渗处理。防渗墙为刚性墙，混凝土标号C35W10，最大深度46m，两侧通过左右岸现浇连接墙与河床和两岸趾板连接。

固结灌浆布置在趾板和高趾墙基础范围内，固结灌浆孔深8m，间排距3m，在趾板处排距1.5～2m。

帷幕灌浆沿防渗墙、趾板和高趾墙以及坝顶灌浆隧洞布置。防渗墙下防渗帷幕设单排孔，孔距2m，在防渗墙内预埋直径125mm的钢管。死水位1620.00m以下两岸趾板设主、副两排防渗帷幕孔，排距1.5m，孔距2m。死水位1620.00m以上设单排帷幕，孔距2m，主帷幕深度按帷幕深度插入相对不透水层（q=3Lu）线或0.7倍水头控制，副帷幕深度为主帷幕的0.3～0.5倍。

4.5.6 九甸峡水利枢纽工程坝基处理

九甸峡水利枢纽位于甘肃省洮河九甸峡进口至下游瓦力沟长约800m的峡谷内，河流流向由南往北，为横向峡谷。坝址河谷狭窄，左岸陡峻，右岸陡缓交替，呈不对称V形。河床下有一深槽贯穿整个坝区，上游较宽，向下游变窄，最大深度达54～56m，宽10～15m，深槽延伸方向在坝轴线上游靠近河床左岸，往下游偏向河床中心。坝体范围内左岸坡脚及河床上部为崩坡积块石碎石土，厚5～30m不等，结构松散；河床中层冲积含块石砂砾卵石，厚5～13m，松散无胶结。下层冲积砂砾卵石，厚12～37m，组成物主要为砾石和卵石，局部有块径2～3m的孤石。构成坝基的岩体均为巨厚层灰岩，致密坚硬，弱风化河床4～6m，Ⅲ级阶地基座8～10m。坝体范围内有多个较大断层，沿断层岩溶较为发育。

（1）坝基强夯处理。

1）强夯参数。强夯锤重20.8t，锤径2.2m，夯锤落距15m。强夯分两序，夯点梅花形布置间排距均为4m，每夯击点夯击10次，且最后两击相对沉降量小于5cm。分序强夯完成后，采用推土机推平，进行全面满夯，重锤搭接距离为1/3锤径。结束标准：强夯前铺筑碎石厚80cm，河床地基强夯完成后，总沉降量不小于60cm，挖坑取样干密度不小于2.15g/cm^3；夯击点数不少于10次，最后两击的相对沉降量不大于5cm。

2）施工要点。强夯分段进行，顺序从边缘向中央；强夯法的加固顺序是先深后浅，即先加固深层土，再加固中层土，最后加固表层土。强夯总面积为：12742m^2，碎石量5834m^3。

3）施工分区。根据河槽下覆盖层的分布情况，将整个坝基河槽划分为4个区，其区域划分见表4-4。

表4-4　九甸峡水利枢纽坝基强夯区域划分表

区域	1	2	3	4
范围	坝纵0－190.6～0－140.0	坝纵0－140.0～0－80.0	坝纵0－80.0～0＋00.0	坝纵0－190.6～0－204.55

根据地质情况及施工总体部署，施工顺序为：先施工3区，再施工2区和4区，最后施工1区。

九甸峡水库坝基强夯施工主要工艺流程见图4-5。

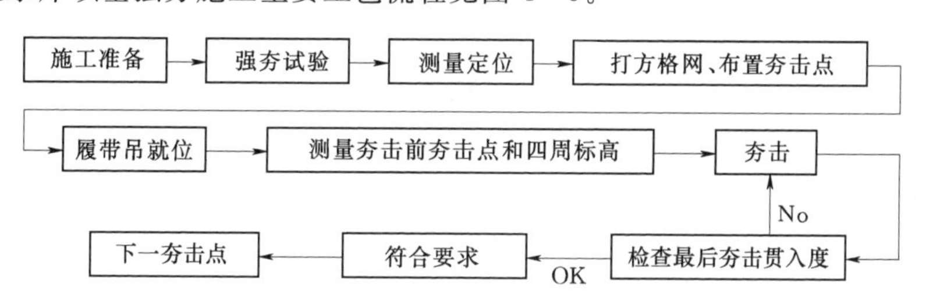

图4-5　九甸峡水库坝基强夯施工主要工艺流程图

4）施工方法。履带吊就位后，对夯点进行夯击，其单点夯击次数和夯击遍数按强夯试验确定的参数进行。夯击时，将夯锤吊到预定高度，脱钩让夯锤自由下落进行夯击，并测量夯锤顶高程。反复夯击，按照试验参数及控制标准完成一个夯点的夯击。重复夯击施工工序，完成第一遍所有夯点的夯击。第一遍完成后，用推土机将夯坑填平，并测量场地高程。间隔2d后（具体时间由试验确定），进行第二遍夯击，直到满足设计要求为止。最后用低夯击能对坝基河槽进行满夯，将河槽砂卵石表层夯实，并测量夯击后场地高程。

5）强夯效果评价。强夯施工完成后，建基面干密度取样试验，干密度范围为2.17～2.26g/cm^2，均满足设计要求。

（2）防渗墙施工。九甸峡水库趾板混凝土防渗墙位于坝横0＋09.02～坝横0＋53.87处，长44.85m，混凝土防渗墙上部与大坝河床平趾板相连接，施工区域内地层均在饱和水浸泡下且因基坑抽水，地下水有一定流动性，对防渗墙施工极为不利。

1）主要设计指标。墙厚1.2m，墙深11.60～28.2m，墙体嵌入基岩0.8m，其混凝土主要性能指标见表 4-5。墙体钢筋主要设计指标如下。

A. 钢筋笼笼体制作允许误差：主筋间距±1.0cm；箍筋和加强筋间距±2.0cm；钢筋笼长度±5.0cm；钢筋笼弯曲度不大于 1%。

B. 钢筋笼入槽定位允许误差：定位标高误差±5.0cm；垂直墙体轴线方向±2.0cm；平行墙体轴线方向±7.5cm。

C. 主要工程量：截水面积 954.88m^2，造孔总进尺 795.73m，浇筑混凝土 1614m^3，平均孔深 21.29m。

表 4-5　　防渗墙槽孔混凝土主要性能指标表

抗压标号	抗渗标号	入槽坍落度/cm	扩散度/cm	初凝时间/h	终凝时间/h
C25	W10	18～22	34～40	≥6	≤24

2）单元划分。根据孔深、预灌浆揭示的地层情况及混凝土供应能力，防渗墙槽孔长度划分Ⅰ期槽长 4.6m，Ⅱ期槽长 7.0m，共划分槽孔 10 个，每一个槽孔为一个单元工程。

3）施工方法。混凝土防渗墙槽孔采用钻凿法施工工艺，混凝土采用水下直升导管法浇筑，槽段间连接采用套打一钻。混凝土最大浇筑速度 3.0m/h、最小 2.2m/h，平均 2.5m/h；混凝土浇筑导管距离孔端一期槽孔最大不超过 1.5m，二期槽孔最大不超过 1.0m，导管间距最大 3.5m，最小 1.4m；导管埋深最大 5.2m，最小 1.5m，混凝土面深度高差均小于 0.5m。

4）主要经验。防渗墙工程正式施工前进行了预灌浆，使防渗墙在地下动水环境下施工进行相当顺利。边坡嵌岩工作采用了槽孔内预裂爆破法进行施工，大幅提高了工效，节约了工期，为今后此类工程积累了经验。

5 筑 坝 材 料

5.1 坝料的特性

混凝土面板堆石坝的筑坝材料通常有爆破开采的石料（包括枢纽建筑物的开采料）、砂砾料和山麓堆积料。它们可单独使用或分区填筑于坝体内，以充分利用当地材料，降低造价。

5.1.1 爆破石料

5.1.1.1 石料的级配特性

（1）爆破石料的级配特点与特征粒径。爆破石料的最大特点是其级配的可变性。即从施工开采、运输、填筑，直到成坝后的运行阶段都在变化，填筑阶段变化最大。因此，在实践中，经常面对的是两种级配，即原始级配（填筑前的级配）和填筑后的级配。级配的特征粒径与相关的特性指标有：最大粒径 d_{max}，5mm 以上的含量 P_5，含砾量 $P_{0.1}$、d_{10}、d_{60}、d_{30}、d_{15}、d_{85}，不均匀系数 C_u（d_{60}/d_{10}）、曲率系数 C_c（$d_{30}^2/d_{60}\,d_{10}$）等。

（2）石料级配。

1）垫层料（2A、ⅡA）。垫层料级配应连续，最大粒径 80～100mm，小于 5mm 含量应控制在 35%～55%，小于 0.075mm 含量宜为 4%～8%。一般采用砂与 5～10mm、10～20mm、20～40mm、40～80mm 碎石（砾石）料按一定比例掺配而成，砂可以采用天然河砂或人工砂，垫层料的级配应落在设计包络线范围之内，并尽量平行于所给包络线。万安溪水电站混凝土面板堆石坝采用新鲜花岗碎石料掺混残坡积花岗岩风化粗砂制备垫层料，掺配比例为 3∶1，试验表明，其平均干密度可达 2.26g/cm^3，平均渗透系数为 3.6×10^{-4}cm/s。

2）小区料（2B 或ⅡB）。小区料是特殊的垫层料，其级配应连续，最大粒径不宜超过 40mm。级配曲线应落在设计包络线内，且应尽量平行包络线。

3）过渡料（3A、ⅢA）。级配应连续，最大粒径不宜超过 300mm，一般采用洞挖料或爆破级配料。

4）主、次堆石料（3B、3C）。主、次堆石料一般采用采石料场的爆破开采料或建筑物开挖料，最大粒径不应超过压实层厚度，其中主堆石料最大料径一般为 600～800mm，小于 5mm 的颗粒的含量不宜超过 20%，小于 0.075mm 的颗粒的含量不宜超过 5%，爆破参数通过爆破试验确定。

5.1.1.2 爆破石料的密度

爆破石料的密度，受其母岩岩性、堆石级配、填筑层厚、压实方法等的影响变化较大。垫层区的密度一般应高于主堆石区的密度，部分混凝土面板堆石坝工程的填筑平均干密度指标见表5－1，国内200m级高混凝土面板堆石坝堆石特性参数见表5－2。

表5－1　　部分混凝土面板堆石坝工程的填筑平均干密度指标表　　单位：g/cm³

坝名	坝高/m	岩石类型	垫层区	主堆石区
阿里亚	160	玄武岩	2.12	2.12
辛戈	140	花岗片麻岩	2.29	2.15
利斯	122	粗玄武岩	2.29	2.30
西北口	95	灰岩	2.29	2.18
关门山	58.5	安山岩	2.15	2.00
天生桥一级	178	灰岩	2.20（19%）	2.12（22%）
珊溪	132.5	流纹斑岩	2.19（17.6%）	2.12（19.5%）
乌鲁瓦提	131.8	砂砾石	2.27	2.34
引子渡	129.5	灰岩	2.22（17.5%）	2.14（20.5%）
白溪	124.4	凝灰岩	2.23（13.6%）	2.10（19.7%）
万安溪	93.5	花岗岩	2.26	2.10（19%）
港口湾	70	石英砂岩	2.20（18.5%）	2.10（22%）

注　表中括号内的数据表示孔隙率。

表5－2　　国内200m级高混凝土面板堆石坝堆石特性参数表

<table>
<tr><th>坝名</th><th>坝石分区</th><th>岩性/硬度</th><th>孔隙率/%</th><th>干密度/(g/cm³)</th><th>最大粒径/cm</th></tr>
<tr><td rowspan="3">天生桥一级</td><td>主堆石区ⅢB</td><td>灰岩/中硬岩</td><td>23.00</td><td>2.10</td><td>80</td></tr>
<tr><td>软岩料区ⅢC（坝轴线下游中心部位）</td><td>砂泥岩混合料/软岩</td><td>22.00</td><td>2.15</td><td>80</td></tr>
<tr><td>次堆石区ⅢD</td><td>灰岩/中硬岩</td><td>24.00</td><td>2.05</td><td>160</td></tr>
<tr><td rowspan="3">洪家渡</td><td>主堆石区ⅢB</td><td rowspan="3">灰岩/中硬岩</td><td>19.69（20.02）</td><td>2.19（2.18）</td><td>80</td></tr>
<tr><td>次堆石区ⅢC</td><td>20.02（22.26）</td><td>2.18（2.12）</td><td>160（120）</td></tr>
<tr><td>排水堆石区ⅢD</td><td>22.26</td><td>2.12</td><td>120</td></tr>
<tr><td rowspan="3">水布垭</td><td>主堆石区ⅢB</td><td rowspan="3">灰岩/中硬岩</td><td>19.6</td><td>2.18</td><td>80</td></tr>
<tr><td>次堆石区ⅢC</td><td>20.7</td><td>2.15</td><td>80</td></tr>
<tr><td>排水堆石区ⅢD</td><td>20.7</td><td>2.15</td><td>120</td></tr>
<tr><td rowspan="3">三板溪</td><td>主堆石区ⅢB</td><td rowspan="3">微新与弱风化或强风化砂板岩及凝灰岩混合料/坚硬与较软岩掺混</td><td>19.33</td><td>2.17</td><td>80</td></tr>
<tr><td>下游堆石区ⅢCA</td><td>17.62～19.48</td><td>2.15</td><td>80</td></tr>
<tr><td>排水堆石区ⅢCB</td><td>20.07</td><td>2.15</td><td>80</td></tr>
</table>

注　表中括号内数据为初期参数。

5.1.1.3　爆破石料压缩变形

（1）爆破石料压缩变形的一般特性。

1）压缩性能。爆破石料经过碾压，都具有较高的密度和较小的孔隙比，其压缩性很低。因此，堆石料的沉降变形，大部分可在施工期完成。

2）浸水性能。堆石料具有湿陷性质，特别是软化系数较低的石料，在加水后其颗粒棱角的软化、润滑，促进了颗粒体系的失稳与颗粒位移，使其进入更加稳定的平衡状态，这也是堆石料填筑压实时加水的主要作用。

3）蠕变性能。堆石蠕变变形的产生，主要是颗粒破碎引起的颗粒排列的进一步调整。堆石的蠕变性与其母岩的岩性、岩质、堆积密度、颗粒形状、应力水平等条件有关。

4）先期压缩性能。堆石料由于密度而具有类似超固结黏土的先期压缩性。先期压缩性对于防止面板脱空、变形意义较大。当先期压缩性较强时，其总的沉降变形比较小，面板裂缝少。

（2）爆破石料的压缩模量。堆石的压缩模量，受其母岩的性质，岩块强度及形状、级配、密度以及应力条件等因素影响。堆石的压缩模量分为垂直（或重力）模量 E_v 和水平压缩模量 E_w，一般情况下，水平压缩模量比垂直压缩模量大 2～3 倍。

5.1.1.4 爆破石料的强度性质

爆破石料的强度一般指其抗剪强度，由摩擦力与咬合力两部分组成，用 C、Φ 两个参数表示。堆石料的强度曲线往往呈曲线形，因而需采用非线性形式表示。影响堆石强度的主要因素是密度、岩性、级配和应力状态等。

5.1.1.5 爆破石料的渗流性能

（1）垫层料的渗流性能。垫层料是半透水性材料，垫层料中小于 5mm 的颗粒的含量 P_5、含泥量及密度对其渗透性都有影响。垫层料的渗透系数 k 一般要求为 10^{-3}～10^{-4}cm/s，寒冷地区工程往往采用 10^{-2}～10^{-3}cm/s。

（2）主堆石料的渗透性能。主堆石料的最大粒径一般为 600～800mm，其渗流功能主要是通畅地排渗水，具有自由排水的性质。要求渗透系数 $k>1\times10^{-2}$cm/s。

5.1.1.6 爆破石料的压实性能

爆破石料的压实指堆石在机械作用下颗粒重新排列、密度提高的过程。使堆石压实所施加的外力，主要有静压力、冲击力和振动力三种形式。堆石颗粒在压实功的作用下能够相互移动、充填，使堆石达到更加密实的结构状态。

影响爆破石料压实的因素主要有堆石料性质、铺料厚度、压实功能和压实工艺等。因此，堆石坝体填筑施工前，必须对材料、压实机械和工艺等进行现场试验。模拟坝体填筑施工碾压试验，根据试验确定的最优参数指导现场实际施工。

5.1.2 砂砾石料

砂砾石料的工程性质与爆破石料有诸多共性，本节主要阐述其独有的特性或比较突出的方面。

（1）砂砾石料的级配。砂砾石料的级配有两个特点：第一，级配是自然的，而且不易由于破碎而衰变、细化；第二，特征粒径对其物理力学性质的敏感性。

1）主堆石区砂砾石料的最大粒径为 300～600mm，小于 0.075mm 的颗粒的含量不超过 5%。要求具有良好的抗变形能力和良好的排水性。

2）垫层区砂砾石料的级配，如直接采用天然砂砾石料作为垫层料，往往造成5mm以下颗粒的含量不足。因此，一般采用过筛、破碎和掺混等措施补充。

（2）砂砾石料的密度。

1）砂砾石料容易压实到较高的密实度，砂砾石料的最大密度与P_5有关。当$P_5<70\%$时，密度随P_5的增加而增加；当$P_5>70\%$时，P_5的增加又使砂砾石的密度减小；当$P_5\approx70\%$时，砂砾石料可实现最优的压实。

2）一般情况下，砂砾石料干密度大于爆破石料干密度。

（3）砂砾石料的压缩变形。砂砾石料与爆破石料相比，其压缩性相对较小，压缩变形模量相对较大。

（4）砂砾石料的强度。砂砾石料与爆破石料相比，其突出的特点是：在低应力条件下强度较低，而在高应力条件下，其强度增加较快。同时，还具有较高的颗粒破碎压力。

（5）砂砾石料渗透。砂砾石料的渗透系数、渗透破坏比降受小于5mm颗粒含量的影响较明显。砂砾石料的渗透破坏比降较小，有发生管涌破坏的可能性，因而有渗流控制问题。

（6）砂砾石料的压实。砂砾石料的含泥量，即小于0.075mm的成分，对填筑压实施工的影响较大。含泥量大于8%时，砂砾石料对含水量大小的敏感度高，含水量偏大容易产生“橡皮土”，不易压实。因此，当砂砾石中小于5mm的细粒含量超过30%，且含泥量大于5%时，必须严格按试验要求控制加水量。

5.2 料场规划

在满足工程施工进度的前提下，结合填筑工期要求，尽量提高各料场开挖有用料直接上坝量；减少有用料的损耗，提高利用率；提高存料场存料的回采利用率；控制各料场开采范围，并降低对环境的影响，促进施工效率的提高。总之，料场应根据工程规模、料场地形、地质条件、填筑强度、坝料综合平衡及环境影响等进行规划。

料场规划应遵循以下原则。

（1）料场可开采量（自然方）与坝体填筑量（压实方）的比值：堆石料宜为1.2～1.5；砂砾石料，水上为1.5～2.0，水下为2.0～2.5。

（2）注意保护环境，维护生态平衡。

（3）堆石坝主料场，宜选择运距较短，储量较大和便于高强度开采的料场，以保证坝体填筑的高峰用量，尽可能做到高料高用、低料低用。

（4）对于垫层料、过渡料等有特殊级配要求的坝料，必要时可分别设置专用料场，以便开采、加工、运输和存放。

（5）为避免出现坝体填筑施工高峰期上坝料不足的情况，可以考虑备用料场和备用存料场。备用存料场应尽量布设在大坝附近，运距短，以满足大坝高峰用料要求；同时，布设弃料场，用来堆存弃料。

（6）在性质和级配满足设计要求时，应充分利用枢纽建筑物的开挖料，具备条件时尽可能直接上坝，不能直接上坝时，设置中转料场临时储存。做好土石方平衡规划，尽量做到挖填平衡。

(7) 砂石料开采规划要考虑冬季、汛期及蓄水期施工对料场的要求。

5.2.1 料场复查

料场复查旨在认真核实坝料的有效储量，坝体所需各种坝料的种类和质量，以及开采条件与运输条件。复查应以初步设计阶段的料场资料为基础，在较短的时间内，以适量的坑探、钻孔取样等试验工作，对前期核定坝料的储量、种类、质量、开采方式和运输条件进行复核。施工中若发现有更合适的料场使用，或因设计变更，需要新辟料源和扩大料源时，应进行补充复查。

5.2.1.1 料场复查的内容和方法

料场复查的内容和方法见表5-3。

表5-3　　料场复查的内容和方法表

名　称	内　　容	方　　法
软岩、风化料	岩层变化、料场范围、可利用风化层厚度、储量及开采运输条件	采用钻探、坑槽探、坑探、钻孔、探洞或探槽，分层取样与沿不同深度混合取样，方格网布点，坑距50～100m，取代表样进行试验，用代表性试样进行物理力学性能试验
砂砾料	级配、厚度、料场分布、开采厚度、范围和储量及开采运输条件、密度、抗剪强度等	
堆石料	岩性、断层、节理和层理、强风化层厚度、软弱夹层分布、坡积物和剥离层及可用层的储量以及开采运输条件	
过渡料	岩性、断层、节理和层理、料场的分布、储量、可开采厚度及开采运输条件	根据实际情况，可参照堆石料或垫层料进行试验
开挖堆存料	可供利用的开挖料的分布，运输及堆存、回采条件；主要可供利用的开挖料的工程特性；有效挖方的利用率	取少量代表样进行试验

5.2.1.2 料场勘探试验

(1) 取样方法。应综合考虑地形、地层特点及施工开采方式等因素，采用不同的取样方法，如刻槽法、探井法、全坑法、钻孔法、探洞法或探槽法。样品分为原状样和扰动样。立式开采以混合取样为宜，平式开采以分层取样为宜。

(2) 取样试验。垫层料（砂砾料）取样试验组数要求见表5-4。

表5-4　　垫层料（砂砾料）取样试验组数要求表

储量/万m^3	最小组数	备　　注
<10	5	每个坑、井沿深度每5m混合取样一组，做颗分及含泥量试验，成品反滤料除颗分试验外，做不少于3组的最大及最小干密度试验
10～50	10	
>50	15	

堆石料应取1～3个典型剖面，在剖面各有用层上取样。试样总组数不得少于5～10组。典型断面以外各点所揭示的有用层，均应采取一组试样。

过渡料与堆石料类似，根据过渡料岩性要求，结合石料场具体情况进行。

5.2.1.3 坝料的储量要求

根据实际施工条件及料场变化情况，对原料场勘探资料提供的有效坝料储量进行复核，扣除难以开采或必须弃置的储量部分。复核后的可开采储量（自然方）与坝体填筑数量压实方的比值应为：水上砂砾料 1.5～2.0；水下砂砾料 2.0～2.5；堆石料 1.2～1.5。

5.2.1.4 复查报告

（1）综述复查及补充试验中各种材料试验的分析成果、技术指标之变异特征、有效开采面积和实际可开采量的计算书及各类材料的储量。

（2）对原勘探成果中的疑点和新发现问题的处理措施和建议。

（3）提出料场地形图、试坑及钻孔平面图、地质剖面图。

5.2.2 料源平衡

料源的挖填平衡是混凝土面板堆石坝施工必须遵循的重要原则。在料场规划中，必须在质量、数量、时间、空间上对料源和坝体填筑部位进行统筹规划，综合平衡，达到并保证坝体填筑进度的需要，以满足坝体各分区对石料质量的不同要求，确保坝体填筑质量。同时，尽可能减少坝料中转、暂存，提高直接上坝率，尽可能缩短运距，利用枢纽建筑物的开挖料，提高有效挖方的利用率，以获得最大的经济效益。料源平衡步骤如下。

（1）列出各料源（含中转料场）的位置，开挖时间，石料数量及质量。

（2）列出各填筑区的位置、填筑时间、填筑数量及质量。

（3）规划各料源到相应填筑区的道路。

（4）根据各种料源性质的不同，结合施工经验，确定各类填筑料的开挖、运输、加工、回采的损耗系数和自然方与压实方的折算系数，从而得出各类填筑料的综合利用系数。

（5）根据工程各类料填筑分区，进行料源统计，并做初步的料源平衡，最后根据初步平衡的结果，进行料源平衡。

（6）绘制料源平衡图。

5.2.3 料场开采施工布置

5.2.3.1 布置依据

场地布置的主要依据如下。

（1）枢纽总体布置图、场内道路布置图、料场地形图和地质图等。

（2）开采工艺流程、机械设备、设施的运行条件及其对场地的要求。

（3）开采区开采石料的数量与规模，供料期的长短以及供料的部位。

（4）满足施工总进度要求的开采进度、开采强度和高峰强度。

（5）开采区之间和填筑工序作业之间的相互关系要协调。

5.2.3.2 布置内容

（1）料场开采施工布置原则。

1）根据开挖强度、开挖料种类进行布置。主料场应选择多于一个的料层厚、质量好、储量集中的大开采区，考虑到施工的干扰问题，主料场应按立面或平面布置若干个开采工作面；垫层料场、过渡料场尽量单独布置，以减少施工干扰。

2）开挖作业面布置，应结合现场地形、地质条件，满足钻爆、挖装、运输等施工机

械的正常运转，以充分发挥机械效率，保证施工质量。

3）开采的合格料应尽量直接上坝，若由于某一时段开采量和填筑量不平衡，或为满足填筑高峰和汛期抢险的需要，应考虑布置足够的备料堆存场，其大小应按实际需要确定，并尽可能布置在坝区附近。

4）对弃渣要妥善规划，充分利用，根据弃渣量布置弃渣场。

5）渣场应尽量不占用施工场地，避免二次倒运。

渣场容量按式（5－1）计算：

$$V=V_1\frac{K_S}{K_C} \tag{5-1}$$

式中　V——渣场容量，m^3；

V_1——开挖工程量，自然方，m^3；

K_S——岩土的松散系数，取值见表5－5；

K_C——松散岩土的下沉系数，取值见表5－6。

表5－5　岩土的松散系数 K_S 取值表

岩土类别	数值	岩土类别	数值
硬质岩	1.40～1.80	亚黏土	1.24～1.30
软质岩	1.35～1.45	土夹石	1.20～1.30
砂砾石	1.24～1.30	硬黏土	1.10～1.20

表5－6　松散岩土的下沉系数 K_C 取值表

岩土类别	数值	岩土类别	数值
硬质岩	1.05～1.07	亚黏土	1.18～1.21
软质岩	1.10～1.12	土夹石	1.21～1.25
砂砾石	1.09～1.13	硬黏土	1.24～1.28

6）不得在靠近大坝和厂房下游河道弃渣，以免抬高尾水位，影响河势流态、机组出力和建筑物安全。

7）严禁在下列地区设置临时设施：严重不良地质区域或滑坡体危害地区；泥石流、山洪、沙暴或雪崩可能危害地区；受土石方开挖爆破或其他因素影响严重的地区。

8）施工机械配置和道路布置应满足坝料开挖和运输的强度要求。

（2）施工道路布置。施工道路应根据坝体填筑量、运输强度、地形、运距、运输车辆的车型、行车密度等合理布置，并在施工各阶段及时调整，适应填筑区和料场的变化。

施工道路尽可能采用环形线路布置，尽量避开居民点，也不宜与民用道路结合混用。当遇地形地质条件复杂、边坡稳定和环境问题突出的高边坡地段，施工道路可考虑采用隧道。陡坡及弯道处道路外侧应设置安全墩等设施，确保运输安全。

1）施工道路等级标准应满足车辆通行需要。主要施工道路技术指标见表5－7。

表 5-7　　　　主要施工道路技术指标表

项目				道路等级			备注
				一	二	三	
年运量/万 t				>1200	250～1200	<250	
行车密度（单向）/（辆/h）				>85	25～85	<25	
计算行车速度/(km/h)				40	30	20	
最大纵坡/%				8	9	9	在条件受限时可增加 1%，三级道路个别路段可增加 2%；但在积雪严重及海拔 2000.00m 以上地区不宜增加
最小平曲线半径/m				45	25	15	
不设超高的最小平曲线半径/m				250	150	100	
视距/m	停车			40	30	20	
	会车			80	60	40	
竖曲线最小半径/m	凸形/凹形			700	400	200	
双车道路面宽度/m	车宽分类	一	2.5	7.5	7.0	6.5	当实际车宽与计算车宽的差距大于 10cm 时，应适当调整路面的宽度
		二	3.0	8.5	8.0	7.5	
		三	3.5	9.5	9.0	8.5	
		四	4.0	10.5	9.5	9.0	
单车道路面宽度/m	车宽分类	一	2.5	4.0	4.0	3.5	当需要双向行车时，应设置错车道，错车道间距不宜大于 300m
		二	3.0	5.0	4.5	4.0	
		三	3.5	5.5	5.0	4.5	
		四	4.0	6.0	5.5	5.0	
回头曲线	计算行车速度/(km/h)			25	20	15	在条件受限时，一级、二级道路回头曲线各项指标可适当降低，但分别不应低于二级、三级道路。无挂车运输时，最小平曲线半径可采用 12m
	平曲线最小半径/m			20	15	15	
	超高横坡/%			6	6	6	
	最大纵坡/%			3.5	4.0	4.5	
	停车视距/m			25	20	15	
	会车视距/m			50	40	30	

非主要施工道路技术指标见表 5-8。

表 5-8　　　　非主要施工道路技术指标表

项目		指标	备注
路面宽度/m	双车道	6～12	1. 一条道路可分段采用不同的路面宽度； 2. 当路面宽度达到 12m 尚不能满足使用要求时，可根据具体情况及车辆宽度增加
	单车道	3～4.5	
计算行车速度/(km/h)		15	

续表

项　　目		指标	备　　注
最大纵坡/%		10	1. 在条件受限时，最大纵坡可增加6%； 2. 专供运输易燃、易爆危险品的道路最大纵坡，不宜大于8%
最小平曲线半径/m	行驶单辆汽车	9～15	表中平曲线半径均指路面边缘最小转弯半径
视距/m	会车视距	30	
	停车视距	15	
	交叉路口停车视距	20	
竖曲线最小半径/m	凸形/凹形	100	

注　仅供设备临时通行的便道，不受表中数值限制，应根据设备技术参数确定。

2）施工道路的路面等级。从目前国内外工程施工的发展趋势来看，对施工道路的等级要求越来越高，尤其是有大方量、高强度、大吨位汽车运输要求的道路，路面等级标准较高。我国南北方地域条件差别较大，在路面结构及形式选择上应充分考虑到冬雨季的影响。

混凝土面板堆石坝工程施工道路路面，一般采用混凝土路面或泥结碎石路面，大中型工程坝体填筑量较大的、风景名胜区或环保要求较高的工程，通常对道路进行硬化，采用混凝土路面。

（3）施工排水布置。场地布置时，应注意开采区及施工道路的排水，减少雨水对施工作业的影响，确保人员及设备施工安全，减小水土流失。

1）施工排水计算方法。

A. 根据工程规模、排水时段确定相应的洪水标准（即设计频率）。

B. 开挖区域外岸坡截水沟排水量计算。根据确定的设计频率，从工程所在地省份的《暴雨洪水图集》中查得相应的设计频率雨量 S_p，再通过计算式（5－2）求得历时 t 的设计暴雨量：

$$H_{tp}=S_p t^{1-n} \qquad (5-2)$$

式中　H_{tp}——历时 t 的设计暴雨量，mm；

S_p——设计频率雨量，mm；

t——降雨历时，h；

n——指数，从各省《暴雨洪水图集》中查得。

设计暴雨量求得后，再根据当地的土壤湿润情况，开挖区外地形及地貌进行产流和汇流计算，推求出设计洪水。产流、汇流计算方法可参考有关专业书籍。

C. 开挖区域内因暴雨形成的排水量计算。其方法同B项，所不同的是汇流区域仅为工程开挖区。

2）施工排水布置方式。开挖工区施工排水布置方式见表5－9。

（4）风、水、电布置。风、水、电系统布置是料场生产必要的附属设施，并应满足料场生产需要。

表 5-9　　开挖工区施工排水布置方式表

方式	适用条件	布置要求
岸坡截水沟	岸坡开挖。用于防止山洪、地表水冲刷和侵入	设置截水沟，距离坡顶安全距离不小于5m，明沟距出渣道路边坡0.5～1.0m
工作面集水坑	排除基坑工作面积水、渗水，以利挖运机械的运行	工作面临时集水坑由挖掘机直接挖成。一般面积为2～3m^2，深1～2m，安装移动式水泵排水
明沟	在开挖覆盖层或石料开采时采用	支沟布置于开挖边坡或马道上，深0.3～0.5m，纵坡1%～5%；干沟根据实际情况设置于开挖边坡两侧，深1～1.5m。集水坑低于排水沟1～2m，面积不小于2m^2。集水坑之间的距离以40～50m为宜

1）施工供风。

A. 用风量计算。钻孔等机具用风量可按式（5-3）计算：

$$\sum Q=\sum(NqK_1K_2K_3) \quad (5-3)$$

式中　$\sum Q$——同时工作的钻孔等机具总耗风量，m^3/min；

N——同时工作的同类型钻孔等耗风机具的数量，台；

q——每台机具的耗风量，m^3/min，可参阅有关机械设备手册；

K_1——同时工作的折减系数，见表5-10；

K_2——机具风量损耗系数，钻孔机具取1.15，其他机具取1.10；

K_3——管路风量损耗（漏气）系数，见表5-11。

表 5-10　　风动机具同时工作折减系数表

机具类型	凿岩机		其他	
同时工作台数/台	1～10	11～30	1～2	3～4
折减系数 K_1	1～0.85	0.85～0.75	1～0.75	0.75～0.55

表 5-11　　管路风量损耗系数表

管路长度/km	<1.0	1～2	>2
损耗系数 K_3	1.10	1.15	1.20

B. 风管直径选择。送风距离按式（5-4）进行计算：

$$L=L_1+\sum L_2 \quad (5-4)$$

式中　L——送风距离，m；

L_1——从开挖区到空气压缩机站的送风管路距离，m；

L_2——管路配件的折算当量长度，m，可从表5-12中选取。

根据开挖作业用风量、送风距离和钢管允许通风量，从表5-13中选取钢管直径。

C. 验算管路末端风压。可分如下三个步骤进行：

第一步：计算从送风管始端至末端的风压损失，计算式（5-5）为：

$$\Delta P=\sum(L\xi) \quad (5-5)$$

式中　ΔP——送风管始端至末端的风压损失，MPa；

L——送风管长度（包括附件当量长度），m；

ξ——送风管沿程风压损失，MPa/m，对钢管可查表5-14，对胶管可查表5-15。

表5-12　管路配件折算当量长度表

配件名称	配件内径/mm						
	25	50	75	100	150	200	300
	折算当量长度/m						
球心阀	6	15	25	35	60	85	140
闸阀	0.3	0.7	1.1	1.5	2.5	3.5	6.0
三通	2	4	7	10	17	24	40
标准弯头	0.2	0.4	0.7	1.0	1.7	2.4	4.0
逆止阀		3.2		7.5	12.5	18.0	30.0
异径管	0.5	1.0	1.8	2.5	4.0	6.0	10.0

表5-13　钢管允许通风量与管径、管长的关系表　单位：m^3/min

管径/mm	管长/m									
	100	200	400	600	800	1000	1250	1500	2000	3000	5000
50	16	11	8	6	5						
75	46	33	23	19	16	15					
100	98	70	50	40	35	31	28	25	22	18	14
125	177	125	89	72	68	56	50	47	40	32	25
150	289	205	145	119	102	92	83	75	65	53	41
200		436	309	252	218	196	174	160	138	113	87
250						348	315	284	245	202	158
300									401	325	253

注　本表按送风管始端风压0.7MPa，末端风压0.6MPa，即风压损失0.1MPa计算。

表5-14　钢管沿程风压损失表　单位：1×10^{-1}MPa/m

通过风量/(m^3/min)	钢管内径/mm							
	50	75	100	125	150	200	250	300
10	3.88	0.47						
20		1.88						
30		4.22	0.92					
40			1.55					
50			2.57	0.80				
60			3.70	1.14	0.43			
70			5.04	1.55	0.59			
80				2.03	0.76	0.17		

续表

通过风量 /(m^3/min)	钢管内径/mm							
	50	75	100	125	150	200	250	300
90				2.57	0.96	0.21		
100				3.17	1.20	0.26	0.08	
110				3.83	1.44	0.32	0.10	
120				4.56	1.72	0.38	0.12	
130					2.02	0.44	0.14	
140					2.34	0.52	0.16	
150					2.69	0.59	0.19	0.07
160					3.05	0.67	0.21	0.08
170						0.76	0.24	0.09
180						0.85	0.27	0.10
190						0.95	0.30	0.11
200						1.05	0.33	0.13

注 本表入口风压以0.7MPa计。

表5-15 **胶管沿程风压损失表** 单位：1×10^{-1}MPa/m

通过风量 /(m^3/min)	胶管内径 /mm	胶管长度/m					
		5	10	15	20	25	30
2.5	19	0.08	0.18	0.20	0.35	0.40	0.55
2.5	25	0.04	0.08	0.13	0.17	0.21	0.30
3	19	0.10	0.20	0.30	0.50	0.60	0.75
3	25	0.06	0.12	0.18	0.24	0.40	0.45
4	19	0.20	0.40	0.55	0.80	1.00	1.10
4	25	0.10	0.25	0.40	0.50	0.60	0.75
10	50	0.02	0.04	0.06	0.07	0.10	0.15
20	50	0.10	0.20	0.35	0.50	0.55	0.65

注 本表入口风压以0.6MPa计。

第二步：计算管路终端风压，计算式（5-6）为：

$$P_2 = P_1 - \Delta P \tag{5-6}$$

式中 P_2——管路终端风压，MPa；

P_1——管路始端风压，MPa；

ΔP——送风管始端至终端的风压损失，MPa。

第三步：判断管路终端风压是否满足钻孔机具的工作要求。

2）施工供水。

A. 用水量计算。用水量按式（5-7）进行计算：

$$Q_S = \frac{K_1(\sum qP)}{8\times3600}K_2 \tag{5-7}$$

式中　Q_S——生产用水总量，L/s；

K_1——水量损失系数，一般采用1.1～1.2；

K_2——用水不均匀系数，一般取1.25～1.50；

q——用水机械台班数，台班；

P——机械用水量定额指标，L/台班，可参考表5-16选用。

表5-16　常用机械用水量定额指标 P 表

用水机械		单位	用水量/L	备　注
凿岩机	手持式	台时	180～240	
	支架式	台时	240～300	
潜孔钻机		台时	480～720	
挖掘机、自卸汽车		台时	30～35	
铲运机、推土机		台时	70～75	
空气压缩机		(m^3/min)/台班	40～80	以空气压缩机单位容量计

注　用水量计算时，表列数据应换算成台班数量。

B. 供水管直径计算。管径按式（5-8）计算：

$$D=2\sqrt{1000Q/\pi v} \tag{5-8}$$

式中　D——供水管直径，mm；

Q——用水量，L/s；

v——管道水流速度，m/s，临时水管经济流速可参考表5-17选取。

表5-17　临时水管经济流速 v 表

管径/mm	经济流速 v/(m/s)	
	正常时间	消防时间
支管 $D<100$	2	—
生产、消防管 $D=100$～300	1.3	>3.0
消防管 $D>300$	1.5～1.7	2.7
生产用水管 $D>300$	1.5～2.5	3.0

C. 管路布置方式。供水管路的布置方式一般多采用枝状式，其敷设与供风管路相同，通常情况下，供水管路与供风管路多平行敷设。

3）施工供电。

A. 用电量计算。用电量计算式（5-9）为：

$$P=1.1(K_1\sum P_1+K_2\sum P_2+K_3\sum P_3) \tag{5-9}$$

式中　P——计算用电总量，kW；

$\sum P_1$——施工机械用电负荷之和，kW，施工机械用电负荷（即功率）可参阅有关机械设备手册；

$\sum P_2$、$\sum P_3$——室内、外照明负荷之和，kW，可参考表5-18所列指标进行计算；

K_1、K_2、K_3——施工机械、室内照明、室外照明同时工作系数，见表5-19。

表 5-18　　　　　　　　　　　　室内、外照明用电指数表

部位（室外）	单位	指标	部位（室内）	单位	指标
人工土石方工程	W/m^2	0.8	空压机房，水泵房	W/m^2	7
机械土石方工程	W/m^2	1.0	临时电厂，变电站	W/m^2	10
掌子面	W/m^2	2～2.5	汽车库，机车库	W/m^2	5
渣场	W/m^2	1～2	仓库，棚库	W/m^2	3
主要道路	kW/km	5	办公室，工棚	W/m^2	6
次要道路	kW/km	2.5	修配厂	W/m^2	12

表 5-19　　　　　　　　　　　　同时工作系数表

用电名称		机械设备数量/台	同时工作系数		
			K_1	K_2	K_3
动力用电		<10	0.75		
		10～30	0.70		
		>30	0.60		
照明用电	室内			0.8	
	室外				1.0

B. 变压器容量选择。变压器容量按式（5-10）进行计算：

$$P_b = \frac{KP}{\cos\varphi} \tag{5-10}$$

式中　P_b——变压器容量，kVA；

K——功率损失系数，取 1.05～1.10；

$\cos\varphi$——用电机械设备平均功率因数，一般取 0.9～0.95；

P——用电量，kW。

C. 供电线路。各级线路输电容量和有效半径见表 5-20。

表 5-20　　　　　　　　各级线路输电容量和有效半径表

线路电压/kV	输电容量/kW	有效半径/km
0.22	<50	<0.15
0.38	<100	<0.6
6	100～1200	4～15
10	200～2000	6～20

D. 供电线路布置方式。料场供电线路布置方式以经济、实用为准则，通常采用移动照明设施。

（5）其他临时设施布置。

1）现场机械停放、修理场地布置。现场机械停放、修理场地面积可参照表 5-21 中

所列参考指标进行确定。

表 5-21　　机械停放、修理场地面积参考指标表

<table>
<tr><th rowspan="2">机械名称</th><th rowspan="2">所需场地/(m²/台)</th><th rowspan="2">停放方式</th><th colspan="2">检修间所需建筑面积</th></tr>
<tr><th>布置内容</th><th>数量/m²</th></tr>
<tr><td>液压挖掘机（正铲、反铲）铲运机</td><td>45～75</td><td>露天</td><td rowspan="3">10～20台机械设一个检修台位（每增加20台需增设一个检修台位）</td><td rowspan="3">200（增加150）</td></tr>
<tr><td>推土机、压路机、装载机</td><td>25～35</td><td>露天</td></tr>
<tr><td>液压钻机、潜孔钻机</td><td>20～35</td><td>露天</td></tr>
<tr><td>汽车（室内停放）</td><td>20～30</td><td rowspan="3">一般室内不小于10%</td><td rowspan="3">每20台车设一个检修台位</td><td rowspan="3">150～170</td></tr>
<tr><td>汽车（室外停放）</td><td>30～40</td></tr>
<tr><td>平板拖车</td><td>50～60</td></tr>
<tr><td>搅拌机、卷扬机、混凝土喷射机</td><td>4～6</td><td rowspan="3">一般室内占30%，露天占70%</td><td rowspan="3">每50台设备设一个检修台位</td><td rowspan="3">50</td></tr>
<tr><td>电动机、电焊机</td><td>4～6</td></tr>
<tr><td>水泵、空压机、油泵</td><td>4～6</td></tr>
</table>

2）安全设施布置。

A. 拦渣坎、防护栅栏。当上、下层作业或上层作业、下层有交通要求时，应在下层作业面上方设置拦渣坎或防护栅栏，以防止石块滚落。

B. 交通标志牌。在出渣道路转弯、危险地段均应按交通要求设置醒目的交通标志牌，以起警示作用。

C. 信号。在施工工程区内设置一切必需的信号。这些信号包括（但不限于）：报警信号、危险信号、安全信号、指示信号等。

3）环保设施布置。

A. 对弃渣场视需要设护坡、挡渣墙、渣场排水系统等设施，以防止渣料流失。

B. 根据环保要求，栽种植被或草皮。

C. 开挖施工过程中产生的对环境有害的废弃物（如废油、废水、废胶皮、废塑料、废纸等）要集中回收，统一设处理站进行处理。

D. 垃圾处理和卫生设施按有关规定执行。

5.3　坝料开采

筑坝料开采包括石料场开采、天然料开采和建筑物开挖料利用开采。

5.3.1　石料场开采

5.3.1.1　石料场剥离

石料场剥离，采用自上而下分区域、分台阶逐层剥离的方式。

对于杂草、灌木等植被，先修建施工便道，采用人工配合挖掘机或推土机进行清理、挖除。清理出来的植被，在允许焚烧、不污染环境、满足山区消防安全的前提下，可采取就近焚烧处理；不能焚烧的，可在渣场等安全的地方掩埋。

土方及表层腐殖土，采用挖掘机分区、分层开挖，可以利用的表土有计划地进行储存，用于完工后土地复耕。

风化岩、无用层，先进行地质鉴定，确定有用层的埋深和无用层的剥离范围，根据无用层剥离层厚度，可采用手风钻、潜孔钻或液压钻机，进行钻孔爆破开挖，挖掘机翻渣、装车，自卸汽车运输至弃渣场。

5.3.1.2 爆破试验

（1）爆破试验的目的。

1）通过试验，得出符合填筑坝料级配要求的钻爆参数、装药结构和起爆方式，确保填筑石料的质量。

2）确定边坡光面爆破、预裂爆破参数。

3）确定爆破作业对非开挖岩体及邻近建筑物的影响。

4）通过试验，确定爆破区的爆破地震效应参数（K 值和 α 值）。

（2）爆破试验内容。

1）炸药和雷管性能试验。

2）爆破网络准爆试验。

3）爆破参数（孔排距、孔径、炸药单耗等）与爆破石料级配相关性试验。

4）预裂或光面爆破试验。

5）爆破地震效应试验，回归分析 K 值和 α 值。

（3）爆破试验规模。爆破试验规模一般为每次 3000～5000m^3，在料场开采区内进行3～4 组微差爆破。

（4）爆破试验要求。

1）爆破试验，宜在邻近边坡和水平面处设置保护层。

2）在具有代表性的石料场进行。

3）根据实际施工选用的钻孔设备，初拟定梯段爆破台阶高度、孔网参数、装药单耗、装药方式。

4）通过数次爆破试验，分析整理出爆破效果好、符合各类石料级配要求、经济合理的爆破参数。

（5）爆破试验的实施。由持有公安部门颁发的《爆破技术人员安全作业证》的爆破工程师承担爆破设计，在大规模岩石钻爆开挖前，进行石料开采爆破试验，确定爆破参数，为坝料开采爆破施工提供科学依据。

1）爆破试验参数选择。部分爆破试验经验参数见表 5-22。

表 5-22　部分爆破试验经验参数表

序号	钻爆名称	孔径/mm	孔深/m	孔距/m	排距（抵抗线）/m	单位耗药量/(kg/m^3)	单孔装药量/kg	最大单响药量/kg	备注
1	弱风化及微新岩体光面、预裂爆破	90	20	0.8～1.0	—	—	10.7	<100	$\Delta_{线}$=400～550g/m

续表

序号	钻爆名称	孔径/mm	孔深/m	孔距/m	排距（抵抗线）/m	单位耗药量/(kg/m³)	单孔装药量/kg	最大单响药量/kg	备注
2	主堆石料开采爆破	90	16.5	3～3.5	2.5～3	0.4～0.6	56.25～94.5	＜300	
3	过渡料开采爆破	90	16.5	2.0	2.0	0.8～1.0	48.0～60.0	＜200	

2）中深孔梯段爆破试验。

A. 中深孔梯段爆破单孔装药量常用的计算式（5-11）为：

$$Q=qabL \tag{5-11}$$

式中 Q——单石孔装药量，kg；

q——岩石单位耗药量，kg/m^3，初始取值拟定 0.3～0.5kg/m^3，最终值由试验确定；

a——孔距，m；

b——排距，m；

L——孔深，m。

梯段爆破试验前，按已出露的岩石情况和地质、地形条件，分析开挖区的特性，按不同岩石类别进行各种钻爆参数试验。

B. 爆破试验的具体步骤：爆破工程师按地形地质条件，进行爆破设计。爆破后，现场检查爆破效果，分析爆破参数合理性。取样，进行颗分试验，整理出爆破石料的级配曲线，与设计级配包络线进行对比。每次爆破后，从不同部位，取样 3～5 组，进行颗分试验。调整爆破参数，进行优化试验，选择最优化的爆破参数作为施工参数。

在爆破试验过程中，同步进行现场爆破振动监测。布设振动测试测点，测量各测点的质点振动速度和振动加速度，分析爆破对保留岩体、邻近建筑物的影响；通过试验数据回归分析，确定爆破区的爆破地震效应参数 K 值和 α 值。

（6）试验资料整理。每次爆破试验后，及时整理分析钻爆设计参数和相应的检测成果，编写试验报告、收集整理相关资料。

5.3.1.3 石料开采爆破参数

（1）主爆破孔爆破参数设计。岩石开采中深孔梯段爆破的主要参数包括：几何参数、炸药参数、岩石参数。其中：几何参数包括孔距 a，排距 b，最小抵抗线 W，造孔直径 d，台阶高度 H，超钻深度 h，堵塞长度 L_1，中部装药长度 L_2，底部装药长度 L_3 等；炸药参数包括炸药密度 ρ_0，爆速 D，装药半径 r_0 等；岩石参数包括岩石密度 ρ，波速 C_p，抗压强度 σ_0 等。

1）孔网参数。孔网参数（$a\times b$）是台阶法中深孔爆破开采级配料的重要参数，其中每个炮孔所承担的表面面积及间排距系数 m（$m=a/b$）是两个控制指标。

A. 单孔承担面积。经验表明，主堆石料（最大粒径 80cm）面积取 7～9m^2 为宜，过渡料（最大粒径 30cm）取 3.5～4.5m^2 为宜。

B. 间排距系数 m。经验表明，当 $m \geqslant 1.3$ 时，在不增加单位炸药消耗量的前提下，岩体破碎量大大增加；但当 $m > 3$ 时，料物的块度均匀性提高，这对上坝料的级配要求不利。一般取 $1.3 \leqslant m \leqslant 3$ 为宜。

2）炸药品种。一般选择乳化炸药或散装 2 号铵油炸药。炸药性能一般要求：猛度不小于 18mm，爆速不小于 3200m/s（铜管），爆力不小于 250mL，密度 0.8～0.9g/mL。

3）爆破单耗。单位体积耗药量（q）既是控制岩石破碎的重要指标，又是一项经济指标。现场试验中首先考虑能达到破碎要求的单耗值，然后再优化达到经济目的。中深孔梯段爆破炸药能量消耗与以下三个方面的成正比：被爆岩石与保留岩体脱开的那部分面积，被爆岩石的体积，破碎岩石的隆起与抛掷。U. Langefors 将它们用式（5-12）表示：

$$Q = K_2 W_2 + K_3 W_3 + K_4 W_4 \tag{5-12}$$

式中　Q——炸药量；

K_2、K_3——与岩石弹塑性有关的系数；

K_4——考虑岩石重力影响的系数；

W_2、W_3、W_4——最小抵抗线。

经验表明，对于中等硬度灰岩，炸药单耗 q，主堆石料取 $0.45\text{kg/m}^3 \leqslant q \leqslant 0.70\text{kg/m}^3$ 为宜，过渡料取 $0.95\text{kg/m}^3 \leqslant q \leqslant 1.15\text{kg/m}^3$ 为宜。

4）台阶高度。经验表明，当 $8.0\text{m} \leqslant H \leqslant 15\text{m}$ 时，爆破效果最为理想。

5）布孔、爆破方式。一般采用矩形或梅花形布孔，孔、排间采用微差挤压爆破方式，这种布孔及爆破方法有利于对岩体的挤压破碎，减轻起爆能量对山体及四周的影响，减小爆破飞石距离。

6）堵塞长度。一般工程经验确定堵塞长度为（0.8～1.2）W 的关系，经验证明，堵塞长度过大易造成顶部超径石的产生；堵塞长度过短则降低爆破能量利用率，容易产生飞石。为了加强爆破破碎效果，主堆石料堵塞长度一般取 1.8～2m 为宜，过渡料堵塞长度一般取 1.5m。

7）钻孔直径。钻孔直径由所选用的钻孔机械确定，对于主堆石料和过渡料开采，钻孔直径一般取 70～90mm。

8）超钻深度。底部留超钻深度是为了克服残留炮根的影响，为下次爆破提供较好的平台条件，经验证明超钻深度取 0.35W 效果较好。

9）装药结构。主爆孔：采用耦合连续装药，用一节乳化炸药作为起爆体，将雷管插入其中，装在炮孔装药段的上部 1/3 处；缓冲孔：一般采用间隔耦合装药，装药段之间采用导爆索连接，其装药结构分别见图 5-1、图 5-2。

10）起爆网络。一般采用 V 形起爆，孔间、排间微差顺序爆破。爆破施工过程中，根据现场实际情况及时对爆破参数进行修正，以达到最佳爆破效果。

（2）预裂（光面）爆破参数设计。料场边坡需采用预裂或光面爆破技术，其爆破参数应通过爆破试验确定。选择预裂爆破、光面爆破试验参数的主要方法有：理论计算法、经验公式计算法和经验类比法。

A. 理论计算法，多采用苏联 A. A. 费先柯和 B. C. 艾里斯托夫的公式计算。

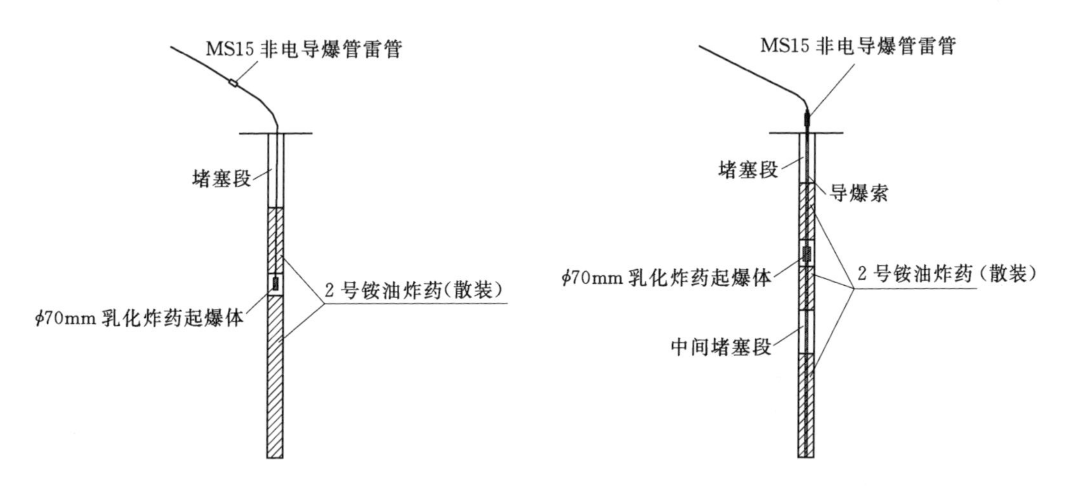

图 5－1　主爆孔连续装药结构图

图 5－2　缓冲孔间隔装药结构图

B. 经验公式计算法，常用的预裂（光面）爆破计算公式为：

$$Q_{预}=q_{预}L \tag{5-13}$$

$$q_{预}=K_{预}a_{预}W_{预} \tag{5-14}$$

$$W_{预}=Ka_{预} \tag{5-15}$$

$$Q_{光}=q_{光}L \tag{5-16}$$

$$q_{光}=K_{光}a_{光}W_{光} \tag{5-17}$$

$$W_{光}=Ka_{光} \tag{5-18}$$

上各式中　$Q_{预}$、$Q_{光}$——预裂爆破、光面爆破单孔装药量，kg；

$q_{预}$、$q_{光}$——预裂爆破、光面爆破线装药密度，kg/m；

$K_{预}$、$K_{光}$——预裂爆破、光面爆破炸药单耗，可参见表 5－23 选用；

$a_{预}$、$a_{光}$——预裂孔、光爆孔孔距，m；

$W_{预}$、$W_{光}$——预裂爆破、光面爆破最小抵抗线，m；

K——计算系数，一般 $K=1.5\sim2.0$，孔径大取小值，反之取大值；

L——孔深，m。

C. 经验类比法，根据以往类似工程爆破实际经验资料，结合地形地质条件、钻孔机具选择、爆破要求、爆破规模等因素进行类比，是确定预裂爆破、光面爆破参数行之有效的方法。一般预裂爆破（光面爆破）经验参数如下内容。

钻孔直径：90mm。

钻孔间距：0.8～1.0m。

表 5-23　各类岩石预裂爆破、光面爆破炸药单耗表

岩石名称	岩　石　特　征	岩石坚固性系数 f 值	预裂爆破 $K_{预}$/(g/m³)	光面爆破 $K_{光}$/(g/m³)
页岩 千枚岩	风化破碎	2～4	270～400	140～280
	完整、微风化	4～6	300～460	150～310
板岩 泥灰岩	泥质、薄层、面层张开、较破碎	3～5	300～450	150～300
	较完整、面层闭合	5～8	320～480	160～320
砂岩	泥质胶结、中薄层或风化破碎	4～6	270～400	130～270
	钙质胶结、中厚层、中细粒结构、裂隙不甚发育	7～8	330～500	160～330
	硅质胶结、石英质砂岩、厚层裂隙不发育、未风化	9～14	380～580	190～390
砾岩	胶结性差、砾石以砂岩或较不坚硬岩石为主	5～8	320～480	160～320
	胶结好、以较坚硬的岩石组成、未风化	9～12	370～550	180～370
白云岩 大理石	节理发育、较疏松破碎、裂隙频率大于 4 条/m	5～8	320～480	160～320
	完整、坚硬	9～12	380～570	190～380
石灰岩	中薄层或含泥质、竹叶状结构及裂隙较发育	6～8	330～500	160～330
	厚层、完整或含硅质、致密	9～15	380～580	190～380
花岗岩	风化严重、节理裂隙很发育、多组节理交割、裂隙频率大于 5 条/m	4～6	300～450	150～300
	风化较轻节理不甚发育或未风化的伟晶、粗晶结构	7～12	360～540	180～360
	细晶均质结构、未风化、完整致密	12～20	420～630	210～420
流纹岩粗面岩蛇纹岩	较破碎	6～8	320～480	160～320
	完整	9～12	400～590	200～400
片麻岩	片理或节理发育	5～8	320～480	160～320
	完整坚硬	9～14	400～590	200～400
正长岩 闪长岩	较风化、整体性较差	8～12	340～520	170～340
	风化、完整致密	12～18	410～620	200～410
石英岩	风化破碎、裂隙频率大于 5 条/m	5～7	300～450	150～300
	中等坚硬、较完整	8～14	370～560	190～370
	很坚硬完整、致密	14～20	460～690	230～460
安山岩 玄武岩	受节理裂隙切割	7～12	340～520	170～340
	完整坚硬致密	12～20	440～650	220～440
辉长岩辉绿岩橄榄岩	受节理切割	8～14	380～520	190～380
	很完整、很坚硬致密	14～25	480～720	240～480

钻孔深度：由台阶高度控制在15～20m之间。

药卷直径：32mm。

不耦合系数：2.8。

装药结构：间隔装药，导爆索传爆。

线装药密度：0.35～0.45kg/m。

堵塞长度：2.0～2.5m。

预裂孔超前主爆孔75～100ms起爆。

（3）双聚能预裂（光面）爆破应用实例。在江苏溧阳抽水蓄能电站下水库库盆开挖等多个项目中，推广采用双聚能预裂（光面）爆破技术，取得良好效果。双聚能预裂（光面）爆破参数见表5-24。

表5-24　双聚能预裂（光面）爆破参数表

序号	项目名称	单位	数量	备　注
1	钻孔直径	mm	90	
2	钻孔间距	m	1.5～2.5	由台阶高度和坡度确定
3	钻孔深度	m	15～20	
4	药卷直径	mm	32	
5	不耦合系数		2.8	
6	装药结构			间隔装药，导爆索传爆
7	线装药密度	kg/m	0.35～0.45	

与常规预裂爆破比较，双聚能预裂（光面）爆破有以下优点。

1）预裂（光面）爆破孔的孔距加大至1.5～2.5m，大大减少了炮孔数量，节约了能耗，加快了施工进度。

2）对保留岩体的不利影响明显降低，减小了对岩体完整性和稳定性的影响。由于面平均装药密度的减少和爆破能量的集中释放，双聚能预裂（光面）爆破对于保留岩体的不利影响（如松动圈、爆破裂隙）比普通预裂（光面）爆破明显降低，从而减小了对保留岩体的完整性和稳定性的影响，有利于强风化条件下边坡的成形，避免了边坡顶部（马道沿口）的溜肩现象。

3）双聚能预裂（光面）爆破半孔率高。微风化岩体中半孔率不小于93%，弱风化岩体中半孔率不小于85%。在强风化破碎岩体中半孔率仍可达到80%以上，远高于相关开挖技术规范的规定值。

4）双聚能预裂（光面）爆破，岩面平整度好，爆破后岩面的不平整度均不大于10cm。

5.3.1.4　石料开采爆破施工

（1）施工程序。钻爆作业施工程序见图5-3。

（2）施工方法。

1）预裂孔：在钻孔前精确测量边坡开挖线，并用红漆标明预裂孔孔位，在钻孔时，采用水准仪配以铅锤控制钻孔角度，钻孔过程中，适当控制钻孔速度，以确保钻孔的准确无误。装药时，先将药卷按设计间隔装药结构用胶布绑扎在竹片上，然后放入孔内，并用纸团或草团塞在药卷顶部，最后用钻孔岩屑将孔口封堵密实。

2）主爆孔：钻孔前，将台阶面的浮渣清理干净，并按设计用红漆标明炮孔孔位和孔深，在孔位上插上小红旗，将临空面清理干净，若局部根底较大（底盘抵抗线较大），则采用手风钻辅助钻孔，与梯段爆破孔一起辅助起爆。对液压潜孔钻无法打孔的部位，采用YQ100型潜孔钻钻孔。

A. 放样布孔、造孔：施钻前操作员复核孔位，无误后，用备好的样架和水平尺控制钻机滑架横向、纵向倾角，造孔样架简图见图5-4。每钻进3m进行复查，直至终孔，并在钻机滑架上标明刻度，控制孔深。

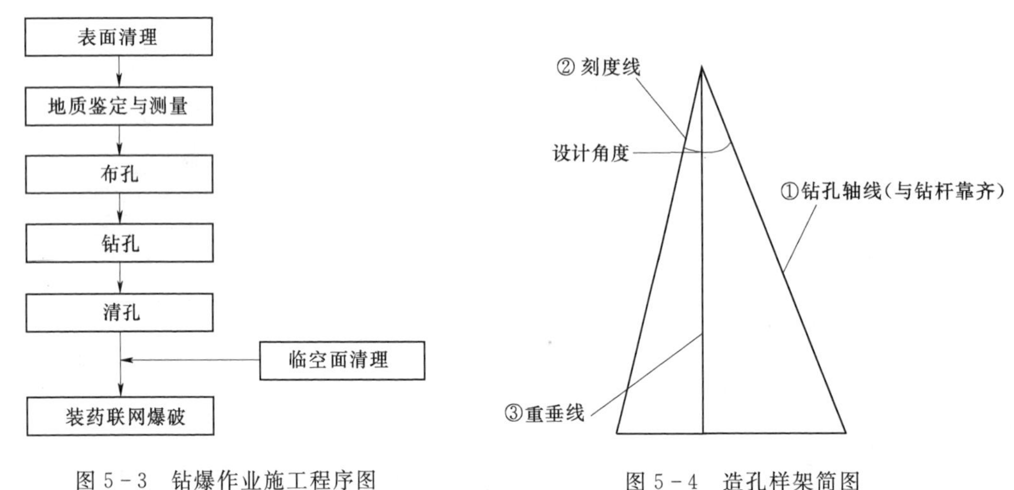

图5-3　钻爆作业施工程序图

图5-4　造孔样架简图

注：当重垂线③与刻度线②重合时，钻孔角度符合设计要求。

B. 装药：对孔深进行测量并记录，为装药提供准确依据。对爆破设计的参数及环境条件进行确认，如孔网参数、自由面、最小抵抗线，以及周围的安全条件等；若发生变化，与设计不符，应更改设计，重新验算有关参数，选定适当的单耗、装药结构、堵塞长度，以及起爆方式。采用人工装药，在爆破技术设计人员的指导下完成装药，控制入孔药量，装药的密度、装药结构、堵塞长度等应符合设计要求，不得随意变更设计。

C. 堵塞：对照设计，逐孔检测，核实堵塞长度是否满足设计技术要求，超装药量必须掏出。堵塞材料采用黄泥或石粉，并不得挟带石块，以免砸破非电管脚线和引起附加飞石，填料必须人工捣实填满，防止“空段”堵塞，并不得遗漏孔位。

D. 联网起爆：在爆破技术设计人员的指导下对照设计进行网络敷设和分发起爆器材，并保证网络各接点连接方式正确，有足够的有效搭接长度，接点紧固，无松脱滑移迹象。对网络连接情况进行全面检查，保证设计联网无误后在爆破指挥员的指挥下按规定时间完成起爆操作任务。

E. 效果评估：针对爆破技术经济效果、爆破质量及爆破安全情况进行现场分析评估，拟订并实施技术改进措施。根据规范规定频度进行现场颗分试验，检查料源开挖质量，严禁将不合格料上坝。

5.3.2 天然料场开采

天然料场一般处于河床或河道上，根据料场所处的位置不同，不同的季节、气候条件，其开采方式不同。天然砂砾料（含反滤料）开采施工特点及适用条件见表5-25。

表5-25　　天然砂砾料（含反滤料）开采施工特点及适用条件表

开采方式	水上开采	水下开采（含混合开采）
料场条件	阶地或水上砂砾料	水下砂砾料无坚硬胶结或大漂石
冬季施工	不影响	若结冰厚，不宜施工
雨季施工	一般不影响	要有安全措施，汛期一般停产
适用机械	正铲、反铲、装载机	采砂船、索铲、反铲

5.3.2.1 水上开采

开采水上砂砾料最常用的是挖掘机立面开采方式，应尽可能创造条件以形成水上开采平台。

石头河坝坝料主要为河床砂卵（漂）石，用4m^3正铲挖掘机开采，18t自卸运输车上坝。吉林台水电站大坝坝料主要为河床砂卵石料，用1.6～2.4m^3反铲挖掘机开采，25t自卸车运输上坝。对于胶结沉积致密的砂卵石料场，以不过度损伤挖掘机械且生产效率高为原则，合理选择掌子面高度，采掘带宽度一般为2倍回转半径，即开采掌子面高度4～5m，宽度15～20m。考虑河床天然比降、开挖场地比降及最大挖掘高度，料场分段长度安排为800～1200m。

5.3.2.2 水下开采及混合开采

（1）采砂船开采。采砂船开采有静水开挖、逆流开挖、顺流开挖等三种方法。静水开挖时细砂流失少，料斗易装满，应优先采用。在流水中（流速小于3m/s）一般采用逆流开挖，特殊情况下才采用顺流开挖。

（2）索铲挖掘机开采。一般采用索铲采料堆积成料堆，然后用正铲挖掘机或装载机装车。

（3）反铲混合开采。料场地下水位较高时，宜采用反铲水上水下混合开挖。当挖完第一层后，筑围堤导流，可以开采第二层。

在寒冷地区地下水位较高的砂砾石料坝料开采，应有足够的堆存储备，以满足冬季坝体填筑需要。水下开采的砂砾石料含水量较高，宜先堆存排水，再上坝填筑。

5.3.3 建筑物开挖料利用

随着建坝技术的发展和对筑坝材料的深入研究，实践表明，可用作混凝土面板堆石坝坝体填筑材料的岩性范围越来越广。混凝土面板堆石坝的优势之一就是可充分利用坝基、趾板、溢洪道、发电进/出水口、发电厂房、地下洞室等部位的开挖料作为筑坝材料，既经济又绿色环保。如天生桥一级水电站混凝土面板堆石坝，主堆石料、次堆石料全部利用溢洪道开挖的石灰岩、泥灰岩料；滩坑水电站混凝土面板堆石坝，堆石坝料主要采用溢洪道等建筑物开挖的新鲜至弱风化火山集块岩和熔结凝灰岩，没有另外专门开采的堆石料场；董箐水电站混凝土面板堆石坝堆石区利用溢洪道开挖的硬、软砂岩泥岩混合料。

水利水电工程建筑物基础的开挖量一般都比较大，从经济与环保角度，混凝土面板堆石坝工程应首先充分利用各建筑物的开挖料，不足部分再考虑从石料场开采补充。开挖料利用应做好以下工作。

（1）开挖前应首先做好开挖区表面覆盖层及风化岩层等无用层的剥离，确保开挖料的质量满足大坝各区填筑料的设计要求。

（2）做好土石方平衡规划，使建筑物开挖工期与大坝填筑进度，料源质量要求相适应，最大限度地利用建筑物开挖料直接上坝填筑，减少中转堆存。

（3）严格按爆破试验确定的施工参数进行钻爆作业，确保建筑物开挖出来的石料满足相应坝体填筑区的级配要求，洞挖料优先用作过渡料。开挖过程中做好料源质量管理，及时剔除岩脉、破碎带等局部不合格料，提高开挖料利用率。

（4）开挖利用料需中转料场临时堆存时，应分类存放，严禁不同料混合堆存。

（5）开挖利用料中转料场临时堆存时，应自下而上分层存料，层厚不大于5m，严禁高抛法存料。

（6）存料场取料时，应自上而下分层挖取，应尽量保持取料层厚与原存料层厚一致。

5.4 坝料生产与加工

5.4.1 小区料、垫层料与反滤料的加工

混凝土面板堆石坝的小区料、垫层料与反滤料必须选用质地新鲜、坚硬且具有良好耐久性的石料。当天然砂砾石料符合小区料、垫层料与反滤料的要求时，可作为小区料、垫层料与反滤料使用。通常小区料、垫层料与反滤料需经过加工获得，其加工工艺基本上是采用机械破碎、筛分分级后，进行机械掺配，采用体积法或电子秤称量配料，也有少数采用直接机械破碎法生产。

（1）垫层料（小区料）的生产。垫层料（小区料）可采用天然砂砾石料筛分生产或致密坚硬石料机械轧制生产，也可以采用天然砂料与人工轧制加工碎石料掺和生产，其质量要求应满足技术规范、设计级配要求。垫层料（小区料）通常需要经过加工获得，其生产方式主要有以下几种。

1）平铺立采法。平铺立采法，就是将料场开采出来的石料或超径卵石进行扎制加工，获得级配良好的粗碎料，再与细粒料进行掺配得到垫层料。掺配所用的细粒料可采用符合设计要求的天然砂、石屑（经过认证也可采用当地风化砂）。垫层料（小区料）的生产过程是：石料开采→破碎、筛分→掺配。

垫层料（小区料）掺配前分别取有代表性的粗、细料作为试验样品，测定其振实密度。根据密度和理论掺配重量比例，计算出粗、细料的掺配体积比，从而得出粗、细料的掺配层厚度，并通过试验进行验证。掺配设计时要根据经加工的粗、细料中细料（粒径小于5mm）的含量，确定掺配比例（层厚），采用自卸车逐层交替铺料，以保证掺配后，小区料、垫层料中细粒含量达到级配要求。

掺合铺料施工，先拟定粗碎料层厚，然后根据下式计算得相应的细碎料层厚。

$$h_1=\frac{h_2\rho_1}{n\rho_2} \tag{5-19}$$

$$n=\frac{B-C}{C-A} \tag{5-20}$$

上两式中　h_1、h_2——细碎料层、粗碎料层的厚度，cm；

ρ_1、ρ_2——细碎料层、粗碎料层的自然（未压实）密度，g/cm^3；

n——粗碎料与细碎料的重量比，由公式计算后，需经试验，并复核调整；

A、B——粗碎料、细碎料中粒径小于5mm的细粒的含量占总量的百分数；

C——垫层料中粒径小于5mm的细粒的含量占总重的百分数。

铺料时，第一层先铺粗碎料，卸料用后退法。铺细碎料采用进占法，自卸车每卸料一层，即用推土机将料铺平。铺料结束后，用装载机或挖土机立面开采，反复混拌（见图5－5）。

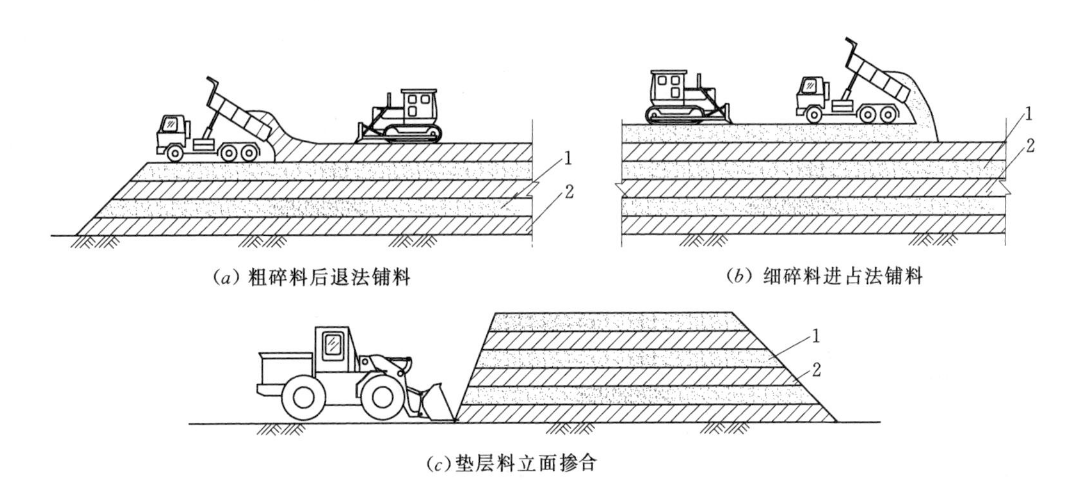

图5－5　垫层料平铺立采掺合法示意图

1—细碎料；2—粗碎料

2）筛分掺配法。将料场开采出来的石料进行机械破碎与筛分，然后通过称量按比例掺配，从而得到级配良好的垫层料。采用筛分掺配法，其优点在于机械化程度高、生产强度大，适合于高坝、超高坝的垫层料的生产。垫层料筛分掺配法生产工艺流程见图5－6。

这种工艺流程可以与混凝土人工骨料生产系统相结合，用一套人工砂石加工系统分别生产混凝土骨料和垫层料。

3）直接机械破碎生产法。在垫层料的生产过程中，调整粗碎机和细碎机的开度，调整各破碎机的进料量和筛网孔径，将各种粒径的料送到皮带机上，经传输自由跌落到成品料场。其优点是机械化程度高，已成为主要生产法；生产量大，质量易于控制，只需专门安装一套生产垫层料的设备。

4）利用天然砂砾石料生产。用当地天然砂砾石料生产垫层料，应对天然砂砾石料进行级配及物理力学性能试验，经试验论证合格后，天然砂砾石料才能投入使用，必要时尚应对其进行级配调整。

(2) 反滤料生产。反滤料可利用致密坚硬的开采石料或经加工的砂砾石料轧制而成，也可用天然砂砾石料与轧制料掺配而成，其质量要求和级配应符合设计要求，生产方式有以下几种。

1) 将料场开采出来的石料进行机械破碎，筛分制备人工砂石料，反滤料与垫层料轧制采用同一制备系统，反滤料轧制时，分选出较大粒径的物料，并对破碎机排料口进行调节，使其粒径符合反滤料的包络线要求。然后通过称量按比例用传输带下料掺配，从而得到级配良好的反滤料。

2) 采用混凝土骨料，平铺立采法制备反滤料。

3) 隧洞等地下建筑物开挖的石渣中筛去不符合要求的粒组；也可从采石场爆破石料中筛选碎石和石屑获得。

4) 天然砂砾石料满足设计要求时，可直接利用；若不满足设计要求，可对天然砂砾石料进行筛选，对其进行级配调整。

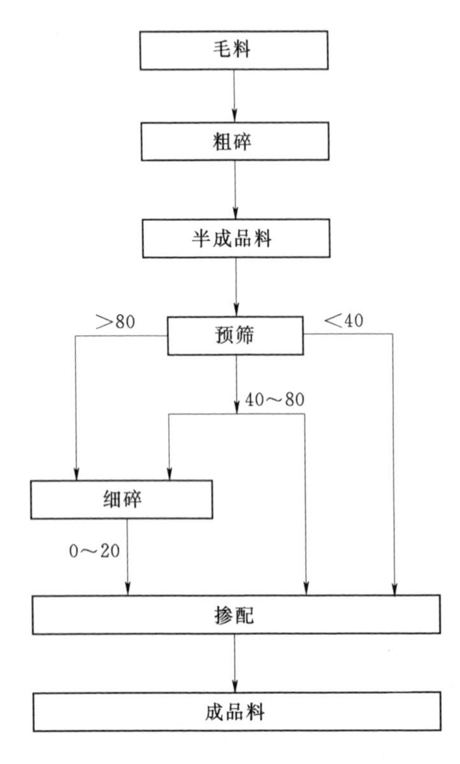

图 5-6 垫层料筛分掺配法生产工艺流程图（单位：mm）

5.4.2 过渡料生产

过渡料可以利用地下洞室等建筑物开挖料，如导流洞、泄洪洞、地下厂房等建筑物开挖的新鲜岩料，也可从石料场直接爆破开采。利用建筑物开挖料，必须根据爆破试验确定的钻爆参数进行施工，确保开挖料级配满足过渡料要求。对于高坝或过渡料需用量较大的工程，多数采用从石料场直接爆破开采过渡料，如天生桥一级水电站混凝土面板堆石坝、洪家渡水电站混凝土面板堆石坝、水布垭水电站混凝土面板堆石坝等，都是在石料场直接爆破开采过渡料。石料场直接爆破开采前，先进行爆破试验，以获得合适的钻爆参数，并在开采过程不断进行优化。

5.5 质量控制

质量控制首先要从源头做好控制。料场作为坝体填筑料的来源地，其质量控制直接影响坝体填筑体的质量，坝体填筑体除严格坝料填筑工艺过程和工艺标准外，还需要在料场开采和装运各个环节进行质量控制。质量控制的依据是设计文件和有关规范、料场地质勘探资料及爆破与碾压试验资料。料场质量控制主要从料场剥离清理、爆破试验、钻孔爆破、挖装与堆存等几个方面进行控制。

5.5.1 坝料开采质量控制

（1）坝料开采之前，应先进行料场清理，先清理剥离表面植被和覆盖层，然后开挖强风化、全风化岩层、软弱夹层、断层影响带等无用层。对于表层强风化岩石层可采用浅孔爆破的方法清理，直至满足设计要求，清理出的弃料要及时运至弃渣场，避免污染开挖出的坝料。料场清理应验收合格后方能开采。在料场钻孔爆破开采之前，应进行料场规划。料场规划根据料场工程地质情况，合理布置施工道路和划分开采区域，应设置专门弃渣场。

（2）石料开采之前，应在料场选择具有代表性的场地进行相应规模的爆破、碾压试验，优选爆破参数；在石料爆破开采过程中，根据现场实际情况，适当调整爆破参数，以达到更好的爆破效果；爆破试验必须由持有爆破资质证书的爆破工程师设计，试验过程中应详细记录，并对爆堆形状、超径石、爆破料颗分试验等进行分析，确定爆破参数。

（3）坝料质量控制标准应根据设计和工程的具体情况确定，石料质量控制标准见表5-26。

表5-26　　石料质量控制标准表

控制项目	过渡料	主堆石料	次堆石料
颗粒级配	符合设计要求的连续级配	符合设计要求的级配	按设计标准确定
超径颗粒含量	$<1\%$	$<1\%$	
细颗粒（$d<0.075$mm）含量	$<5\%$	$<5\%$	下游水位以下小于5%，其他按设计要求确定
泥团冻土块杂物	无	无	无

注　对于砂砾石，主堆石的含泥量应不超过5%。

（4）料场石料开采要取得良好的爆破效果，需要精心地进行钻孔和装药施工，钻孔位置、药包位置及药量的精确度都直接影响着爆破的效果。石料开采前应根据爆破试验和现场实际进行爆破设计。

1）钻孔作业质量控制。

A. 台阶平整。为使潜孔钻能进入现场作业并按设计钻孔，在正式钻孔前要平整施工台阶（即钻孔平台）。台阶要很好规划，并根据地形条件和使用钻机要求合理布置。台阶工作面应有足够的宽度，并控制台阶的平整度，以保证钻机安全作业，移动自如，并能按设计方向钻凿炮孔。台阶不平整，钻孔时孔位就控制不稳，钻孔角度也不容易保证与爆破设计一致。如采用自行式潜孔钻机或液压钻机时，台阶宽度不小于10m，且基本平整，表面浮渣要清理干净；当采用样架式潜孔钻机时，对台阶平整度和台阶要求则可以放低。

B. 布孔。钻孔前应按照严格爆破设计进行布孔，并将孔位准确地标记在岩体上，标孔前，先要清除岩体孔位表面的岩粉和破碎层，再用油漆或标记物标明各个孔位。布孔从台阶边缘开始，边孔与台阶边缘保留一定距离，以保证钻机安全。孔位根据孔网设计要求测量确定。但孔位要避免布在岩石松动、节理发育和岩性变化大的地方。遇到这些地方，可以控制孔位。调整时，应注意抵抗线、排距和孔距，以保证抵抗线（或排距）和孔距及它们的乘积在调整前后相差不超过10%，这是控制爆破石料大块率的重要措施。布孔时还应注意：开挖工作面如不平整，应选择工作面凸坡或缓坡处布孔，以防止在这些地方因抵抗线过大而产生大块石；坡角过缓时，应在坡脚处布孔或加大超深，以便坡角岩石充分破碎；地形复杂时，注意整个临空面抵抗线的变化，避免因局部地方的抵抗线过小而引起冲炮造成飞石过远。

C. 钻孔。钻机就位后，应从台阶边缘开始，先钻边缘孔，后钻中部孔。在钻进过程中，要随时掌握钻孔方向、角度和深度，使之符合设计要求，这是控制爆破质量的关键环节。

在钻孔作业结束后和装药爆破前，应检查孔壁和孔深一次，并做好记录。如果检查发现淤堵的炮孔，应及时采用以下方法处理：先清理，淤塞的泥浆用高压风吹出，关键部位的钻孔如不能清除堵塞物时，就要在旁边重新钻孔，否则将严重影响爆破效果，引起大块率增加。如检查发现炮孔内有积水时，应作好炮孔的排水或爆破材料的防水措施。

2）装药及其质量控制。目前，大多采用人工装药，装药前要检查炮孔，清理炮孔，装药时要严格按照设计要求装药，在放药时需用木棍将药卷推至设计位置，防止药卷与雷管脱落，也应防止雷管脚线掉入孔内。实践证明，提高装药密度，是提高爆破质量的较好措施。因此，在施工时要保证设计的装药密度。

梯段爆破时孔口一般应进行堵塞，并要保证堵塞质量。不堵塞或堵塞质量不好，会造成爆破气体往上冲而影响爆破效果。

孔口堵塞长度 L_2 与最小抵抗线、钻孔直径和爆破区环境有关。当不允许有飞石时，堵塞长度一般取 $L_2=(30\sim35)d$；当允许有飞石时，$L_2=(20\sim25)d$；对于爆破粒径较小的过渡料，堵塞长度不宜过大，以提高爆岩的爆破度。

在干孔中的孔口堵塞物常用细砂土、黏土或凿岩时的岩粉，应防止混进石块砸断起爆线。当堵塞长度较长时，可直接充填；填塞长度较短时，每堵塞 20cm 左右应用木质炮棍捣实 1 次。

起爆网路是爆破获取合格级配石料的关键，必须严格按爆破设计进行网路连接，确保爆破效果。

（5）过渡料应开辟专门掌子面，采用相应开采爆破参数进行钻爆开采。

5.5.2 坝料挖装与堆存质量控制

坝料挖装一般采用立面采装，挖装设备一般旋转 90°左右，装料时对于骨料分离的部位，应先掺合后装车，并剔除超径石，对大于坝料最大粒径的超径石进行二次破碎。对开采中发现质量差的料，需经论证及设计同意后方可使用。

有的石料场节理裂隙发育，含有断层、软弱夹层、岩脉、强风化夹层、软岩等不良岩层，该部分石料属无用料，不能用于大坝填筑，须在装料过程中加以鉴别和剔除。溧阳抽水蓄能电站下水库库盆开挖料 2200 余万 m^3，主要用于上水库主坝混凝土面板堆石坝填筑。下水库库盆岩层中含有大量的断层岩脉、泥岩夹层、软岩等软弱夹层，属地质多样性料源，无法通过分层分区开挖剔除无用料，爆破后有用料、无用料混杂在一起，为保证上坝料的质量，采用信息化的手段进行料源管理，组织料源管理队，在装车工作面对每一车料有用无用进行鉴别，鉴别结果输入 PDA 手持机，有用料直接上坝，无用料运至弃渣场，坝料运输车辆挂标识牌，如车辆没有将石料运到指定地点，信息系统就会报警，通知相关管理人员处理。通过料源的有效管理，提高了下水库库盆开挖料的利用率，保证了上坝料的质量。

主堆石料填筑量大，在中转料场堆存和挖装过程中容易分离，为减少分离，在中转料场堆存时应尽量采用后退法，如用进占法，其分层堆高一般不宜大于5m，在回采堆存料时，一般应自上而下分层挖装，分层高度宜小于5m。

在中转料场临时存料时，对用于大坝不同部位、不同质量的石料要分类堆存，并控制每层堆放高度，不得随意堆放和混杂。

5.6 工程实例

5.6.1 洪家渡水电站面板堆石坝工程石料场开采

洪家渡水电站钢筋混凝土面板堆石坝最大坝高179.50m，坝顶长427.79m，坝顶宽10.95m，上游边坡1∶1.4，下游边坡1∶1.4。工程设有两个石料场，即右岸的天生桥料场和卡拉寨料场。

天生桥水电站石料场，位于坝址右岸，距右坝肩水平距离0.1～1.0km，地面高程1120.00～1330.00m，大部分基岩裸露，少数长杂草或灌木。有用料层顺坡呈三角形分布，水平方向最大厚度位于底部，仅100m左右，料场沿等高线长度400～600m。天生桥水电站料场开采高程1120.00～1375.00m，采用分层台阶开采，每层开采高度为15m，其中高程1150.00m、高程1195.00m、高程1240.00m马道宽度15m，高程1150.00m马道开挖后作为交通公路，高程1285.00m马道为转向马道，东侧宽度达40m，西侧宽度只有4m，其他马道宽度均为5m，开采边坡为1∶1，侧边马道宽度为4m，开挖边坡坡度为1∶0.3，其中东侧方向高程1240.00m以上陡坡全部清除。

卡拉寨采石料场位于坝址下游右岸，距右坝肩0.3～0.7km，在上游2号冲沟与下游1号、2号塌滑体之间，开采高程范围为1085.00～1260.00m，分层台阶高度15m，马道宽度为5m，开采范围300～420m。下游边界为1号塌滑体，最近距离约30m；距下游水平距离约60m有高压线通过；正下部是大坝、厂房施工区，其最近距离约90m；附近施工用建筑物、设备较多。

(1) 预裂爆破参数：预裂爆破超前梯段爆破进行，其爆破参数如下。

1) 钻孔深度：15m、7.5m。

2) 钻孔直径：90mm。

3) 钻孔间距：1.0m。

4) 药卷直径：32mm。

5) 不耦合系数：2.8。

6) 装药结构：间隔装药。

7) 线装药密度：底部1m加强装药，线装药密度1kg/m，上部1m减弱装药，线装药密度0.2kg/m，中部线装药密度0.4kg/m。

8) 堵塞长度：1.0m。

(2) 缓冲孔爆破参数：缓冲孔设置，其目的在于保护预裂面完整性，其爆破参数如下。

1）钻孔直径：90mm。

2）孔间距：2.0m，距预裂孔1.2m，距主爆孔2m。

3）钻孔深度：15～16m。

4）药卷直径：50mm。

5）不耦合系数：1.8。

6）炸药单耗：0.45～0.50kg/m^3。

7）堵塞长度：1.5～2.5m。

（3）主爆孔参数：钻孔直径90mm，孔间距3.0m，孔排距2.5m，超钻深度1.0m，钻孔深度15m，药卷直径70mm，不耦合连续装药，堵塞长度1.5～2.5m，炸药单耗0.45～0.5kg/m^3，孔内、孔间顺序微差挤压爆破。

微差挤压爆破网络布置见图5-7。

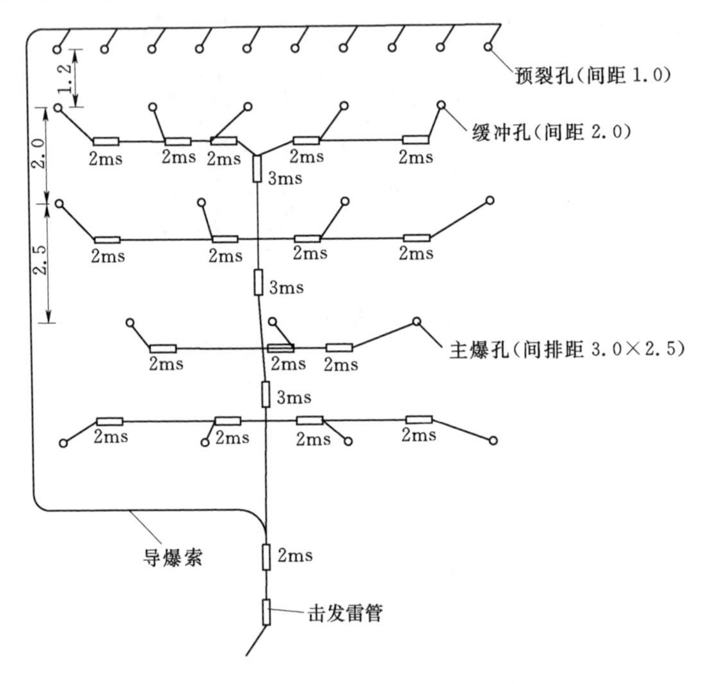

图5-7　微差挤压爆破网络布置图（单位：m）

5.6.2　苏家河口水电站混凝土面板堆石坝工程石料场开采

苏家河口水电站位于云南省边陲腾冲县西北部中缅交界附近中方一侧的槟榔江河段上，大坝为混凝土面板堆石坝，坝顶高程1595.00m，河床部位建基面高程1465.00m，最大坝高130.0m，坝顶长度443.917m，坝顶宽度10m。坝体上游坡1∶1.4，下游综合坝坡为1∶1.712。下游面设三级马道，道路间坝坡设干砌石护坡。

小江平坝石料场位于坝址上游槟榔江左岸，距坝址约3.0km，分布高程1430.00～1750.00m，面积约0.52km^2。场地分布的岩性单一，主要为喜山期似斑状花岗岩。经试验分析，弱风化及微风化—新鲜花岗岩为可用层，属坚硬岩类，其主要质量技术指标符合大坝堆石料及混凝土粗骨料的要求。但存在云母含量不符合细骨料的品质要求的问题。

(1) 梯段爆破参数。梯段爆破参数既要满足大坝填筑料级配曲线要求，又要保证边坡的安全，石料场梯段爆破参数见表5-27。

表5-27 石料场梯段爆破参数表

爆破参数	主堆石料	过渡料	次堆石料
钻孔直径/mm	100或90	100或90	100或90
钻孔间距/m	3.0～3.5	2.0	3.0～3.5
钻孔排距/m	2.5～3.0	2.0	2.5～3.0
梯段高度/m	10	10	10
钻孔深度/m	10.5	10.5	10.5
钻孔角度	垂直或斜孔(75°)均可		垂直或斜孔
超钻深度/m	0.5	0.5	0.5
装药结构	耦合或耦合间隔装药		耦合间隔装药
药卷直径	散装入孔或直径80mm药卷		
炸药类型	铵油炸药、2号岩石硝铵炸药或乳化炸药		
堵塞长度/m	2.0～2.5	1.8～2.0	2m左右
单孔药量/kg	39.5～63.0	60～75	30～52.25
炸药单耗/(kg/m^3)	0.5～0.6	0.8～1.0	0.4～0.5
起爆网络	V形起爆	V形或孔间微差顺序起爆	V形或U形或孔间微差顺序起爆

(2) 预裂爆破参数。料场边坡采用预裂爆破技术，其爆破参数为：钻孔直径90mm；钻孔间距0.8～1.0m；钻孔深度由台阶高度和坡度确定，控制在10～20m之间；药卷直径32mm；不耦合系数2.8；间隔装药，导爆索传爆；线装药密度0.3～0.5kg/m（底部1.0 m范围按0.8～1.0kg/m）；堵塞长度1.0～1.2m；预裂孔超前主爆孔75～100ms起爆。

5.6.3 天生桥一级水电站混凝土面板堆石坝过渡料梯段爆破开采

(1) 概况。天生桥一级水电站混凝土面板堆石坝共需过渡料总填筑量为70.0万m^3。当时，国内外传统生产的方法大多是采用砂石系统加工配制，设计采用人工砂石系统的粗碎车间，将粗碎的半成品料通过格条筛除去粒径大于30cm的块石后获得过渡料，超径的石料再进行二次破碎。由于天生桥一级水电站地区山高坡陡，过渡料制备及堆存场地的规划相当困难。同时，根据工程施工总进度安排，要求过渡料的填筑强度高达3.0万～5.0万m^3/月。若采用传统方法进行生产，砂石系统的建设规模难以满足施工强度的要求。

(2) 料场地质条件。天生桥一级水电站2号补充料场处于灰岩槽谷北坡，岩性为中厚层状灰白色灰岩，裂隙不甚发育，层面清晰，属块状结构岩体，岩石完整性。在大规模开采生产前先进行开采爆破试验，开采试验场地布置在山坡上，山坡岩体风化，溶蚀及受裂隙面影响卸荷都较明显，且具有明显垂直分带性。尽管开采爆破试验具有一定的代表性，但由于试验区的岩性和地质构造与内部有些差异。因此，在大规模开采生产时，要相应进行适当调整。

（3）爆破试验。

1）试验目的。为实现采用爆破法直接开采过渡料，通过爆破试验确定过渡料开挖的爆破设计参数，包括起爆方式、起爆程序、装药结构等，并确定爆破参数优化设计的程序。通过试验，寻找爆破开采石料的块度和级配分布规律，得到相应的爆破参数。当施工参数改变时，能及时预报爆破石料块度及级配，通过调整爆破参数，获得满足设计级配要求的过渡料。

2）爆破试验参数的选择（见表5-28）。

表5-28　　梯段爆破直接开采过渡料试验参数表

爆破试验编号	ⅢA-1	ⅢA-2	ⅢA-3
台阶高度/m	3.0	10.0	10.0
钻孔深度/m	3.3	10.5	10.5
超钻深度/m	0.3	0.5	0.5
钻孔直径/mm	42	90	90
钻孔角度	垂直	垂直	垂直
前排最小 W/m	0.9	4.0	3.0
孔排距/m	0.5	1.6	2.0
孔间距/m	1.0	1.6	2.0
布孔方式	梅花形	正方形	正方形
单耗/(kg/m^3)	1.37	1.39	1.31
单孔装药量/kg	2.05	35.6	52.4
堵塞长度/m	0.5	1.1	1.4
装药结构型式	间隔	间隔	间隔
起爆方式	排间	V形	V形

3）过渡料开采爆破试验结果。

A. 浅孔小梯段爆破。手风钻造孔，浅孔小梯段爆破开采过渡料试验筛分结果见表5-29，其颗分曲线见图5-8。

表5-29　　浅孔小梯段爆破开采过渡料试验筛分结果表

块度分级/mm		>300	300～200	200～100	100～60	60～40	40～20	20～10	10～5	5～2	2～1	<1
重量	原重/kg	606	1260	2814	2644	1879	3240	1312	1118	873	236	647
	含水量	0	0	0	0	0	0	0	0	0	0	0
	干重/kg	606	1260	2814	2644	1879	3240	1312	1118	873	236	647
干重含量/%		3.6	7.6	16.9	15.9	11.3	19.5	7.9	6.7	5.2	1.4	3.9

续表

块度分级/mm		>300	>200	>100	>60	>40	>20	>10	>5	>2	>1	<1
含大块	重量/kg	606	1866	4680	7324	9203	12443	13755	14873	15746	15982	647
	比率/%	3.6	11.2	28.1	44.0	55.3	74.8	82.7	89.4	94.7	96.1	3.9
扣除大块	重量/kg	0	1260	4074	6718	8597	11837	13149	14267	15140	15376	647
	比率/%	0	7.9	25.4	41.9	53.7	73.9	82.1	89.0	94.5	96.0	4.0
不均匀系数		$C_c=d_{60}/d_{10}$					扣除大块含量后 $C_c=14.8$					
曲率系数		$C_u=d_{30}^2/(d_{10}\times d_{60})$					扣除大块含量后 $C_u=1.86$					

注 1. 块度大于300mm的石料作为废料，不作级配统计。

2. d_{60}为60%重量的石料通过的筛孔直径，其余类同。

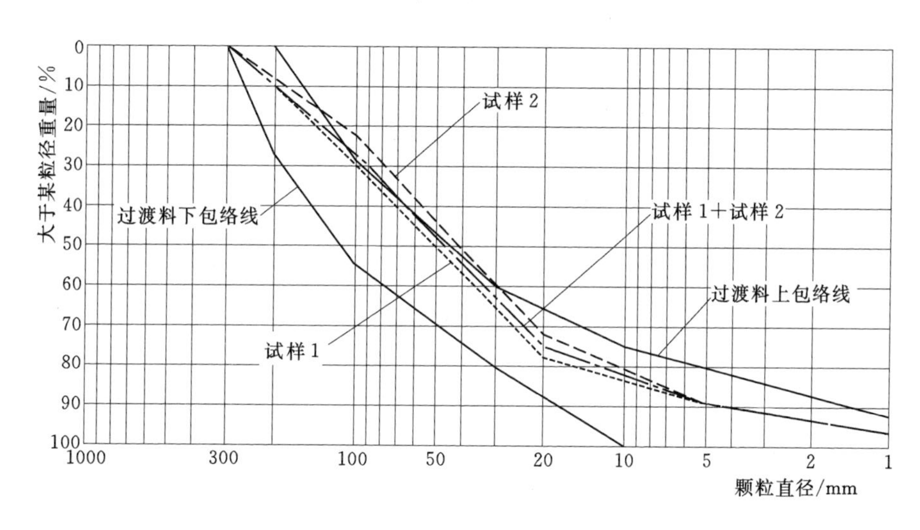

图5-8 浅孔小梯段爆破开采过渡料试验颗分曲线图

B. 第一次中深孔梯段爆破试验。第一次中深孔梯段爆破开采过渡料试验筛分结果见表5-30，其颗分曲线见图5-9。

表5-30 第一次中深孔梯段爆破开采过渡料试验筛分结果表

块度分级/mm		>300	300~200	200~100	100~60	60~40	40~20	20~10	10~5	5~1	<1
重量	原重/kg	1566.5	2238.5	5907	6459	6816	13309	4173	4994	5442	3921
	含水量/%	0	0	0	0	0	0	0	0	0	0
	干重/kg	1566.5	2238.5	5907	6459	6816	13309	4173	4994	5442	3921
干重含量/%		2.86	4.08	10.77	11.78	12.43	24.27	7.61	9.11	9.93	7.15
块度分级/mm		>300	>200	>100	>60	>40	>20	>10	>5	>1	<1
含大块	重量/kg	1566.5	3805	9712	16171	22987	36296	40469	45463	50905	3921
	比率/%	2.86	6.94	17.71	29.50	41.93	66.20	73.81	82.92	92.85	7.15

续表

块度分级/mm		>300	300~200	200~100	100~60	60~40	40~20	20~10	10~5	5~1	<1
扣除大块	重量/kg	0	2238.5	8145.5	14604.5	21420.5	34729.5	38902.5	43896.5	49338.5	3921
	比率/%	0	4.20	15.29	27.42	40.22	65.21	73.04	82.42	92.64	7.36
不均匀系数	$C_c=d_{60}/d_{10}$				扣除大块含量后 $C_c=28.91$						
曲率系数	$C_u=d_{30}^2/(d_{10}\times d_{60})$				扣除大块含量后 $C_u=1.86$						

注 1. 块度大于 300mm 的石料作为废料，不作级配统计。

2. d_{60} 为 60%重量的石料通过的筛孔直径，其余类同。

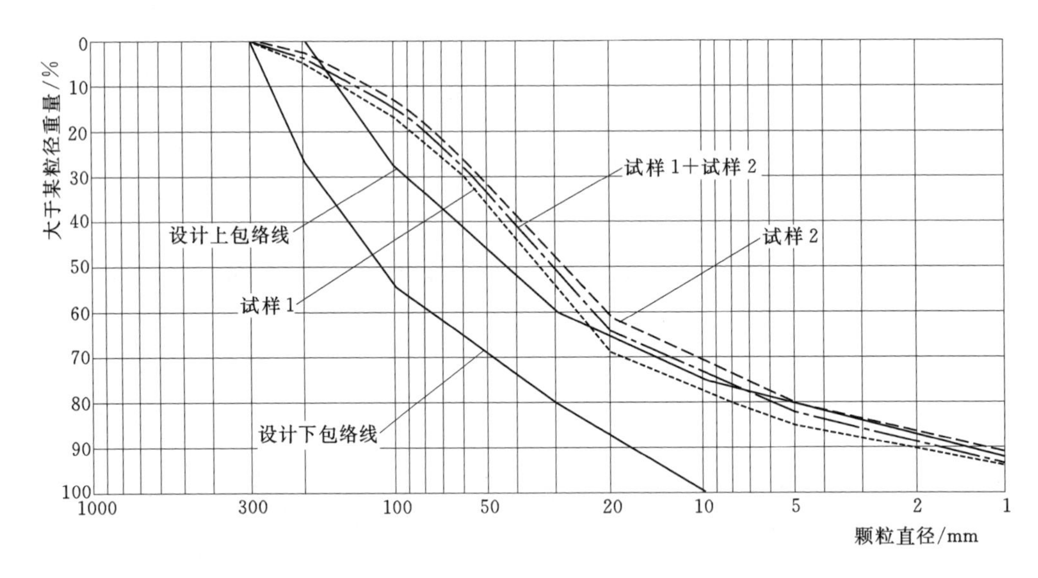

图 5-9 第一次中深孔梯段爆破开采过渡料试验颗分曲线图

C. 第二次中深孔梯段爆破试验。第二次中深孔梯段爆破开采过渡料试验筛分结果见表 5-31，其颗分曲线见图 5-10。

表 5-31 第二次中深孔梯段爆破开采过渡料试验筛分结果表

块度分级/mm		>300	300~200	200~100	100~60	60~40	40~20	20~10	10~5	5~2	2~1	<1
重量	原重/kg	478	3278	5578	5404	4676	8052	2339	3183	2975	670	2510
	含水量/%	0	0	0	0	0	0	1.55	1.55	1.55	1.55	1.55
	干重/kg	478	3278	5578	5404	4676	8052	2303	3134	2930	660	2472
干重含量/%		1.2	8.4	14.3	13.9	12.0	20.7	5.9	8.0	7.5	1.7	6.3
块度分级/mm		>300	>200	>100	>60	>40	>20	>10	>5	>2	>1	<1
含大块	重量/kg	478	3756	9334	14738	19414	27466	29769	32904	35833	36493	2472
	比率/%	1.2	9.6	24.0	37.8	49.8	70.5	76.4	84.4	92.0	93.7	6.3

续表

块度分级/mm		>300	300~200	200~100	100~60	60~40	40~20	20~10	10~5	5~2	2~1	<1
扣除大块	重量/kg	0	3278	8856	14260	18936	26988	29291	32426	35355	36015	2472
	比率/%	0	8.5	23.0	37.1	49.2	70.1	76.1	84.3	91.9	93.6	6.4
不均匀系数	$C_c=d_{60}/d_{10}$					扣除大块含量后 $C_c=21.9$						
曲率系数	$C_u=d_{30}^2/(d_{10}\times d_{60})$					扣除大块含量后 $C_u=2.86$						

注 1. 块度大于300mm的石料作为废料，不作级配统计。
2. d_{60}为60%重量的石料通过的筛孔直径，其余类同。

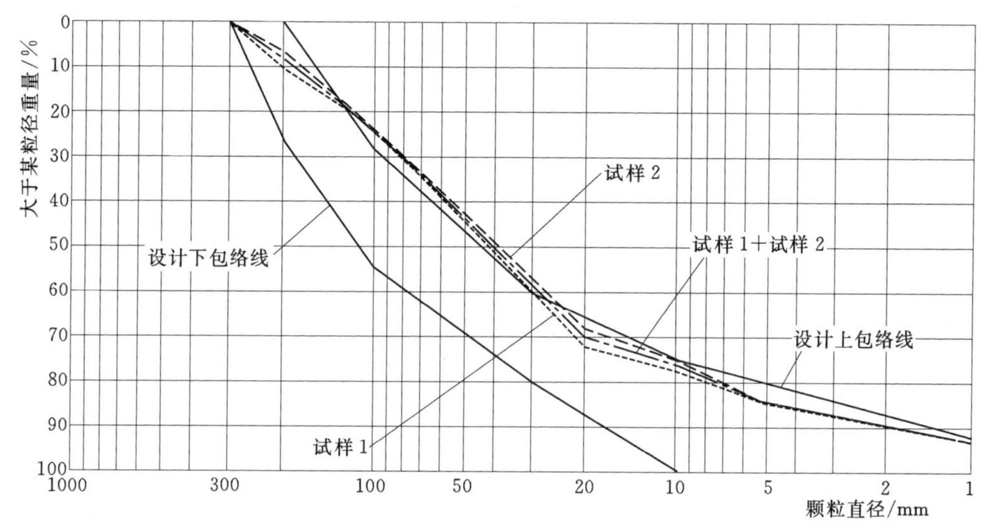

图 5-10 第二次中深孔梯段爆破开采过渡料试验颗分曲线图

试验结果表明，剔除粒径大于300mm石块的爆破料颗分级配曲线基本在设计包络线内。在实际生产时，根据爆破料的实际情况对爆破参数进行适当调整，以获得满足级配曲线要求的良好的过渡料。

(4) 过渡料实际开采参数。在大规模施工生产中，采用中深孔梯段爆破直接开采过渡料，其爆破开采过渡料参数见表5-32。为达到最佳爆破效果，获得良好的过渡料，在施工过程中结合实际地形、地质情况，根据实际爆破效果对爆破参数及时进行了适当的优化调整。

表 5-32　　深孔梯段爆破开采过渡料参数表

项　目	爆破参数	项　目	爆破参数
爆破平台台阶高度/m	10.0	钻孔角度/(°)	90
钻孔深度/m	10.5	前排最小抵抗线 W/m	3.0
钻孔排距/m	2.0	单孔装药量/kg	52.4
钻孔间距/m	2.0	单耗/(kg/m)	1.31
布孔方式	正方形	堵塞长度/m	1.4
超钻深度/m	0.5	装药结构型式	间隔
钻孔直径/m	90	起爆方式	V形起爆

中深孔梯段爆破开采过渡料颗分曲线见图5-11。

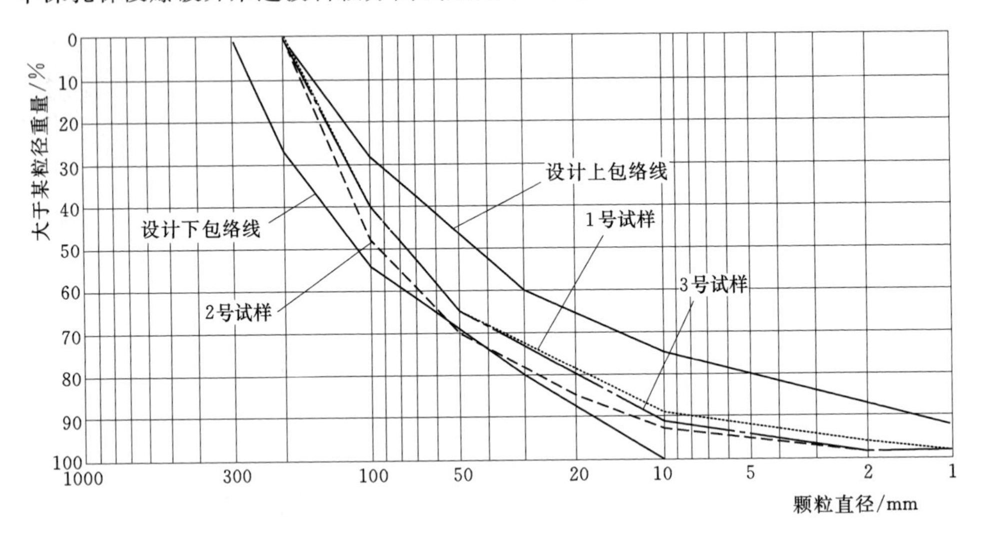

图5-11　中深孔梯段爆破开采过渡料颗分曲线图

通过爆破试验选用合理的爆破参数、装药结构和起爆方式，采用梯段爆破直接开采过渡料技术，目前在混凝土面板堆石坝工程施工中已得到了广泛的应用。

6 坝体填筑

6.1 填筑规划

6.1.1 填筑规划内容和方法

（1）填筑规划的主要依据。

1）工程总进度工期目标。

2）导流度汛方式及标准。

3）坝址地形条件。

4）料源分布。

5）面板施工安排。

6）现行的规范、施工图纸和设计要求。

（2）填筑规划的主要内容。

1）施工分期方案的选择、施工方法的确定。

2）确定各阶段的坝体填筑断面及各坝区料的工程量。

3）根据各阶段坝体填筑的起止时间，计算填筑强度。

4）确定坝区施工道路的布置。

5）料源挖填平衡。

6）施工机械和人员组合。

7）保证施工质量的措施。

（3）填筑规划的方法：根据工程总工期、度汛标准和导流度汛方式，以施工导流为主线进行坝体施工分期，并与施工场地布置、上坝道路、施工方法、土石方挖填平衡和面板分期施工情况等统筹协调，拟定控制时段的施工强度，反复协调论证后，制定施工方案。

6.1.2 填筑分期

坝体填筑分期主要由导流度汛方式确定，并决定总进度中其他控制节点；截流后施工期初期度汛有以下三种方案。

（1）临时断面挡水度汛方案。枯水期低围堰挡水，导流洞导流，坝体全断面（或临时断面）在一个枯水期内填筑到度汛水位以上，用坝体挡水度汛。如白溪坝、三板溪坝、东津坝、洪家渡等水电站混凝土面板堆石坝，这种方式最为经济，应作为首选方案。

（2）坝体过流度汛方案。坝体按先期过流，后期分期挡水度汛。这种方式适用于工程量大、在一个枯水期内坝体达不到挡水度汛高度的情况下采用。基本内容包括：①采用较低洪水标准的过水围堰，允许汛期淹没基坑；②坝体全断面填筑，汛期在适当保护下，允许坝面过水。如天生桥一级、珊溪、芹山坝、滩坑、水布垭等水电站混凝土面板堆石坝。

(3) 围堰全年挡水度汛方案。高围堰全面挡水，坝体全年施工。这种方式逐年增多，近年修建的高坝采用此法的有：黑泉坝、公伯峡、紫坪铺、苏家河口、江坪河等水电站混凝土面板堆石坝。

施工期中后期，大坝填筑上升到一定高度以后，形成的水库库容增大，相应的度汛标准根据库容和坝高决定，一般为50～200年一遇的洪水标准。大坝施工期中后期度汛一般有以下两种方案。

(1) 大坝全断面挡水度汛，适用于中后期填筑强度不高，或填筑总量不大，大坝填筑高度能满足度汛要求的工程。

(2) 临时断面挡水度汛，适用于中后期填筑强度高，填筑总量大，大坝全断面填筑高度不能满足度汛要求时，采用先填筑上游临时断面，达到度汛挡水高程以后，再补填大坝下游部分断面。

6.1.3 上坝道路布置

施工道路的布置及标准，与车速、循环时间、运输能力、车辆和轮胎的使用寿命、运输成本费用、行车安全等直接相关。由于混凝土面板堆石坝填筑强度高、车流量大。因此，对施工道路的布置和质量的要求较高，场内主要和非主要道路技术指标可分别参照表5-7、表5-8。

(1) 道路的设计标准。由于工程规模、地形条件、汽车型号等的差异，当前国内土石坝工程施工道路的技术等级和参数标准差别较大。有的工程采用露天矿山标准，有的采用公路标准。根据天生桥一级、洪家渡、水布垭等水电站混凝土面板堆石坝的施工经验，土石坝施工道路推荐采用露天矿山道路Ⅱ级及Ⅲ级技术标准修建，建议填筑量大、强度较高、车流量大的大型工程采用Ⅱ级标准，其余采用Ⅲ级道路标准。

(2) 坝区道路布置原则及要求。

1) 根据地形条件、枢纽布置、工程量的大小、填筑强度、自卸汽车吨位来统筹布置场内施工道路。应用科学的规划方法进行运输网络优化。

2) 运输路线宜自成体系，并尽量与永久道路相结合。永久道路在坝体填筑施工以前形成。上坝道路尽量不要穿越居民点或其他工作区，尽量与民用公路分离。

3) 连接大坝上下游的主干线，应布置在坝体轮廓线以外。主干线与不同高程的上坝道路相连接，应避免穿越坝肩岸坡，以避免干扰坝体的填筑。

4) 坝体内的道路应结合坝体分期填筑规划统一布置，在平面与立面上协调好不同高程的进坝道路的连接，使坝体内临时道路的形成与覆盖（或削除）满足坝体填筑要求。各期的施工道路尽量形成循环线路，使重载与空载汽车分流，减少交会和干扰，提高运输效率。

5) 运输道路的标准应符合自卸汽车吨位和行车速度的要求。实践证明，用于高质量标准道路的投资，足以用降低汽车维修费用及提高生产率加以补偿。路基坚实，路面平整，靠山坡一侧设置纵向排水沟，顺畅排除雨水和泥水，以避免雨天运输车辆将路面泥水带入坝面，污染坝料。

6）道路沿线应有良好的照明设施，路面照明容量不少于 3kW/km，确保夜间行车安全。

7）运输道路应经常维护和保养，及时清除路面散落的石块等杂物，并经常洒水，以减少运输车辆的磨损。

（3）上坝道路布置。坝区坝料运输道路的布置方式，有岸坡式、坝坡式及混合式三种，其线路进入坝体轮廓线内，与坝内临时道路连接，组成直达坝料填筑区的运输体系。

上坝道路单向环形线比往复双车线效率高、更安全，应尽可能采用单向环形线路。一般干线多用双车道，尽量降低会车减速干扰，坝区及料场多用单车道。

岸坡上坝道路宜布置在地形较为平缓的坡面，以减少开挖工程量，各级道路的高差一般为 20～30m。

两岸陡峻，地质条件较差，沿岸坡修路困难，工程量大，可在坝下游坡面布置“之”字形临时或永久的上坝道路。临时道路在坝体阶段性填筑完成后及时补填到位。

在岸坡陡峻的狭窄河谷内，根据地形条件，用交通洞上坝。

（4）坝内道路布置。堆石坝坝体内部道路，可根据坝体分期填筑的需求，除垫层料区、过渡料区与相邻的部分堆石体要求平起填筑外，不限制堆石体内设置临时道路，其布置为“之”字形，道路随坝体升高而逐渐延伸，连接不同高程的两级上坝道路。为了减少上坝道路的长度，临时道路纵坡一般为 10％左右，局部可达 12％～15％。

（5）线路布置。线路布置应考虑地形条件、枢纽布置、工程量大小、填筑强度、运输车辆性能等因素。

按路面宽度不同，主要有双车道和环形单车道两种线路。双车道特点：路面较宽，错车频繁，在转弯处不安全；进出各料场、坝区时，车辆穿插、干扰较大，影响机械效率。环形单向车道特点：施工期间，随着坝体上升，可在坝坡或坝体内部灵活设置“之”字形上坝道路，有利于最大限度减少坝体外的上坝道路，对岸坡陡峭、修建道路困难的地方意义更大；有利于降低车辆交通事故，坝体内部的上坝道路需根据填筑施工的需要随时变换，需加强坝面作业管理。

如料场布置在坝址上游，填筑道路需要跨过趾板，必须对趾板、止水设施及垫层进行保护。保护方式可以在趾板上堆渣，也可以采用临时钢架桥跨越。在岸坡陡峭的峡谷内，沿岸坡修建困难，工程量大，还涉及高边坡问题，可根据地形条件通过修建交通洞上坝。

跨趾板桥有以下方案。①桥梁形式：一般为单跨简支梁，桥面宽度主要受趾板处岸坡陡缓和车流量制约，当岸坡较陡峭且车流量较小时采用单车道居多，岸坡较缓且车流量较大时可以考虑双车道。②位置确定：跨趾板桥的平面位置及高程的确定首先服从道路的总体布置；其次兼顾架桥工程量和难度。桥梁的走向尽可能与趾板 X 线正交以缩短桥梁长度，如正交影响道路线形，也可以选择斜交。另外桥梁底部与趾板头部最小距离宜控制在 10cm 以上，防止桥梁侵占趾板混凝土结构。③桥墩设计：根据上游桥墩基岩情况，可采用浆砌石、素混凝土、钢筋混凝土，其设计与普通桥墩相同。下游桥墩比较简便，可在碾压密实的垫层料上直接用方木密铺，作为跨趾板桥的下游桥墩。一般铺设两层方木，底层方木顺上下游方向直铺，上层方木横铺。方木之间用蚂蟥钉连接形成整体，桥梁直接搁置在上层方木上。跨趾板桥，采用贝雷桥方案也很方便。跨趾板桥，宜搭设在填筑区上部，避免填筑区形成缺口。

6.1.4 设备选型

（1）设备选型考虑的主要因素。

1）因大坝填筑料种类较多，且各种料的级配不同、填筑碾压参数不同。因此，对施工机具要满足各种填筑料的挖装、运输、摊铺、碾压等不同要求。

2）大坝填筑料源要充分利用建筑物的开挖料，大坝填筑与建筑物开挖在时间上、空间上、强度上均要协调好，从设备配备上要确保各环节的匹配。

3）大坝填筑强度高，持续时间长，选择性能较好的运输车辆，并配置足够的备用设备。

4）大坝填筑的堆石料粒径大、质量重，一般都有棱角，要求运输车辆具有抗磨和抗冲的性能。自卸汽车吨位要与挖装机械斗容相匹配，以充分发挥机械的使用效率。

5）大坝填筑运输道路较长，弯道较多，而且上坝料主要来自两岸上下游，给车辆运输带来一定的难度。应选择机动灵活、运输量大、爬坡能力强、转弯半径小、卸料方便的自卸汽车。

（2）设备选型的基本原则。

1）不仅要充分考虑工程进度保证，还要考虑工程质量保证。

2）设备适应大坝的施工条件，并具有先进性。

3）设备容量和效率要达到设计要求。

4）施工机械要成龙配套。

5）设备要具有经济性。

6）设备种类不宜太多，以便于维修管理。

6.2 碾压试验

现场碾压试验是根据初定的压实机械和实际选定大坝填筑料，在施工现场，进行不同参数的碾压试验。

6.2.1 试验内容

按不同的料源、不同的填筑区、不同的碾压设备、不同的碾压参数分别进行碾压试验，根据设计指标要求和推荐的碾压参数，参考类似工程施工参数，确定碾压试验的内容和方案。

碾压试验内容包括：①测试岩石的密度、容重、抗压强度、软化系数、级配料的视比重；②测试压实机械性能；③复核设计提出的压实标准；④确定适宜、经济的施工压实参数，如碾压设备、铺层厚度、碾压遍数、行驶速度加水量等；⑤研究和完善填筑的施工工艺和措施，并制定填筑施工的实施细则。

6.2.2 试验准备

（1）碾压试验时间和地点要求：①碾压试验应在坝料复查完成后，填筑施工前（大约

提前1个月）完成；②试验地址选在料场附近符合碾压试验要求的场地，也可以安排在坝基次堆石区区域范围。

（2）试验场地准备。

1）场地应平坦开阔，一般不小于30m×60m，地基坚实，清除试验区基础面的大块石和杂物。

2）用试验料先在地基上铺压一层，压实到设计标准，将这一层作为基层进行碾压试验，一般要求试验场地基层用20t以上振动碾碾压10遍后沉降量小于1mm；如场地本身基本满足要求，则在地基上找平压实作为基层，在基层上进行碾压试验。

3）在场外布置运料道路，架设380V用电线路和水管，满足试验过程中的用水、用电需要；在试验区外适当地方设置高程基准点。

4）试验区面积：①垫层料每个试验单元不小于4m×6m（宽×长）；②砂砾石每个试验单元不小于4m×6m；③堆石料每个试验单元不小于6m×6m。

5）试验铺料要求。由于碾压时生产侧向挤压，因此，试验区地两侧（垂直行车方向）应留出一个碾宽（一般为2～4m）；顺碾压方向的两端应留出4～10m作为非试验区，以满足停车和错车需要。

6）试验组数要求。一般选择宽阔场地不小于30m×60m，可完成几个或几十个组合试验。采用淘汰法，每场只变动一种参数，一般一场布置1～4个试验组合；采用部分循环法，一般每场试验可以同时有2种或2种以上参数变动，一般一场布置8～12个组合。

6.2.3 试验方法

（1）平整和压实场地。试验场地必须进行平整处理，其表面不平整度不得超过±10cm，对试验场地的基面应进行压实处理，以减少基层对碾压试验的影响，设置测量方格网（1.5m×1.5m）和起始高程点。

（2）铺料。铺料方法有进占法和后退法。堆石料采用进占法铺料，砂砾石料、垫层料采用后退法铺料；必要时进行不同铺料方式的对比试验；铺料厚度按试验要求确定。

（3）平料。在试验区设立高度标杆，主要采用推土机平料，垫层料等不宜使用推土机平料时，可使用反铲辅以人工进行铺料，使其达到试验要求的厚度和平整度。平料后采用水准仪检测铺层厚度，保证铺料厚度达到试验要求。

（4）颗分试验检测坝料碾压前的原始级配。

（5）碾压。根据料源情况，按试验规定的加水量在碾压前数小时完成洒水作业，加水量按体积法计算、用水表控制水量。用白灰标出各试验区域和单元，以及碾压等机械的行走路线，振动碾在场外起振到正常工况后，在专人指挥下进场，按进退错距法碾压，行车速度根据试验要求确定，一般控制在2～3km/h范围内，错距按振动碾宽度除以碾压遍数计算确定，一般控制在20～40cm范围，其余按试验规定的参数进行。

（6）测量。设置测量方格网（1.5m×1.5m），埋设小钢板作为测点。碾压前及碾压过程中均需测量测点的高程，计算不同碾压遍数下的沉降量。

（7）试验检测。采用挖坑法，颗分检测碾压后的坝料级配、各种料的湿容重、灌水法测量试坑体积、检测各种坝料的表观密度和含水量等指标。

6.2.4 试验成果

（1）每场试验完成后，由专人整理分析试验资料，及时研究试验情况，以便及时修订下一步试验计划、试验参数、内容等。

试验成果整理，应绘制的关系曲线包括：①特定碾重，不同铺层厚度、加水量下，沉降量与碾压遍数的关系曲线；②特定碾重，不同铺层厚度、加水量下，干密度/孔隙率与碾压遍数的关系曲线；③各试验单元试验前后的填筑料级配变化曲线。

（2）根据以上成果，结合工程的具体条件，编制碾压试验报告，推荐各种坝料施工碾压参数和填筑标准。在试验报告中应提出的结论建议包括：①设计标准的合理性；②与各种坝料相适应的压实机械和碾压参数；③各种坝料填筑干密度（孔隙率）控制标准建议值；④提出达到设计标准的施工参数：碾重、铺料厚度、加水量、碾压遍数、行车速度、错车方式等；⑤其他措施与施工方法。

（3）碾压参数的选定。根据碾压试验成果，结合工程的具体条件，确定施工碾压参数和碾压方法。

1）压实参数。压实参数包括机械参数和施工参数两大类。当压实设备型号选定后，机械参数已基本确定。施工参数有铺料厚度、碾压遍数、行车速度、垫层料含水率、堆石料加水量等。常用碾压参数见表6－1，国内部分200m级高混凝土面板堆石坝填筑参数统计见表6－2。

2）试验组合。试验组合方法有经验确定法、循环法、淘汰法（逐步收敛法）和综合法，一般多采用逐步收敛法。按以往工程经验，初步拟定各个参数。先固定其他参数，变动一个参数，通过试验得出该参数的最优值；然后固定此最优参数和其他参数，变动另一个参数，用试验求得第二个最优参数。依此类推，使每一个参数通过试验求得最优值；最

表6－1　　常用碾压参数表

序号	项目名称	小区料	垫层料	过渡区	上游堆石区	下游堆石区	砂砾石区
1	铺料厚/cm	20～25	40～50	40～50	80～100	80～120	60～80
2	碾压遍数/遍	6～8	6～8	6～8	6～8	6～8	6～8
3	行车速度/(km/h)	2～3	2～3	2～3	2～3	2～3	2～3
4	加水量/%	10	10	10～20	10～20	10～20	10
5	碾压机械型号	振动板	18～25t振动碾（自行式或拖式）	18～25t振动碾（自行式或拖式）			

表6－2　　国内部分200m级高混凝土面板堆石坝填筑参数统计表

坝名	坝石分区	碾压参数				总填筑工期/月	月平均填筑强度/万m³	月高峰填筑强度/万m³
		层厚/cm	碾压遍数	洒水量/%	碾压设备			
天生桥一级	主堆石区，软岩料区	80	6	10～20	18t自行式振动碾	34.5	50～55	117
	次堆石区	160	6		18t牵引式振动碾			

续表

坝名	坝石分区	碾压参数				总填筑工期/月	月平均填筑强度/万 m^3	月高峰填筑强度/万 m^3
		层厚/cm	碾压遍数	洒水量/%	碾压设备			
洪家渡	主堆石区	80	8～10	15	18t自行式振动碾	33.5	27～28	45
					25t牵引式振动碾			
			22～27		25t三边形冲击碾			
	次堆石区	160	22～27		25t三边形冲击碾			
	次堆石区，排水堆石区	120	8～10		18t自行式振动碾			
					25t牵引式振动碾			
			22～27		25t三边形冲击碾			
水布垭	主堆石区，次堆石区	80	8	10～15	25t自行式振动碾	38.5	37～38	47.6
	排水堆石区	120	8	10				
三板溪	主堆石区，下游堆石区	80	8	10～20	25t自行式振动碾	21.5	38.5	60

注 洒水量为堆石填筑方量的百分数。

后用全部最优参数，再进行一次复核试验，若结果满足设计、施工要求，即可将其定为施工碾压参数。

3）根据碾压、压实试验，结合工程岩性、工程具体条件，确定施工碾压参数和压实方法，并编制试验报告。

6.2.5 滩坑水电站混凝土面板堆石坝碾压试验实例

滩坑水电站大坝混凝土面板堆石坝坝高162m，大坝填筑量960万 m^3，坝料主要利用发电厂房、溢洪道、泄洪洞等建筑物开挖料，以及河道中的砂砾料。砂砾料填筑于坝体断面中部，外包堆石料。碾压试验的目的是：①通过碾压试验，对坝料的压实性能进行研究，为确定大坝填筑碾压施工参数、制定填筑质量控制标准提供依据；②为大坝施工选择合适的振动碾压机械，检验所选的碾压机械的适当性和性能可靠性；③确定经济合理的填筑碾压参数，确保大坝填筑施工质量。为此制定了碾压试验大纲，分别进行了过渡料、主堆石料和砂砾石料的碾压试验。

6.2.5.1 碾压试验

（1）设计指标。滩坑水电站混凝土面板堆石坝设计指标见表6-3。

表6-3　　滩坑水电站混凝土面板堆石坝设计指标表

填筑分区	干密度 r_d /(g/m^3)	孔隙率 n /%	最大粒径 d /cm	渗透系数 k /(cm/s)	填筑层厚度 δ /cm
垫层料	2.160	18	8	1×10^{-3}	40
小区料	2.160	18	4	$1\times10^{-3}\sim1\times10^{-4}$	20

续表

填筑分区	干密度 r_d /(g/m^3)	孔隙率 n /%	最大粒径 d /cm	渗透系数 k /(cm/s)	填筑层厚度 δ /cm
过渡料	2.143	19	30	1×10^{-2}	40
上游堆石区	2.108	20	80	1×10^{-1}	80
下游堆石区	2.050	22	120		120
坝体砂砾料	2.180	18	80	7.5×10^{-1}	80

（2）过渡料碾压试验。

1）碾压试验用料。过渡料碾压试验用料取自泄洪洞洞挖利用料，其抗压强度为95.7MPa，软化系数为0.91。

2）碾压试验场地。试验场地布置在溢洪道出口江边堆料场。场地按铺料厚度40cm、50cm分为两块，每块按碾压6遍、8遍、10遍及加水量5%、10%、15%布置9个试验单元，每个单元长×宽为4m×6m，每块场地面积为28m×58m。过渡料碾压试验场地布置见图6-1。

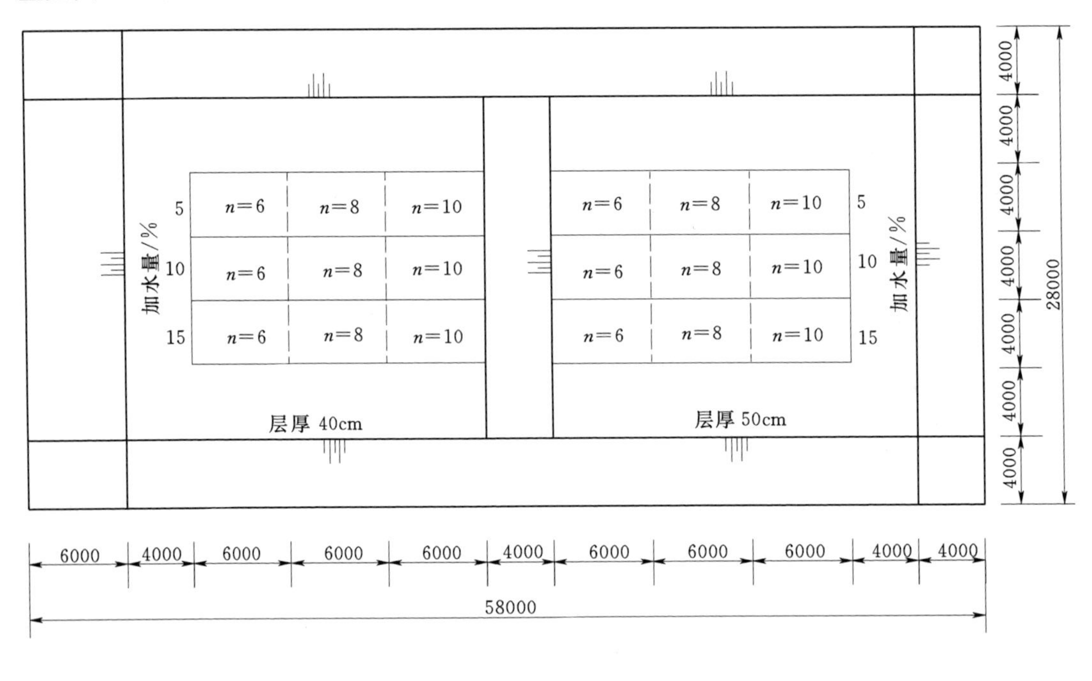

图6-1 过渡料碾压试验场地布置图（单位：mm）
n—碾压遍数

3）铺料及碾压。过渡料由自卸车运至试验场，在装运时严格控制超径料的装入，严禁草皮、树根、泥团及含泥量大于5%的石料上填筑碾压试验场，采用进占法铺料，以使粗径石料滚落底层而细石料留在面层，以利于推土机的平整和振动碾碾压，推土机整平后，辅以人工找平，处理表面小的凹凸。铺料厚度为40cm、50cm，按体积比分别以加水量5%、10%、15%进行洒水控制，洒水采用人工洒水方式，每场试验根据计算好的加水量（体积比），安排2名专职人员指挥洒水，洒水要求均匀，每场洒水时间超过10h，使堆石料有较长的浸润时间，由25t自行式振动碾采用错距法按划好的行车路线分别碾压6遍、8遍、10遍，行车速度控制在2～3km/h内。

（3）主堆石料碾压试验。

1）碾压试验用料。主堆石料试验料取自厂房开挖利用料，主堆石料抗压强度为95.7MPa，软化系数为0.91。

2）碾压试验场地。主堆石料碾压试验共进行了3场试验，第一场试验，场地布置在溢洪道出口江边堆料场，按厚度80cm、100cm两种铺料厚度，分别碾压6遍、8遍、10遍及分别加水量为10%、15%、20%，共布置9个试验单元，每个单元4m×6m（长×宽），场地面积为28m×58m（见图6-2）；第二场试验，场地布置在第一场碾压试验区的上层，铺料厚度80cm，碾压8遍及分别加水量10%、15%、20%，共布置3个试验单元，每个单元6m×6m（长×宽）；第三场试验，场地布置在大坝基坑下游右侧原始砂砾石河床上，铺料厚度为80cm、碾压8遍，按加水量10%、15%、20%进行，布置3个试验单元，每个单元7m×6m（长×宽），场地面积为23m×36m（见图6-3）。

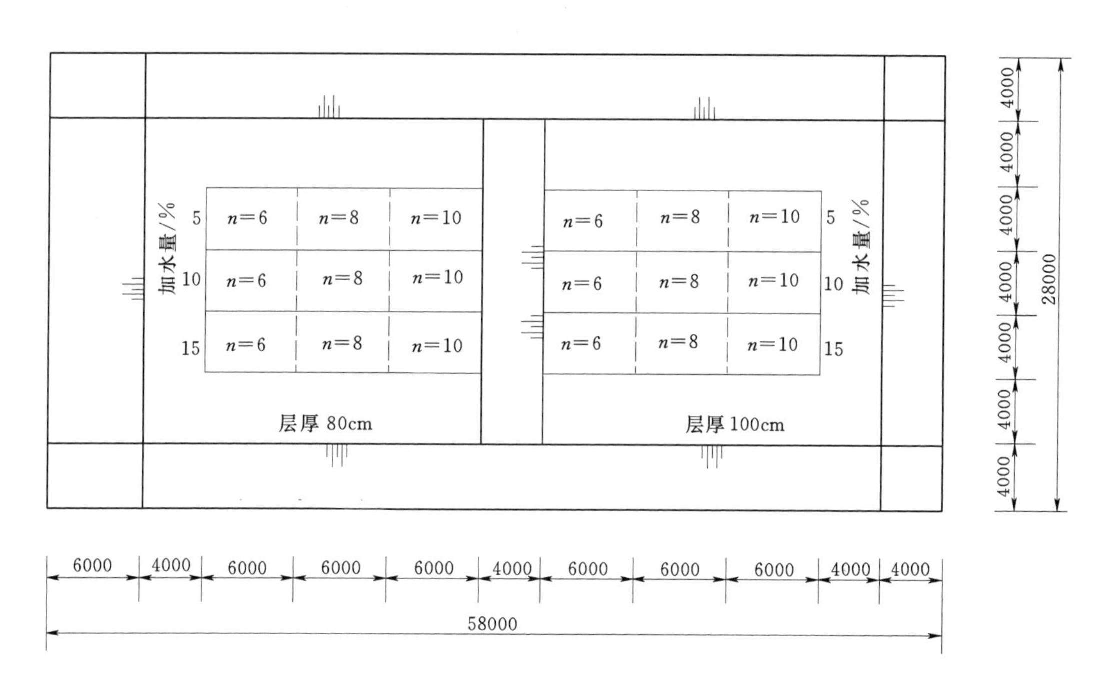

图6-2 主堆石料第一场试验碾压试验场地布置图（单位：mm）
n—碾压遍数

3）铺料及碾压。主堆石料由自卸车运至试验场，在装运时严格控制超径料的装入，严禁草皮、树根、泥团及含泥量大于5%的石料上填筑碾压试验场，采用进占法铺料，以使粗径石料滚落底层而细石料留在面层，以利于推土机的平整和振动碾碾压，推土机整平后，辅以人工找平，处理表面小的凹凸。

第一场、第二场试验采用25t自行式振动碾碾压，第三场试验采用18t拖式振动碾碾

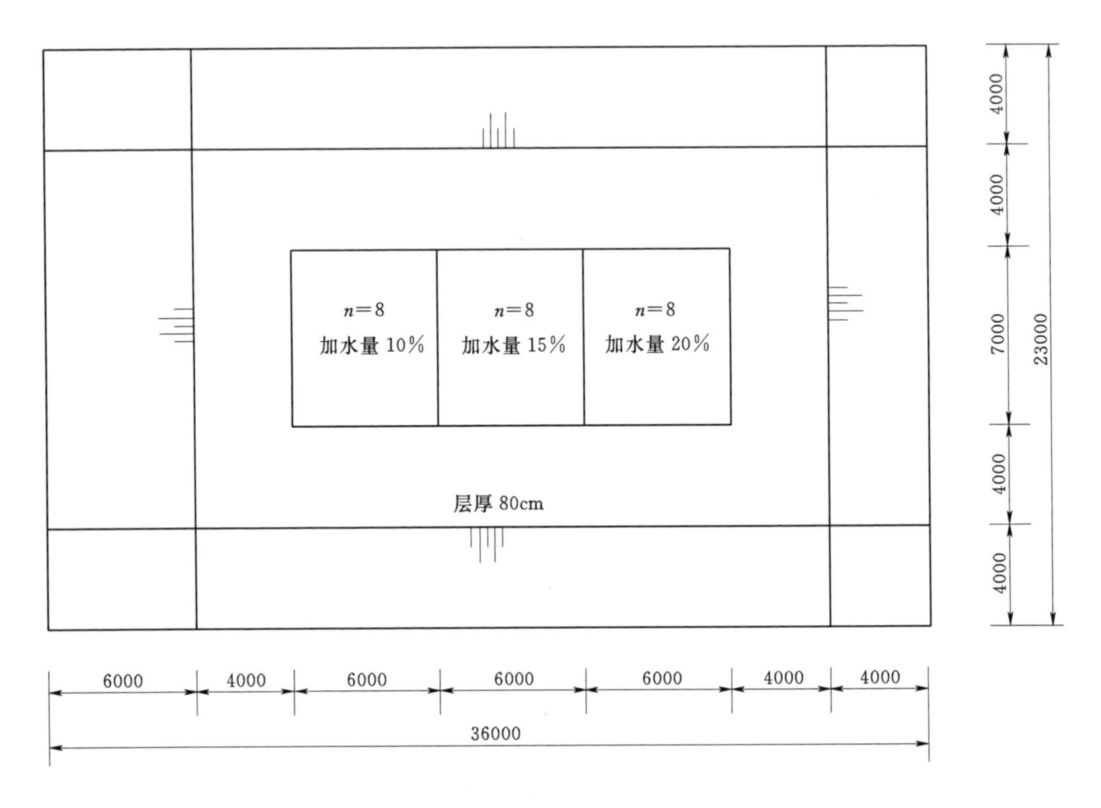

图 6-3　主堆石料第三场试验碾压试验场地布置图（单位：mm）
n—碾压遍数

压，振动碾在碾压试验区范围线 2.0m 以外起振，由专人指挥进入碾压试验场，按划分好的行车线行驶，采用前进、后退全振动的方法，前进与后退碾压一个循环按两遍计，错位采用前进法。碾压时，要求振动碾行驶平直、稳定，碾迹重叠控制在 10～15cm 以内，无漏碾或超碾过宽现象。行车速度控制在 2～3km/h，并由碾压指挥人员用秒表测控行车速度。

（4）砂砾石料碾压试验。

1）碾压试验用料。砂砾石碾压试验料取自坝基河床开挖利用料，砂砾料抗压强度为 94.1MPa，软化系数为 0.91。

2）碾压试验场地。试验场地布置在溢洪道出口江边堆料场。场地铺料厚度为 80cm、碾压 8 遍，按加水量 5%、10%、15%布置 3 个试验单元，每个单元 6m×6m（长×宽），场地面积为 22m×36m（见图 6-4）。

3）铺料及碾压。砂砾料由自卸车运至试验场，采用进占法铺料，推土机平整，铺料厚度为 80cm（碾压后），按体积比分别以加水量 5%、10%、15%进行洒水控制，由 25t 自行式振动碾采用错距法碾压 8 遍，行车速度控制在 2～3km/h 内。

6.2.5.2　试验检测

对各场试验中的每一个试验单元进行压实沉降量测量，挖坑进行颗分试验，测定压实

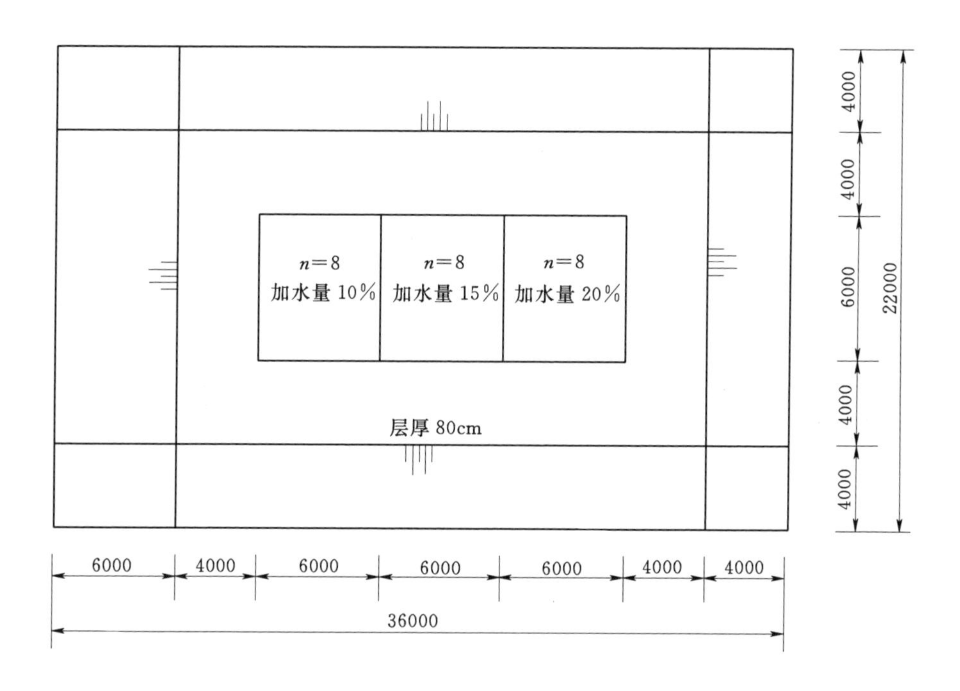

图 6-4　砂砾料碾压试验场地布置图（单位：mm）
n—碾压遍数

干密度、孔隙率、C_u 值、C_c 值及各区颗粒级配等指标。

（1）层厚与沉降测量。在试验区外设置控制桩，各场次试验均设置 1.5m×1.5 m 测量方格网，测量层厚和沉降量。采用水准仪测量网点高程，测量标尺最小刻度为 1mm，层厚测量在堆石料静碾 2 遍后进行，沉降量测量每碾压 2 遍均进行 1 次，并在同一网点上测量，以便计算不同碾压遍数时的沉降量，沉降量测量精度为±1mm。

（2）密度测定。密度测定采用挖坑灌水法，选用直径为 250cm、高 20cm 的特制钢环，试坑直径为最大粒径的 2～3 倍，深度为单层碾压层厚度。水量用流量水表计量，水位测量采用测针，试验料的质量以度量衡磅秤计量（每次使用前进行校正），试坑隔水采用聚乙烯塑料薄膜，单层膜厚选用 0.04mm 左右，以便于塑料薄膜紧贴坑壁，塑料薄膜所占体积极少，计算时不计体积。

（3）级配分析。采用圆孔筛（5～100mm）人工筛分法，将挖坑的试样全部进行筛分，当试坑试料含水量较高时，细料黏附于粗料上不易分离，会影响筛分质量，则采用水洗法，对粒径小于 5mm 的颗粒含量进行校正。

（4）含水率测定。采用炒干法结合烘干法，按不同粒径分级取样，测定试坑筛分所得混合料的含水量，综合含水量按加权平均法与经验公式校正、计算。

（5）渗透试验。对不同的试验料，进行现场试坑注水试验，渗透试验采用双环注水法。

6.2.5.3　试验成果

（1）过渡料碾压试验成果汇总见表 6-4。

表 6-4 过渡料碾压试验成果汇总表

预铺厚度/mm	取样部位		碾压前铺厚/mm	平均沉降/mm	湿密度/(g/cm³)	含水率/%	干容重/(g/cm³)	孔隙率/%	渗透系数	不均匀系数	曲率系数
400	碾压6遍	加水量5%	410	43	2.180	2.65	2.124	18.7	—	34.9	2.83
		加水量10%	430	50	2.254	2.75	2.194	16.1		35.2	3.11
		加水量15%	500	57	2.250	2.70	2.191	16.2		39.7	2.64
	碾压8遍	加水量5%	420	38	2.271	2.20	2.222	15.0	1.0×10^{-1}	31.5	1.93
		加水量10%	490	45	2.231	2.80	2.170	17.0	4.3×10^{-2}	32.5	1.61
		加水量15%	470	38	2.283	2.45	2.228	14.8	7.6×10^{-2}	48.4	2.73
	碾压10遍	加水量5%	510	68	2.313	3.30	2.239	14.4	—	30.8	1.38
		加水量10%	520	68	2.300	3.35	2.226	14.9		21.0	1.68
		加水量15%	480	45	2.371	4.00	2.280	12.8		29.9	1.71
500	碾压6遍	加水量5%	560	58	2.226	2.65	2.168	17.1	—	23.8	1.26
		加水量10%	520	40	2.256	3.10	2.188	16.3		16.3	1.42
		加水量15%	520	53	2.193	2.70	2.136	18.3		26.4	1.98
	碾压8遍	加水量5%	560	58	2.259	2.65	2.200	15.9	—	19.3	1.75
		加水量10%	520	33	2.200	2.75	2.141	18.1		25.6	1.61
		加水量15%	530	68	2.245	2.65	2.187	16.3		18.0	1.88
	碾压10遍	加水量5%	620	70	2.158	2.10	2.113	19.2	—	15.1	1.97
		加水量10%	630	78	2.142	1.95	2.101	19.6		18.5	2.41
		加水量15%	550	78	2.231	1.45	2.199	15.9		32.4	2.30

（2）砂砾石料碾压试验成果汇总见表 6-5。

表 6-5 砂砾石料碾压试验成果汇总表

编号	取样部位	碾压前铺厚/mm	平均沉降/mm	湿密度/(g/cm³)	含水率/%	干容重/(g/cm³)	孔隙率/%	渗透系数	不均匀系数	曲率系数
1	加水量5%、碾压8遍	940	82	2.245	3.35	2.172	17.4	4.06×10^{-4}	124.4	6.78
2	加水量10%、碾压8遍	890	55	2.325	2.95	2.258	14.2	4.70×10^{-4}	118.1	6.58
3	加水量15%、碾压8遍	830	66	2.303	2.95	2.237	15.0	5.35×10^{-3}	106.6	4.52

（3）第一场、第二场、第三场主堆石料碾压试验成果汇总分别见表 6-6～表 6-8。

表 6-6　　第一场主堆石料碾压试验成果汇总表（25t 自行式振动碾）

厚度	取样部位		碾压前铺厚/mm	平均沉降/mm	湿密度/(g/cm³)	含水率/%	干容重/(g/cm³)	孔隙率/%	渗透系数	不均匀系数	曲率系数
800mm	碾压6遍	加水量 10%	720	83	—	—	—	—	—	—	—
		加水量 15%	670	78	—	—	—	—	—	—	—
		加水量 20%	700	117	—	—	—	—	—	—	—
	碾压8遍	加水量 10%	710	55	2.091	0.95	2.072	21.0	—	10.1	1.41
		加水量 15%	660	85	2.092	1.00	2.071	21.0	—	13.7	1.86
		加水量 20%	680	95	2.107	1.85	2.069	21.1	—	25.3	2.60
	碾压10遍	加水量 10%	660	60	2.118	1.30	2.091	20.3	—	16.8	1.84
		加水量 15%	720	103	2.124	0.95	2.054	19.8	—	14.4	1.82
		加水量 20%	730	123	2.136	0.90	2.117	19.3	—	10.5	1.65
1000mm	碾压6遍	加水量 10%	950	122	—	—	—	—	—	—	—
		加水量 15%	980	130	—	—	—	—	—	—	—
		加水量 20%	980	120	—	—	—	—	—	—	—
	碾压8遍	加水量 10%	1040	145	2.061	0.95	2.042	22.1	—	18.7	2.20
		加水量 15%	960	118	2.053	0.95	2.033	22.5	—	13.5	1.99
		加水量 20%	1050	98	2.004	0.40	1.996	23.8	—	10.9	1.82
	碾压10遍	加水量 10%	1030	153	2.129	1.50	2.098	19.9	—	23.0	2.36
		加水量 15%	1040	143	2.111	1.80	1.073	20.9	—	20.1	2.25
		加水量 20%	1100	153	2.046	0.65	2.032	22.5	—	12.4	1.68

表 6-7　　第二场主堆石料碾压试验成果汇总表（25t 自行式振动碾）

编号	取样部位	碾压前铺厚/mm	平均沉降/mm	湿密度/(g/cm³)	含水率/%	干密度/(g/cm³)	孔隙率/%	渗透系数	不均匀系数	曲率系数
1	加水量 10%、碾压 8 遍	940	68	2.095	1.15	2.065	21.3	—	10.8	1.55
2	加水量 15%、碾压 8 遍	980	84	2.033	1.45	1.999	23.6	—	20.4	1.62
3	加水量 20%、碾压 8 遍	950	103	1.958	1.40	1.931	26.4	—	20.9	1.29

表 6-8　　第三场主堆石料碾压试验成果汇总表（18t 拖式振动碾）

编号	取样部位	碾压前铺厚/mm	平均沉降/mm	湿密度/(g/cm³)	含水率/%	干密度/(g/cm³)	孔隙率/%	渗透系数	不均匀系数	曲率系数
1	加水量 10%、碾压 8 遍	850	73	2.239	1.45	2.207	15.8	1.2×10^{-1}	25.4	2.61
2	加水量 15%、碾压 8 遍	930	80	2.197	1.50	2.165	17.4	1.1×10^{-1}	18.9	1.42
3	加水量 20%、碾压 8 遍	960	87	2.182	1.90	2.141	18.3	1.2×10^{-1}	22.1	1.73

6.2.5.4 成果分析及结论

（1）根据各场次试验成果分析得出以下结论。

1）当过渡料铺料厚度为 500mm 时，采用 25t 自行式振动碾碾压 8 遍，加水量为 10%、15%、20%，近半数达不到设计要求；当过渡料铺料厚度为 400mm 时，采用 25t 自行式振动碾碾压 8 遍，加水量为 10%、15%、20%时均达到设计要求。

2）主堆料第一场、第二场试验采用 25t 自行式振动碾，主堆石区铺料厚度为 800mm 及 1000mm 时，碾压 8 遍，加水量为 10%、15%、20%时均不能达到设计要求。第三场试验在采用 18t 拖式振动碾的情况下，铺料厚度 800mm，碾压 8 遍，加水量为 10%、15%、20%时均能达到设计要求。

3）砂砾区铺料厚度为 800mm 时，采用 25t 自行式振动碾，碾压 8 遍，加水量为 5%、10%、15%时均能达到设计要求。

（2）推荐大坝填筑施工采用以下参数。

1）过渡区：铺料厚度 400mm，碾压 8 遍，加水量 10%，碾压机具采用 25t 自行式振动碾，控制振动碾行车速度在 2～3km/h。

2）主堆石区：铺料厚度 800mm，碾压 8 遍，加水量 20%，碾压机具采用 22t 拖式振动碾，控制振动碾行车速度在 2～3km/h。

3）砂砾石区：铺料厚度 800mm，碾压 8 遍，加水量 10%，碾压机具采用 22t 拖式振动碾，边角处采用 25t 自行式振动碾，控制振动碾行车速度在 2～3km/h。

大坝实际施工参数见表 6-9。

表 6-9　　大坝实际施工参数表

填筑料分类	干密度 r_d /(g/m³)	孔隙率 n /%	最大粒径 d /cm	渗透系数 k /(cm/s)	填筑层厚度 δ/cm	碾压机具吨位 W /t	碾压遍数 n /遍	加水量 RW /%
垫层料	2.16	18	8	1×10^{-3}	40	25 自行式	8	10
小区料	2.16	18	4	$1\times10^{-3}\sim1\times10^{-4}$	20	1（平板）	8	10
过渡料	2.143	19	30	1×10^{-2}	40	25 自行式	8	15
上游堆石区	2.108	20	80	1×10^{-1}	80	22 拖式	8	15
下游堆石区	2.05	22	120		120	22 拖式	8	15
坝体砂砾料	2.18	18	80	7.5×10^{-1}	80	22 拖式	8	15

6.3 填筑施工

6.3.1 坝体填筑程序

坝体填筑原则上应在坝基、两岸岸坡处理验收以及相应部位的趾板混凝土浇筑完成后进行；在工程前期有条件的情况下，在部分基面验收合格后考虑先组织施工，尽早开始坝体填筑，可在截流前不影响行洪的一岸或两岸先进行部分坝体填筑；也可在河床趾板开挖及混凝土浇筑的同时先进行部分坝体填筑。坝体填筑施工工序及投入的工程和机械设备较多，为确保施工质量和安全，提高人员和机械设备的效率、通常采用流水作业法组织施工，即将整个坝面划分成若干个施工单元，在各单元内依次完成填筑的各道工序，使各单元上所有工序能够连续作业。各单元之间采用石灰线作为标志，以避免超压或漏压。

坝体填筑主要包括测量放样、卸料、补充洒水、摊铺平整、振动碾压实和质量检测验收等工序，坝体填筑施工程序见图 6-5。

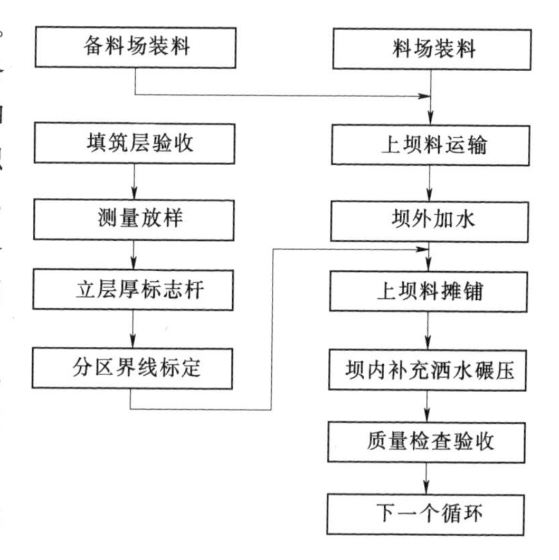

图 6-5 坝体填筑施工程序图

(1) 测量放样。基面处理合格后，按设计要求测量确定各填筑区的交界线，洒石灰线进行标识。垫层上游边线可用竹桩吊线控制，两岸岩坡上标写高程和桩号，其中垫层上游边线、垫层与过渡层交界线、过渡层与主堆石区交界线每层上升均应进行测量放样，主次堆石交界线、下游边线每上升 2 层到 3 层测量放样 1 次。

(2) 卸料。一般采用 15～45t 自卸汽车运输。小区、垫层和过渡层采用后退法卸料，主堆石区和次堆石区料主要采用进占法卸料，砂砾石料采用主要后退法卸料。

(3) 摊铺。小区料一般用小型装载机或小型反铲配合人工摊铺平整；垫层料多采用反铲或推土机摊铺；过渡层区、主堆石区和次堆石区料及砂砾石料主要采用推土机摊铺平整并使厚度满足要求，摊铺过程中要对超径石和界面分离料进行必要的处理。

(4) 加水。按试验参数进行。坝料加水方法分坝外加水和坝内加水两种形式。坝外加水即在近坝平缓道路上设置加水站给运输车辆车厢内的坝料加水。坝内加水对中低坝一般采用高位水池、布设水管的加水方法。高坝或两岸较陡峻的中高坝采用洒水车加水，有条件的也可采用高位水池或高位水池与洒水车相结合的加水方式，还可以设置坝内移动加水站加水方式。

(5) 压实。用工作重量 18t 以上振动平碾以进退错距法碾压，在岸坡、施工道路处顺坡碾压，其他一般沿平行坝轴线方向进行。上游垫层坡面碾压采用工作重量不少于 10t 的斜坡振动碾进行。边角部位及垫层料、小区料可用装置于反铲上的液压振动夯板进行压实。

(6) 质量检测。检查各种石料的级配情况、铺层厚度、加水量、碾压遍数，按规定测量沉降量和干密度。

6.3.2 填筑方法

(1) 分区填筑施工程序。面板堆石坝坝体分区一般分为：垫层区（ⅡA区，小区料ⅡB区）、过渡料区（ⅢA区）、主堆石区（上游堆石区，ⅢB区）、次堆石区（下游堆石区，ⅢC区）等，各坝体分区填筑施工程序，按垫层区上游坡面防护形式不同而略有不同。垫层区上游坡面固坡防护形式主要有：碾压砂浆、喷乳化沥青、挤压边墙等。

1) 采用碾压砂浆、喷乳化沥青等方式进行垫层料固坡时，上游区填筑顺序一般采用“先粗后细”，即：主堆石区→过渡层区→垫层区→削坡→斜坡碾压→坡面保护。这种方法铺料时可及时清除界面上分离的粗粒径料，有利于保证垫层的密实度和变形模量。在施工期内需采取措施防止雨水及临时挡水时波浪对垫层坡面的淘刷破坏，以保证垫层料坡面符合设计边坡要求。

2) 采用挤压边墙固坡形式时，坝区填筑施工程序有“先粗后细”和“先细后粗”两种方法。采用“先粗后细”法施工，上游区填筑顺序为：主堆石区→挤压边墙、过渡区→垫层区，施工顺序见图6-6。铺料时必须及时清理界面上分离的粗粒径料，此方法有利于保证界面处理质量，且不增加细料用量。采用“先细后粗”法施工，上游区填筑顺序为：混凝挤压边墙土→垫层区→过渡区→主堆石区，按这种顺序施工，细料使用量比设计增加较多，且界面粗粒料不易处理，此方法一般不推荐使用。

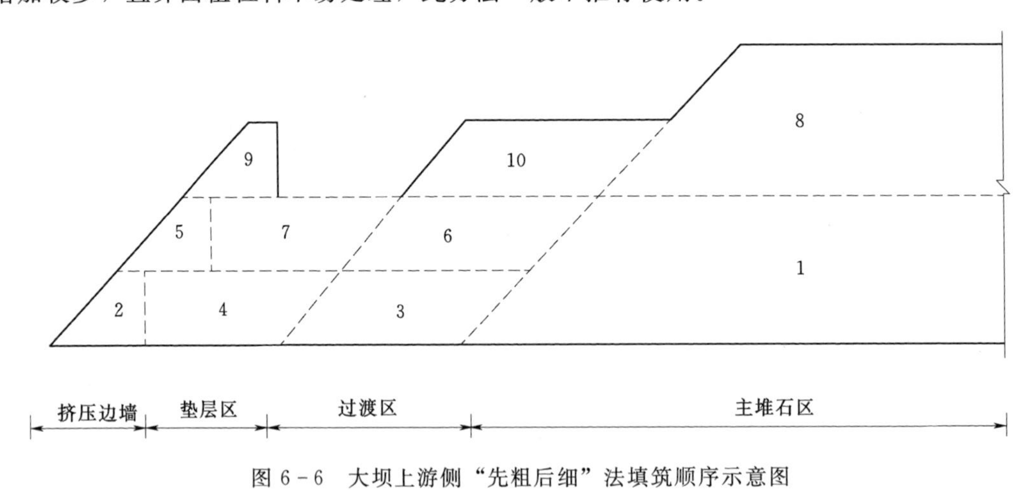

图6-6 大坝上游侧“先粗后细”法填筑顺序示意图

1、2、3、4、5、…—填筑铺料顺序号

3) 主堆石区、次堆石区填筑，可先填主堆石区，再填下游次堆石区，也可以先填下游次堆石区，再填主堆石区，或同时进行。主、次堆石区采用进占法铺料，用18～26t牵引式振动碾或自行式碾碾压，接缝处采用骑缝碾压。

4) 过渡区填筑前，先由人工配合反铲将主堆石区上游边界大于30cm粒径的块石清除，然后再铺过渡料；过渡料用进占法或后退法铺料；过渡料铺填过程中应派专人对其上游侧界面上大块石进行清除，以保证垫层料区的宽度和顺畅连接。垫层料与过渡料交界面应进行骑缝碾压，混凝土面板堆石坝各区填筑碾压流程见图6-7。

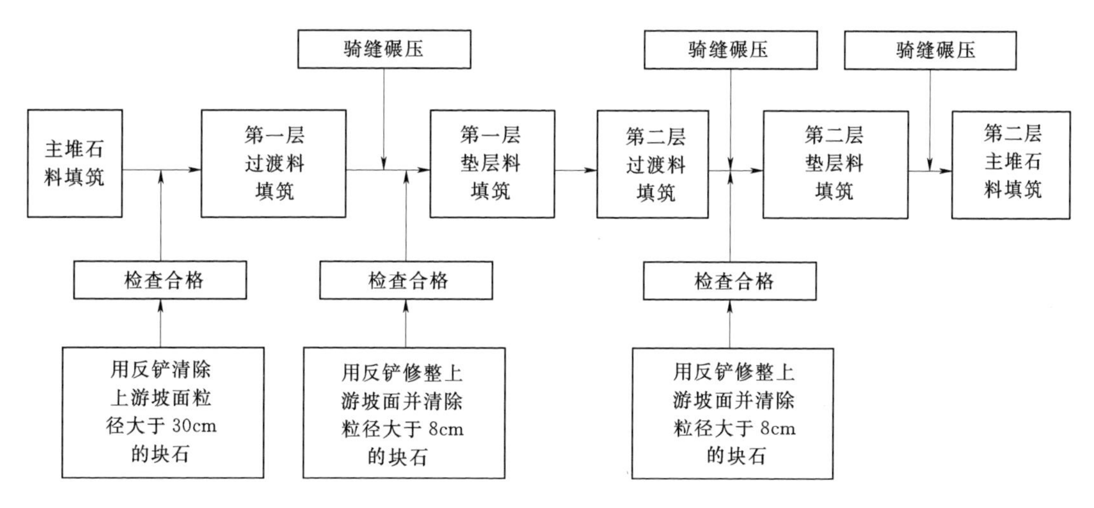

图6-7　混凝土面板堆石坝各区填筑碾压流程图

（2）坝体垫层料区填筑。垫层料位于坝体最上游侧，是面板的基础。垫层料一般水平宽3～4m，铺层厚度40cm。垫层料由砂石骨料加工系统生产，按一定的比例掺配而成，其级配、渗透系数应满足设计要求。垫层料采用后退法铺料，采用自卸车运卸到垫层区，然后用推土机、反铲挖掘机辅以人工整平，采用18～25t自行式振动碾进行碾压，碾压方向均顺坝轴线方向行驶，按碾压试验确定的洒水量、遍数、层厚及行走速度进行。垫层料和过渡料的填筑需与一定区域范围的堆石区同步填筑上升，即主次堆石区填筑一层，垫层、过渡层填筑二层。另外，垫层区水平分层铺筑时，用三角尺或激光仪进行检查控制，每二层进行一次测量检查，发现超欠时，进行人工平整处理。周边小区料的填筑必须精心操作，保证其规定的宽度，严格按碾压试验成果控制铺料厚度、碾压遍数及洒水量，采用液压振动板压实。

1）对于采用混凝土挤压边墙固坡形式，垫层料填筑前，上游面的挤压边墙应先形成，并有1h以上的养护强度，同时应清除过渡料上游坡面所有大于8cm的已分离的块石。垫层料可在挤压边墙成墙1～2h以后开始用后退法摊铺填筑，表面平整度宜控制在±25mm。浇筑面板之前，在挤压边墙坡面上喷洒一层乳化沥青。4h以后可进行垫层料碾压，具体时间可根据配合比试验确定。一般采用总质量不大于18t的自行式振动平碾进行碾压，靠边墙侧20cm范围采用液压振动夯板或小型振动碾顺边墙轴线方向碾压。振动碾碾压时先静碾2遍，再振压8遍，钢轮距边墙保持20cm的安全距离（尽可能靠近边墙）。边角部位采用液压振动夯板压实，夯板压痕用小型手扶振动碾整平。坝体分层填筑施工见图6-8。

2）对于采用碾压砂浆、喷乳化沥青等方式进行垫层料固坡形式，垫层区施工要点是：在坝面上采用自卸汽车后退法卸料、推土机及小型反铲平料，垫层料填筑时需向上游水平超填宽度一般为20～30cm，以满足上游坡面修整和斜坡碾压的需要，如采用液压平板振动器压实时水平超填宽度可适当减少。采用自行式振动碾压实时，振动碾距上游设计边线的距离不宜大于40cm，填筑层厚及碾压参数根据设计要求和碾压试验成果确定。垫层料的坡面处理程序为：垫层料坡面削坡修整、斜坡碾压和坡面保护。填筑时，要适时进行垫

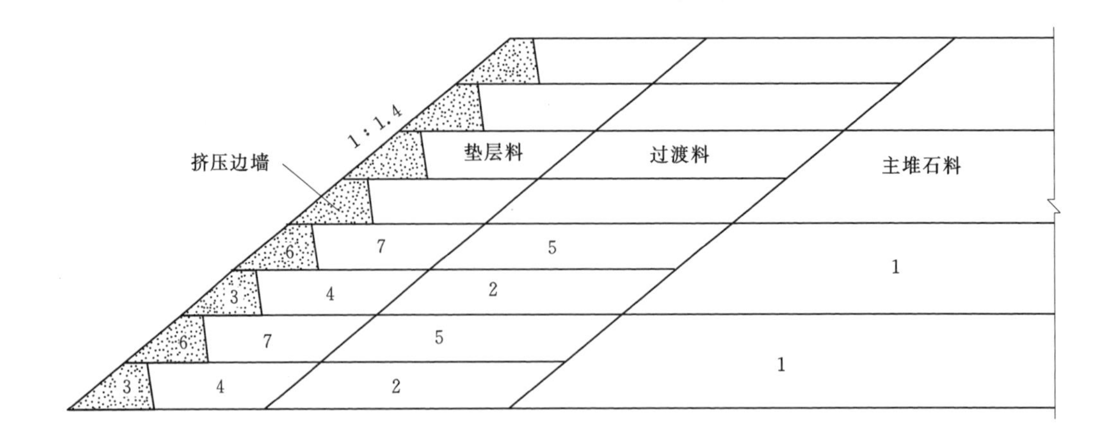

图 6-8 大坝分层填筑施工示意图
1、2、3、4、…—各种料区填筑顺序号

层坡面的削坡修整和碾压，削坡修整后坡面法线方向宜高于设计线 5～10cm。根据多数工程经验，一般垫层区填筑上升 10～20m，进行一次垫层料的坡面削坡修整和斜坡碾压保护，雨季施工缩短坡面削坡修整和斜坡碾压保护周期。

在削坡施工时，先在斜坡面上按 6m×6m 间距设置测量控制桩，顺坡向挂基准线，采用人工削坡。早期混凝土面板堆石坝施工，大多采用自上而下削坡，削下的多余垫层料人工翻到下部趾板上，作弃料处理，浪费较大，不利于文明施工和下部混凝土成品保护。在白溪水库、桐柏抽水蓄能电站下库、溧阳抽水蓄能电站上库等混凝土面板堆石坝施工中，采用自下而上削坡，用人工配合反铲每填高 2～3m 进行一次削坡，并用振动平板振压垫层斜坡表面，每填筑升高 10～20m，进行一次垫层坡面斜坡碾压和砂浆固坡施工。自下而上削坡削出的垫层料可在上部垫层中重复利用，减少了浪费。同时，创造了良好的文明施工环境，减少了坡面施工安全风险。

垫层料坡面被冲刷破坏后应及时修复。雨季施工应缩短上游坡面的修整及固坡周期，并做好两岸坡的排水，防止垫层料遭流水冲刷破坏。如一旦遭暴雨、水流冲刷破坏，视破坏程度，通常采用垫层料进行薄层回填压实、表面处理、分层夯实分层碾压、M5 砂浆修补等方法处理，修复后达到设计要求。对于垫层表面破坏厚度小于 30cm，可采用表面处理，先用人工将坡面松散料清除，露出密实垫层面，然后补填垫层料，人工修整后进行斜坡碾压密实。对于垫层表面破坏厚度大于 30cm 可采用分层夯实分层碾压处理。先用人工将坡面松散料清除，露出密实垫层面，然后补填垫层料，分层填筑，人工或小型夯实机夯实，也可用小型振动碾碾压。人工或小型夯实机夯实时，分层厚度小于 10cm；小型振动碾碾压时，分层厚度小于 20cm，水平夯实后再进行斜坡碾压密实。对于雨水冲刷形成的小沟槽部位，采用砂浆修补处理。先用人工将坡面松散料清除，露出密实垫层面，然后补填垫层料，分层填筑，人工夯实，层厚度小于 10cm，水平夯实后进行斜坡碾压，表面抹 5～10cm 的 M5 砂浆修补。

(3) 大坝过渡料区填筑。过渡料位于主堆石料与垫层料之间，对垫层料起反滤作用。

过渡料的挖、装、运、卸料及平料方法与主堆石料施工基本相同。在碾压前必须加水，加水量按10%左右控制，实际加水量通过碾压试验确定。过渡料水平宽度一般为4～8m，铺料压实层厚40cm，采用18～26t自行振动碾碾压。碾压参数经试验确定实施。铺料前，采用反铲配与人工将主堆石料区滚落到过渡料区及边缘的大于30cm的分离块石清除，过渡区碾压与同层的垫层料同时进行。

（4）大坝主堆石区填筑。主堆石区是大坝的主体，起着骨架作用，主堆石区坝料开采、填筑按爆破试验及碾压试验成果确定的参数执行。在采石场应将超径石剔除，采用爆破解小。坝料装运时，车辆应相对固定，经常保持车厢、轮胎的清洁，防止残留在车厢和轮胎上的泥土带入清洁的料源及填筑区；运输及卸料过程中，应采取措施防止颗粒分离，运输过程中应保持料物湿润，卸料高度应加以限制。在坝上平料摊铺时，每20m设置由一个层厚标志杆，控制铺料厚度。

采用进占法卸料及平料摊铺，大粒径石料一般都在底部，不容易造成超厚，平料后的表面比较平整。一旦发现超径块石则用反铲从铺料层中挖除，运到坝后干砌石砌筑区或采用冲击锤破碎，再和下次填料混合填入坝体中，避免振动碾压后因个别超径块石突起而影响碾压质量。

当平料摊铺达到一定范围（3000～5000m^2），经现场检查符合铺料厚度，且表面平整，即按最优加水量在坝面进行洒水。主堆石料加水量一般按10%～20%控制，具体通过试验确定，以坝内加水为主、坝外加水为辅。

采用进退错距法进行坝体碾压。用18～26t牵引式或自行式振动碾，从起始部位，沿坝轴线方向行驶，碾压时的行进速度控制在2～3km/h区间。主堆石料区上游侧与过渡料、垫层料平起上升。

对于有特殊要求的堆石区，可采用冲击碾或30t以上的超重碾进行碾压。江平河混凝土面板坝堆石区采用32t重型碾碾压，达到设计要求的孔隙率。对于高堆石坝，干密度要求较高时，优先选用冲击碾或超重型碾压设备。

（5）大坝次堆石区填筑。坝体次堆石区位于坝体下游区，其干密度、孔隙率、颗粒级配等设计指标与主堆石区有所不同，所以选用的碾压施工参数也不相同，但施工程序、方法与主堆石区基本相同，一般采用与主堆石区同样的设备进行碾压，如采用18～26t牵引式或自行式振动碾，层厚控制在80～160cm，碾压时的行进速度控制在2～3km/h区间，加水量按10%～20%控制。如洪家渡水电站大坝次堆石区采用冲击碾碾压，在铺料厚度160cm、加水量15%的情况下，冲击碾碾压27遍，其孔隙率达到19.55%，干密度2.14g/cm^3。

6.3.3 结合部处理

（1）坝体各区交界面处理。

1）垫层料区与过渡料区交界面的处理：垫层料区、过渡料区铺料时按测量放样线先铺填过渡料区料，用反铲与人工配合将过渡料区滚落的块石清除，然后再铺填垫层料区料。采用18～26t牵引式或自行式振动碾，同时碾压垫层料与过渡料。垫层料、过渡料区料必须与主堆石料区一定范围平起上升，各料区高差最大为40cm。

2）过渡料与主堆石料区交界面的处理：在铺过渡料前，先将主堆石料上游侧坡面上大于 30cm 的块石清除到下游侧，使过渡料与主堆石料有一个平顺的过渡。每上升一层主堆石料，上升二层过渡料。第二层过渡料与该层主堆石料同时碾压。

3）主堆石料与次堆石料区交界面处理：次堆石区铺料层厚一般与主堆石区相同或者比主堆石区厚度大，主堆石料可侵占一定范围的次堆石料区。因此铺料时，可先铺主堆石区料，然后再铺次堆石料区料，每层主堆石料与次堆石料交界面必须骑缝碾压。

（2）临时断面边坡的处理。临时断面、坝内临时边坡一般采用台阶收坡法，每上升一个填筑层，预留 0.4h 宽度的台阶（h 为层厚），随着填筑层的上升，形成台阶状，平均坡按 1∶1.4 控制。后续施工时采用反铲先将临时台阶边坡的松散料挖除，并进行坡面修整，铺料后采用搭接碾压，从而保证临时断面、坝内临时边坡界面的碾压施工质量。坝体界面处理见图 6-9。

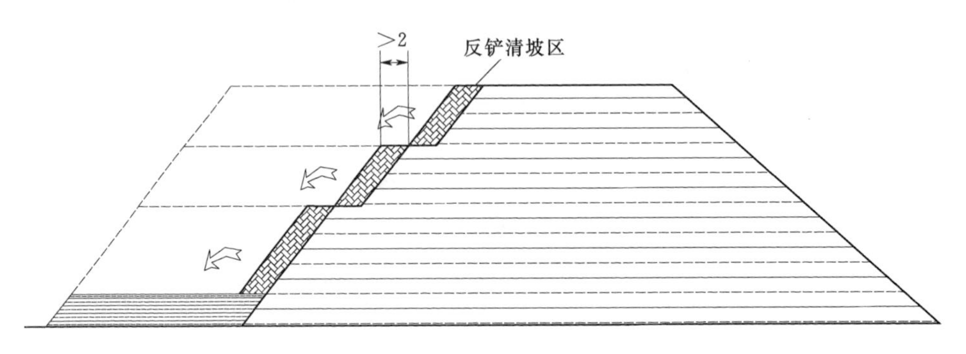

图 6-9　坝体界面处理示意图（单位：m）

（3）上坝道路与坝体结合部。上坝道路与坝体结合部，坝区内采用与坝体相同质量的石料进行分层填筑。填筑质量按相应区域坝体质量要求控制。当坝体填筑上升掩盖该路段时，先将道路路基及其两侧的石渣用反铲分层挖除，达到坝体填筑质量要求后，用相应的坝料填筑、摊铺碾压。坝体下游侧道路与坝体接触部位，待该道路段完成使用任务后，采用反铲挖除路基及两侧松渣，再用相应的坝料补填、碾压，坝后坡按设计要求砌筑块石或其他坡面形式。上游跨趾板的运输道路一般采用跨趾板栈桥，跨趾板栈桥拆除后，先进行栈桥坝内基础挖除，清理松散及受污染的面层、道路回填料等，再按坝体相应区域质量要求进行坝体补填，将缺口补平。

（4）坝内斜坡道路。采用临时断面先填筑部分坝体时，随着坝体临时断面的上升，坝体内将形成坝内临时道路。坝内道路一般按纵坡 10%～12%控制，路面宽度按 8～12m 设置。道路基础采用相应坝区的坝料填筑，填筑质量按相应坝区的质量要求控制。当坝体其他部位填筑上升覆盖坝内临时道路时，先采用反铲将斜坡道路两侧的松散的石料及受污染的面层挖除，再进行坝体填筑上升。

（5）坝体与岸坡接合部的填筑。坝体地基要求不能有“反坡”现象，因此对边坡的反坡部位应先进行削坡，或用浆砌石、素混凝土作补坡处理，形成不陡于 1∶0.3 的边坡。坝料填筑时，岸坡结合部位易出现大块石集中现象，且碾压设备不容易碾压到位，造成结合部位碾压不密实。因此，在结合部位填筑时，采用“先细后粗”法施工顺序，即：按垫层料→过渡料→主次堆石料的次序，先填筑靠近岸的部位，岸坡结合部振动碾无法碾压到位时，采用液压振动板夯实。对于增模区采用垫层料掺入3%～5%的水泥分层铺填，分层碾压密实处理。

不同工程坝体与岸坡结合部位的处理方法不同，通常由设计提出处理要求，如增设增模区等。如无特别要求，一般沿岸坡先填筑1～2m过渡料，再填筑主次堆石料。

6.3.4 高寒地区坝体填筑

我国北方地区冬季气候寒冷，负温天气持续时间较长。该地区的混凝土面板堆石坝，在工程建设过程中，由于工程施工进度的需要，往往需要在冬季连续施工，坝体需要在严寒条件下进行填筑。

工程实践表明，在冬季严寒季节进行填筑施工，已压实的填筑层暴露在空气中会出现冻胀现象，但冻胀变形不影响原有质量，亦不会影响下一层的填筑质量。冬季填筑体出现的冻土、冰冻等现象，在进入温暖季节大约4个月时间后，便可恢复原有的变形和排水特性。这种变化不会对大坝总体施工质量及运行带来负面影响。负温填筑体蠕变变形在冬季会有一定的滞后，但进入温暖季节后会加快，在大坝填筑施工期内变形将基本完成。

严寒条件下坝体填筑，坝料料源宜进行干地开采，填筑时不进行人工洒水，如有外来水会导致结冰。对于砂砾料含水量应控制不超过5%，砂砾石料开采区应位于地下水位以上或在较高气温季节提前堆存备料，对于爆破石料含水量应控制不超过5%。

高寒地区冬季坝体填筑施工时，填筑层面不得有积雪及冰冻层，各品种坝料内不应有冻结块体存在，碾压时不能洒水。为此，前期碾压试验时，要专门进行不加水的碾压试验，以便确定适合冬季填筑的各种碾压参数。可采取减薄层厚、增加碾压遍数、加大压实功能等措施，以保证坝料压实质量满足设计要求。只要坝料在温暖季节碾压试验时所做的渗透试验是合格的，则冬季受条件限制可不作渗透试验检测。在负气温下坝体填筑，压实层的干密度如能达到设计要求，可允许继续填筑。严寒条件下，为避免在坝体内形成冰冻区，需控制冬季填筑坝高，一般以不超过15m为宜。

高海拔寒冷地区的施工设备必须适应当地的气候条件，例如，青藏线一带属高原高寒地区，平均海拔在4500.00m左右，常年平均气温为－25～－45℃，空气中氧含量只有平原地区的54%，在高寒缺氧环境下，平原地区所使用的施工设备的动力性能将下降约50%。因此，在高寒缺氧地区，施工设备的选型十分重要。高原缺氧是自然环境造成的，应选择柴油机启动设备，一方面选择带增压器的柴油机，可增大过氧量提高发动机功率；另一方面选择大功率的柴油机，增大设备动力。

6.4 上游固坡

混凝土面板堆石坝垫层区上游坡面在施工期必须加以保护，使垫层坡面免受洪水、雨水等水流冲刷造成破坏。目前，混凝土面板堆石坝垫层上游坡面保护常用的方法有：乳化沥青固坡（如天生桥、盘石头等水电站）、碾压砂浆固坡（如珊溪、滩坑、白溪等水电站混凝土面板堆石坝）、挤压边墙固坡（如公伯峡、水布垭、九甸峡、苏家河口等水电站面板堆石坝)、翻模砂浆固坡(如双沟和蒲石河水电站)等，其中以使用碾压砂浆固坡的最多。

6.4.1 碾压砂浆固坡

在上游垫层料坡面填筑上升到一定高度，经人工平整并进行斜坡碾压完成后，摊铺厚5～8cm低标号水泥砂浆，用斜坡振动碾压实，以形成坚固的防护层。水泥砂浆配合比、铺料厚度应符合设计要求，我国混凝土面板堆石坝多采用M5砂浆固坡，均取得较好的效果，如珊溪、滩坑、白溪等水电站混凝土面板堆石坝。一般大坝填筑每升高10～20m进行一次坡面碾压砂浆固坡施工。在砂浆固坡护面施工时，先在斜坡面上按6m×6m间距设置测量控制桩，挂基准线，基准线高出设计坡面2cm，采用自卸汽车运输砂浆至坝面，通过溜槽卸在坡面上，再人工用铁锹、木耙自上而下摊铺至基准线齐平，摊铺幅宽按不小于4m控制，厚度5～8cm，采用10t斜坡振动碾碾压，砂浆摊铺要与斜坡振动碾碾压时间衔接好，在砂浆初凝前进行错距法碾压，碾迹搭接10～20cm，一般采用静碾、振碾各两遍。碾压后砂浆表面沿法线方向的偏差宜控制在－8～＋5cm之内。碾压砂浆固坡施工宜在阴天进行，雨天停止施工，碾压完成后人工洒水养护14d以上。

6.4.2 乳化沥青固坡

在压实后的垫层坡面，喷洒2～3层乳化沥青，各层间撒以河沙进行碾压，形成坚实的护坡表面。澳大利亚大部分面板坝均采用这种固坡方法，天生桥一级、洪家渡等水电站混凝土面板堆石坝也采用这种方法固坡。其工艺要求是：乳化沥青的品种、喷涂层数等应符合设计要求，喷涂前应清除坡面浮尘，雨天和浓雾天气停止喷涂，喷涂层时间间隔不小于24h，乳化沥青喷涂后随即均匀撒沙碾压。

主要施工程序为：上游坡面平整并用斜坡碾碾压、清除坡面浮尘后，分两次或三次连续喷洒一层阳离子乳化沥青，一般用量为1.75kg/m^2。每次沥青喷洒后立即均匀地撒一层经孔径为3mm的筛子筛选过的干细砂，经两次或三次喷撒完成。待沥青初凝时，用轻型滚筒碾静压2～3遍。喷洒乳化沥青时应掌握喷射压力、喷射厚度等工艺参数，同时还应注意摊铺细砂的厚度。

6.4.3 挤压边墙

挤压边墙是将水泥、砂石混合料(最大粒径不宜超过20mm)、外加剂等加水拌和均匀，采用专用挤压机挤压施工而成的墙体，墙体断面一般为梯形，高度应与垫层料压实厚度一致，一般为40cm，顶宽为10cm，迎水面坡度与垫层料上游设计边坡一致，背水面坡比宜为8∶1。

采用挤压边墙进行垫层区上游坡面固坡有以下几方面的优点：①在垫层料坡面上形成一个有规则、坚实的支撑体。垫层料水平碾压取代传统工艺中的斜坡碾压，提高压实质量，保证密实度；②边墙在坡缘的限制作用，不须超填垫层料，施工安全性提高；③边墙坡面整洁美观；④施工设备简化。代替了传统工艺需要的坡面修整、碾压、水泥砂浆施工等；⑤施工进度加快；⑥随着垫层区的填筑上升，即时形成坡面保护，可有效防止雨水、洪水对垫层坡面的冲刷，对坝体度汛提供了有利条件。

挤压边墙固坡也有以下几方面的缺点：①挤压边墙容易产生“拱效应”，与垫层及坝体的沉降变形有不协调性，施工期，随着坝体的沉降，挤压边墙的沉降量与坝体沉降量不一致，容易与垫层料间产生“脱空”，在挤压边墙后部局部会有脱空区存在，蓄水后面板变形量相对较大，容易导致面板出现结构性裂缝。②挤压边墙为连续梯形混凝土小挡墙，层层叠加形成垫层区的上游坡面，其弹性模量与面板、垫层料都有较大的不同，对面板形成一定的约束，不利于面板混凝土防裂。因此，坝工界对挤压边墙固坡技术的应用，存在一定的争议。

（1）施工程序。坝体填筑过程中，在每层垫层料填筑之前，在上游坡面处用挤压式边墙机施工形成一道梯形断面的混凝土边墙，然后按设计铺筑垫层料，每层垫层料碾压合格后重复上述工序，逐层上升，层层叠加（见图6-8）。

（2）挤压边墙技术要求。

1）挤压边墙在挤压成型施工过程中，在混凝土拌和物中添加速凝剂，成型的混凝土宜在3h内满足垫层料碾压要求，且抗压强度宜不低于1MPa 。

2）挤压边墙成型后外形尺寸应满足表6-10的要求。

表6-10　　挤压边墙成型后外形尺寸要求表

检　测　项　目	技　术　要　求
上游边坡法线方向偏差	－80～＋50mm
上游坡面平整度	2m范围内误差为±25mm ，且平滑过渡，无突变

3）挤压边墙混凝土28d龄期性能指标满足表6-11的要求。

表6-11　　挤压边墙混凝土28d龄期性能指标要求表

检测项目	技术要求	检测项目	技术要求
抗压强度/MPa	≤5	渗透系数/(cm/s)	10^{-4}～10^{-2}
抗压弹性模量/MPa	≤8000	干密度/(g/cm³)	＞2.0

4）选用的水泥强度等级不宜高于42.5。速凝剂宜采用液态，掺量偏差应为±1%，选用性能稳定的产品，按同批号同厂家每2t取样检测1次，结果应符合《水工混凝土外加剂技术规程》(DL/T 5100)的相关要求。

5）粗集料最大粒径20mm，小于5mm的颗粒含量宜为30%～55%，含泥量小于5%。

6）挤压边墙混凝土应满足低强度、低弹模、半透水的特点，混凝土拌和物的性能应满足挤压施工的需要。混凝土配制强度不高于设计强度，并应进行混凝土拌和物的凝结时间、混凝土密度、混凝土抗压强度、弹性模量、渗透系数等性能试验。挤压边墙混凝土密度应均匀，渗透系数合格率不低于95%，强度超强率不应大于20%。

7）挤压成型的边墙坡面应进行平整度检测。挤压边墙与垫层料结合部，应进行脱空检查，检查可采用凿孔、钻孔等方式。

（3）挤压边墙施工要点。

1）挤压边墙施工应在坝体垫层料具备施工条件、相应部位的趾板混凝土浇筑完成后进行。施工前进行现场生产性工艺试验，确定挤压边墙的施工参数、验证混凝土的施工性能以及成型后混凝土边墙的各项性能指标。

2）每层挤压边墙施工前应将上层挤压边墙顶部浮渣清理干净，挤压机准确就位。并在坡面采取必要的防护措施，确保施工安全。

3）每层挤压边墙施工前，应对挤压机作业区域的垫层料表面平整度进行测量，精确测放挤压机内侧轮行走线路并明确标识。

4）考虑在振动碾压垫层料过程中，对挤压边墙可能产生的侧向挤压位移和施工期坝体变形对边墙的影响，需对坡面盈亏余量进行修正。

5）挤压边墙起始层施工长度宜大于15m，小于15m的部位可采取其他固坡方式施工，用人工补齐临岸坡部位缺口。边墙挤压机就位后应调平，行走偏差控制在±20mm，必要时加载配重。

6）施工作业流程：启动挤压机→安装固定堵头板→向集料槽供混凝土→均匀掺入速凝剂。待边墙成型约2m后，对轨迹线、断面尺寸、层间偏差、顶面平整度、设备行走导向灵敏度等进行检查，符合要求后继续作业。

7）通过地面标志或激光来控制挤压机运行路线。挤压边墙成型速度宜为40～60m/h，施工过程中不得损伤已安装好的止水及其防护设施。成型后的边墙应及时采取覆盖保湿养护，特殊气候条件下应采取必要的防雨、防晒、防冻等保护措施。

8）浇筑混凝土面板之前，坡面表面应喷涂乳化沥青。

（4）混凝土配合比设计。边墙混凝土应满足低强度、低弹性模量、半透水的要求。混凝土坍落度为0，水泥用量为70～100kg/m³。

公伯峡水电站混凝土面板堆石坝采用陕西水利机械厂研制的BJY－40型混凝土边墙挤压机进行垫层料坡面固坡施工，其混凝土配合比为：水泥80kg/m³，水灰比1.31，砂651kg/m³，小石1449kg/m³，外加剂3%。

苏家河水电站混凝土面板堆石坝垫层料坡面采用挤压边墙固坡，边墙低标号混凝土配合比为：水泥70kg/m³，水灰比1.36，混合料2050kg/m³，外加剂4%。

6.4.4 翻模砂浆固坡

（1）施工原理和施工程序。在大坝上游坡面支立带楔板的模板；在模板内侧填筑垫层料；振动碾初碾后拔出楔板，在模板与垫层料坡面之间形成一定厚度的间隙；然后向此间隙内灌注砂浆，再进行垫层料终碾，由于模板的约束作用，使垫层料及其上游坡面防护层砂浆达到密实并且表面平整。模板随垫层料的填筑上升而翻转上升。

（2）施工要点。①模板反坡下部的垫层料需要人工回填，尤其反坡坡脚部位要用掺拌均匀的垫层料仔细回填，以防出现空腔；②振动碾行驶速度1.5km/h，其滚筒边缘充分靠近模板内的垫层料上游边缘，其距离不大于15cm；③拔出楔板后，由于碾压振动的因素，原模板可能出现偏移，所以需再次校核模板。

（3）主要优点。①工程造价低；②简化工序，施工进度快；③对面板的约束小，有利于面板防裂；④适应坝体变形能力强，有利于面板的结构安全；⑤大坝上游坡面随时具备挡水度汛条件，工程度汛安全性大大提高；⑥坝体填筑施工对下部趾板作业面无干扰，有利于施工安全和加快施工进度；⑦面板施工时，可利用砂浆固坡外露的模板拉筋头作钢筋架立筋的锚筋，节省另做锚筋的时间和费用。

2005年，在双沟水电站首次提出了翻模固坡技术的构想，经过现场生产性试验，获得了成功，并在双沟水电站得到了成功的应用。2008年，辽宁蒲石河上水库混凝土面板堆石坝在借鉴双沟水电站混凝土面板堆石坝成功经验的基础上，成功研制了在垫层料中锚固、夹楔形板的新型翻升模板系统，实现了垫层料填筑与固坡砂浆一次成形。其砂浆标号为3～5MPa，水灰比1.2，砂浆稠度为14～18cm。每方砂浆材料用量：水300kg，P.O42.5水泥200kg，粉煤灰50kg，砂1500kg。

6.4.5 其他固坡技术

（1）喷射素混凝土固坡：在碾压后的垫层料坡面喷厚5～8cm的混凝土，起到防渗、固坡作用。这种方法在南美使用比较广泛。我国西北口坝采用该法，汛期挡水深达30m，效果良好。

（2）喷射钢筋混凝土固坡：在碾压后的垫层料坡面上，布设钢筋网，然后喷射厚8～10cm的混凝土。这种方法在坝体需要临时挡水、且需要一定的抗冲刷能力的情况下使用。天生桥一级水电站大坝一期临时坝体需过流，为了防止冲刷破坏，采用了该方法，效果良好。

6.5 下游坝坡

混凝土面板堆石坝下游坝坡一般采用干砌块石护坡、网格梁护坡等。护坡施工一般包括坡面修整、垫层铺设、面层护坡施工等工序。下游坝坡上还有马道、上坝道路、排水沟、观测房等设施。下游坝坡护坡施工，随着坝体上升，应及时安排，与坝体同步上升，高差不宜过大。

6.5.1 坝坡坡面“之”字形道路

坝后坡一般设置有永久“之”字形道路，“之”字形道路随着坝体填筑面的上升逐层形成，施工期作为坝料运输的主通道，后期作为大坝运行交通主干道，道路路面宽度一般为8～10m。道路路基填筑用料与坝体设计分区料源相一致，其填筑控制参数和质量控制要求与坝体同一料区的填筑控制要求相一致。

对于个别未设置坝后永久“之”字形道路的大坝填筑施工时，主要在临时断面的边坡设置临时的“之”字形道路来完成坝体填筑；也可以在坝后设临时“之”字形道路，完成坝体填筑运输后再予以补填。临时道路路基的填筑料和填筑质量要求需满足设计同一料区的要求。

6.5.2 砌石护坡

干砌石护坡是面板堆石坝坝后坡采用最多的护坡形式，可采用机械作业，也可采用人工砌石。施工安排宜与坝体同步上升，护坡作业面与填筑作业面高差不宜大于5m。机械理砌护坡施工，主要由推土机配合反铲进行理砌，每一填筑层碾压合格后，由运输车将大块石卸至坡面边缘附近，再由推土机配合反铲将每一块大块石理顺、坐牢在坡面上，块石粒径要求大于 50cm，平整度要求不高。人工作业的干砌石护坡，块石粒径一般为30～50cm，坝体填筑面每上升 2～4m，由运输车或其他机械将块石料运至坡面边缘，再由人工将块石搬移到砌筑作业面进行码砌；砌筑作业前，应沿坝轴线方向间隔 6～8m 设置平行坡面的样线，同时修整基础面达到设计要求；砌筑时，块石大面向外码放，其外缘与设计坝坡线齐平，误差不超过±10cm，辅以反铲和人工撬移、码砌平顺，块石间应紧靠密实，局部缝隙应用合适的小石块塞紧。

对于坝高较小或坝坡较缓（大于 1∶2.5）的坝，也可在坝体填筑基本完成后进行坝后护坡施工。护坡石料可采用拖拉机、小型自卸车运输，从坝面卸料后沿坡面下放至工作面，采用人工砌筑。

浆砌条石在部分景区及景观要求较高的面板坝上使用，但费用较高。施工时先做好坡面修整和基层平整，按要求的尺寸规格采购条石，自卸车运输至坝面，人工拉线砌筑，坝体随填随砌。

6.5.3 网格梁护坡

为美化环境，恢复自然景观，白溪水库、溧阳抽水蓄能电站上水库等面板堆石坝部分坝后坡采用混凝土预制网格梁护坡，网格内用土方回填，然后种植灌木丛、植被等进行绿化，使坝后环境景观大大改善。网格梁采用混凝土定型预制，先进行坝后坡坡面修整，将混凝土预制网格梁运到坝面，用 16～35t 起重机吊装就位，其外表面与设计坝坡线齐平，网格梁混凝土预制件之间预留钢筋或埋件进行固定连接，形成整体，底部用小石楔紧，充填密实。网格回填土方一般采用人工作业，优先使用工程开挖区挖出的覆盖层表土。施工期坝体沉降变形，需对网格梁进行必要的调整，使坡面平顺，并补充加填网格内的土方。随着坝体填筑上升，应及时安排网格梁护坡施工，使其与坝体同步上升，高差不宜过大，便于施工。

6.5.4 其他护坡

（1）混凝土护坡。在缺乏护坡石料地区，采用砌筑预制板（块）和现场浇筑混凝土面板两种方式，后者一般采用滑动模板施工。

（2）卵石、碎石浆砌护坡。用于小型面板坝下游护坡，能充分利用工程开挖料及弃料，施工工艺简单，以人工砌筑为主。

（3）草皮护坡。在面板坝下游坡面铺填一层种植土，播撒草籽，种植草皮护坡，适用于中小型面板坝下游护坡。

6.6 反渗处理

6.6.1 反渗现象

一般情况下，混凝土面板堆石坝工程由于趾板区与坝体堆石区的基础开挖技术要求不同，特别是河床段趾板区基础需要开挖至弱风化岩体，而堆石区坝体基础只需挖除河床冲积层、淤积层、全风化层，有相当多的堆石坝基础保留河床冲积覆盖层。因此，按设计要求开挖完成的河床段趾板区范围一般为坝基最低区域。在大坝施工过程中，坝区的施工用水、两岸坝基渗水、雨水等在坝体内聚积的水集中流向最低处，当河床段趾板区高程低于大坝下游围堰顶高程时，坝体内积水会向河床段趾板区汇集，坝体内水位线高于趾板面，形成向坝体垫层料区上游面渗流，当水头升到一定高度时，坝体内压力水可能对垫层料区及垫层坡面保护层产生渗透破坏作用，甚至对已浇筑的混凝土面板产生顶托破坏作用。这种现象称为反渗现象。在混凝土面板堆石坝施工过程中，要特别注意重视反渗现象，防止其对垫层区、混凝土面板产生破坏。

6.6.2 反渗处理方法

当面板坝河床段趾板高程低于下游围堰顶高程时，坝体内积水会向上游方向渗流，沿垫层坡面渗出的现象，称为反渗现象。对可能出现反渗现象的混凝土面板堆石坝，在坝体填筑过程中需设置坝内反向排水系统，使坝体内积水通过排水管以自流或抽排方式排到坝外，控制坝内水位线高度，防止反向渗水引起垫层区和面板的破坏。

反向排水系统根据坝体积水面积、可能积水量、水位线高度等因素计算确定排水量，排水能力应满足要求，并确保正常运行。通常有抽排和自流排水两种方式。

(1) 采用抽排方式时，在坝体上游侧沿坝轴线方向每隔一定距离设置一个排水竖井。排水竖井宜置于主堆石区内，采用无砂混凝土预制管筒或有孔钢管，随坝体填筑逐段接长，竖井四周应用垫层料、过渡料薄层铺料、小型机械压实，坝体反向排水竖井布置见图6-10。

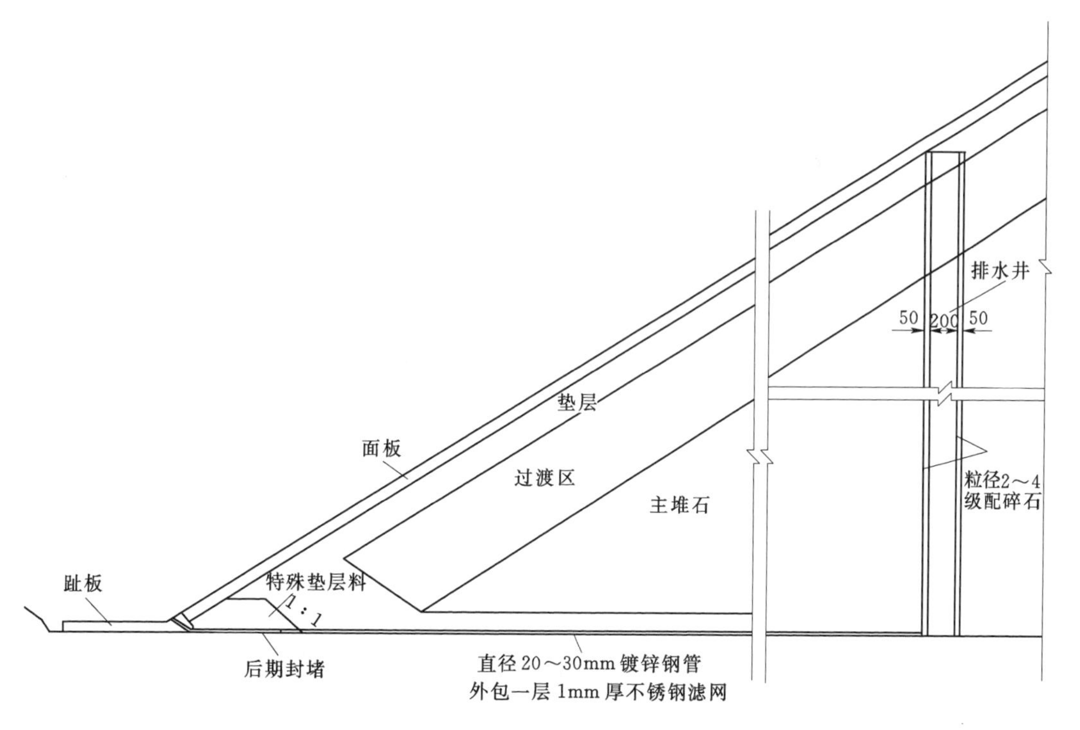

图6-10 坝体反向排水竖井布置示意图（单位：cm）

(2) 采用自流排水方式时，在坝体上游侧沿坝轴线方向每隔20m左右设置一个排水暗井连接排水钢管，排水钢管穿过趾板混凝土，排向趾板上游。排水钢管管径通过计算确定。排水暗井采用具有反滤性能的级配料填筑，具有较大的渗透系数。

当大坝上游铺盖填筑高程以下混凝土面板浇筑完成后，可适时进行反向排水系统封堵。反向排水管布置及后期封堵见图6－11。反向排水系统封堵时应对各个排水管依次一个一个地进行封堵，及时填筑上游铺盖并控制好大坝上游铺盖填筑速度，确保大坝上游铺盖填筑面高程始终高于坝内水位线高程，防止坝体内渗水反向顶坏混凝土面板。当大坝上游铺盖填筑准备工作没有充分就绪时，严禁进行反向排水系统封堵。

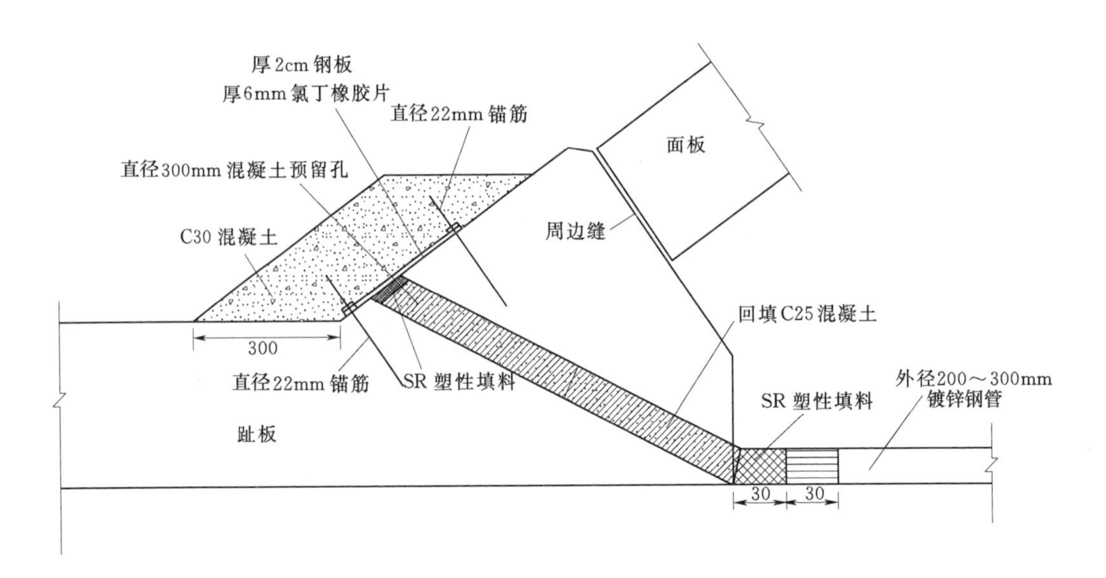

图6－11　反向排水管布置及后期封堵示意图（单位：cm）

西北口、东津、珊溪、滩坑、白溪、天生桥一级、洪家渡、水布垭等水电站混凝土面板堆石坝都设置了反向排水系统。

珊溪水库混凝土面板堆石坝采用图6－11的方式，在大坝坝体上游设置了6根直径200mm的镀锌排水钢管。排水钢管间距20m左右，上游端伸入坝体排水层中，下游端从趾板中是穿出，施工期自流排水，一期面板浇筑完成，在上游盖重体填筑过程中，逐个封堵。

天生桥一级水电站大坝坝体上游设置了排水竖井，埋设了6根直径200mm的排水钢管，其中3根与排水井连通，直接将竖井的水排到趾板上游；另3根钢管端头在堆石区内用钢丝网包裹，并用5～20cm的石料做反滤料覆盖保护，出口延伸到趾板区上游。排水系统在一期面板施工完成后，上游铺盖填筑过程中进行封堵（见图6－12）。

水布垭水电站大坝排水系统设置方式与天生桥一级水电站大坝基本相似。排水钢管采用M20预缩砂浆和混凝土回填封堵，排水竖井在过渡料区以下回填过渡料，在垫层料区回填垫层料，面板部位的缺口采用C25混凝土修补，周边施工缝面，用GB胶板和PVC薄膜封闭。

洪家渡水电站大坝坝体上游设置了钢管网排水系统，其反向排水系统布置见图6－13。排水钢管采用一级配混凝土回填封堵。

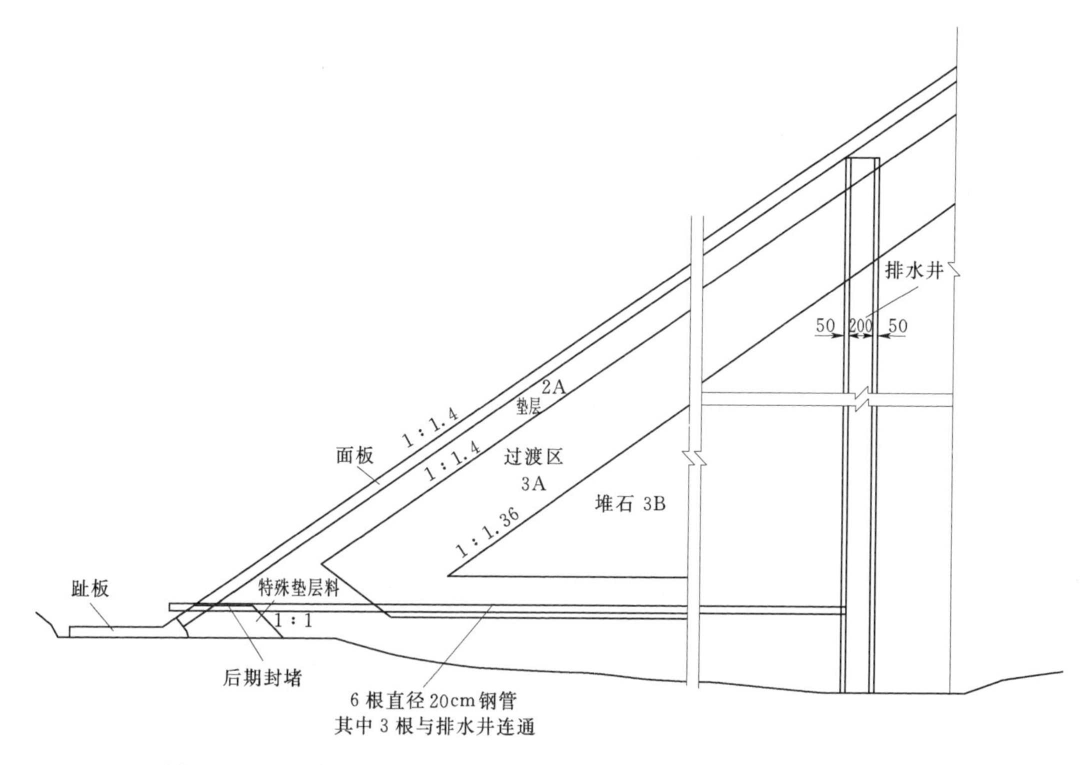

图 6-12　天生桥一级水电站大坝坝体反向排水系统布置示意图（单位：cm）

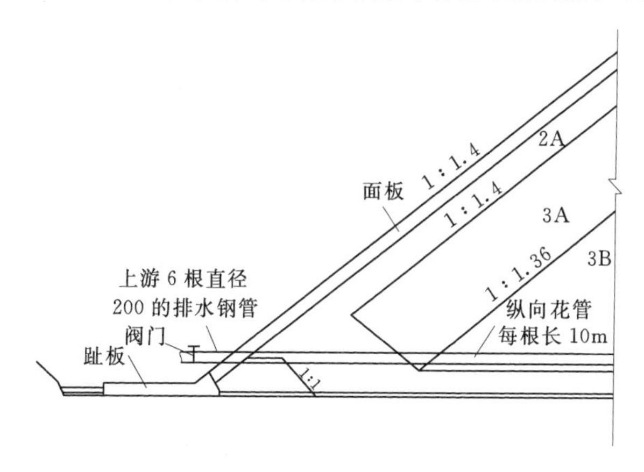

图 6-13　洪家渡水电站大坝坝体反向排水系统布置示意图（单位：cm）

6.7　上游铺盖填筑

（1）填料要求。上游铺盖区包括粉土区和盖重区，粉土区填筑料采用粉土或粉煤灰，一般以粉土为主，粉土最大粒径为 1mm，通过 0.1mm 筛网的细粒含量控制在 10%和 20%之间，塑性指数小于 7；盖重区的填筑料可为建筑物开挖的任意料，其最大粒径应小于填筑层厚。

（2）基础准备。填筑区基面的表土、软弱夹层或其他缺陷应按设计要求进行清理，并填土覆盖、碾压；应排干填筑区全部积水，采用干地填筑，基面上无淤泥及有机物含量较高的腐殖层。

（3）施工道路。上游铺盖区下部施工道路可利用经上游围堰下基坑的道路，随着铺盖区填筑面的上升逐渐形成“之”字形道路，直至填筑到完成。

（4）铺盖填筑。铺盖填筑应在铺盖区范围灌浆及周边缝和垂直缝的表面止水完成之后进行；铺盖施工时保护好周边缝和垂直缝的表面止水设施；整个铺盖区填筑应均匀上升；上游铺盖区应分层填筑，粉土区铺料层厚宜30～50cm，盖重区铺料层厚宜80～160cm；上游铺盖区填筑无密实度控制指标要求，可不进行挖坑检测试验，但应加强料源和层厚控制。上游铺盖区填筑料采用大坝填筑施工所用的自卸汽车运输，采用推土机推平、压实，可不进行洒水。

6.8 质量控制

（1）严格料源质量，确保不合格料不上坝。通过爆破试验确定合理的坝料开采爆破设计参数，并在施工过程中不断优化爆破参数，使爆破开采的坝料满足设计级配要求。对开挖区的植被、覆盖层、风化无用料层提前进行剥离处理。断层破碎带、岩脉、软弱岩层等不合格的石料应尽量分区开挖，如分区开挖有困难，应在装料过程中予以清除，作为弃料处理。严格开挖料的分选挖装，装料时应剔出超径石，对于分离严重级配不符合要求的坝料，用挖掘机械翻拌或粗细料交替挖装，使级配达到设计要求。坝料挖装现场，应有专人指挥，对每车料进行合格确认后方可上坝。

（2）运输与卸料质量控制。上坝料运输车在车头外侧应挂明晰的标识牌。进入填筑区的车辆轮胎经水槽清洗或冲洗干净，以免夹带泥块入内。主次堆石料采用进占法卸料，垫层料、过渡料采用后退法卸料，以减少物料分离。卸料间距根据铺料层的厚度确定，设有专人指挥，以保证坝料卸料位置合理。在填筑期间或填筑以后，发现有污染的填筑料应及时予以全部清除。有条件时，应积极采用数字化信息系统进行上坝料源控制。

（3）铺料厚度控制。根据设计要求和现场碾压试验结果确定铺料层厚度。铺料填筑时，在填筑面前方4～6m处设置一个移动式标杆，用目测或装有激光控制装置推土机控制填料层厚度与平整度。推土机平料时，刀片从料堆一侧的最底处开始推料，逐渐向另一侧移动，防止坝料分离形成大空隙。平料后，暴露于表面的大块石及尖角凸块及时用液压冲击锤或夯锤击碎处理。填筑碾压完成后，按10m×10m网格进行层厚和平整度检测，符合要求后方可进行后续作业。严格控制坝料各区分界线，侵占料采用反铲及时清理。

（4）坝料洒水量控制。设置洒水专业队伍，负责坝料加水，以保证坝料的加水量。加水方式和加水量由现场试验确定。集中加水站采用花管空中加水，安装水表，电脑控制；设专人负责监控，未加水车辆不准通过。坝面用移动式或自行式高压喷射枪和大吨位的洒水车进行坝面补充洒水，洒水由质检员旁站监控；开挖料和开采料场布设水管，高压水枪洒水，水表控制，专人负责。

（5）碾压质量控制。在坝体填筑中，以控制碾压参数为主，以试坑法检测干容重为辅的“双控”法进行质量检测。振动碾的滚筒重量、激振频率、激振力满足设计要求；经常性维护与保养，按规定时间进行激振力、频率的测定，保证设备处于良好的受控状态。按规定的错距宽度进行碾压，低速行走。碾压时，安排专职质检员旁站监控；有条件时，应安装数字化控制系统实时控制碾压过程。

（6）特殊部位施工质量控制。

1）坝体与岸坡结合部。岸坡局部的反坡，用开挖、回填混凝土或浆砌石修复处理成顺坡后再进行填筑；堆石体与岸坡或混凝土建筑物结合部 2m 宽范围内，用过渡料回填；采用后退法卸料，先填筑岸坡边 4～5m，再进行正常坝体填筑；振动碾沿岸坡方向碾压，碾压不到的地方，垫层料、过渡料区采用液压振动夯板夯实。

岸坡的大型溶槽、溶沟，先挖除其中的冲积杂物，然后用垫层料分层填筑，用振动夯板夯实或小型振动碾压实，再填 1～2m 宽的垫层料和 2～3m 宽过渡料。大型溶槽、溶沟采用回填混凝土或浆砌石处理。

2）坝体分期界面处理。坝体分期填筑界面，先期填筑区块坡面采用台阶形成临时边坡，同时尽量碾压到边，使边坡上松散填筑料减小到最低限度；后期填筑时，将先期填筑体坡面用反铲清除表面松散料，并和新填筑料混合一起碾压。

3）大坝各区界面处理。在坝体各种分区填料界面部位，容易出现超径石和粗粒料集中及漏压、欠压等薄弱环节。采用“先粗后细法”施工工艺，用反铲剔除界面上的超径石，将集中的粗颗粒料进行分散处理，以改善界面填筑料的质量，碾压时进行骑缝加强碾压。

4）上坝道路与坝体结合部处理。上坝道路与坝体和坝肩结合部，严格按不同填筑区进行分层填筑施工；当通过上游混凝土趾板和垫层料坡面形成上坝路时，架设跨趾板桥，影响区域坝体垫层料、过渡料、主堆石体严格分层施工，保证坡面削坡压实达到质量标准，并进行保护；道路拆除时分层挖除，达到合格的填筑层。

6.9 工程实例

6.9.1 天生桥一级水电站混凝土面板堆石坝上游坡面喷乳化沥青施工

天生桥一级水电站混凝土面板堆石坝垫层料上游坡面采用了喷乳化沥青固坡，乳化沥青固坡施方法如下。

6.9.1.1 特点

（1）施工方便、快速。

（2）上游坡面保护及时。

（3）喷护厚度容易控制，施工质量得到有效保证。

（4）能与坝体同步变形，防护效果得到保证。

（5）减小了对面板的约束。

6.9.1.2 工艺原理

乳化沥青是一种常温下可冷态施工的乳状建筑材料，当喷涂在基面后，随着所含水分的离失，其中极细微的沥青颗粒相互聚集还原成原状沥青，又重新具备沥青的工程性能。

沥青砂结构由固体砂颗粒与液相的薄层沥青黏结而成，既有一定的强度又有一定的柔性。当沥青与砂料颗粒接触后，发生吸附作用，沥青性质发生改变，该部分沥青称结构沥青。在结构沥青之外，砂粒间充填的沥青称自由沥青，它不与砂料发生相互作用，沥青性质也不会改变。当沥青用量少时，沥青不足以裹覆砂粒表面，不能形成完整的沥青薄膜，黏附力不强。随着沥青量增加，结构沥青膜充分裹覆砂粒表面时，沥青胶浆具有最优的黏聚力。当沥青用量再继续增加时，砂粒间形成“无用”的自由沥青，强度反而降低。

在垫层料坡面喷乳化沥青，形成了具有一定强度的柔性保护层。利用乳化沥青的强度起到了保护坡面的作用；乳化沥青充填了垫层料表面孔洞，使得表面相对光滑，并与混凝土面板间形成了柔性隔离层，减小垫层料对混凝土面板的约束。

6.9.1.3 施工工艺

施工工艺流程。工艺设计及试验→工作面准备→喷洒乳化沥青。

(1) 工艺设计及试验。乳化沥青与砂料的混合集料能否满足工程需要，其施工工艺十分重要。沥青胶砂混合体属于分散体系，其破坏机理一般可用库托理论分析其强度。胶砂混合体的破坏主要表现为剪切破坏，在外力作用下，胶砂体不发生剪切滑动破坏应具备以下条件：

$$\tau \leqslant C + \sigma \tan\varphi$$

式中 τ——外荷作用在坝坡上产生的剪应力；

σ——外荷产生的正应力；

φ——材料的内摩擦角；

C——黏聚力。

可以看出，沥青砂抗剪强度取决于内摩阻力 $\sigma\tan\varphi$ 和黏聚力 C。一般而言，黏聚力 C 取决于沥青与砂料相互作用结果，而内摩擦角取决于砂料形状、级配和空隙率。因此，工艺设计就围绕上述几个方面来进行。

为了确定沥青最优喷洒量和喷洒方式，进行了相关试验。结果发现使用单眼旋流式喷头比多眼缝隙式喷头可使喷出的乳化沥青雾化更好，沥青能更充分地裹覆在砂粒的各个表面，因而黏结效果更好。在 1∶1.4 的斜坡上喷洒乳化沥青，量多要流淌，量少黏聚力不够，经试验，确定每遍喷洒 1.8～1.9kg/m^2 的改性乳化沥青，效果较佳。

由于垫层料表面经过碾压，较为光滑和平整，砂料撒布后，虽有乳化沥青作为底黏油，但其与垫层不能连接为一整体，容易产生层间破坏。因此，在喷洒第一遍乳化沥青后，立即撒布一层砂料，在乳化沥青没有完全破乳凝固前，用斜坡碾进行静碾一遍，将砂料下部压入垫层料，上部突出垫层料基面形成较为粗糙的表面，以利于二遍沥青和二遍砂料的黏结。这样“一油一砂一碾”的面层与垫层料基层形成的嵌锁结构，其抗剪切、抗冲击能力较高，不易被破坏，已能满足强度要求。第一遍砂料要求粒径较大，有多个棱面，级配均匀以利相互嵌锁。

为防渗和加强面层结构，一般需要在“一油一砂一碾”形成的面层上，再喷洒“一油一砂”，乳化沥青仍按 1.8～1.9kg/m^2 控制。而二遍砂料作为嵌缝料，要求颗粒较细，级配连续，能够将头遍砂粒间的间隙充填密实。一般“二油二砂”后不需碾压即可获得较为满意的保护面层。当然，条件允许，再用斜坡碾静碾一遍，效果更佳。坡面破坏试验成果见表6-12。

表6-12　坡面破坏试验成果表

喷护工艺	沥青耗量/(kg/cm^2)	破坏试验项目		
		水冲	滚石	踢踏
一油一砂	1.5	无损坏	局部损坏	损坏
一油一砂一碾	1.8	无损坏	无损坏	无损坏
二油二砂	3.6	无损坏	无损坏	无损坏
二油二砂一碾	3.6	无损坏	无损坏	无损坏

生产性试验直接在大坝垫层料坡面上进行，在坡面上划分一条施工带宽约20m，进行“二油二砂”喷涂施工，喷涂时先在坡面条带喷洒乳化沥青，压力调试以充分雾化为宜，为1～1.2MPa，乳化沥青用量1.55kg/m^2，然后立即在表面用专门的撒砂机撒布一层细砂，待乳化沥青固化后，再在此条带喷洒第二遍乳化沥青和撒布二遍砂，二遍沥青用量约1.4kg/m^2，最后再用撒砂机自带的滚轮轻碾一遍。

（2）工作面准备。

1）将垫层料表面彻底清扫一遍，要求无浮渣和掉块，表面无缺陷性孔洞。亏盈坡要修整，坡面线符合设计要求。

2）将坝面整平，利于施工车辆行走，便于喷涂连续施工。

3）输送乳化沥青的钢管顺坡布置，顶端固定，通过另一端设置的万向滑轮实现工作面转换。

4）撒砂机采用汽车吊吊装就位，卷扬机牵引。

5）将砂装盛在运砂车上，再用汽车吊吊装到撒砂机上。

（3）喷洒乳化沥青（二油二砂）。

1）喷沥青（一油）。采用专用的沥青车自带的沥青泵将沥青输送到管道中，通过调节喷枪上的锥隙型喷头开关实现乳化沥青的雾化，将雾化后的乳化沥青均匀喷涂在坡面上。

2）撒砂（一砂）。撒砂手操作撒砂机，将车斗中的砂料均匀铺撒到已喷涂沥青的坡面上；对撒砂机不能覆盖的局部边缘地带，采用人工辅助铺撒。

3）二次喷撒。待“一油一砂”固化后，再进行二遍沥青喷涂和撒砂。

4）碾压。在“二油二砂”喷撒完成后、沥青未固化前，利用撒砂机自带的滚轮在坡面上轻碾一遍，待沥青固化后，与砂料黏结形成“二油二砂”柔性结构薄层，厚3～4mm。

6.9.1.4　材料与设备

垫层料保护层破坏主要表现为在机械、水力和人员踩踏作用下，胶砂复合结构层与基层间发生推移滑动和剥离，进而胶砂层发生疏松、垮塌。这是由于乳化沥青胶砂层与基层黏结不良以及沥青与砂料黏附不好。因此，提高乳化沥青与石料的黏聚性是确保坝面保护质量的关键。

乳化沥青分为带负电荷的阴离子和带正电荷的阳离子两种类型。当阴离子型乳化沥青与石灰石、白云石等碱性石料接触时，干燥石料的表面带有正电荷，因而阴离子乳化沥青与石料有一定吸附性。但当石料是花岗岩、硅质岩等酸性石料时，由于石料表面带有负电荷，故黏聚不好。同时，当碱性石料表面潮湿时，石料会电离出 CO_3^{2-}，带有负电荷，此时与阴离子乳化沥青的黏聚性也不好。阳离子乳化沥青中沥青微粒带有正电荷，无论与酸性石料和碱性石料均能很好黏附，即使是碱性石料表面是干燥的，由于乳化沥青中的水分，也会使石料电离出负电荷，两者仍可很好吸附结合，形成牢固的沥青膜。在实际施工中，由于坝坡需洒水碾压和遇下雨等情况，垫层料常处于潮湿状态。因此，在南方多雨潮湿地区，坡面保护的乳化沥青宜用阳离子型的。

为了提高普通阳离子型乳化沥青的黏附性以及弹韧性等工程性能，常在生产乳化沥青过程中加入高分子聚合物以对其性能进行改进。高分子聚合物品种很多，将其加入到乳化沥青中进行改性是一个十分复杂的物理化学过程。其品种、性能、掺配工艺以及其与乳化剂、基质沥青的偶合匹配均会对改性乳化沥青最终性能带来影响。根据有关文献和试验，发现乳状 SBS 橡胶作为主改性剂匹配 G3 复合乳化剂生产的改性乳化沥青能够满足坝面保护要求。

（1）G3 复合改性乳化沥青的制备工艺和技术性能。将橡胶掺入乳化沥青中的方法和次序对其性能都会产生重大影响，经试验，采用液态胶乳双液掺配二次搅拌工艺，可以制备出合适的改性乳化沥青。改性乳化沥青是一种新型材料，它与普通乳化沥青具有相同的外观和工程性质，但又有区别。G3 复合改性乳化沥青在黏聚力、弹韧性、高低温稳定性、抗裂性等工程性能方面较普通乳化沥青均有较大改进，可以满足工程需要。基质沥青乳液与 G3 改性乳化沥青主要技术指标见表 6-13。

表 6-13　　基质沥青乳液与 G3 改性乳化沥青主要技术指标表

<table>
<tr><th colspan="3">项　　目</th><th>基质沥青乳液</th><th>改性乳化沥青乳液</th></tr>
<tr><td colspan="3">黏度 C25.3</td><td>14</td><td>18</td></tr>
<tr><td colspan="3">筛上剩余量（1.2mm）小于/%</td><td>0.27</td><td>0.15</td></tr>
<tr><td colspan="3">黏附性</td><td>>2/3</td><td>>2/3</td></tr>
<tr><td colspan="3">沥青微粒离子电荷</td><td>+</td><td>+</td></tr>
<tr><td colspan="3">蒸发残留物含量不小于/%</td><td>50</td><td>55</td></tr>
<tr><td rowspan="6">蒸发残留物性能</td><td colspan="2">针入度（25℃）/0.1mm</td><td>100</td><td>80</td></tr>
<tr><td rowspan="2">延伸度</td><td>25℃/cm</td><td>107</td><td>49</td></tr>
<tr><td>5℃/cm</td><td>15</td><td>42</td></tr>
<tr><td colspan="2">软化点/℃</td><td>45</td><td>50</td></tr>
<tr><td colspan="2">黏韧性</td><td></td><td>20</td></tr>
<tr><td colspan="2">弹韧性</td><td></td><td>10</td></tr>
</table>

（2）砂料技术性能指标。由于乳化沥青是液状材料，沥青颗粒 $d \leqslant 5\mu m$，仅喷涂乳化沥青成膜很薄，不足以填充垫层料表面孔隙，达不到设计目的。所以在乳化沥青喷涂后，必须撒一层细砂，经沥青固化胶结，形成一层 1～2mm 的柔性结构薄层，以期达到设计目的。经比选，采用砂石料场的细砂较为合适，砂料的细度模数约 2.6，其技术指标见表 6-14。

表 6-14　　砂料技术指标表

筛孔尺寸/mm	筛余质量/g	分计筛余/%	累计筛余/%
5.000	10.8	2.2	2.2
2.500	72.8	14.6	16.8
1.250	54.9	11.0	27.8
0.630	148.0	29.6	57.4
0.315	106.0	21.2	78.6
0.160	40.4	8.1	86.7
0.075	—	—	—
筛底	67.2	13.4	—
细度模数		2.6	

6.9.1.5　质量控制

在垫层料坡面喷涂乳化沥青为新技术新工艺，根据工程的实际情况，在现有施工条件下，宜采取以下质量控制措施。

（1）第一遍沥青喷涂前，一定将坡面清扫干净，不能有浮渣，以利于沥青与坡面和砂料的黏结。

（2）乳化沥青以临界流淌控制喷涂量，第一遍约 1.7kg/m^2，第二遍约 1.4kg/m^2。

（3）砂料撒布要求均匀覆盖沥青表面。

（4）沥青固化前，应完成撒砂和碾压。

6.9.2　九甸峡水电站混凝土面板堆石坝挤压边墙施工

混凝土挤压式边墙技术是混凝土面板坝上游坡面保护施工的一种新方法。这种技术因其能明显提高垫层料的压实质量，简便及时地提供上游坡面的防护等特点而得到坝工界的广泛关注。九甸峡、公伯峡、水布垭、苏家河等水电站混凝土面板堆石坝均采用该种方法。混凝土挤压边墙施工方法如下。

6.9.2.1　混凝土施工配合比

混凝土挤压边墙主要技术指标及其混凝土配合比见表 6-15、表 6-16。

表 6-15　　混凝土挤压边墙主要技术指标表

项目	干密度/(g/cm^3)	渗透系数/(cm/s)	弹性模数/MPa	抗压强度/MPa
指标	>2.05	$1\times10^{-2}\sim1\times10^{-4}$	3000～8000	<5

表 6-16　　挤压边墙混凝土配合比表

水泥/(kg/m^3)	水/(kg/m^3)	水灰比	混合料/(kg/m^3)	速凝剂掺量/%
70	95	1.36	2050	4

6.9.2.2 施工前准备工作及工艺流程

（1）施工基本条件。

1）为保证成型边墙密实度均匀，垫层的密度必须均匀。

2）为确保挤压边墙断面尺寸不变，垫层料需用18t振动碾碾压平整。

3）挤压边墙混凝土骨料按照中石15%、小石35%、砂50%掺量进行配置。

4）在已碾压好的垫层料上，先测量放线、设备安装，按照试验室提供配合比拌料，进行工艺性试验，待工艺性试验满足设计要求再进行下一步施工。

（2）工艺流程。

1）测量放线：对垫层料高程进行复核后，确定挤压墙的边线，并根据底层已成型的墙顶作适当调整，使坝体上游坡面水平方向保持水平。

2）挤压机就位：使用BJY40型边墙挤压机，采用CAT320B反铲吊运到指定位置，使其内侧外沿紧贴测量线位，操作人员调平内外侧调节螺栓，由测量查看水平尺，使其在同一高度；用钢尺量出挤压机出口高度，使其保持在40cm。挤压机就位时应注意：①调节挤压机垂直方向和平行机身方向，使其处于水平状态；②校核挤压机轮高，使挤压边墙墙体高度符合设计要求；③考虑到混凝土面板堆石坝施工期存在沉降变形，边墙施工应根据沉降变形规律沿设计坡面线，按技术文件要求预留亏坡或盈坡，适应坝体变形；④根据测量结果确定边墙的边线，在边线上分段挂线或用白灰标识出挤压机行走的路线。

（3）混凝土挤压边墙浇筑。采用自卸运输车运至施工现场，待运输车就位后，开动挤压机，开始卸料，卸料速度须均匀连续，并将挤压机行走速度控制在50m/h以内。挤压机行走以前沿内侧靠线为准，必要时利用槽钢作为行走轨道，并应根据后沿内侧靠线情况做适当调整，在卸料行走的同时，根据水平尺测量校核挤压边墙结构的尺寸，不断调整内外侧调平螺栓，使上游坡比及挤压边墙高度满足设计要求。

（4）每一层挤压边墙施工完后将挤压机吊运至指定位置，人工清理挤压机中残余料，并对机械进行保养。

（5）两端挤压边墙与趾板接口处理：对于边墙两端靠趾板拐角点挤压边墙机不能达到的部位，采用人工立模浇筑。

（6）缺陷处理。对施工中出现的缺陷，及时采用人工修平处理。边墙挤压施工时，应将前一层挤压边墙和垫层料填筑的施工缺陷处理完毕。挤压浇筑准备工作完成，并经监理人验收合格，签发开仓证后，才进行挤压浇筑。

（7）垫层料的回填、碾压。边墙成型1h后，开始垫层料回填，4h后进行垫层料碾压。碾压时先用18～25t自行振动碾静碾2遍，再振压8遍，钢轮距边墙保持20cm的安全距离（尽可能靠近边墙）。靠边墙侧20cm再采用液压振动夯板碾压。边角部位采用液压振动夯板压实，夯板压痕用小型手扶振动碾整平，对已碾压好工作面由测量放线保持大面水平，转入下一层施工。

6.9.2.3 施工人员及设备

根据工期要求、施工工作面情况及机械设备配置情况，挤压边墙施工配备挤压边墙机、20t自卸运输车等机械设备，充分利用时间、空间和施工机械设备的能力进行作业。

挤压边墙施工劳动力及设备配置见表 6-17、表 6-18。

表 6-17　　挤压边墙施工劳动力配置表

序　　号	机械操作手	数量/人
1	汽车驾驶员	4
2	测量工	6
3	普工	5
4	其他工种	10
5	管理技术人员	2
总计		27

表 6-18　　挤压边墙施工机械设备配置表

序　　号	设　备　名　称	数量/台
1	挤压边墙机	1
2	20t 自卸汽车	2
3	强制式拌和机（1.0m^3）	1
4	全站仪	1
5	反铲	1

6.9.2.4　质量检测与控制

（1）边墙变形位移检测。

1）及时观测碾压前后边墙水平位移状况，调整施工工艺。

2）在边墙坡面设置表面观测点，定期观察施工期边墙坡面变形情况。

（2）强度检测。边墙混凝土每 1 组/500m 取样进行精度检测；施工初期 1～2 层检查 1 次，离差系数 $C_v \leqslant 0.2$。

（3）弹性模量检测。边墙成型后，每 2 组/500m 取样进行一组弹性模量检测。

（4）渗透检测。边墙成型后，每 2000m^2 进行 1 组渗透检测。

（5）挤压边墙混凝土质量控制。

1）垫层料骨料颗粒级配满足设计要求。

2）施工前试验室应优化混凝土配合比设计，将选定的配合比报监理工程师审批。

3）拌和楼设试验、质检人员严格按照审批配合比控制边墙混凝土拌制质量。

4）按设计要求测量放线控制垫层料填筑高度，使其满足要求。

5）挤压机水平行走偏差控制在 20～30mm，满足挤压边墙的直线度要求，速度严格控制在 45～50m/h。

6）在挤压边墙施工完成达到技术要求规定的间隔时间后，再进行边墙内侧的垫层料铺垫。

6.9.3　蒲石河抽水蓄能电站上水库混凝土面板坝翻模砂浆固坡施工

蒲石河抽水蓄能电站上水库混凝土面板堆石坝，最大坝高 78.50m，坝顶宽 10m，坝顶全长 714m，钢筋混凝土面板坝上游坡比为 1∶1.4。垫层料表面采用翻模工艺施工，垫层料坡面总面积为43636m²，水泥砂浆厚度为6～8cm，强度为3～5MPa，其翻模砂浆施工方法如下。

（1）翻模固坡施工工序。测量放点→模板组立→拉筋焊接和调整模板→挂楔板→垫层料填筑→垫层料初碾→拔出楔板、校核模板、灌注砂浆→垫层料终碾→下层模板翻至上层。

（2）主要施工方法。

1）测量放线。利用已经成形的大坝观测网，计算出本层上游坡面线的位置，并在下层模板上放出本层立模控制点。

2）模板组立。采用特制钢模板（按设计垫层料厚度）现场拼装成形，每层垫层料和固坡砂浆施工结束后将每层模板翻至上层。模板安装前进行测量放点，按控制点位挂线立模。相邻模板间用U形卡连接固定。

操作要点：4人1组，2人抬起模板，将模板安放到下层模板上，背楞插入插槽内，安放平稳，2人挂好安全带站在下层模板背楞上扣上U形卡，两侧边各扣上3个U形卡，和下层连接扣上3个U形卡。

3）拉筋焊接和调整模板。模板拉筋与锚固在下层垫层料内的锚筋焊接牢固。利用拉筋螺栓和模板上部的微调螺栓调整模板位置，保证安装精度。

操作要点：2人一组将锚筋（ϕ18mm螺纹钢，$L=50$cm）用大锤砸入已碾压好的垫层料内，锚筋距垫层料上游边缘70cm，锚筋外露5cm。1人将拉筋杆（ϕ14mm光圆，$L=80$cm，螺丝长度为10cm）穿入模板预留的拉筋孔内，拧上螺丝帽，1人拉紧拉筋杆并焊接到锚筋上。

注意要点：测量放线根据大坝沉降计算成果，进行沉降预留。

4）挂楔板。模板调整完成后，在模板内侧挂楔板，楔板厚度等于砂浆护坡的设计厚度。

操作要点：2人1组挂楔板，用自制钢筋卡子将楔板平行挂于模板下。

注意要点：下层靠近上游边缘的垫层料要人工修整平整，防止楔板冒出模板上边缘，使得振动碾不能充分的碾压到边。

5）垫层料填筑。采用自卸车后退法卸料，人工配合推土机摊平。需要注意的是，垫层料在碎石系统存放时要浇水闷料；模板反坡下部的垫层料需要人工回填，尤其反坡坡脚部位要用掺拌均匀的垫层料仔细回填，以防出现空腔。

操作要点：采用26t振动碾进行初碾。碾压参数为：垫层料虚铺厚度45～50cm，初碾6遍，振动碾行驶速度1.5km/h，现场洒水量以填筑层表面不积水为准。

注意要点：垫层料在碎石系统存放时要浇水闷料；模板反坡下部的垫层料采用人工回填，尤其反坡坡脚部位要用掺拌均匀的垫层料仔细回填。

6）垫层料初碾。采用自行式振动碾，对垫层料进行初碾，碾压遍数根据试验确定。在垫层料碾压过程中，使振动碾滚筒边缘充分靠近模板内的垫层料上游边缘，其距离不大于15cm；垫层料填筑层面做成略向下游倾斜的斜坡，斜坡坡度控制在20%以内，防止振动碾振动时向上游侧滑移。

操作要点：在垫层料碾压过程中，使振动碾滚筒边缘充分靠近模板内的垫层料上游边缘，其距离不大于 15cm，垫层料填筑层面做成略向下游倾斜的斜坡，斜坡坡度控制在 20%以内，防止振动碾振动时向上游侧滑移。

7）拔出楔板、校核模板、灌注砂浆。垫层料初碾结束后，人工拔出楔板，在模板和垫层料之间形成了间隙，模板向上游有位移，通过调整微调螺栓调整模板到设计位置。向间隙内灌注砂浆，参考砂浆标号 M5，水灰比 1.20，每立方米砂浆材料用量：水 300kg，P. O42.5 水泥 200kg，粉煤灰 50kg，砂 1500kg。砂浆可用集中拌和楼拌制，混凝土搅拌运输车运输，运至工作面，将砂浆倒在铁皮上，人工用铁锹铲入模板和垫层料的间隙内，人工用木板插捣密实，砂浆稠度不宜过稠或过稀。过稠，则流动性不好，不易灌注密实；过稀，则渗入垫层料太多，增加了翻模固坡的厚度，不利于坝体的自由变形。

操作要点：利用已给的控制点拉线，通过调整微调螺栓调整模板到设计位置。利用拌和楼集中拌制砂浆，6m^3 混凝土搅拌运输车运砂浆到灌注工作面。砂浆倒在铁皮上，人工用铁锹铲入模板和垫层料之间的间隙内，人工用木板插捣密实。砂浆稠度为 14～18cm，人工插捣砂浆要密实，砂浆不得有漏灌或不密实处。

8）垫层料终碾。砂浆灌注结束后，再对垫层料碾压 2 遍，即终碾，此时靠碾压机具的振动作用对已灌注的砂浆再一次进行振捣。振动碾要充分地靠近模板边缘，使得砂浆振动密实。同时，人工修整出的碎石用铁锹洒到过渡料区域，以免碎石集中到垫层料上游边缘，影响垫层料的密实度。

操作要点：振动碾要充分地靠近模板边缘，使得砂浆振动密实。

9）下层模板翻至上层。垫层料终碾结束后，拆除下层模板，翻至上层，继续进行下一层翻模施工。

操作要点：2 人挂上安全带站在固定在露出的拉筋头上的跳板上，卸下模板，2 人用带钩的绳子把模板拉到垫层料上，背楞着地平稳放好。

注意要点：安全网要紧跟工作面上升；安全带一定要挂牢，严防脱钩。

（3）翻模砂浆固坡施工技术和安全要求。

1）模板结构。模板为特制的钢结构模体，模板后设有钢结构支撑架，使上下层模板相互连接，起到传递荷载的作用，支撑架上设有调节螺栓，可适当调整模板的角度。为增大三层模板的整体刚度，在安装完的模板后横向背枋，以保证垫层料碾压时模板不变形。同时，模板尺寸要满足垫层料铺料厚度的要求，也要控制本身重量，方便倒模，有利于施工。

2）砂浆要求。固坡砂浆的强度不宜过高，以减少对混凝土面板的约束，一般为 3～5MPa，并具有良好的和易性，砂浆稠度控制在 14～18cm 之间为宜，即使达不到自流的状态，也要做到稍做振捣即可密实。

3）与趾板连接部位的三角体，采用异形模板组立，拆模后可利用人工抹面。

4）每层楔板拔除后，需对翻模进行再次测量校核，以消除因碾压造成的模体位移。

5）为确保坡面垫层的密实度，碾压时，振动碾滚筒应尽量靠近上游坡面，距离一般不大于 15cm。

6）振动碾无法碾压的部位，应采用小型振动机具或人工夯实。

7）对模板下部的反坡三角部位的垫层料需利用人工回填，应尽量填筑均匀的细颗粒料。

8）在模板安装测量放样时，应根据通过计算的坝体沉降量的值进行调整。

9）振动碾无法达到的部位，采用小型振动机具压实或人工夯实垫层料。

10）砂浆灌注结束后，根据环境温度情况，合理确定终碾时间。

11）翻模施工大部分处于高边坡作业，要求施工作业人员必须佩带安全护具，并在坡面上设置两道安全网，安全网随坝体填筑升高而上移。

6.9.4 滩坑水电站混凝土面板堆石坝填筑施工

6.9.4.1 概述

滩坑水电站混凝土面板堆石坝，坝顶长度 507.0m，宽 12m，坝顶高程 171.00m，最大坝高 162.0m。大坝上游面坡度为 1∶1.4，下游面设 4 道宽 10m 的“之”字形上坝道路，大坝下游面坡比为 1∶1.25。坝顶上游侧设防浪墙，防浪墙顶高程 172.20m。其填筑分区见图 6-14。

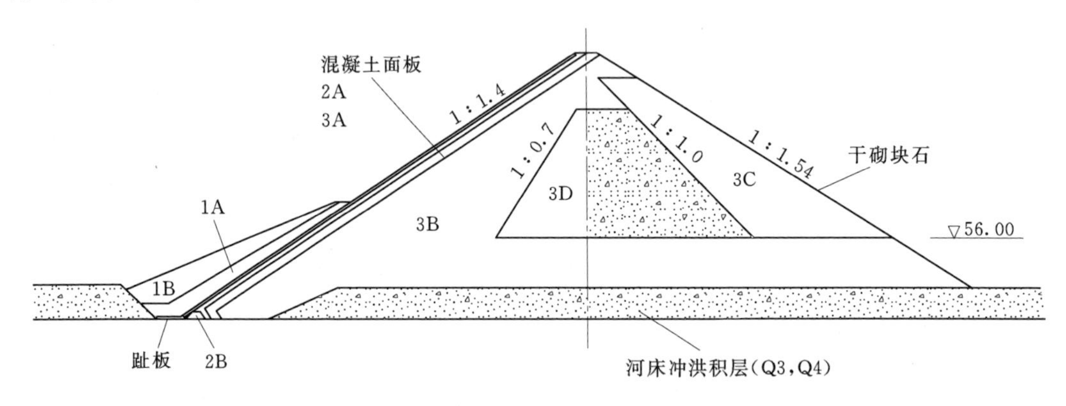

图 6-14 滩坑水电站混凝土面板堆石坝填筑分区图

上游粉土铺盖区（1A）：填筑土料，布置于死水位以下 40m，大坝面板上游。

盖重区（1B）：填筑任意料，作用是保护 1A 区。

垫层区（2A）：采用最大粒径小于 80mm，粒径小于 5mm 的颗粒含量为 35%～55%，小于 0.075mm 的颗粒含量少于 8%的连续级配新鲜料。渗透系数 $i\times10^{-3}\sim i\times10^{-4}$cm/s。垫层水平宽度 3.0m，上游面采用碾压砂浆固坡，砂浆标号 M5，厚度 7cm，垫层料由河床砂砾石超径料轧制并掺配河砂而成。

趾板后细料区（2B）：采用最大粒径小于 40mm 细垫层料。

过渡区（3A）：最大粒径 300mm，过渡区水平宽度 5.0m。利用符合级配要求的洞渣料，不足部分由其他建筑物开挖过程中控制爆破参数获得，岩质要求是新鲜及微风化，且不允许含有集块岩中的胶结物。

主堆石区（3B）：采用建筑物和料场的开挖料，要求是新鲜、微风化及少量分散弱风化岩石，最大粒径 800mm，粒径小于 5mm 的颗粒含量不超过 20%，小于 0.075mm 的颗粒含量少于 5%。在主堆石区（坝轴线上游及下游水位以下堆石区）采用集块岩料时，软质胶结物含量不大于 3%，硬质胶结物含量不大于 15%，且不允许胶结物集中现象（硬质胶结物单轴饱和抗压强度大于 30MPa，弹性波纵波速大于 3000m/s；软质胶结物单轴饱和抗压强度小于 20MPa，弹性波纵波速小于 2000m/s）。

次堆石区（3C）：坝轴线下游水位以上部分，允许部分弱风化石料分散填筑。最大粒径1200mm，粒径小于0.075mm的颗粒含量少于5%。集块岩中软、硬质胶结物含量不大于20%，且不允许胶结物集中现象。

砂砾料区（3D）：可从料场采挖直接上坝。最大粒径600mm，粒径小于0.075mm的颗粒含量少于5%。

反滤过渡料：砂砾石料底部及下游设厚2m的反滤过渡层。在河床砂砾石基础面与堆石间设置反滤过渡层。

下游坝面护坡：下游坝面用干砌块石护坡，厚度80cm。

6.9.4.2 坝体填筑施工分期

坝体填筑分Ⅶ期施工，其中：第Ⅰ期安排在截流后第一个枯水期施工，并做好坝面过流保护；第Ⅱ期安排在第二个枯水期施工（第一个汛期坝面过流停工），期末大坝临时断面达到高程98.00m，后部填至高程75.00m，满足第二个汛期梅雨期大坝临时断面挡$P=0.5\%$洪水的度汛标准；第Ⅲ期安排在第二个汛期前期施工（2007年4月26日至2007年7月20日），期末大坝临时断面达到高程115.00m，后部填至高程94.00m，满足第二个汛期台汛期大坝临时断面挡水度汛标准；第Ⅳ期安排在第二个汛期后期施工（2007年7月21日至2007年9月30日），期末大坝临时断面达到高程123.00m，后部填至高程115.00m，达到一期面板施工高程；第Ⅴ期安排在第三个枯水期施工，大坝全断面填至高程140.00m，具备导流洞下闸蓄水条件；第Ⅵ期大坝全断面填至高程167.50m；第Ⅶ期为坝顶静碾区施工，完成大坝全断面填筑。大坝填筑分期规划、分期施工见表6-19、图6-15。

表6-19　大坝填筑分期规划表

序号	填筑分期	填筑时段	大坝填筑进度面貌	工程量/万 m³				施工期/月	月填筑强度/（万 m³/月）
				垫层料	堆石料	砂砾料	合计		
1	第Ⅰ期填筑	2005年12月14日至2006年5月30日	坝前50m填筑至高程30.00m，其余填筑至高程37.00m	1.85	60.41	7.56	69.82	5.5	12.69
2	第Ⅱ期填筑	2006年10月1日至2007年4月25日	坝前临时断面填筑至高程98.00m；坝后区填筑至高程75.00m	8.39	319.54	76.41	404.34	6.8	59.50
3	第Ⅲ期填筑	2007年4月26日至2007年7月20日	坝前临时断面填筑至高程115.00m；坝后区填筑至高程94.00m	2.64	46.69	81.98	131.31	2.8	46.90
4	第Ⅳ期填筑	2007年7月21日至2007年9月30日	坝前临时断面填筑至高程123.00m；坝后区填筑至高程115.00m	1.45	44.65	48.70	94.80	2.3	41.20

续表

序号	填筑分期	填筑时段	大坝填筑进度面貌	工程量/万 m³				施工期/月	月填筑强度/(万 m³/月)
				垫层料	堆石料	砂砾料	合计		
5	第Ⅴ期填筑	2007 年 10 月 1 日至 2008 年 2 月 29 日	大坝全断面填筑至高程 140.00m	3.32	74.59	49.5	127.41	5.0	25.5
6	第Ⅵ期填筑	2008 年 3 月 1 日至 2008 年 7 月 30 日	大坝全断面填筑至高程 167.50m	5.39	68.34		73.73	5.0	14.7
7	坝前区填筑	2008 年 2 月 1 日至 2008 年 3 月 31 日	坝前区粉土及保护石渣体填筑完成		44.1		44.1	2.0	22.1
8	第Ⅶ期填筑	2009 年 1 月 31 日至 2009 年 3 月 14 日	坝顶静碾区填筑		1.98		1.98	1.5	1.32
	合计			23.04	660.3	264.15	947.49	28.9	

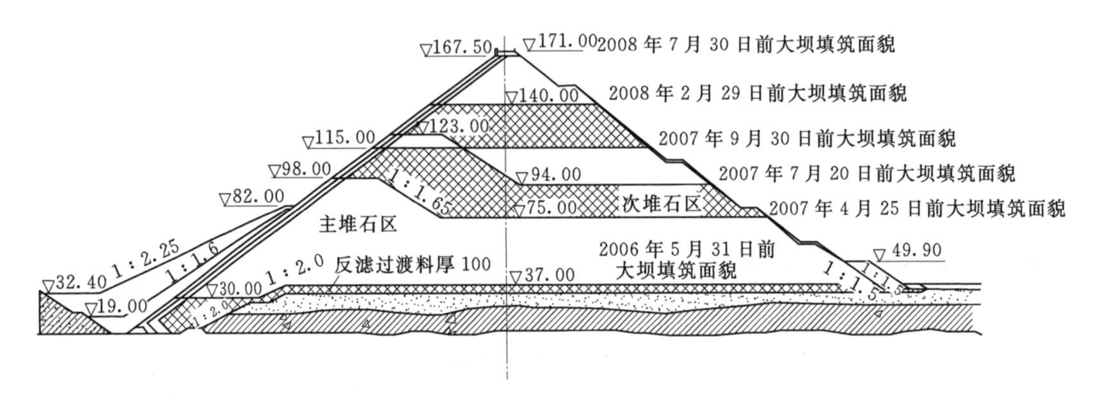

图 6-15 大坝填筑分期施工图（单位：cm）

6.9.4.3 大坝填筑施工

（1）大坝填筑设计指标。坝体堆石体分为 6 个区：周边小区料（ⅡB）、垫层区（ⅡA）、过渡料（ⅢA）、上游堆石区（ⅢB）、中间砂砾石区（ⅢD）、下游堆石区（ⅢC），各区压实后层厚分别为 20cm、40cm、40cm、80cm、80cm、1000cm，大坝各区填筑设计指标见表 6-20。

表 6-20　　大坝各区填筑设计指标表

项　　目	小区	垫层	过渡层	主堆石区	次堆石区	砂砾石区
孔隙率/%	17	17	19	20	22	17.5
干密度/(g/cm³)	2.216	2.216	2.143	2.1	2.05	2.18
最大粒径/cm	4	8	30	80	100	60
小于 5mm 含量/%		35～55		≤20		
小于 0.075mm 含量/%		≤8		≤5	≤5	≤5

（2）大坝填筑施工参数。根据碾压试验成果，确定的大坝填筑各区施工碾压参数见表 6-21。

表 6-21 大坝填筑各区施工碾压参数表

项目	小区	垫层	过渡层	主堆石区	次堆石区	砂砾石区
填筑层厚/cm	20	40	40	80	100	80
洒水量/(%，体积比)	10～20	10	10～20	15～20	10～20	10
碾压机具	大功率平板振动碾碾压 8 遍	25t 自行式振动碾	25t 自行式振动碾	22t 拖式振动碾	22t 拖式振动碾	25t 自行式或 22t 拖式振动碾
碾压遍数	8	8	8	8	8	8
行车速度/(km/h)	1.5～2	1.5～2	1.5～2	1.5～2	1.5～2	1.5～2
干密度/(g/cm³)	2.216	2.216	2.143	2.1	2.05	2.18
孔隙率/%	17	17	19	20	22	17.5
渗透系数/(cm/s)	1×10^{-3}～1×10^{-4}	1×10^{-3}～1×10^{-4}	1×10^{-1}～1×10^{-3}	1×10^{-1}～1×10^{0}		1×10^{-1}～1×10^{-2}

(3) 大坝填筑施工工艺。

1) 填筑施工准备。填筑前对基面或下一层进行检查验收，合格后才填筑，施工准备包括勘探坑槽平洞回填、填筑部位的基础处理、基础观测设施埋设、填筑基面验收、测量、立层厚标志杆和分区界线标定等。

2) 测量控制。基面处理合格后，按设计要求测量确定各填筑区的交界线，洒石灰线进行标识，垫层上游边线用竹桩吊线控制，每两层测量 1 次，两岸岩坡上标写高程和桩号；其中垫层上游边线、垫层与过渡层交界线、过渡层与主堆石区交界线、主堆石区与砂砾石区、砂砾石区与次堆石区每层上升均进行测量放样，主次交界线、下游边线放宽到 2～3 层测量放样 1 次，坝后干砌石坡比用竹桩吊线控制，每上升 5m 左右放样、检查 1 次。

3) 坝料摊铺。坝体填筑从填筑区的最低点开始铺料，铺料方向平行于坝轴线，砂砾料、小区料、垫层料、过渡料及两岸接坡料采用后退法卸料，主堆石、次堆石和低压缩区料全部采用进占法填筑，自卸汽车卸料后，采用推土机平整，摊铺过程中对超径石和界面分离料采用 1m³ 反铲挖土机配合处理，垫层料、过渡料由人工配合整平。

4) 洒水。采用坝面加水和坝外加水相结合的方式。在大坝上下游主要上坝道路口设置坝外加水站，对运输石料的车辆在进入坝体前先进行坝外加水，以湿润堆石料，坝外加水量一般按 10%控制，上坝卸料经平料后再进行二次加水，使其充分湿润，坝面洒水采用自卸车改装的洒水车进行，在大坝左右岸布置高位水池，采用水管引到坝面上给洒水车供水，洒水量根据碾压试验结果再洒 10%，确保总加水量达到 20%以上。对于有风化岩的掺配料，在料场增加一次洒水，以便使掺配的风化岩料提前湿润软化，以减少风化岩料的后期变形。

5) 压实。垫层料、过渡料和砂砾石料采用 25t 自行式振动碾进退错距法碾压，主、次堆石料采用 22t 牵引式振动碾碾压，振动碾一般沿平行坝轴线方向行进，靠近岸坡、施工道路边坡处除增加顺向碾压外，采用液压振动夯加强碾压；主、次堆石料碾压采用进退错距法，错距由振动碾碾子宽度和碾压遍数控制。周边小区垫层料、坝坡接触带等大的碾压设备无法到位的区域采用小型手扶式振动碾或液压振动夯加强碾压。

(4) 大坝分区填筑施工。

1) 坝体分区填筑顺序。坝面填筑作业顺序采用“先粗后细”法。上游区填筑顺序为：主堆石区→过渡层区→垫层区，铺料时及时清理界面上粗粒径料，有利于保证质量，且不增加细料用量；中间填筑区的填筑顺序为先铺砂砾石料，再铺堆石料。

砂砾料采用后退法铺料，先填砂砾料，再填上下游的主次堆石区，主次堆石料采用进占法铺料，用25t牵引式振动碾碾压，接缝处采用骑缝碾压。

主堆石填筑后用反铲清除上游坡面块径大于30cm的已经分离的石料，用25t牵引式振动碾碾压；过渡料用后退法铺料，铺好后用反铲清除上游坡面粒径超过8cm的已经分离的石料，并清除出垫层料与过渡料的界线，以保证垫层料的宽度，垫层料采用后退法铺料，碾压采用25t自行式振动碾与过渡料一起碾压；对于相邻的主堆石料，应进行骑缝碾压。

2) 分区填筑施工。

A. 主、次堆石区填筑。堆石区的填筑料由自卸车运输卸料，进占法填筑，卸料的堆与堆之间保留60cm间隙，采用推土机平仓以使粗径石料滚落底层而细石料留在面层以利于碾压，超径石应尽量在料场解小，仓面中的超径石采用清到下游次堆石区或用于坝后护坡砌石。振动碾采用25t牵引式振动碾，碾压时采用错距法顺坝轴线方向进行，低速行驶(2km/h)，碾压按坝料的分区、分段进行，各碾压段之间的搭接不少于1.0m，铺料层厚及碾压遍数严格采用碾压试验确定的参数施工。铺筑碾压层次分明，做到平起平升，以防碾压时漏碾欠碾。在岸坡边缘靠山坡处，大块石易集中，故岸坡周边选用石料粒径较小且级配良好的过渡料，先于同层堆石料铺筑。碾压时滚筒尽量靠近岸坡，沿上下游方向行驶，仍碾压不到之处用手扶式小型振动碾或液压振动夯加强碾压。堆石料加水的目的在于使石料表面充分湿润，以便在振动碾强烈激振力的作用下，使块石相互接触部分棱角被击碎从而减少孔隙率，细料充填空隙，以增加碾压的密实度。坝外集中加水，可以充分湿润石料表面，增加湿润时间，但由于上坝道路大部分要爬坡，为避免所加的水在运输爬坡时溢出，将石料中的细颗粒带走，先在坝外加水10%，不足部分在坝面加水补足。坝外加水在上下游各主要进坝道路口专设的加水站进行，坝面洒水拟采用20t自卸车改装的洒水车按碾压先后次序分区洒水。同时，利用两岸已修建好的水池向作业面敷设供水管再在坝面辐射布置皮管来补充洒水，洒水量以在水管接口处接装流量计来进行控制和计量。

B. 坝心砂砾石区填筑。当大坝填筑到高程54.00m以后，在坝心部位铺一层厚2m的反滤料，然后开始填筑砾石料，砂砾填筑料从坝址上下游河道的近坝料场中开采，开采过程中剔除60cm以上粒径的漂石，由自卸车运输，后退法卸料填筑，采用推土机平仓，该部分料不考虑坝外加水措施，铺料后，直接在坝面上洒水碾压，碾压设备采用25t牵引式振动碾，碾压时采用错距法顺坝轴线方向进行，碾压工艺要求与堆石区相同，铺筑碾压层次分明，并与上下游侧的堆石区做到平起平升，接缝处进行骑缝碾压。

C. 过渡层料填筑。过渡料填筑前，必须把主堆石料上游界面所有大于30cm的已分离的块石清除干净。该区料最大粒径为30cm，超径料在料场及时解小，填筑时自卸汽车将料直接卸入工作面，后退法卸料，倒料顺序可从两边向中间进行，以利流水作业。过渡料用推土机推平，人工辅助平整，铺层厚度等按规定的施工参数执行，接缝处超径块石需清除，主堆石料不得侵占过渡区料的位置。平整后洒水、碾压，碾压采用25t自行式或拖式振动碾碾压，碾压时的行走方向顺坝轴线来回行驶。

D. 垫层料的填筑。垫层料填筑前，必须把过渡料上游坡面所有大于8cm的已分离的块石清除干净。垫层料的最大粒径不大于8cm，该部分料采用天然砂与级配碎石料在拌料场拌制而成，再采用自卸车运卸到垫层区，然后用推土机辅以人工整平，填筑时上游边线水平超宽20～30cm，铺筑方法基本同过渡区料，并与同层过渡料一并碾压。碾压时顺坝轴线方向行驶，振动碾距上游边缘的距离不宜大于40cm。按规定的洒水量、遍数、层厚及行走速度进行。垫层料和过渡料的填筑需与堆石区同步进行，即主次堆石区填筑一层，垫层、过渡层填筑二层。另外，垫层区水平分层铺筑时，用三角尺或激光仪进行检查控制，每二层进行一次测量检查，发现超欠时，进行人工平整处理。铺筑方法基本同过渡区料，并与同层过渡料和相邻主堆石料一并碾压。碾压时顺坝轴线方向行驶，振动碾距上游挤压边墙内侧的距离在20cm左右。垫层料的铺填顺序必须先填筑主堆石区，再填过渡层区，最后填筑垫层区。

E. 周边小区料填筑。周边小区料的最大粒径不大于4cm，该部分料采用天然砂与人工碎石料在拌料场拌制而成，细颗粒采用小于5mm的人工砂，粗颗粒料采用0.5～4cm的轧石骨料，周边小区料级配曲线必须满足设计包络线和规范要求。周边小区料的加工量按需要拌制，尽量少堆存，采用专门场地堆放，不得与其他料混合，不得分离，更不能混入黏土和有机杂质。周边缝处的填筑必须精心操作，由测量放样控制保证规定的填筑宽度，严格控制铺料厚度、碾压遍数及加水量。对于手扶小型振动碾碾压不到的部位，辅以人工夯实。

F. 坝体填筑结合部的处理。大坝各区料的界面处理：大坝填筑各区料的交接界面必须注意防止大块石集中，特别是垫层料与过渡料之间、过渡料与主堆石料之间，填筑料的粒径差距较大，采用后退法卸料，填筑时不能有超径石集中。界面上有大块石时，及时采用1m^{3}反铲挖土机或推土机清除，保证主堆石区不侵占过渡区、过渡区不侵占垫层区。

坝体与岸坡结合部的填筑：坝体地基要求不能有“反坡”现象，对边坡的反坡部位先进行削坡或回填混凝土处理，坝料填筑时，岸坡结合部位易出现大块石集中现象，且碾压设备不容易到位，造成结合部位碾压不密实。因此，在结合部位填筑时，应减薄填筑铺料厚度，清除所有的大块石，采用过渡层料填筑。

坝体分期结合部及坝后道路填筑施工：坝体分期结合部位及预留斜坡道，存在一定宽度半压实状态的松散料，在下一期填筑时必须加以处理，处理方法主要采用推土机削坡处理，在后填筑区填筑每层新料时，靠近先填筑体边坡处留一沟槽，推土机在新填筑层上部削坡，把原半压实状态的松散料清除到预留沟槽内。同时，补充部分细料，削坡宽度视先填筑层半压实体的宽度情况，一般为1.0～2.0m，然后采用振动碾顺边坡方向骑缝碾压结合部。随着后填区的升高逐层进行削坡处理，依次边削边填边碾压到顶部。

（5）垫层坡面修整碾压与砂浆护面施工。

1）垫层坡面修整碾压。垫层区上游边线填筑时水平超宽20～30cm，每上升10～15m，进行一次上游坡面修整，垫层上游坡面固坡施工程序见图6-16。

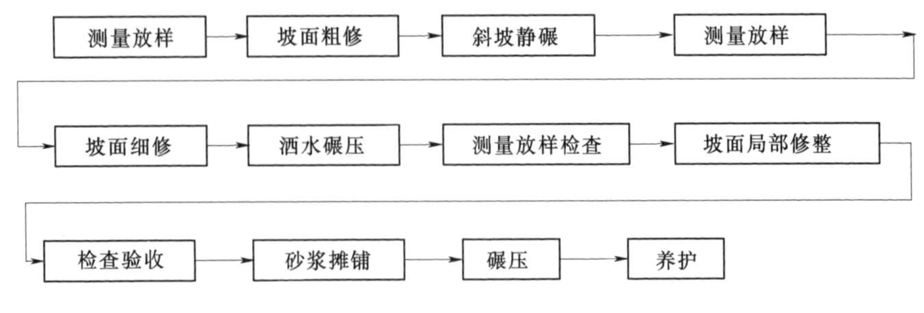

图 6-16　垫层上游坡面固坡施工程序图

垫层坡面修整碾压的施工方法如下。

A. 测量放样。用竹片作控制桩，6m×6m 网格，打入垫层坡面。按测量结果拉吊线，预留 5～10cm 沉降量，即吊线基本上与砂浆垫层的设计表面平齐放置。

B. 坡面粗修。用反铲逐层剥除吊线以上的垫层料，人工配合用锄头自上而下修整，修整后的坡面要平整，超欠控制在 5cm 以内。

C. 坡面细修。测量检查，对不合格部位进行坡面仔细修整后，重新测量布线检查。

D. 洒水碾压。采用均匀雾状洒水，洒水提前 4h 进行，洒水量不能过多，以表面湿润但不出现流水为准，防止出现弹簧土以及水流冲蚀垫层料；由 $1m^3$ 履带吊机牵引 YZT－14 斜平两用振动碾进行斜坡碾压，碾压采用错距法，碾迹最小搭接宽度 20cm，先静碾 2 遍，然后上振下不振 4 遍，最后静碾 1 遍，消除振碾错迹，保证整个垫层坡面平顺。碾压过程中碾子速度控制在 1.5km/h 以内，尽量控制速度均匀。

E. 检查修整。碾压结束后再用方格网进行测量复查，根据复查结果继续削盈后重新碾压，直至符合设计要求，对于较小的亏坡一般采用砂浆弥补。在邻近趾板 1m 的上游面用平板振动碾加强夯实。

F. 检查验收。碾压完毕后采用挖坑注水法抽查检测干密度是否符合设计要求，如不合格还需要重新补碾至合格，合格后办理隐蔽验收合格证签证手续。

2）垫层坡面碾压砂浆施工。碾压砂浆施工前，先对垫层坡面进行全面检查，埋设砂浆铺料厚度控制的标针，并选择相似工况做碾压砂浆施工试验，试验测定碾压砂浆铺料厚度、碾压方法、碾压遍数等。碾压砂浆作业分段分片依次进行，铺料顺序自下而上，砂浆采用干硬性水泥砂浆，由拌和楼集中拌制，混凝土搅拌车运输上坝，卸至坝顶坡面以后，由人工顺坡而下扒平摊铺，铺料条幅宽度 2～3m，在坝面上分条摊铺，对于坡面上凹凸不平的面用砂浆填平。摊铺完一个条带砂浆以后，在接近初凝时采用振动碾进行斜坡碾压。采用错距法静碾两遍，碾迹搭接 10～20cm 即可达到要求。为防止碾压出现裂缝，必须严格控制振动碾的行驶速度，向上碾压速度控制在 0.3～0.35m/s，向下速度小于 0.4m/s，并在砂浆终凝（约摊铺砂浆 8h）前，在砂浆表面刷一层水泥浆，以提高碾压砂浆的防渗性能。砂浆施工选择在阴天进行，雨天停止施工，砂浆终凝后洒水养护。

（6）质量控制。

1）大坝填筑质量采用“双控”法控制，填筑碾压施工参数严格按照碾压试验参数实施，并做好施工记录；每个单元填筑块都经过验收，合格后才能进入下一个循环施工。

2）严格控制上坝填筑料的质量，严禁草皮、树根及含泥量大于 5%的填筑料上坝。

料场和坝面均安排人员检查，严格区分各区坝料，做到不合格料不上坝，超径大块石除专门选取用于坝后护坡砌石外，均在开采面解小。

3）装运坝料的自卸车挂上不同的填筑料的标识牌，填筑作业面派专人指挥监控，各种填筑料分别对号入座。

4）掌握各区料填筑界线和厚度，及时清理界面及岸坡接触面上的集中块石料，各区填筑料范围不得相互侵占，否则人工或机械清理，在岸坡和坝面上设置标志（杆），确定分层高度。

5）靠近岸坡部位填筑时，近岸坡 2～3m 范围先卸倒粒径较小、级配良好的过渡料，用反铲挖掘机、推土机配合进行摊铺平整，发现有较粗粒径料集中时立即予以挖除。

6）垫层料、周边小区料、过渡料的加工、拌制、装运和填筑时均须避免颗粒分离，严重分离时在现场予以重新掺拌或挖除重填。

7）严格按照设计图纸和监理工程师的要求及碾压试验确定的施工参数进行施工，按规范规定进行现场抽样试坑检验，对不符合要求的部位进行处理，直至返工。

8）同一层料分块分区填筑时，采取台阶式的接坡方式，接坡处未压实的坝料与后填料一起碾压。

9）上坝填筑运输车辆保持相对固定，并经常保持车厢、轮胎的清洁，主要上坝道路浇水泥路面并在主要料场口及上坝路口设置冲洗除尘设施。

10）服从专职质量检查人员的检查，配合监理工程师进行各项有关施工质量的检查。

11）定期组织大坝填筑料的级配取样试验，根据实际施工情况，及时调整开挖爆破参数，确保上坝料符合设计级配要求。

12）严禁从高处往下卸料，防止颗粒分离，开挖料到各转运料场储料堆放时，也必须分层堆放，分层取料，保证上坝料级配符合设计要求。

13）严格按有关规范及碾压试验参数施工，定期检测振动碾的工作性能。

14）周边小区料、垫层区、岸坡接触带、各区料的界面处、大坝分期填筑的交接处等重要部位必须加强碾压，确保接缝密实。

6.9.5 溧阳抽水蓄能电站上水库面板坝数字化施工

溧阳抽水蓄能电站上水库主坝采用混凝土面板堆石坝，坝轴线全长 1113.2m。坝顶高程 295.00m，坝顶宽度 10.0m，最大坝高 165.00m，上游坝坡为 1：1.4，下游坝坡综合坡比为 1：1.45。钢筋混凝土面板厚 0.4m，垫层区水平宽度 3m，过渡层水平宽度 5m。坝体断面结构见图 6－17。

上水库主坝料源全部利用工程开挖料，主要为下水库、上水库及输水发电系统开挖的有用石料。上水库主坝的土石方填筑约 1594 万 m^3，填筑总工期为 33 个月，高峰期月平均填筑强度 70 万 m^3/月，最高月填筑强度为 100 万 m^3/月。

大坝施工采用数字化技术进行管理，数字化管理系统（LY－DMS）主要包括：大坝填筑碾压质量实时监控系统（LY－DamGPS）、坝料上坝运输过程实时监控系统（LY－Trans）、大坝施工信息 PDA 实时采集与调度系统（LY－PDA）和“数字大坝”综合信息集成系统（LY－DigiDam）等四个子系统。

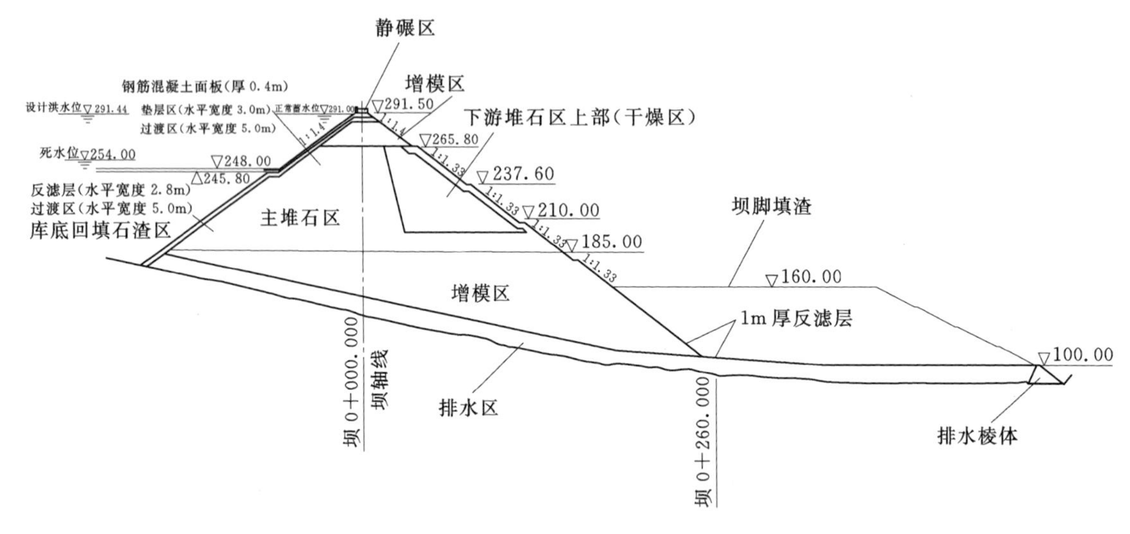

图 6-17 坝体断面结构图

6.9.5.1 堆石坝填筑碾压质量实时监控系统

系统利用 GPS 全球卫星定位技术、现代数据通信技术、计算机技术及电子技术，实时监控装在碾压机械上的 GPS 流动站，并每秒一次将碾压机械的运行轨迹、运行速度、碾压遍数、振动频率等碾压参数数据直观地显示在监控系统显示屏上，并储存。

(1) 实时监控的方法。系统采用 GPS 技术、GPRS 技术、自动控制技术和计算机网络技术等数字技术，堆石坝碾压质量实时监控的主要方法如下。

1) 通过安装在碾压机械上的监测终端，实时采集碾压机械的动态坐标（经 GPS 基准站差分，采用动态 RTK 技术，定位精度可提高至厘米级）和激振力输出状态，经 GPRS 网络实时发送至远程数据库服务器中。

2) 根据预先设定的控制标准，服务器端的应用程序实时分析判断碾压机的行车速度、激振力输出是否超标，如超标则通过驾驶室报警器、相关生产指挥和质量管理人员的 PDA 手持机发出相应报警。

3) 现场分控站和总控中心的监控终端计算机通过有线网络或无线 WiFi 网络，读取数据，对碾压机的行车轨迹、碾压遍数、压实高程、压实厚度和激振力等坝面碾压参数进行进一步的实时计算和分析。

4) 通过将这些实时计算和分析的结果与预先设定的标准进行比较，如果偏差超标，及时现场反馈，及时指导相关人员采取措施进行控制处理，确保碾压参数和碾压质量达到设计标准要求。

(2) 实时监控系统组成。大坝填筑碾压质量实时监控系统主要包括以下几个组成部分：总控中心、现场分控站、GPS 基准站和碾压机械监控终端等，其系统总体构成见图 6-18。

1) GPS 基准站设计。GPS 差分基准站是整个监测系统的“位置标准”。双频的 GPS 接收机单点（一台接收机进行卫星信号解算）精度只能达到亚米级的观测精度，无法满足实际工程需要。为了提高 GPS 接收机的计算精度，使用 GPSRTK（动态差分）技术，利用已知的基准点坐标来修正实时获得的测量结果。通过数据链，将基准站的 GPS 观测数

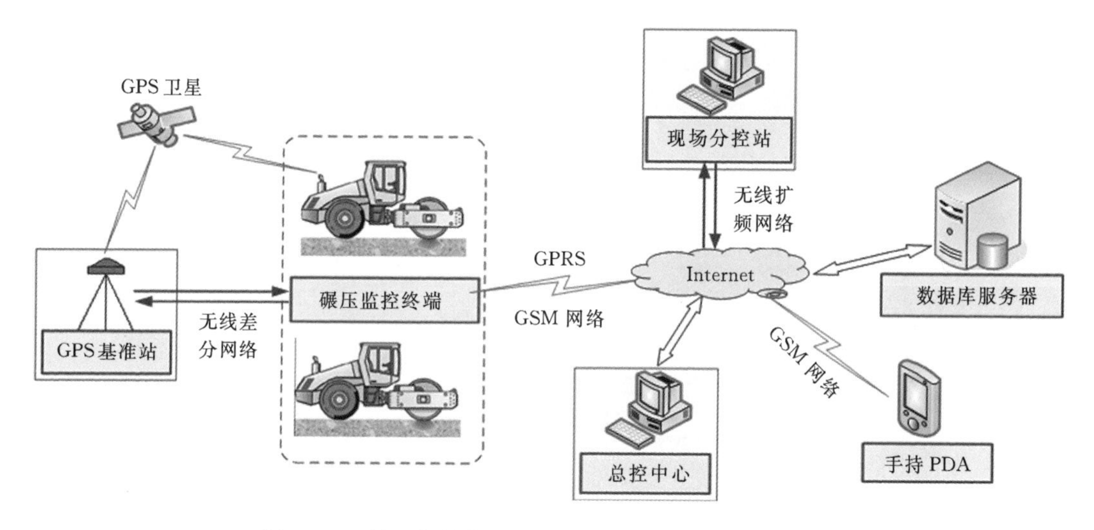

图 6-18 堆石坝填筑碾压质量实时监控系统总体构成图

据和已知位置信息实时发送给 GPS 流动站，与流动站的 GPS 观测数据一起进行载波相位差分数据处理，从而计算出流动站的空间位置信息，以提高碾压机械 GPS 设备的测量精度，使精度提高到厘米级，具体为平面精度一般小于 2cm，高程精度一般小于 4cm，满足土石坝碾压质量控制的要求。

2）碾压机械监控终端。碾压机械的监控终端主要包括 GPS 定位和激振力监测装置，安装于监控终端设备集成机箱（见图 6-19）。监控终端设备集成机箱用于固定和安装各个部件，并作三防（防水、防电、防震）处理。防水主要采用 PVC 密封箱；防震处理，先将各部件采用螺丝等进行适当固定，再采用缓冲泡沫进行填充，实现碰撞缓冲；防电处理，主要对各电子设备进行绝缘的方式处理。

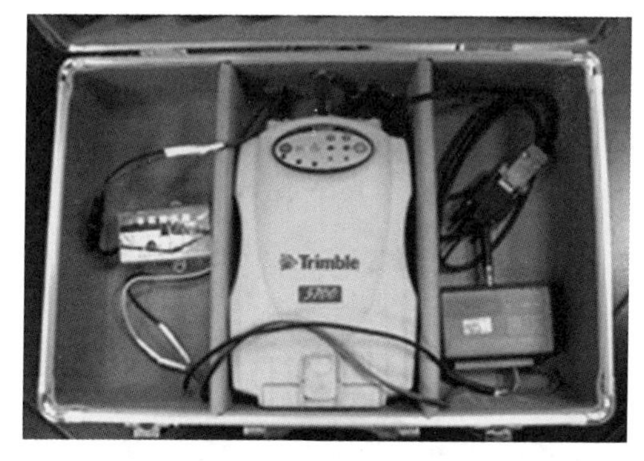

图 6-19 碾压机械监控终端设备集成机箱

碾压机驾驶室内安装速度显示及超速报警器，当行车速度超过设定标准时，实时提示司机减速。

3）现场分控站和总控中心。现场分控站需设置在大坝施工作业面附近，以方便现场信息传递和反馈，并根据大坝建设进程调整分控站位置（见图 6-20、图 6-21）；监理工程师 24h 常驻，现场实时监控碾压质量，一旦出现偏差，及时进行纠偏。分控站设备主要有网络通信设备（有线网或无线 WiFi 网络）、高性能计算机多台、双向对讲机等。

图 6-20　数字大坝现场分控站（室外）

图 6-21　数字大坝现场分控站（室内）

总控中心一般设在离施工现场较远距离的业主营地，主要包括服务器系统（数据库服务器和应用服务器）、计算工作站系统（多台高性能计算机）等。总控中心配合现场人员，对坝面填筑碾压过程进行监控；当现场分控站出现意外，如通信中断、现场断电时，代替现场分控站完成相应的工作。

6.9.5.2 填筑碾压实时监控操作流程

（1）测量。由测量人员对拟碾压施工仓面的控制边界进行测量，测量时按逆时针或顺时针顺序跑点，并将测量数据大地坐标转换成工程坐标，开仓前1h将测量数据提交给站质量管理人员，用于建立碾压仓面。

（2）开仓申请。分控站质检员填写《开仓申请表》，提交给监理工程师，申请开仓。

（3）输入信息。监理根据开仓申请表，向系统输入有关信息，进行仓面设置和仓面坐标输入，完成仓面建仓。仓面设置输入信息包括：仓面名称、碾压标准、最大限速、设计铺料厚度、允许误差、碾压车辆等方面内容。

（4）开仓。振动碾进入仓面，各项准备工作就绪后开仓。仓面碾压开始，进入仓面碾压监控。

（5）仓面碾压监控。根据自动实时监测的数据，对大坝填筑过程进行实时监控。坝面施工数字地图上可视化显示当前各碾压机械运行轨迹：碾压机械在坝面上的碾压遍数、振动状态和行进速度（见图6-22、图6-23）。可生成正在碾压监控仓面的5张图形报告：碾压轨迹图形报告，碾压遍数图形报告，高振、低振、静碾遍数图形报告等。当填筑过程中的压实厚度超过规定、激振力状态不合格、或有漏碾、超速、或碾压后堆石料的压实率未达到规定值时，系统发出提示、报警信息。

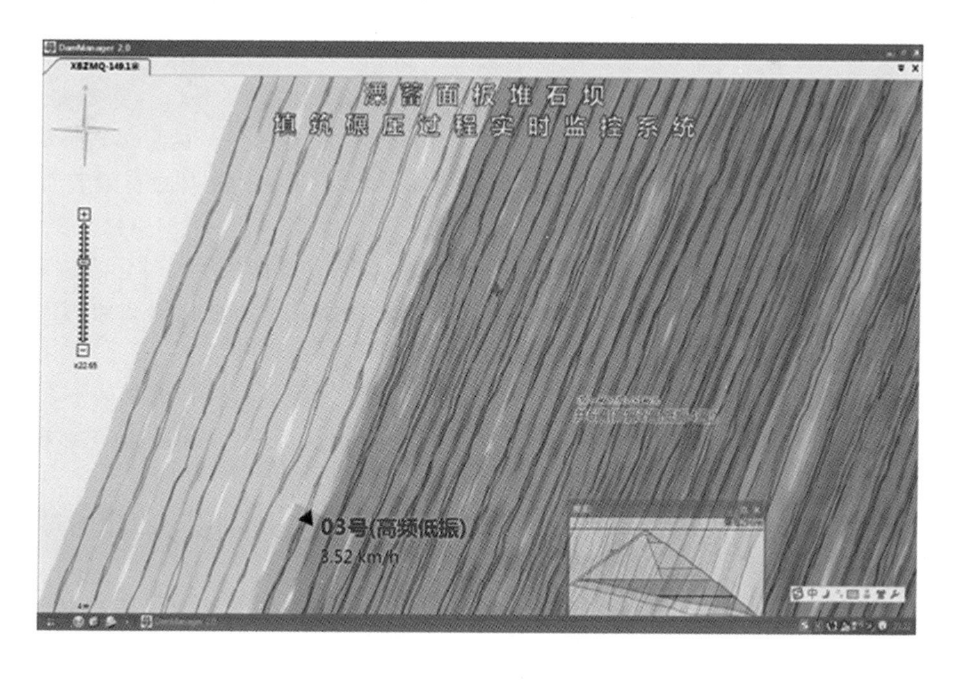

图6-22 仓面碾压监控

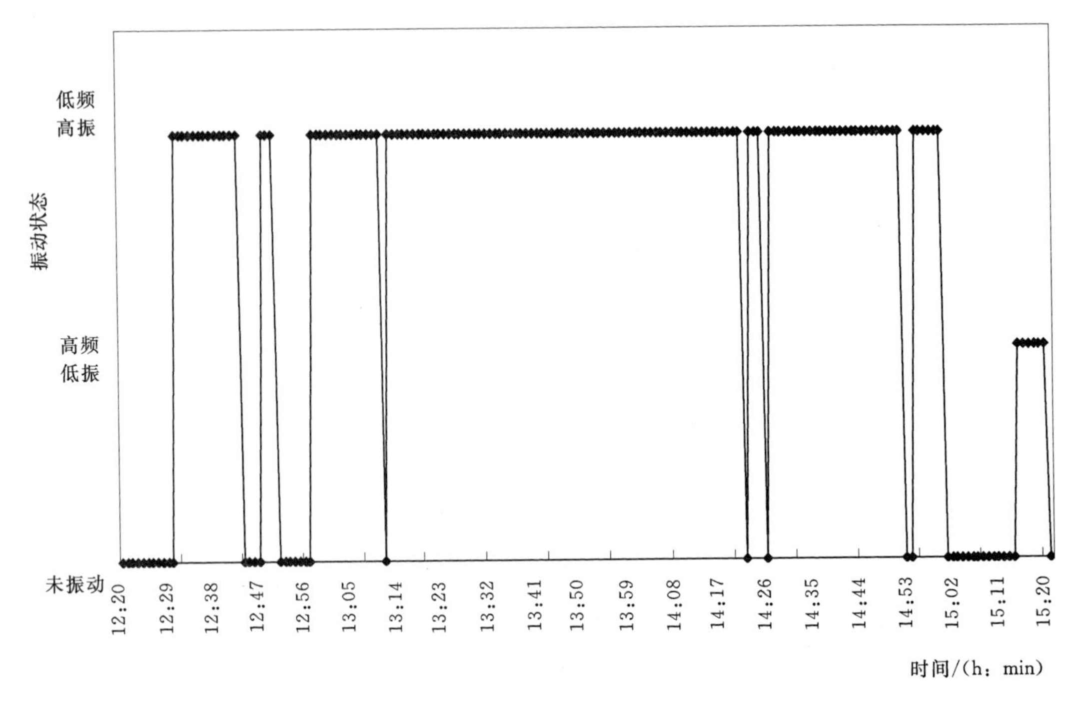

图 6-23　仓面碾压振动状态图

分控站质检员、监理工程师可通过适时查看系统信息和系统发出的提示、报警，指挥和调度仓面碾压施工，使施工质量在整个施工过程中始终处于受控状态。

(6) 大坝施工信息 PDA 采集。坝体填筑施工过程中，仓面试坑检测、巡视检查等信息，通过手持具有无线通讯功能的 PDA，实现现场数据的采集与分析。主要实现功能：①大坝填筑料及现场试验数据信息（如干密度、湿密度、孔隙率等）的采集与编辑；②现场采集数据通过 PDA 无线传输至系统中心数据库，并实现库中数据的有效管理与网络共享。

(7) 收仓。收仓前，分控站质检员通过查询系统信息，指挥振动碾对仓面漏碾部位进行补碾，确保设计碾压遍数的面积达到 90%以上。在施工达标以后，通知监理工程师收仓验收。监理工程师确认后，进行收仓操作，关闭仓面。

收仓后，系统自动生成完工仓面的《仓面填筑碾压过程实时监控成果表》和碾压图表，包括：碾压轨迹图形报告，碾压遍数图形报告，高振、低振、静碾遍数图形报告，碾压高程图形报告，压实厚度图形报告。

6.9.5.3　填筑碾压实时监控成果

(1) 碾压参数监控准则。

1) 达到标准碾压遍数的区域占仓面总面积的比例不低于 90%，且无明显漏碾、欠碾区域。

2) 碾压机连续 10s 超过 4km/h 则系统发出超速报警，速度小于 4km/h 所占比例大于 90%。

3）填筑层压实厚度不得超过标准厚度的±10%。

（2）填筑厚度控制。由于系统只能对填筑厚度进行事后控制，要碾压以后才能知道结果，为做到填筑厚度事先控制，采用“堆饼法”工艺进行铺料层厚控制。铺料前，在坝面按照20m×20m网格卸料，用测量仪器测出下一层的填筑高程（即铺层厚度），再用挖掘机整理制作用于参照的“堆饼”，检查堆饼顶部高程，若有偏差再用挖掘机修整到位。“堆饼”制作过程见图6-24。填筑料铺料时则以“堆饼”作为参照物，起到控制大坝填筑层厚的目，效果较为明显。主坝填筑层厚质量控制成果见表6-22。

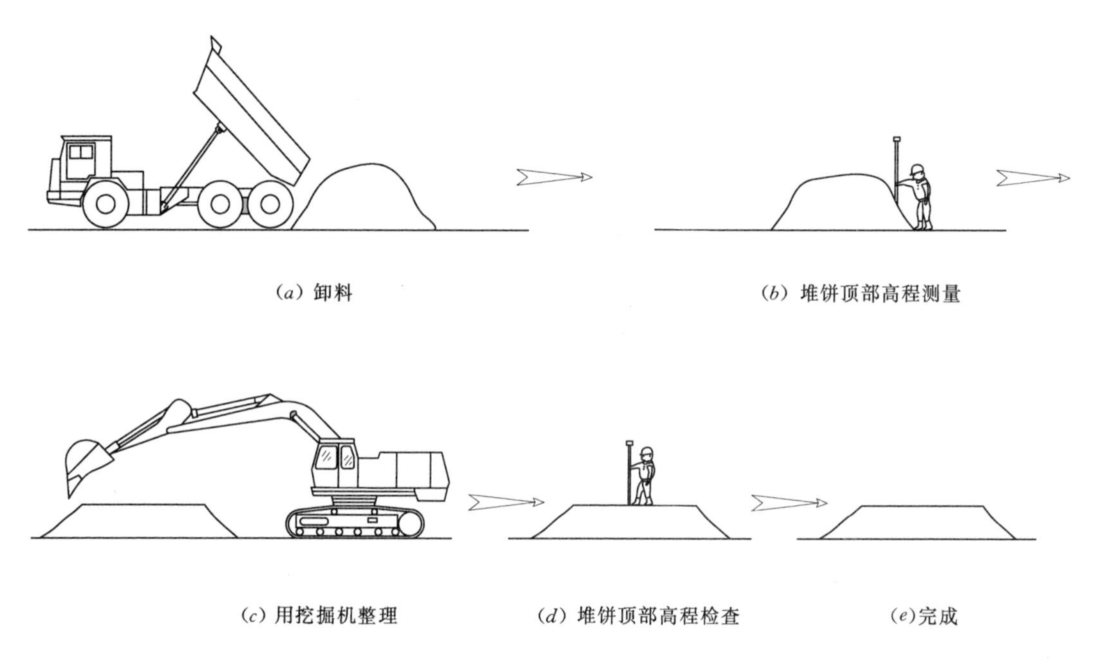

图6-24 “堆饼”制作过程图

表6-22　　主坝填筑层厚质量控制成果表

监控分区	完整监控仓面数量	压实厚度均值/m			设计压实厚度/m	合格率/%
		最高	最低	平均		
沟底排水区	108	0.97	0.46	0.77	0.80	63.9
主堆石区	143	0.93	0.70	0.80	0.80	96.5
反滤层区	169	0.50	0.28	0.40	0.40	78.7
过渡层区	402	0.58	0.26	0.40	0.40	72.6
垫层区	295	0.54	0.18	0.40	0.40	80.0
干燥区	246	0.90	0.65	0.79	0.80	88.6
坝顶增模区	116	0.75	0.49	0.60	0.60	84.5

（3）碾压遍数控制。通过采用数字化系统进行实时监控管理，各区碾压遍数满足均8

遍碾压面积不小于90%和6遍碾压面积不小于95%的要求。

大坝填筑碾压遍数控制情况统计见表6-23。

表6-23　　大坝填筑碾压遍数控制情况统计表

监控分区	完整监控仓面数量/个	标准遍数及以上面积比例/% 标准不小于90%			标准遍数减两遍及以上面积比例/% 标准不小于95%		
		最高	最低	平均	最高	最低	平均
下部增模区	137	98.13	89.99	93.48	99.93	96.66	98.60
沟底排水区	114	99.77	90.20	94.39	100.00	92.19	98.60
主堆石区	159	97.81	89.41	94.90	99.867	93.88	98.78
反滤层区	181	100.00	92.90	96.37	100.00	92.95	98.43
过渡层区	421	99.88	90.04	95.23	100.00	92.63	98.29
垫层区	292	99.93	90.15	96.12	100.00	92.84	98.30
干燥区	255	99.54	90.05	95.09	99.93	92.50	98.50
坝顶增模区	123	99.68	90.20	95.11	99.89	95.61	98.47

(4) 碾压速度控制。碾压速度按照4km/h控制。振动碾行走速度正常情况下不会超速，由于仓面不是绝对平整，振动碾行走时会产生跳动，跳动速度一般为4.2～4.5km/h。当分控室发现振动碾异常超速时，立即通过对讲机告知现场调度员和司机，查明原因，确保施工正常。

(5) 试验检测成果。排水区、增模区、主堆石区、下游堆石区（干燥区）、反滤区、过渡区、垫层区试验检测结果均满足规范和设计要求，填筑质量试验检测成果见表6-24。

表6-24　　填筑质量试验检测成果表

部位	检测项目	设计值	组数	最大值	最小值	平均值	合格率/%	标准偏差
排水区	干密度/(g/cm^3)		72	2.26	2.06	2.16	—	0.05
	孔隙率/%	<21	74	24.40	15.70	19.74	82	1.82
	渗透系数（cm/s)	>1×10^{-1}	74	0.94	0.10	0.39	—	0.24
增模区	干密度/(g/cm^3)		291	2.34	2.19	2.24	—	0.03
	孔隙率/%	<18	291	18.60	13.00	16.80	99	1.00
	渗透系数/(cm/s)	>1×10^{-2}	276	0.95	0.01	0.22	—	0.19
主堆石区	干密度/(g/cm^3)		198	2.28	2.17	2.21	—	0.02
	孔隙率/%	<19	198	18.90	15.60	18.01	100	0.60
	渗透系数/(cm/s)	>1×10^{-2}	198	0.84	0.25	0.45	—	0.20
下游堆石区	干密度/(g/cm^3)		127	2.26	2.15	2.20	—	0.02
	孔隙率/%	<20	127	19.90	16.40	18.61	100	0.76
	渗透系数/(cm/s)		—	—	—	—	—	—

续表

部位	检测项目	设计值	组数	最大值	最小值	平均值	合格率/%	标准偏差
反滤区	干密度/(g/cm^3)		133	2.36	2.20	2.27	—	0.02
	孔隙率/%	<17	133	17.0	14.40	16.06	100	0.61
	渗透系数/(cm/s)	$>1\times10^{-3}$	133	0.41	0.001	0.074	—	0.085
过渡区	干密度/(g/cm^3)		180	2.32	2.19	2.23	—	0.02
	孔隙率/%	<19	180	19.60	15.60	17.77	99	0.63
	渗透系数/(cm/s)	$\geqslant1\times10^{-2}$	180	0.73	0.022	0.23		0.17
垫层区	干密度/(g/cm^3)		95	2.34	2.25	2.28	—	0.02
	孔隙率/%	<17	95	16.80	14.00	16.00	100	0.54
	渗透系数/(cm/s)	$1\times10^{-3}<k<1\times10^{-2}$	88	0.01	0.001	0.005	—	0.003

7 趾板施工

7.1 施工规划

7.1.1 道路布置

（1）趾板附近的混凝土施工道路布置，一般布置在趾板上游。施工道路布置的数量，根据修建难易程度等情况决定，高度一般30m左右布置一条，双车道，泥结石路面。布置在趾板上游的施工道路主要便于混凝土浇筑时采用溜槽入仓的施工方式。采用混凝土输送泵入仓一般不需要专门布置施工道路，采用汽车吊或履带吊入仓主要利用大坝填筑面，混凝土运输可利用大坝填筑施工道路。趾板混凝土施工的其他工序，如锚杆施工、钢筋绑扎、立模等，利用大坝开挖及填筑施工道路即可，不能到位处可用人工搬运解决，也不需要布置专门的施工道路。

（2）道路布置时要根据趾板上游地形情况而定。当地形较陡、开挖工程量大及施工道路布置困难时，可不在上游面布置施工道路或少布置施工道路，可利用坝后上坝施工道路及大坝填筑面进行趾板混凝土浇筑施工；当地形平缓及修建施工道路容易时，可适当多布置施工道路，以满足混凝土浇筑时溜槽入仓的需要。

根据以往施工经验，趾板混凝土施工道路一般都是利用大坝填筑施工道路或坝顶道路。当这些施工道路不能满足趾板混凝土浇筑时，可修建部分施工道路进行补充，或改变混凝土浇筑的入仓方式，以满足趾板混凝土浇筑需要。

7.1.2 风水电系统布置

趾板混凝土施工用风，可利用开挖阶段的供风系统供风，也可以采用移动式空压机就近供风。施工供水和施工用电系统，原则上由大坝工程施工总布置综合考虑，一般在大坝两岸或一边高处设置高位水池，布置变压器，其容量根据工程规模和施工组织统筹计算。

7.1.3 施工排水

河床趾板是面板坝上游基坑最深的部位，大坝施工阶段将有大量的水汇集于河床段趾板，如趾板混凝土施工和养护的水、趾板灌浆排出的水、大坝填筑施工部分渗水、围堰渗漏水、基坑天然汇水等。一般需在河床段趾板上游侧适当位置，紧邻趾板上游边设置集水井，集中布置排水水泵，将水排至上游围堰外侧。水泵排水能力，根据排水量计算确定。

7.1.4 施工设施布置

（1）拌和楼（站）。结合工程的总体布置方案考虑，如果该项目除大坝外，还有溢洪道等其他建筑物，并已经布置了集中拌和楼，那么趾板混凝土浇筑尽量利用拌和楼供料。如果本项目混凝土工程量不大，没有布置拌和楼，或集中拌和楼尚未建成，那么趾板混凝土浇筑需专门布置拌和系统。趾板混凝土浇筑量不大，拌和系统一般布置搅拌机容量为 $0.75m^3$ 或 $1.0m^3$ 的小型拌和站。小型拌和站结构轻便，便于拆装，布置比较灵活。布置时结合施工道路情况，尽量靠近趾板布置，以缩短运输距离，并随着趾板浇筑的升高，拌和站可适时移动位置。

(2) 钢筋及木工加工厂。趾板施工钢筋及木工加工厂规模较小，一般利用该项目大系统的钢筋及木工加工厂，如果大系统的加工厂尚未建成，可就近搭建临时加工厂，以满足趾板施工进度要求。

7.1.5 资源配置

(1) 设备配置。根据趾板混凝土浇筑强度，一般需配置容量为 $0.75\sim1.0m^3$ 的混凝土搅拌机1～2台，混凝土运输可采用搅拌车，如果搅拌站就近布置，运输距离近，也可以采用轻型自卸车运输，运输设备数量根据混凝土施工强度及运距计算确定。

根据混凝土入仓方式配置相应的混凝土入仓设备，泵送入仓一般采用混凝土输送泵；吊运入仓一般采用履带式起重机，也可采用长臂挖掘机或汽车吊；利用地形高差溜槽入仓，配置受料斗、溜槽等；混凝土振捣一般配置50型和70型插入式软轴振捣器。

钢筋加工设备一般配置切断机、弯曲机、对焊机各1套，交流电焊机配置6～7台；止水铜片加工配置专用加工机具1套。

(2) 人员配置。趾板混凝土施工，每个施工仓面每班需配置的各工种施工人员如下：木工7人，混凝土浇捣工5人，钢筋工5人，泥工2人，电工2人，普工10人，拌和、运输、入仓根据不同的方式、运输距离配置相应的工种及人数。

7.1.6 施工程序

趾板混凝土施工应在相应部位的坝体填筑前完成。一般至少超前坝面填筑10m左右，以减少对坝面施工的干扰。

趾板浇筑顺序一般先进行河床段施工，然后沿两岸坡由低向高进行，以满足坝体填筑进度的要求。有的工程在河床段趾板开挖尚未完成情况下，先浇筑岸坡段的趾板，以减轻岸坡段趾板浇筑进度上的压力。

河床段趾板浇筑一般采用跳块浇筑的方法进行，以加快施工进度、减少施工干扰及提高施工效率。岸坡段的趾板浇筑一般由低往高依次进行，以保证趾板接缝紧密，特别是对于不设止水的施工缝，混凝土接缝质量尤为重要。为了满足施工进度需要，如果要先浇筑上部趾板，接缝处最好选择在设有止水的结构缝位置，或者设置后浇带浇筑微膨胀混凝土。

河床段和坡度较缓的岸坡段趾板，当采用常态混凝土浇筑时，上表面不需要进行立模施工。而对于坡度较陡的岸坡段趾板，或采用泵送混凝土的岸坡段趾板，其上表面需要立模，一般采用翻模施工，以保证混凝土施工质量和进度。

(1) 施工程序。趾板混凝土主要施工程序：基础建基面验收→趾板锚筋施工→基础找平立模→岩面清洗→基础找平验仓→基础找平混凝土浇筑→找平面施工缝处理→趾板钢筋绑扎→立模及止水安装→灌浆孔预埋→趾板混凝土浇筑→上表面翻模及抹面修整→养护→拆模→施工缝处理→止水保护。

（2）施工工艺流程（见图7-1）。

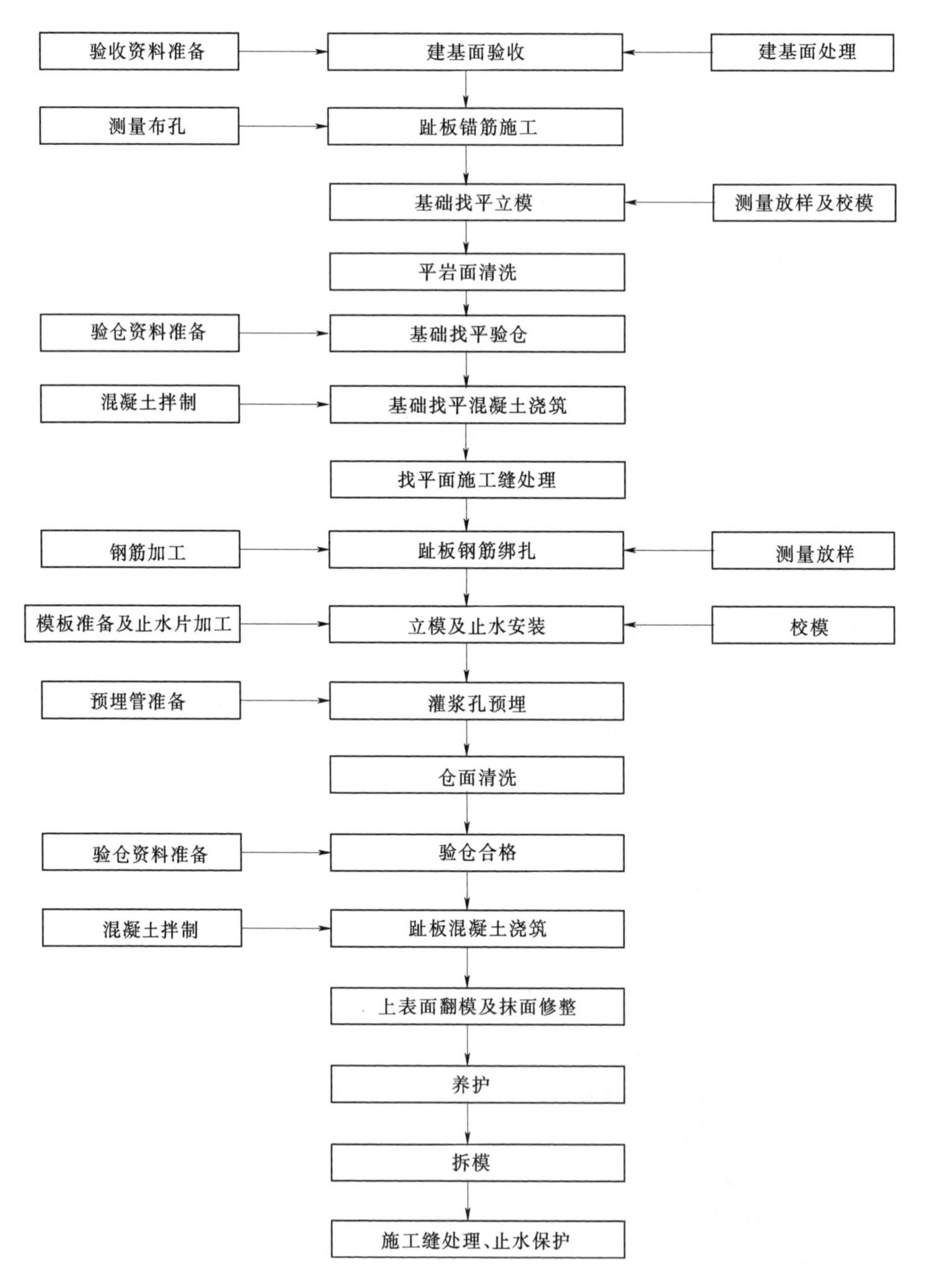

图7-1　趾板混凝土施工工艺流程框图

7.2 模板

趾板的设计断面尺寸（宽度、厚度、周边缝侧形体）是随水头的大小分段变化的，河床段趾板尺寸最大，两岸坡趾板自下而上分段从大变小。不同混凝土面板堆石坝的趾板尺寸也不一样。因此，趾板的模板设计不适合做成定型模板，定型模板会造成重复使用率很低，增加施工成本，不经济。

根据工程的经验，趾板模板一般采用组合钢模板。这样，可以根据趾板不同的断面尺寸，进行钢模板不同的组合，完全可以满足设计尺寸的要求。采用组合钢模板，适应性强，立模比较方便，可以重复周转使用，并可以用于该工程的其他建筑物，对降低施工成本有利。

当地形条件适宜，趾板转角较少、坡度适中，上部有合适的施工道路，可采用滑模施工。

7.2.1 组合模板

组合模板的施工程序为：测量放样；做样架；立模；校模；上表面翻模。

（1）测量放样。根据设计图纸，采用全站仪放出模板立模的控制点，如趾板“X”线控制点、外边线控制点、高程控制点等，并标注在岩石面上或已经浇筑完的趾板上，作为趾板立模及做样架的控制点。

（2）做样架。样架是模板支撑架和趾板上表面翻模施工的基准架。样架一般采用钢筋制作。上表面翻模样架分为竖向钢筋和表层钢筋，竖向钢筋与趾板锚筋或趾板钢筋焊接固定，表层钢筋是用来支撑趾板上表面翻模模板的，与竖向钢筋焊接固定。表层钢筋布置方式有两种，一种是平行趾板“X”线；另一种是垂直趾板“X”线，当平行趾板“X”线时，翻模模板安装时模板长度方向与趾板“X”线垂直，否则，反之。实际工程中，多数采用表层钢筋与趾板“X”线平行的施工方法。施工时要求按照测量控制点严格控制，样架表层钢筋与趾板上表面设计线重合，以保证精度符合要求，同时样架要有足够的刚度，以防止混凝土浇筑时变形走样。

（3）立模。以测量控制点为基准进行立模，立模过程中采用拉线、吊线等方法控制模板的通直和垂直。立模采用组合模板，根据趾板的断面尺寸，尽可能选择大尺寸模板，以减少拼缝。

侧模模板长度方向与趾板“X”线平行，外侧采用直径 48mm×3.5mm 钢管式钢楞，内楞垂直于模板长度方向，采用单根，外楞与模板长度方向平行，采用双根，用拉条通过“蝶形”扣件（也可用短钢管、型钢等代替）固定外楞。拉条一般采用直径 12mm 圆钢，一端焊接在锚筋或趾板钢筋上；另一端加工成螺纹用螺母固定在“蝶形”扣件外部，通过螺母调节模板的松紧及精度。采用圆钢拉条，要在钢模板上开孔以穿过拉条。为了避免在大模板上开孔及减少开孔模板的数量，一般采用宽 10cm 的小模板开孔，并重复使用。另一做法是采用扁钢穿过钢模的拼接缝，两侧再焊接圆钢，这样可以避免在模板上开孔，但缺点是穿扁钢的模板缝留有几毫米的缝隙，容易漏浆。趾板周边缝部位铜止水片处立模方法是：铜止水的鼻子安放在钢模之间，鼻子一侧与钢模内侧平；另一侧设置一小方木，方木高度与鼻子相同，方木外侧与钢模平（见图 7-2、图 7-3）。

图 7-2　趾板侧模组合钢模板

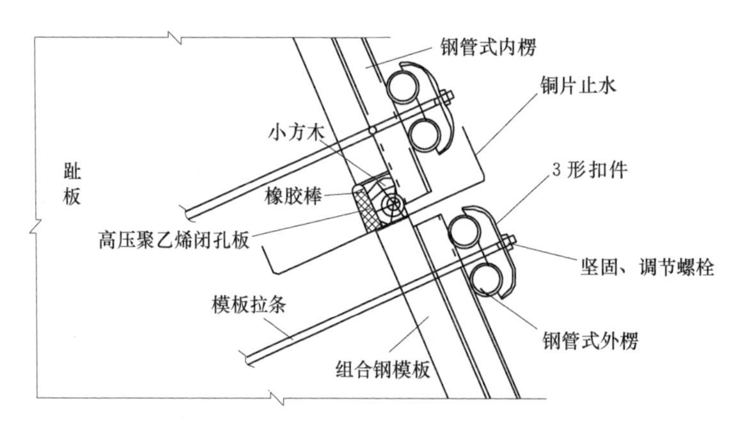

图 7-3　趾板周边缝部位铜止水片处立模图

对于坡度较陡的岸坡段趾板，或采用泵送混凝土的岸坡段趾板，其上表面需要立模，一般采用翻模施工。模板长度方向一般采用与趾板“X”线垂直，模板下面由样架支撑，上面固定与侧模相同，采用直径 48mm×厚 3.5mm 钢管式钢楞及拉条加 3 形（“蝶形”）扣件固定，也可采用铁丝绑扎固定。

端头模板立模方法同侧模。

侧模立模顺序：模板用 U 形卡拼装→模板就位→钢管内楞安装→钢管外楞安装→3 形（“蝶形”）扣件及拉条安装→铜止水片安装→铜止水片上部模板、钢楞及拉条安装→模板校准及拉条螺栓调整、固定→校模及调准。

上表面模板立模顺序：做样架→模板用U形卡拼装→模板就位→钢管内楞安装→钢管外楞安装→3形（“蝶形”）扣件及拉条安装→模板校准及拉条螺栓拧紧固定。

（4）校模。虽然立模过程中，根据测量提供的控制点，通过拉线、吊线等方法对模板进行了校准，但还存在着误差。为了控制立模误差在允许范围内，模板立模完成后，要对模板进行一次校模。校模采用全站仪进行，从下至上测几个断面，每个断面测轮廓角点，测出的坐标和高程点与相应的设计点对比，如果误差超出允许范围，要对模板进行调整，将其调整至允许范围内方可。

（5）上表面翻模。趾板上表面模板一种方法是采用立模一段浇筑一段，浇筑完成的混凝土当具备初步成型条件并在初凝前将模板拆除，拆除的模板用于上部浇筑段的立模，上表面模板拆除后及时对混凝土表面进行修整、抹面、二次压光。另一种方法是立模一段浇筑一段，上表面模板在浇筑过程中不进行拆模，一直到模板覆盖整个趾板上表面，拆模按常规的时间与侧模一起拆除。

7.2.2 滑模模板

趾板采用滑模施工，具有速度快，投入模板及模板支撑加固材料少，节省人工等优点。同时，有利于保证趾板混凝土外观质量，尤其对工程量大、岸坡陡、转角少的岸坡段趾板，采用滑模更显优势。

（1）模板结构。模板结构一般采用型钢制成桁架结构型式，以满足模板整体刚度要求，模板面板采用钢板。模板宽度一般为1.0～1.5m。因趾板随水头的变化分为几种不同的断面，所以模板结构应设计成可拆拼、可调节的型式，以满足趾板长度、宽度、鼻坎尺寸改变的需要。因趾板在鼻坎处有周边缝止水，模板需在止水位置断开，断开处应在模板上镶贴橡胶皮，使模板与止水接缝处密封不漏浆，同时防止模板滑升过程中损伤止水；为保证止水位置正确，应设置定位止水位置的装置，可在止水上、下安装橡胶滚轮定位。有些工程为了设计、制作滑模简单、方便，不采用全断面滑模施工。下游鼻坎处侧模采用常规立模施工。为了给滑模配重，可在滑模平台上压沙袋，也可将滑模做成水箱结构冲水压重。在滑模平台后部设置抹面操作平台，用于对出模的混凝土表面进行修补、抹面及压光。

（2）滑升装置。滑升装置由提升动力机构和滑模轨道组成。

1）提升动力机构。提升动力一般采用卷扬机、液压系统、手动葫芦等。卷扬机动力机构主要由卷扬机、钢丝绳、滑轮等组成，卷扬机可布置在滑模平台上。液压系统动力机构主要由电动液压油泵、液压千斤顶、千斤顶爬升杆、油管路、阀门等组成，电动液压油泵及操作控制布置在滑模平台上，液压千斤顶、爬升杆布置在趾板两侧。用卷扬机、液压系统作为提升动力，施工效率高，适合于工程量大的趾板快速施工；用手动葫芦作为提升动力，费工费力，可用于工程量小的趾板滑模施工。

2）滑模轨道。滑模轨道用于支撑滑模系统、滑模行走及导向作用。滑模轨道一般用型钢、钢管等制作而成，采用锚筋固定在趾板两侧，通过锚筋调整轨道的高程及坡度。如果轨道直接铺设在基岩面上，必须先做混凝土或水泥砂浆找平垫层，作为轨道基础，找平垫层的高程、坡度、平整度等应满足轨道安装精度要求。

（3）滑模模板制作、安装。滑模模板的制作、安装应满足相关技术要求，允许误差应在规定的范围内，以保证滑模施工的趾板形体尺寸满足设计要求。滑模安装完成后，应进行调试、验收，调试完成并验收合格后，方可用于滑模施工。如趾板新浇筑仓与已浇筑完成的趾板相接，则不需安装封头模板，否则需安装封头模板。封头模板采用木模板或钢木组合模板，封头模板的尺寸可比趾板设计尺寸小 5mm，以便滑模通过。滑模轨道安装，需延长超出趾板起浇点 3m，用于起浇位置滑模运行。

7.3 仓面准备

7.3.1 基础找平

为减小岩石基础对趾板混凝土的变形约束，防止和减少趾板混凝土出现收缩和温度裂缝，趾板基础超挖 0.6m 以上的部位，在趾板浇筑前，宜先用技术指标相同的混凝土将其浇筑至趾板底部设计高程。主要施工程序包括：测量放样；立模；岩面清洗；验仓；混凝土浇筑；施工缝处理。

（1）测量放样。对趾板基础面进行测量，将实测断面与设计线比较，确定超挖的范围及深度，并在基础岩面上做好找平的基准标记，作为混凝土找平的控制点。

（2）立模。根据超挖的范围及位置，进行混凝土找平立模。超挖的位置超出趾板边线时需要立侧模。两岸坡坡度较陡或采用泵送混凝土时，找平上表面应进行翻模施工。侧模采用组合钢模板，直径 48mm×3.5mm 钢管式钢楞加圆钢拉条固定。表面翻模采用组合钢模板，用钢筋做样架，钢管式钢楞加圆钢拉条固定。

（3）岩面清洗。岩面浮渣、泥土等杂物清理干净，松动岩块撬除干净，再用清水将岩面冲洗干净。

（4）验仓。混凝土找平浇筑前必须进行仓面验收，仓面验收终检由监理工程师进行，验仓合格后方可进行混凝土浇筑施工。之前，应先进行建基面地基验收，由业主、设计、监理及施工四方联合进行，如果发现有地质缺陷等不符合建基面要求的情况，应按照设计要求进行处理，处理完成并验收合格后方可进入下道工序施工。

（5）混凝土浇筑。找平混凝土的技术指标和趾板混凝土相同。找平混凝土浇筑时从低至高进行，基岩表面先铺一层厚 2～3cm 与趾板混凝土同技术指标的水泥砂浆，以保证混凝土与基岩结合紧密，混凝土分层布料、分层振捣密实。

（6）施工缝处理。找平混凝土表面施工缝采用高压水冲毛机或人工凿毛等方法进行处理。当采用高压水冲毛机进行冲毛处理时，处理后的混凝土表面应无乳皮，微露粗沙。当采用人工凿毛时，要求将整个缝面都凿除一薄层，应避免漏凿而凿成花毛，凿毛处理后的全部缝面应均露出新鲜的毛面。

7.3.2 钢筋制作安装

（1）钢筋进场检验。钢筋原材料进场必须是合格产品，要有出厂质保书、合格证。进场后根据施工规范要求对其进行抽样检验，检验合格后方可用于工程施工。不合格的退货清场，不得用于工程施工。

（2）钢筋加工。钢筋在钢筋加工厂采用钢筋加工机械进行加工，加工前应进行加工详图设计，严格按照设计图纸及施工规范要求下料、加工。钢筋接头一般采用焊接或搭接接

头。钢筋加工完毕后，根据使用部位不同分别堆放，同时进行标识，将钢筋的编号、种类、规格、形状、尺寸及直径等挂牌标识清楚，并经检查验收合格后，方可使用。钢筋应堆放在仓库（棚）内，露天堆放应垫高遮盖，做好防雨、防潮、防锈等工作。

（3）钢筋运输。加工成型的钢筋采用加长平板汽车运输，必要时在运输车上设置型钢支架固定，防止钢筋变形。钢筋运至现场后用汽车吊卸下，再用人工搬运到趾板工作面。

（4）钢筋安装。钢筋安装顺序：测量放点→制作、安装钢筋样架→按图纸要求安装趾板钢筋→自检、整改→终检，终检合格后方可进入下道工序施工。

钢筋安装前进行测量放点，以控制钢筋安装的高程和位置。根据测量的控制点，先制作、安装钢筋样架，用于架立、固定及安装趾板钢筋。钢筋安装严格按照设计图纸要求进行，钢筋安装的位置及钢筋的种类、规格、形状、尺寸、直径、间排距、数量、锚固长度、接头形式及位置、保护层厚度等必须符合设计及施工规范要求。安装完成后的钢筋骨架应稳定、牢固，且在混凝土浇筑过程中安排专人值守，防止钢筋移位和变形，发现问题及时处理。

7.3.3 施工缝处理

趾板一般只在转角处或地质变化处设置结构缝，其余采用连续不分缝结构，根据施工需要设置施工缝。但也的有工程采用按一定距设置结构缝。施工缝一般 10～15m 设置一道，不设置止水，钢筋穿过缝面，对缝面进行凿毛处理。

由于施工缝不设止水，所以一定要处理好，以免形成渗漏通道。施工缝处理的方法通常是设置“键槽”并进行凿毛处理。凿毛应在拆模后适时进行，凿毛前应先检查缝面，将缝面的杂物清理干净，包括漏浆、松动骨料及混凝土、未拆除完嵌固在混凝土上的木板条等，如果缝面上有蜂窝、麻面等质量缺陷，应首先将质量缺陷处理完成。凿毛一般采用人工进行，将混凝土缝面的光面、乳皮凿除，使骨料及粗沙微露，避免漏凿，使整个缝面均露出新鲜的毛面。为提高凿毛的效率，可采用凿毛机进行。

7.3.4 灌浆孔预埋

趾板上的灌浆孔有帷幕灌浆孔和固结灌浆孔，数量较多，趾板配筋设计一般都是单层双向钢筋，并布置在上层。如果在混凝土浇筑时不预先埋设灌浆孔，灌浆钻孔时很容易碰到趾板钢筋。为了避免灌浆钻孔时碰到钢筋，需在混凝土浇筑时预先埋设灌浆孔。

灌浆孔预埋在模板、钢筋安装完成后进行 。灌浆孔预埋管一般采用硬塑料管，管内径应大于灌浆孔径，要有足够的刚度和壁厚，以防止混凝土振捣时发生变形或破裂。埋设时按图纸要求的灌浆孔间、排距进行，如果碰到钢筋，可适当调整位置。灌浆孔预埋的关键是预埋管的固定，由于采用的是塑料管，固定比较困难，如果固定不牢固，混凝土振捣时容易造成预埋管移位、倾斜而报废。预埋管固定应将其上、下均固定住，有效做法是在塑料预埋管上、下各套一个钢筋圆环，然后通过连接钢筋将圆环焊接固定。

有些工程灌浆孔预埋的做法是埋设一节短塑料管，长度为穿过钢筋网 5cm 左右。事先在模板上标注上预埋管位置控制点，埋设时通过拉线尺量确定每个预埋管的位置，混凝土浇筑至表面，振捣完成进行抹面时埋设，埋设时振捣器配合将短管埋入，碰到钢筋时适当调整位置。这种方法实际上没有形成预埋孔，只是起灌浆钻孔、开孔定位及导向作用，但这种方法简单易行，不需要固定，省工、省材，有效避免了钻孔时钻断钢筋。但当趾板表面采用翻模施工时，此方法不适用。

有些工程灌浆孔采用钢管做灌浆预埋管，固定比较容易，刚度、强度高，施工过程中不易损坏，可靠度高，但施工成本大。

混凝土浇筑过程中，应注意对灌浆预埋管的保护，以防止下料及振捣时对其造成移位或损坏，同时要派专人值班看管，发现问题及时处理。

7.4 趾板混凝土施工

7.4.1 配合比设计

混凝土趾板是面板坝的防渗结构之一，不仅有强度要求而且有抗渗要求。鉴于部分趾板处于水位变化区，经常受水流冲刷，有抗冲刷要求，在寒冷地区尚有抗冻要求。因此，宜优先选用硅酸盐水泥，且要求水泥强度等级不低于42.5MPa。混凝土配合比除满足设计要求的各项技术指标外，同时要保证混凝土拌和物和易性要求，控制好混凝土的坍落度。在混凝土配合比中掺加高效减水剂和引气剂，不仅可提高混凝土的抗压、抗渗、抗冻等技术指标，同时可提高混凝土拌和物的和易性，有利于施工。

（1）配合比的要求。

1）达到设计的混凝土强度等级，满足趾板混凝土强度的要求。

2）保证混凝土具有良好的和易性，满足施工对混凝土流动性的要求。

3）具有一定的抗渗性、抗裂性、抗冻性及抗侵蚀性，满足工程运行时的防渗与耐久性要求。

在同时满足上述三项要求的前提下，应达到节约水泥、降低工程造价的目的。

趾板混凝土根据入仓方式的不同可分为泵送混凝土和常态混凝土两种。根据钢筋的密布程度需要采用一级配和二级配两种混凝土。骨料采用人工骨料和天然骨料均可。根据设计强度的不同，水灰比一般在0.32～0.55之间。泵送混凝土坍落度一般控制在12～16cm之间，常态混凝土坍落度一般控制在3～7cm之间。由于趾板坐落在基岩或覆盖层上，因此趾板受到周边的约束比较大，从防止趾板混凝土裂缝的角度考虑应优先选用二级配的常态混凝土，采用人工骨料时应限制石粉含量。

（2）趾板混凝土的性能与检测。

1）趾板混凝土拌和物性能试验，包括新拌混凝土机口坍落度控制、含气量控制、和易性和泌水性试验等。对于常态混凝土机口坍落度一般控制在5～7cm，含气量控制在4%～6%，在满足施工工艺的前提下坍落度尽可能小。

2）主要设计指标检测，包括混凝土强度、抗渗性和抗冻性试验等。其中趾板混凝土强度试验要求每台班至少应取1组试样，抗渗性和抗冻性试验一般每月取1组试样。

（3）混凝土面板堆石坝趾板混凝土配合比实例。

1）滩坑水电站混凝土面板坝趾板施工配合比见表7-1。

表 7-1　　　　　　　　　滩坑水电站混凝土面板坝趾板施工配合比表

配合比编号	坍落度/mm	水胶比	砂率/%	混凝土材料用量/(kg/m³)									
				水泥	VF防裂剂	粉煤灰	砂	卵石/mm		减水剂NMR 0.75%	引气剂BLY 1%	纤维材料	水
								5～20	20～40				
T14	80～100	0.343	35	238	42	70	633	602	602	2.625	3.5	—	120
T18			35	244	43	72	628	597	597	2.692	3.59	0.9	123

注　VF防裂剂、NMR高效减水剂、BLY引气剂为中国水利水电第十二工程局有限公司施工科研所研发的混凝土防裂专用产品。纤维材料为聚丙烯纤维。

2）紫坪铺水电站趾板混凝土施工配合比见表7-2。

表 7-2　　　　　　　　　紫坪铺水电站趾板混凝土施工配合比表

配合比编号	坍落度/mm	水胶比	砂率/%	混凝土材料用量/(kg/m³)								
				水泥	VF防裂剂	粉煤灰	砂	卵石/mm		减水剂NMR 0.75%	引气剂BLY 1 %	水
								5～20	20～40			
S10	50～70	0.44	39	239	39	49	719	467	701	2.452	3.27	144
S14	140～160	0.44	42	279	46	57	728	417	626	2.865	3.82	168

7.4.2　入仓方式

趾板混凝土浇筑入仓方式主要有：溜槽入仓、吊运入仓、长臂挖掘机入仓及泵送入仓等。

（1）溜槽入仓。溜槽入仓一般是在趾板上游进行，利用趾板上游边坡高差。因此，需在趾板上游布置施工道路，一般利用上坝道路，上坝道路数量不够，可适量增加道路。如果趾板上游山坡陡峭，未修建施工道路，那么溜槽入仓的方式就比较困难。

溜槽入仓系统由受料斗、溜槽及串桶等组成。汽车运来的混凝土先倒入受料斗，通过受料斗的控制闸门进料至溜槽。溜槽一般采用厚2mm钢板制作，断面一般为倒梯形，溜槽支撑架用脚手架钢管搭设，坡度控制在36°左右，坡度缓下料易堵。溜槽出料口高度大于2m时，在出口接串桶下料，防止混凝土分离。

溜槽入仓优点是：投入机械设备少，入仓速度较快，可采用常态混凝土，混凝土坍落度较小，有利于防止和减少趾板混凝土裂缝。缺点是：要具备地形高差条件，适用性受限制。仓面平仓工作量较大。

（2）吊运入仓。起吊设备一般采用50t履带吊或汽车吊，配1.5m³和3m³卧罐。履带吊对路基、路面适应性强，爬坡能力较强，运行时稳定性好，移位方便，入仓速度较快。而汽车吊对路基、路面要求较高，移位时要收放支腿，入仓速度较慢，且使用成本也较高。

吊机入仓的优点是：可采用常态混凝土，混凝土坍落度可控制在较小范围，有利于防止和减少趾板混凝土裂缝。每罐料都可吊到仓面指定位置，平仓工作量小。缺点是：入仓速度较慢。另外，两岸坡趾板浇筑要在坝体填筑面上吊运，要随坝体的升高，趾板才能逐块向上浇筑，影响大坝的填筑进度。

(3) 长臂挖掘机入仓。长臂挖掘机适用于河床段趾板混凝土浇筑入仓（如果普通挖掘机臂长满足浇筑半径要求，应优先选用普通挖掘机，以节省施工成本）。而对于岸坡段趾板，要随坝体的升高才能逐块向上浇筑，这样就造成了长臂挖掘机使用效率低、成本高。另外，受到趾板下游边坡的限制，有些工程的岸坡趾板，一般长臂挖掘机的臂长不够，无法使用。

通常采用斗容 0.4～0.5m^3 的长臂挖掘机。汽车运来的混凝土倒入钢板制成的料斗中，长臂挖掘机从料斗中取料直接入仓。长臂挖掘机入仓的优点是：可采用常态混凝土，混凝土坍落度可控制在较小范围，有利于防止和减少趾板混凝土裂缝。对路基、路面要求不高，行走方便，机动灵活，入仓速度快，效率高，并可进行平仓。缺点是：用于岸坡段趾板使用效率低、成本高，有些工程岸坡段趾板一般长臂挖掘机臂长不够。另外与吊运入仓一样，要利用坝体填筑面，随坝体的升高，趾板才能逐块向上浇筑，影响大坝的填筑进度。

(4) 泵送入仓。汽车运送的混凝土卸入混凝土泵的受料斗，然后由混凝土泵将混凝土通过输送泵管直接打到仓面。混凝土泵的布置位置结合施工道路、混凝土运距、大坝填筑面等情况综合考虑，可布置在坝前、坝基、大坝填筑面，以尽量做到不影响大坝填筑、减少混凝土运距及缩短输送泵管的长度为原则。

混凝土泵入仓的优点是：布置方便、灵活，输送距离远、高差大，入仓速度快，受限制的条件少。吊运、溜槽等入仓方式无法实施的情况下，采用泵送是比较好的入仓方式，实际工程中用的比较多。缺点是：泵送混凝土坍落度大，水泥用量多，混凝土的成本加大，并容易引起趾板混凝土的温度裂缝和收缩裂缝。另外，当输送距离较远时，一旦发生泵管堵塞，拆装疏通泵管耗时耗工。

每个工程的施工条件、施工布置、施工进度等都不相同，究竟采用什么入仓方式，要根据工程实际情况决定。在许多工程中，一般要采用多种不同的入仓方式，以满足不同位置入仓需要。

7.4.3 浇筑与养护

(1) 浇筑顺序。趾板浇筑顺序一般先进行河床段施工，然后沿两岸坡由低向高进行，以满足坝体填筑进度的要求。有的工程在河床段趾板开挖尚未完成情况下，先浇筑岸坡段的趾板，以减轻岸坡段趾板施工进度上的压力。

河床段趾板浇筑一般采用跳块浇筑的方法进行，以加快施工进度、减少施工干扰及提高施工效率。岸坡段的趾板浇筑一般由低往高逐块依次进行。多数面板堆石坝趾板除不良地质部位或地质条件发生变化处外，一般不设结构缝，按浇筑施工分块设施工缝，施工缝最大间距一般不大于 15m，趾板钢筋穿过施工缝。

(2) 趾板混凝土浇筑要点。

1) 河床段和坡度较缓的岸坡段趾板，尽量采用常态混凝土浇筑，上表面不需立模，浇筑后进行人工抹面压光。

2) 对于坡度较陡的岸坡段趾板，尤其采用泵送混凝土的岸坡段陡趾板，上表面需要

采用翻模施工，以保证混凝土施工质量和进度。

3）混凝土浇筑过程中，要严格控制混凝土的坍落度和施工和易性，防止骨料分离，振捣密实，防止漏振。

4）混凝土浇筑过程中，要控制止水带部位的浇筑质量，确保止水带底部混凝土浇筑饱满并振捣密实，同时要防止水带翻折移位，按设计要求埋进混凝土中。

5）做好止水带的保护，防止损坏止水带。

6）做好预埋灌浆孔导管的安装，防止在施工过程中移位。

7）按规范要求做好施工缝的缝面处理，确保接缝处施工质量。

8）尽量避开在雨季浇筑趾板混凝土，趾板混凝土浇筑前，要密切关注天气预报，雨天施工，做好仓面防雨和截排水工作，大雨时要及时收仓停浇。

9）冬季施工，要充分做好防冻和保温工作。高温季节施工要控制混凝土的浇筑温度和混凝土内部最高温度。

10）超挖较大以及不良地质超挖部位，要先用相同强度等级的混凝土回填找平，再施工趾板结构混凝土，减少趾板基础约束。

（3）混凝土振捣。混凝土振捣采用直径70mm型、直径50mm型软轴插入式振捣器，钢筋较密处及止水位置采用直径50mm型振捣器振捣。振捣时应在滑模平台前从中间向两侧依次振捣，振捣器垂直插入混凝土，插入深度至下层混凝土5～10cm，振捣时间以混凝土粗骨料不再明显下沉，底部浆液已泛至表面为准，不得漏振、欠振，也应避免重振、过振。趾板鼻坎位置钢筋较密且有止水时，要加强振捣，振捣时振捣器不得贴在模板、钢筋上振捣，不得碰到止水，仔细操作，直至混凝土密实为止。

（4）养护。趾板混凝土浇筑完成后，及时用草袋、棉毡或麻袋等覆盖并洒水养护。可在水管上开小孔采用长流水养护。养护应有专人负责，24h不间断进行，发现覆盖物被掀开、有洒不到水的位置、有时干时湿现象等问题及时处理，应始终保持混凝土表面湿润，养护时间不少于90d，冬季做好防冻保温措施。

7.4.4 滑模施工要点

（1）混凝土配合比。仓面的混凝土坍落度一般控制在4～7cm，根据施工季节、天气气温情况在该范围内进行控制。混凝土坍落度太小，不利于滑模施工，振捣、平仓等施工难度大，施工质量难以得到保证；混凝土坍落度太大，影响滑模滑升速度，极易造成混凝土裂缝，同时影响混凝土抗压、抗冻、抗渗等技术指标。

（2）混凝土入仓浇筑。可充分利用两岸斜坡、高差采用溜槽配溜筒入仓。将混凝土从拌和楼运输至下料平台集料斗，然后通过溜筒、溜槽将混凝土输送至浇筑仓面。当溜槽坡度较缓时，需沿溜槽配人工扒料。在混凝土开始下料前，应先拌制适量的同技术指标的水泥砂浆入仓，一方面用于湿润溜槽；另一方面为了保证混凝土振捣密实，使新老混凝土之间、混凝土与基岩之间紧密结合。要控制混凝土下料范围，设专人在仓面左右移动溜槽，并接长溜槽使其靠近滑模，将混凝土沿趾板宽度范围均匀的下到滑模前，以减少平仓工作量。如果溜槽出料口离滑模距离较远，布料范围较大，这样上部的混凝土得不到及时的振捣、覆盖，坍落度损失增大，平仓、振捣难度加大，严重的会引起混凝土冷缝而造成质量事故，特别是在气温较高的晴天更是如此。混凝土下料的控制范围，可根据气温情况及混凝土初凝时间而定，一般下料范围控制在滑模前 1.5m 以内较好。

浇筑时不得将振捣器插入滑模底部振捣，否则极易引起滑模上浮，造成质量事故。

（3）滑模滑升。滑模滑升速度是由气温、混凝土入仓速度、混凝土坍落度等因素决定的，一般平均速度控制在 1～2m/h。滑升速度控制总的要求是：出模的混凝土尚未初凝，用手指轻按有指印，但手指上不粘混凝，表面能够进行抹面作业；出模的混凝土不鼓胀、不垮边、不坍塌、成型好。如果出模过早，混凝土易产生变形，表面形成波纹状，易引起垮边、掉角，对质量造成影响。如果出模过晚，增大混凝土对滑模的黏结力，造成滑模提升困难，影响混凝土表面抹面、压光。滑模运行宜采用短间隔、小位移的提升方式，每次提升距离控制在 20～30cm，这样有利于减小滑升阻力，并使出模的混凝土软硬度较均匀，便于抹面、压光施工。

滑模滑升时要求平衡、慢速，保持两侧同时、均匀、等距离上升，否则将引起滑模偏移，甚至会造成滑模变形等问题，可在两侧轨道上标设距离的标记进行控制、检查。采用卷扬机滑升时，速度应控制在 3m/h 以下，卷扬机钢丝绳应与趾板“X”线平行，以避免在滑升过程中出现偏移现象。

滑模滑升前，检查轨道上是否有杂物，钢丝绳或千斤顶爬升杆或手动葫芦倒链上是否有异物、是否被杂物卡住，千斤顶爬升杆上是否有污物、连接是否平顺，提升装置是否安全、可靠，发现问题，及时处理。确认安全后，由专人指挥并鸣哨，再由操作人员进行滑升作业，防止出现安全事故。

（4）灌浆管埋设。趾板采用滑模施工时，为了使滑模通过，灌浆孔埋管的管口必须要做到与混凝土表面平齐，这在施工中很难做到。可在出模后的混凝土表面埋设短管，短管埋至趾板上层钢筋网以下 5cm 即可，起到给灌浆钻孔开孔定位及导向的作用，防止灌浆钻孔时碰到、钻断钢筋。有些工程趾板滑模施工时，不进行灌浆管的埋设，灌浆施工时采用直接在趾板上钻孔。

（5）收面。趾板混凝土出模后，利用滑模后面的抹面操作平台，立即对出模的混凝土表面进行抹面，如果发现有缺陷，立即进行修补，并在混凝土表面收水后（初凝前）将其压光。

（6）养护。出模后的混凝土表面抹面、压光后，利用滑模后部拖挂的塑料薄膜覆盖保湿，塑料薄膜的覆盖长度，以露出塑料薄膜的混凝土已经终凝并达到一定强度、且表面可抵抗养护水的冲刷为准。露出塑料薄膜的混凝土，随即用草帘、棉毡或麻袋布等覆盖，并洒水养护，始终保持混凝土表面湿润，冬季做好防冻保温工作。

7.5 质量控制

7.5.1 原材料质量控制

趾板混凝土的各种原材料，都应检验合格后方可使用。骨料应进行碱活性试验，未经专门认证，不得使用碱活性骨料。

（1）水泥。每批水泥运至工地，应有生产厂家的合格证和试验报告，并对其品种、强度等级、包装、出厂日期、生产厂家、批号等进行检查验收。同时，按每 200t 或以内

（同厂家、同品种、同强度等级）为一取样单位，进行取样试验，合格后方可使用。对于出厂超过3个月的袋装水泥或出厂超过6个月的散装水泥，使用前应重新试验。水泥运储过程中应防水防潮，保持干燥，袋装水泥堆放高度不得超过15袋，罐储水泥宜1个月倒罐1次。

（2）粉煤灰。运至工地的每批粉煤灰，应有生产厂家的合格证和试验报告，并对其等级、包装、出厂日期、生产厂家、批号等进行检查验收。同时，按连续供应200t或以内为一批，进行取样试验，合格后方可使用。运储过程中应防水防潮，应储存在专用仓库或储罐内。

（3）外加剂。运至工地的每批外加剂，应有生产厂家的合格证和试验报告，并对其品种、包装、出厂日期、生产厂家、批号等进行检查验收。同时按100t（掺量不小于1%）或50t（掺量小于1%）或1～2t（掺量小于0.01%）为一批，进行取样试验，合格后方可使用。应储存在专用仓库内，不同品种分开储存，并有标识。粉状外加剂在运储过程中应注意防水防潮。当储存时间过长，对其品质有怀疑时，必须进行试验确定。

（4）水。达到饮用标准的水，均可以用于混凝土拌和与养护。如水源发生改变或对水质有怀疑时，应随时进行取样试验，合格后方可使用。

（5）骨料。细骨料应质地坚硬、清洁、级配良好，人工砂的细度模数宜在2.4～2.8范围内，天然砂的细度模数宜在2.2～3.0范围内。细骨料的含水率应保持稳定，人工砂饱和面干的含水率不宜超过6%。细骨料的品质要求应符合表7-3。

表7-3　　细骨料的品质要求表

项目		指标		备注
		天然砂	人工砂	
石粉含量/%		—	6～18	
含泥量/%	≥C_{90}30和有抗冻要求的	≤3	—	
	<C_{90}30	≤5		
泥块含量		不允许	不允许	
坚固性/%	有抗冻要求的混凝土	≤8	≤8	
	无抗冻要求的混凝土	≤10	≤10	
表观密度/(kg/m^3)		≥2500	≥2500	
硫化物及硫酸盐含量/%		≤1	≤1	折算成SO_3，按质量计
有机质含量		浅于标准色	不允许	
云母含量/%		≤2	≤2	
轻物质含量/%		≤1	—	

粗骨料表面应洁净、如有裹粉、裹泥或被污染等应清除，如使用黄锈和钙质结核等粗骨料，必须进行专门试验认证。各级粗骨料的超、逊径含量控制标准：当以超、逊径筛检验时，超径为零，逊径小于2%；当以原孔筛检验时，超径小于5%，逊径小于10%。粗骨料的压碎指标值宜采用表7-4的规定，其他品质要求应符合表7-5。

表 7-4　　粗骨料的压碎指标值表

骨料类别		不同混凝土强度等级的压碎指标值/%	
		$C_{90}55 \sim C_{90}40$	$\leqslant C_{90}35$
碎石	水成岩	≤10	≤16
	变质岩或深层的火成岩	≤12	≤20
	火成岩	≤13	≤30
卵石		≤12	≤16

表 7-5　　粗骨料的其他品质要求表

项　　目		指标	备　　注
含泥量/%	D_{20}、D_{40}粒径级	≤1	
	D_{80}、D_{150}（D_{120}）粒径级	≤0.5	
泥块含量		不允许	
坚固性/%	有抗冻要求的混凝土	≤5	
	无抗冻要求的混凝土	≤12	
硫化物及硫酸盐含量/%		≤0.5	折算成 SO_3，按质量计
有机质含量		浅于标准色	如深于标准色，应进行混凝土强度对比试验，抗压强度比不应低于 0.95
表观密度/(kg/m³)		≥2550	
吸水率/%		≤2.5	
针片状颗粒含量/%		≤15	经试验认证，可以放宽至 25%

1）骨料生产成品。每 8h 应检测 1 次。检测项目：细骨料的细度模数、石粉含量（人工砂）、含泥量和泥块含量；粗骨料的超径、逊径、含泥量和泥块含量。

每月按表 7-3～表 7-5 中的指标进行 1～2 次抽检。

2）拌和楼（站）。砂子、小石的含水量每 4h 检测 1 次，雨雪等特殊情况应加密检测。砂子的细度模数和人工砂的石粉含量、天然砂的含泥量每天检测 1 次。当砂子的细度模数超出控制中值±0.2 时，应调整配料单的砂率。粗骨料的超逊径、含泥量每 8h 应检测 1 次。每月应在拌和楼（站）取砂石骨料按表 7-3～表 7-5 所列项目进行 1 次检验。

7.5.2　拌和运输质量控制

（1）拌和。

1）混凝土配合比必须通过设计和试验确定，满足设计技术指标和施工要求。混凝土拌和必须按试验部门签发并经审核的混凝土配料单进行配料，严禁擅自更改。施工过程中应根据混凝土质量动态信息，由混凝土配合比设计部门对其进行及时的调整。

2）拌和楼（站）使用前必须由相应资质的单位对其计量器具进行检定，检定合格后方可投入使用。在平时运行过程中，计量器具每月不少于一次的检验校正，平时有疑问时随时抽验。每班称量前，应对称量设备进行零点校验。

3）混凝土拌和生产中，对以下的内容及时检查、检测，发现问题及时处理。

对各种原材料的配料称量进行检查并记录，每 8h 不应少于 2 次，其称量的允许偏差：水泥、掺合料、水、冰、外加剂溶液均为±1%；骨料为±2%。混凝土拌和时间 4h 应检

测 1 次。混凝土拌和物应拌和均匀，并应定期检测。混凝土坍落度每 4h 应检测 1～2 次，其允许误差为：坍落度不大于 4cm 时，为±1cm；坍落度 4～10cm 时，为±2cm；坍落度大于 10cm 时，为±3cm。引气混凝土的含气量，每 4h 应检测 1 次，含气量允许的偏差范围为±1%。配制的外加剂溶液的浓度，每天检测 1～2 次。混凝土拌和物的温度、气温和原材料温度，每 4h 应检测 1 次。混凝土拌和物的水胶比（或水灰比）在必要时进行检测。

（2）运输。当运输距离较远或采用泵送混凝土时，宜采用搅拌车运输。当运输距离较近时，也可采用轻型自卸车运输。所用的运输设备，应使混凝土在运输过程中不发生分离、漏浆、严重泌水、过多温度回升和坍落度损失，并保证卸料畅通。运输道路应保持平整，尽量缩短运输时间及转动次数，严禁在运输途中及卸料时加水。每次卸料，应将混凝土卸净，并应适时清洗车厢。在雨天、高温或低温条件下，混凝土运输设备应有遮盖或保温设施。所用吊罐不得漏浆，并应经常清洗。采用溜槽入仓时，先用水泥砂浆润滑溜槽内壁，如用水润滑时应将水引出仓外，卸料时应避免混凝土分离，严禁向溜槽内加水。混凝土自由下落高度不宜大于 1.5m，否则，应采取缓降或其他措施，以防止骨料分离。采用泵送混凝土时，输送管线接头应严密，并尽量减少弯头，输送前应先用适量水泥砂浆湿润管内壁，料斗内应保持有足够的混凝土，防止吸入空气形成堵塞。

7.5.3 浇筑及养护

建基面和仓面验收合格并取得开仓证后，方可进行趾板混凝土的浇筑。基岩面先铺一层厚 2～3cm 的水泥砂浆，或先铺一层厚 20～40cm 技术指标相同的富浆混凝土，泵送混凝土不需要铺接缝砂浆或接缝富浆混凝土。趾板一般采用台阶法进行浇筑，台阶宽度不小于 2m，分层厚度控制在 30～50cm 之间，先平仓后振捣，仓面无骨料集中现象。振捣有序进行，振捣器宜依次垂直插入，插入深度至下层混凝土 5～10cm，振捣完成后慢慢拔出，避免漏振或重振。振捣时间以粗骨料不再明显下沉，底部浆液已泛至表面为准，避免过振或欠振。振捣过程中严禁振捣器直接碰撞模板、止水及埋件等，止水片处应振捣密实。河床段趾板浇筑顺序为沿趾板长度方向从一端向另一端进行，两岸坡沿趾板长度方向由低至高进行。浇筑应连续进行，间歇时间符合要求，无初凝现象。不合格料不得入仓。仓面无积水及无外部水流入。混凝土浇筑时，应根据气候变化，做好防雨、防晒、防冻等保护措施。

趾板混凝土浇筑完成后应及时洒水养护，养护应连续进行，始终保持混凝土表面湿润，无时干时湿现象，养护时间不宜少于 90d。冬季做好防冻保温措施。

趾板每浇筑一块或每 50～100m^3 至少有一组抗压强度试件，抗冻、抗渗检验试件每月取样一组（有特殊要求除外）。

混凝土表面基本平整，局部凹凸不超过设计线 3cm，在周边缝一侧的表面平整度不超过 5mm（用 2m 直尺检查）；表面无蜂窝、麻面、露筋现象；表面无裂缝或已经按设计要求处理。

7.5.4 趾板裂缝处理

趾板混凝土由于所处环境和周边约束较强等因素，容易出现裂缝，尤其对不设置结构缝的趾板，裂缝问题更为突出。为了尽可能地减少裂缝的发生，在趾板施工时可采取以下措施。

（1）对起伏较大的趾板建基面，先进行回填找平处理，减少基础约束。

（2）对不设结构缝的趾板可采用跳仓浇筑，仓面分缝按施工缝处理，仓面分缝应不大于12m，前、后块浇筑应留有一定的时间间隔。

（3）对于跳仓浇筑的后浇块可用补偿收缩混凝土减少趾板裂缝。对于缝宽大于0.2mm的裂缝、贯穿性裂缝要逐条进行处理，对于缝宽不大于0.2mm的表层裂缝可不进行处理，但为防止裂缝扩展，许多工程对于该种裂缝也进行了较简单的表面处理。

趾板裂缝处理前，对趾板进行全面的检查，查清趾板上所有的裂缝，包括每条裂缝的位置、长度、深度，并逐条对裂缝进行编号，同时绘制成图，提出专门报告，作为趾板裂缝处理的原始资料。

趾板裂缝处理应在冬季进行，最佳时段为最寒冷的12月下旬至次年2月中旬，这时裂缝充分张开，可以达到较好地处理效果。

7.5.4.1 裂缝处理方法

趾板裂缝主要采用化学灌浆和嵌填、粘贴止水材料的方法进行处理。具体根据裂缝的不同性状，采用不同的处理方法。

（1）缝宽大于0.2mm的裂缝。该类裂缝采用缝内灌注LW/HW水溶性聚氨酯化学灌浆材料、裂缝顶部刻槽及嵌填SR塑性止水材料（以下简称SR材料）、裂缝表面粘贴SR防渗保护盖片（以下简称SR盖片）的处理方法。具体施工程序及方法如下。

1）钻孔。沿缝钻交叉斜孔，孔径14mm、孔距25cm，孔深以穿过缝面为宜。

2）安装针头。清除斜孔内的灰尘，在干净的孔内安装专用针头。针头安装做到密封、牢固，防止浆液沿针头周边漏出（见图7-4）。

图7-4　安装化学灌浆针头

3）灌浆。止水针头安装好后进行化学灌浆，灌浆压力视缝内浆液充填及冒浆情况而定，从低端向高端进行，或从裂缝的一端向另一端灌进。待裂缝表面出浆时，维持设计灌浆压力 5min 不进浆可结束灌浆（见图 7-5）。

图 7-5　化学灌浆裂缝表面出浆

4）封孔。取出止水针头，留下的孔用 903 聚合物水泥砂浆封堵密实。

5）刻槽。骑缝凿 2cm×2cm（宽×深）的 U 形槽，要求 U 形槽跨缝准确（见图 7-6）。

6）缝面清理。用电动磨光机对裂缝及两侧混凝土表面进行打磨，去除表面的钙质、分解物及其他杂物，并冲洗干净。

7）涂底胶。待基面干燥后，涂刷底胶，要求均匀、不漏刷。

8）嵌填 SR 材料。待底胶干燥至用手触摸而不粘手后，在 U 形槽内嵌填 SR 材料，高出 U 形槽顶部 20～30mm。

9）粘贴 SR 盖片。盖片从上至下粘贴，粘贴过程中应不断碾压，将接触面中的空气排出，SR 盖片搭接长度不少于 100mm（见图 7-7）。

10）安装压条。SR 盖片粘贴完成后，在其两侧安装宽 3mm、厚 2.5mm 铝合金压条，用膨胀螺栓固定（见图 7-7）。

11）封边。用 SR 材料将盖片四周封闭（见图 7-7）。

（2）缝宽不大于 0.2mm 的贯穿裂缝的处理。

1）刻槽。骑缝凿 2cm×2cm（宽×深）的 U 形槽，要求 U 形槽跨缝准确。

2）缝面清理。用电动磨光机对裂缝及两侧混凝土表面进行打磨，去除表面的钙质、分解物及其他杂物，并冲洗干净。

图 7-6　骑缝刻槽

图 7-7　粘贴 SR 盖片、安装压条及封边

3）涂底胶。待基面干燥后，涂刷底胶，要求均匀、不漏刷。

4）嵌填 SR 材料。待底胶干燥至用手触摸而不粘手后，在 U 形槽内嵌填 SR 材料，高出 U 形槽顶部约 20～30mm。

5）粘贴 SR 盖片。SR 盖片从上至下粘贴，粘贴过程中应不断碾压，将接触面中的空气排出。SR 盖片搭接长度不少于 100mm（见图 7－7）。

6）安装压条。SR 盖片粘贴完成后，在其两侧安装宽 3mm、厚 2.5mm 铝合金压条，用膨胀螺栓固定（见图 7－7）。

7）封边。用 SR 材料将盖片四周封闭。

（3）缝宽不大于 0.2mm 的表面裂缝处理。

1）缝面清理。用电动磨光机对裂缝及两侧混凝土表面进行打磨，去除表面的钙质、分解物及其他杂物，并冲洗干净。

2）涂底胶。待基面干燥后，涂刷底胶，要求均匀、不漏刷。

3）粘贴 SR 盖片。SR 盖片从上至下粘贴，粘贴过程中应不断碾压，将接触面中的空气排出。SR 盖片搭接长度不少于 100mm。

4）安装压条。SR 盖片粘贴完成后，在其两侧安装宽 3mm、厚 2.5mm 铝合金压条，用膨胀螺栓固定。

5）封边。用 SR 材料将盖片四周封闭（见图 7－7）。

7.5.4.2 裂缝处理的主要材料

（1）LW、HW 水溶性聚氨酯化学灌浆材料。水溶性聚氨酯 LW、HW 具有以下特点：LW 具有良好的亲水性能，可在潮湿或涌水情况下进行灌浆，固结体为弹性体，可遇水膨胀，具有弹性止水和以水止水的双重功能，适用于变形裂缝的防水处理；可与 LW 以不同比例混合使用，配制不同强度和不同水膨胀倍数的材料；HW 具有良好的亲水性能，黏度低，可灌性好；有较高的力学性能，适用于混凝土或基础的补强加固处理；可与 LW 以不同比例混合使用，配制不同强度和不同水膨胀倍数的材料。HW、LW 主要性能指标见表 7－6。

表 7－6　　HW、LW 主要性能指标表

项　　目	单位	HW	LW
黏度（25℃）	MPa·s	≤100	120～280
比重		1.10±0.05	1.05±0.05
凝胶时间		几分钟至几十分钟可调	几分钟至几十分钟可调
黏结强度（饱和面干）	MPa	≥2.0	—
抗压强度	MPa	≥10	—
遇水膨胀倍数	%	—	≥100
包水量	倍	—	≥20

（2）SR 防渗保护盖片。SR 防渗保护盖片，简称 SR 盖片，是专门为混凝土面板堆石坝混凝土接缝、裂缝的防渗保护而研制的。由 SR 塑性止水的材料和三元乙丙橡胶片、高

强度聚酯土工布、聚酯膜等复合而成的片状防水材料，不仅保持了 SR 塑性止水材料防渗耐老化性能好、缝变形适应性强和施工操作简便的特性，还具有对 SR 塑性止水材料和混凝土基面的表面保护功能。SR 盖片在混凝土面板堆石坝混凝土接缝上应用，可成为止水结构的组成部分，其主要性能指标见表 7－7。

表 7－7 SR 防渗保护盖片主要性能指标表

	试验项目		SBS 增强型	三元乙丙橡胶增强型
1	断裂强度/(N/cm)	经向	≥400	≥400
		纬向	≥400	≥400
2	断裂伸长率/%	经向	≥20	≥350
		纬向	≥20	≥350
3	撕裂强度	经向	≥350	≥350
		纬向	≥350	≥350
4	不透水性，8h 无渗漏		≥1.5MPa	≥2.0MPa
5	低温弯折			无裂纹
				≤－35℃

（3）SR 材料。SR 塑性止水材料是专门为面板坝混凝土接缝止水而研制的嵌缝、封缝止水材料，现已形成 SR－1、SR－2、SR－3、SR－4 塑性止水材料和 SR 配套底胶等 SR 系列产品，已成为我国混凝土面板堆石坝接缝主要的封缝止水材料之一。工程实践表明，SR 塑性止水材料具有塑性大，抗渗、耐候、耐老化性好，与混凝土基面黏结性强，冷施工简便，止水成本低等特性，其主要性能指标见表 7－8。

表 7－8 SR 塑性止水材料主要性能指标表

序号	项目			技术指标	
				SR－2	SR－3
1	密度/(g/cm³)			1.5±0.05	1.5±0.05
2	施工度（针入度）/mm			8～14	8～14
3	流动度（下垂度）/mm			≤2	≤2
4	拉伸黏结性能	常温、干燥	断裂伸长率/%	≥250	≥300
			破坏形式	内聚破坏	内聚破坏
		低温、干燥（－20℃）	断裂伸长率/%	≥200	≥240
			破坏形式	内聚破坏	内聚破坏
		冻融循环（300 次）	断裂伸长率/%	≥250	≥300
			破坏形式	内聚破坏	内聚破坏
5	抗渗性/MPa			≥1.5	≥1.5
6	流动止水长度/mm			≥135	≥135

7.5.5 成品保护

（1）拆模时混凝土强度还比较低，所以要小心，动作要轻，防止损伤、损坏混凝土的

边角。

(2) 大坝填筑施工过程中，避免振动碾、推土机及挖掘机等机械设备碰撞趾板。坝上游斜坡面垫层料碾压及砂浆固坡碾压时，宜用方木对趾板上游面进行保护，防止斜坡碾直接碰撞趾板。

(3) 在趾板上进行帷幕及固结灌浆施工过程中，要注意保护趾板，特别是在安装和移动钻机时，防止撞击损伤、损坏趾板。

(4) 趾板混凝土浇筑完成后，趾板周边缝的止水片暴露时间长，要等待到面板混凝土浇筑时才隐蔽。在这期间大坝填筑、砂浆固坡及面板混凝土浇筑前的备仓等施工易将止水片损伤、损坏，有些损伤部位不易发现，有些损坏部位修补困难及修补质量难易保证，将给工程留下隐患。因此，要及时对暴露在外的止水片进行保护。保护方法工程上采用较多的、简单易行的是用方木和木板围护，止水片保护见图 7-8。

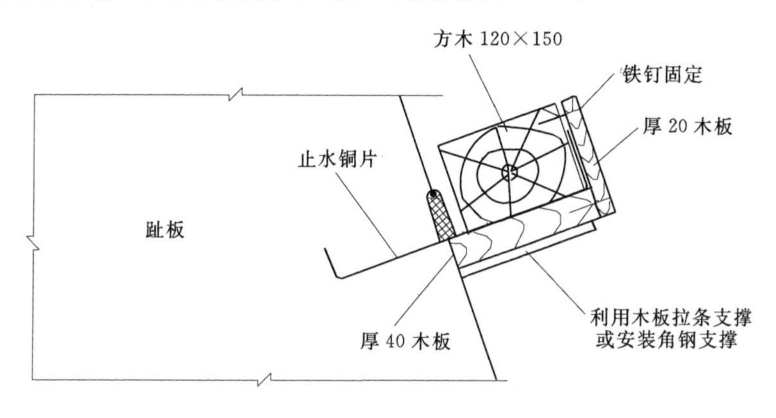

图 7-8　止水片保护图（单位：mm）

7.6　工程实例

7.6.1　紫坪铺水库混凝土面板堆石坝趾板施工

紫坪铺水库混凝土面板堆石坝工程于 2002 年 10 月 1 日开工，2006 年 10 月 31 日完工。最大坝高 158m，坝体填筑总量约 1200 万 m^3。趾板混凝土设计指标：抗压 C20、抗渗 W12、抗冻 F100。趾板分缝按结构缝设置，河床段分缝长 33m，两岸坡段分缝长 15m 左右。趾板宽度 6～12m，趾板厚度 0.6～1.0m。

趾板混凝土浇筑顺序：先浇筑河床段趾板，然后浇筑两岸坡趾板；先进行基础找平混凝土浇筑，然后浇筑上部趾板混凝土。河床段趾板采用跳块法浇筑，两岸坡趾板接河床段趾板由低至高逐块向上浇筑。

趾板浇筑模板采用组合钢模板，直径 48mm×3.5mm 钢管式钢楞及圆钢拉条固定。岸坡趾板坡度较陡段或采用泵送混凝土，趾板表面采用翻模施工。岸坡趾板坡度较缓段且采用溜槽入仓，趾板表面未进行翻模施工。

河床段趾板混凝土浇筑入仓方式，先采用汽车吊配卧罐，因入仓速度较慢，后改为长臂挖掘机入仓。岸坡趾板混凝土浇筑入仓方式部分采用混凝土泵，部分位置采用溜槽。在趾板上游就近布置小型混凝土拌和站，轻型自卸车运输。

紫坪铺水库混凝土面板堆石坝经受了大大超设计标准的“5·12”汶川特大地震的考验，大坝整体上稳定、安全，趾板没有发生损坏。紫坪铺水库混凝土面板堆石坝获2009年度中国水电优质工程奖，2009年10月19日荣获国际大坝委员会颁发的第一届国际堆石坝里程碑工程特别奖。

紫坪铺水库混凝土面板堆石坝趾板施工见图7-9。

图7-9 紫坪铺水库混凝土面板堆石坝趾板施工

7.6.2 巴山水电站面板堆石坝趾板施工

巴山水电站混凝土面板堆石坝为折线形坝。该工程于2006年5月10日开工，2009年12月31日完工。最大坝高155m，坝体填筑总量约510万m^3。趾板混凝土设计指标：抗压C25、抗渗W12、抗冻F100。趾板分缝：除在趾板转角两侧设永久结构缝外，其余按施工缝设置。施工缝分缝长度12m、15m，钢筋穿过缝，缝面凿毛处理。趾板厚度0.6～1.0m，趾板宽度4.5m。为满足基岩允许水力梯度要求，河床段趾板下游设置现浇混凝土防渗板，两岸坡趾板下游设置喷混凝土防渗板及趾板上游设置现浇混凝土防渗板。

趾板混凝土浇筑顺序：河床段趾板浇筑前，先进行右岸坡下部趾板浇筑，河床段趾板浇筑完成后，再浇筑左岸坡趾板并继续浇筑右岸坡上部趾板。河床段趾板采用跳块法浇筑，左岸坡趾板由低至高逐块向上浇筑，右岸坡趾板下部采用跳块法浇筑，上部采用由低至高逐块向上浇筑。

趾板浇筑模板采用组合钢模板，直径48mm×3.5mm钢管式钢楞及圆钢拉条固定。两岸坡趾板表面均采用翻模施工。

河床段趾板混凝土浇筑入仓方式采用50t履带吊配卧罐入仓，岸坡段趾板采用混凝土泵入仓，右岸坡上部靠近溢洪道进口段采用溜槽入仓，拌和站集中供料，混凝土搅拌车运输。

巴山水电站混凝土面板堆石坝趾板施工见图7-10。

图7-10 巴山水电站混凝土面板堆石坝趾板施工

7.6.3 苏丹麦洛维水电站面板坝趾板混凝土滑模施工

（1）概况。苏丹麦洛维水电站是尼罗河干流上第二个大型水电站，也是非洲最大的水电站，以发电和灌溉为主要目的，库容124.5亿m^3，水电站总装机容量125万kW，灌溉面积达100多万亩[1]。水电站主要由左右岸混凝土面板堆石坝、左岸心墙堆石坝、左右岸土坝、溢流坝和发电厂房组成，最大坝高67m，坝轴线长度9.8km，是世界上最长的大坝，工程建成后形成一个287km^2的人工湖。其中，混凝土面板堆石坝部分，趾板总长度6000多米。趾板混凝土浇筑如采用常规施工，一个施工块一般长度15m，从模板安装、混凝土浇筑到模板拆除至少需要2～3d时间；即使采用整装定型钢模，也至少需要2d时间，且模板安装及拆除需占用吊车，既占用大量模板及支撑材料，又消耗大量人力资源，而且速度不快，无法满足施工进度需要，如要加快施工速度，只能增加模板及人力，几个仓号同时进行施工，极不经济。为此，研究采用滑模施工，平均滑行速度为2～3m/h，90m长趾板只需40h左右即可完成，方便快捷，大大提高施工速度。同时，因滑模浇筑是在混凝土初凝前进行滑行，可采用人工抹面来提高填缝面的光洁度和整个趾板的成型精度。

（2）滑模设计。趾板混凝土连续滑模浇筑，滑模台车由滑模结构、行走机构、牵引装置等组成。

---

[1] 1亩=666.7m^2。

1）滑模结构。滑模台车结构见图7-11。

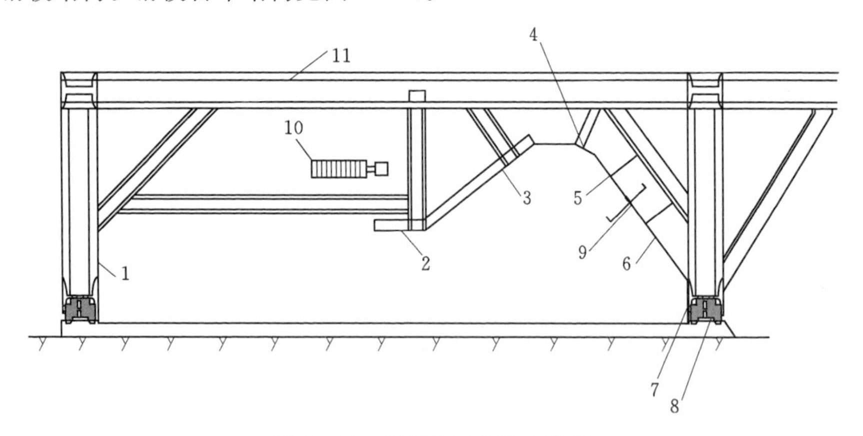

图7-11　滑模台车结构示意图

1～7—滑模面板；8—行走机构；9—止水铜片；10—牵引系统；11—滑模台车主体构架

滑模结构体由滑模面板及滑模台车构成，滑模面板的形状及尺寸根据趾板的结构尺寸设计并固定在滑模台车上；滑模台车由钢构件构成，主要包括受料斗、施工平台，并与行走机构在台车底部连接。

滑模台车构件采用型钢，滑模面板采用$\delta=6$mm的钢板，背面采用角钢支撑，以保证钢板不变形。滑模面板在趾板与面板铜止水带处断开，上部直接采用∠63角钢固定在台车钢架结构上，下部采用∠63角钢固定在台车钢架结构上并贴厚20mm橡胶皮。为保证铜止水带位置准确，在止水上部及下部分别采用橡胶轮定位铜止水。橡胶轮通过螺栓固定在上下支架上，利用上下橡胶轮固定铜止水，避免铜止水在混凝土浇筑期间偏移，同时用硬橡胶材料避免把铜止水划伤。

2）行走机构。行走机构由轨道和安装在台车底部的轮子组成，轨道由铺在平整地面的槽钢以及焊接固定在槽钢内的角钢组成。轨道安装前，应严格按设计高程铺设砂浆垫层作为轨道基础。对轨道基础的平整度要求：平整度差不超过10mm，轴线误差控制在20mm内，但不得有突变，应保证平滑过渡。

3）牵引装置。牵引装置由安装在滑模结构体上的电动卷扬机、钢丝绳及滑轮组构成。电动卷扬机安装在滑模台车内，滑轮组由固定在前方的一个定滑轮和一个动滑轮组构成。

为保证滑轮组顺利滑动且不影响钢筋，在钢筋网上铺设木板，放置滑轮组。同样，在滑轮组前方放置铁板凳，将滑轮组架空搁置，以免钢丝绳摩擦封头模板。趾板滑模在电动卷扬机的带动下向前滑行，滑行速度为2～3m/h。

（3）趾板混凝土浇筑。采用滑模施工，趾板仓面之间结构缝（施工缝）中的填缝材料如止水、分隔板等可预先安装固定好，在同一直线段上的趾板仓面可以一次性连续完成混凝土浇筑。根据气温情况，混凝土坍落度控制在3～7cm之间，采用反铲挖装混凝土卸入料斗，滑模沿着固定的设计轨道线路行走；止水下部振捣较为困难，必须小心并加强止水附近混凝土振捣，以免出现空洞；滑模滑出后，如出现小的麻面，应及时用原浆抹面，以保证混凝土的外观质量；如出现较大的空洞，应及时用混凝土封堵，人工振捣，然后用木板护面。采用滑模施工，立模、浇筑及混凝土表面修补一次性完成，滑模平均滑行速度2

～3m/h，大大提高了趾板施工进度，而且混凝土外观质量优良。趾板混凝土滑模施工及脱模后的趾板分别见图7-12、图7-13。

图7-12 趾板混凝土滑模施工

图7-13 脱模后的趾板

8 面板与防浪墙施工

混凝土面板一般采用滑模施工，由下而上连续浇筑。面板浇筑可以一期进行，也可以分期进行，需根据坝高、施工总计划而定。对于中低坝，面板宜一期浇筑，对于高坝，面板可分二期或三期施工。为便于流水作业，提高施工强度，面板混凝土均采用分序浇筑，即跳仓施工。

防浪墙混凝土一般采用钢模、复合模板及胶木（竹）模板立模施工，施工条件允许的情况下也可采用滑模、拉模（钢模台车）施工；防浪墙混凝土至少分基础、墙身二层施工，若墙身高度大于3m，采用常规大钢模或胶木、竹模板立模，需分层施工。为便于流水作业，提高施工强度，采用常规立模浇筑防浪墙混凝土可跳仓施工。采用滑模、拉模时则宜连续依次施工。

8.1 施工规划

8.1.1 混凝土拌和系统布置

（1）混凝土拌和能力设计。混凝土生产采用拌和楼或拌和站，混凝土浇筑强度按式（8-1）计算：

$$P=K\frac{Q_{max}}{nm} \tag{8-1}$$

式中 P——浇筑强度，m^3/h；

Q_{max}——施工总进度计划确定的混凝土浇筑高峰月强度为，m^3/月；

n——高峰月期间每天有效工作小时，可取为20h；

m——高峰月内有效工作天数，可取25～28d；

K——浇筑强度的日不均衡系数，即高峰月内实际最高小时强度与按全月总工作小时计的平均强度之比，可取1.2～1.4。

面板混凝土配合比中一般掺有引气剂，为充分引气，混凝土拌和一般采用自落式搅拌机。

根据浇筑强度，并考虑适当的备用容量，可确定拌和楼（或拌和站）内的拌和机总台数。拌和机台数确定后的，便可选择其他配套设备。

（2）混凝土拌和系统布置。混凝土面板堆石坝面板浇筑所需的混凝土拌和系统，尽可能单独布置，就近设置专用拌和站，以满足面板混凝土拌制要求“运距近、掺合料品种多、入仓坍落度小”的特殊性。当工程项目总体布置设置的大混凝土拌和系统距坝顶（坝面）距离近，交通运输方便时，也可以利用大混凝土拌和系统拌制面板混凝土。

一般工程尤其是中小型工程面板混凝土施工，可采用专用拌和站。拌和站可以集中的布置，也可以分散布置，一般布置在坝顶（坝面）或两坝头，坝顶拌和站布置应注意以下几点。

1）面积适度。因拌和站占地较大，需腾出足够面积供拌和系统布置，若面板采用分期施工，则坝面上游预留宽度应大于30m，一般大于50m为宜。在坝体填筑结束后的坝顶布置拌和系统，可沿坝顶面长条形布置。

2）运距较短。对于坝顶长度在500m的以上的面板坝，拌和系统宜布置在坝顶（坝面）中部，从而缩短运距，以防混凝土运输过长过久而造成分离、灰浆流失、泌水和有害的温度变化。

3）交通通畅。当坝顶宽度小于10m时，拌和机出料口距面板距离应不小于6m，确保坝顶交通安全、畅通。

国内部分面板坝混凝土拌和系统布置形式见表8－1。

表8－1　　国内部分面板坝混凝土拌和系统布置形式表

水电站	万安溪	白溪	珊溪	芹山	乌鲁瓦提
系统形式	拌和站（坝顶）	拌和站（坝顶）	拌和站（坝顶）	拌和站（坝顶）	拌和站
拌和机容量/m^3	2×0.35	3×0.75	2×0.5	2×0.35	2×0.75

坝顶拌和系统布置，白溪水库坝顶拌和系统布置见图8－1。

8.1.2　坝面布置

面板混凝土施工，每块面板施工工作面需在坝坡上布置钢筋运输台车和材料运输台车，滑动模板，并需在坝顶（坝面）布置5～10t卷扬机、3t卷扬机，用于牵引滑动模板和钢筋运输台车、材料运输台车。每套滑动模板一般采用2台5～10t卷扬机牵引，每套钢筋台车、材料运输台车分别采用5t和3t卷扬机牵引。坝面外沿布置混凝土卸料受料斗，下接溜槽，一般宽6m的面板布置1条溜槽，12m宽的面板布置2条溜槽（见图8－2）。钢筋绑扎和仓面准备，以及混凝土同时浇筑的面板数量，应根据面板浇筑工程量、工期、拌和站供料能力等因素综合考虑决定，一般原则是各工序组织流水作业、跳仓浇筑。

8.1.3　面板分期施工与施工程序

（1）分期施工。混凝土面板一般采用滑模施工，由下而上连续浇筑。面板浇筑可以1期进行，也可以分多期进行，需根据坝高、施工总计划而定。对于中低坝，面板宜1期浇筑，对于高坝，面板可1期或分2～3期施工。为便于流水作业，提高施工强度，面板混凝土均采用分序浇筑，即跳仓施工。

（2）施工程序。单块面板施工程序见图8－3。

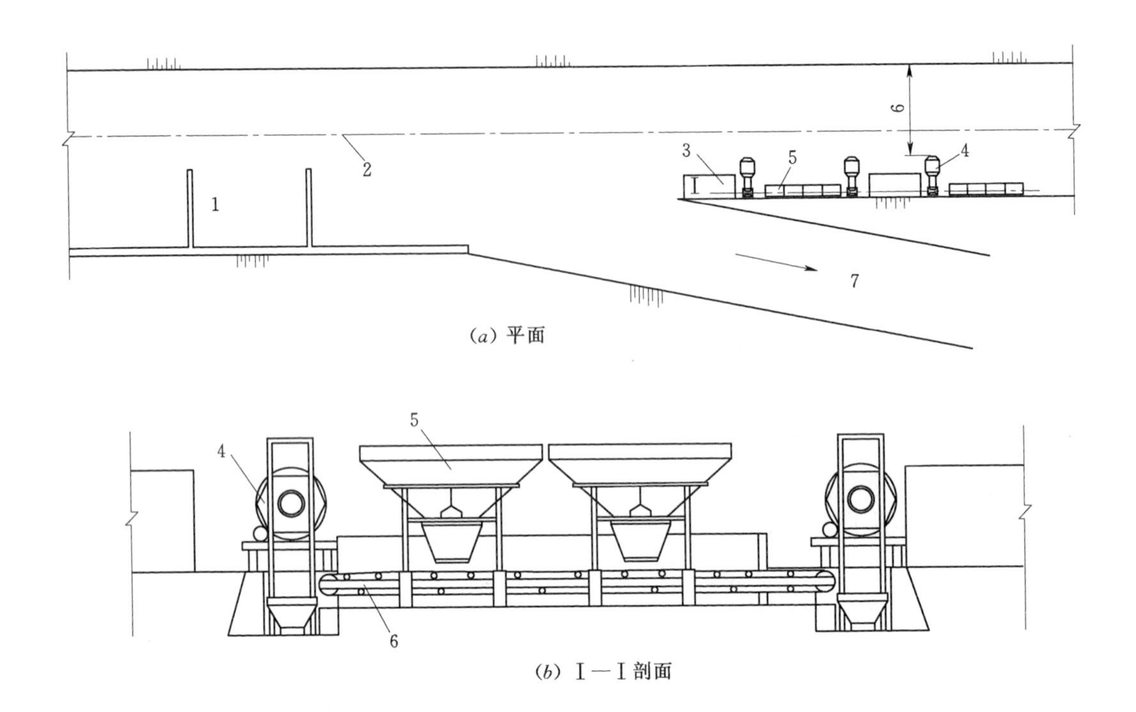

(*a*) 平面

(*b*) Ⅰ—Ⅰ剖面

图 8-1 白溪水库坝顶拌和系统布置图（单位：m）

1—骨料仓；2—坝轴线；3—水泥、粉煤灰、外加剂棚；4—拌和机；
5—配料机；6—皮带机；7—坝后之字形道路

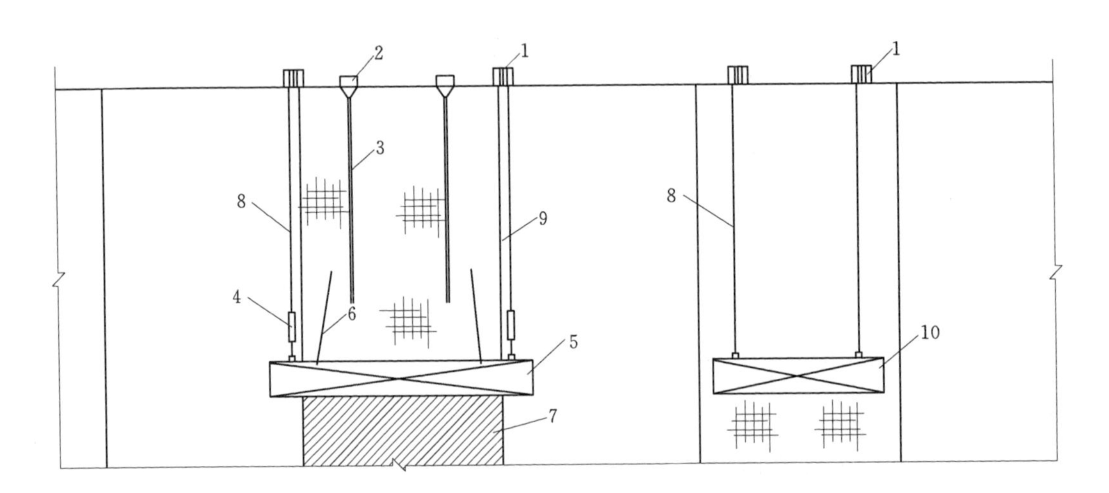

图 8-2 面板浇筑设备布置图

1—卷扬机；2—集料斗；3—斜溜槽；4—定滑轮；5—滑动模板；6—安全绳（锚在钢筋网上）；
7—已浇混凝土；8—牵引绳；9—组合侧模；10—钢筋台车

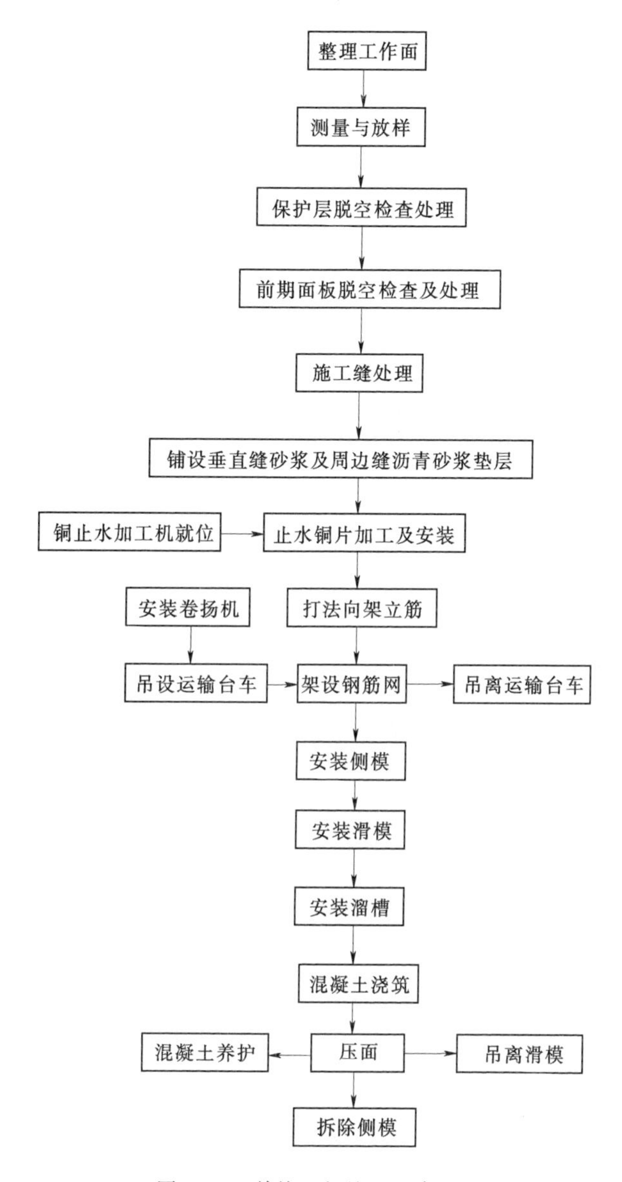

图 8-3　单块面板施工程序图

8.2　滑动模板

面板施工机具主要包括滑动模板、侧模板、模板安装、钢筋运输台车、止水铜片加工机械及卷扬机等。

8.2.1　滑动模板

滑动模板按滑模的行走方式分为有轨滑模和无轨滑模，按滑模的使用功能分为固定无轨滑模和可调无轨滑模，固定无轨滑模仅用于平面面板，可调无轨滑模既适用于平面面板，也适用于圆弧渐变段面板。早期面板坝面板施工采用有轨滑模，因其存在多种弊端，目前均使用无轨滑模。

（1）滑动模板平面尺寸的选定。滑动模板宽度（沿坝坡方向）一般1.2～1.5m。长度（水平方向）以7～20m居多。滑模总长度要比面板垂直缝间距大1～2m。为便于滑模加工、运输，一般分1～3节组装而成，每节长6～7m。

（2）滑模重量的计算。滑模重量应满足式（8-2）要求：

$$(G_1+G_2)\cos\alpha \geqslant P \tag{8-2}$$

式中 G_1、G_2——滑模的自重、配重，kN；

α——滑模面板与水平面的夹角；

P——新浇混凝土对斜坡面上滑模的浮托力，kN。

P 由式（8-3）计算：

$$P=P_n Lb\sin\alpha \tag{8-3}$$

式中 P_n——内倾模板的混凝土侧压力，kPa；

L——滑动模板长度即所浇板块的宽度，m；

b——滑动模板宽度，m。

混凝土侧压力 P_n 的计算公式很多，其结果相差很大，国内溢洪道工程溢流面混凝土滑模设计中 P_n 多选用5kPa，也有的工程 P_n 选用10～12kPa。面板坝面板滑模可参考这一取值，也可通过模拟试验来确定。

（3）滑模牵引力的计算：

$$T=(G\sin\alpha+fG\cos\alpha+\tau F)K \tag{8-4}$$

式中 T——滑模牵引力，kN；

G——滑模自重加配重，kN；

τ——刮板与新浇混凝土之间的黏结力，kN/m^2；

f——滑模与侧模间滑动摩擦系数；

α——坡面与水平面夹角；

F——滑模与新浇混凝土接触的表面积，m^2；

K——安全系数，取3～5。

（4）可调无轨滑模的结构设计。为了满足圆弧段（将圆弧分成若干段折线，使之成为圆弧渐变段）混凝土面板的滑模施工需要，可采用可动态调整滑模模数的滑模（简称可调滑模）对圆弧渐变段混凝土面板进行滑模施工。

1）利用一根较短的滑模做固定滑模，在固定滑模上加装三角支撑系统：固定直撑及固定三角斜撑，再在固定直撑及固定滑模钢架上加焊接上带销孔的连接板。

2）制作两块与固定滑模等宽度尺寸的活动翻板式模板，活动模板上也有带销孔的连接板。

3）特制两套两端带有正反牙螺纹螺杆的活动三角支撑，活动三角支撑螺杆上带有用于旋转的十字形手柄，左右旋转十字形手柄，即可调节活动三角支撑的长短。

4）用铰销及活动三角支撑螺杆等通过连接板将左右活动模板与固定滑模左右两端连成一整体，形成可调式组合滑模。通过左右旋转活动三角支撑螺杆上的旋转手柄来调整活动三角支撑螺杆的长度，从而控制活动模板的放下与收起，达到动态调整可调滑模长度的目的：放下活动模板——组合式滑模长度增加（模板模数增大）；收起活动模板——组合式滑模长度变短（模板模数变小）。

可调滑模结构见图 8-4。

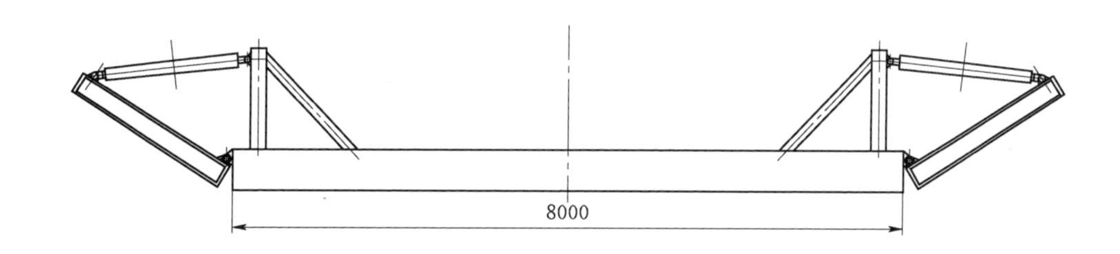

(*a*) 可调滑模最小尺寸状态

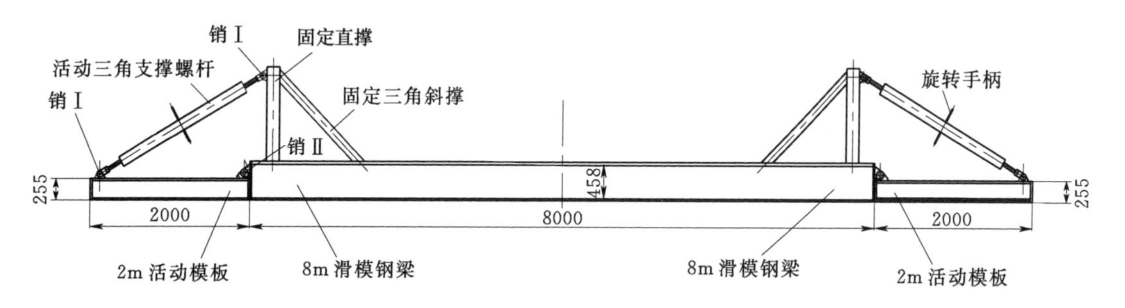

(*b*) 可调滑模最大尺寸状态

图 8-4　可调滑模结构示意图（单位：mm）

（5）滑动模板的构造要求。滑模上应具有铺料、振捣的操作平台。操作平台宽度应大于 60cm。滑模尾部应设一级、二级修整平台。无轨滑模系统见图 8-5。

8.2.2　侧模板

侧模具有支撑滑模、兼作滑模轨道、限制混凝土拌和物侧向变形、固定止水带等作用。侧模分木结构和钢木组合结构两大类。

（1）木结构侧模。木结构侧模一般由 1～2 根楔型木和若干根 12cm×12cm 的方木组成，以 4m 长为单元拼接而成，其构造见图 8-6（*a*）。

（2）钢木组合结构侧模。

1）钢桁架、方木组合结构侧模。由钢桁架钢模与方木组成，以 2m 或 4m 长为单元拼接而成，其构造见图 8-6（*b*）。

2）木模钢支架组合结构侧模。侧模板采用厚 5cm 的木模板，以长 2m 为单元拼接而成，每节侧模用型钢支架机具来固定，支架上设有微调螺栓［见图 8-6（*c*）、图 8-6（*d*）］。

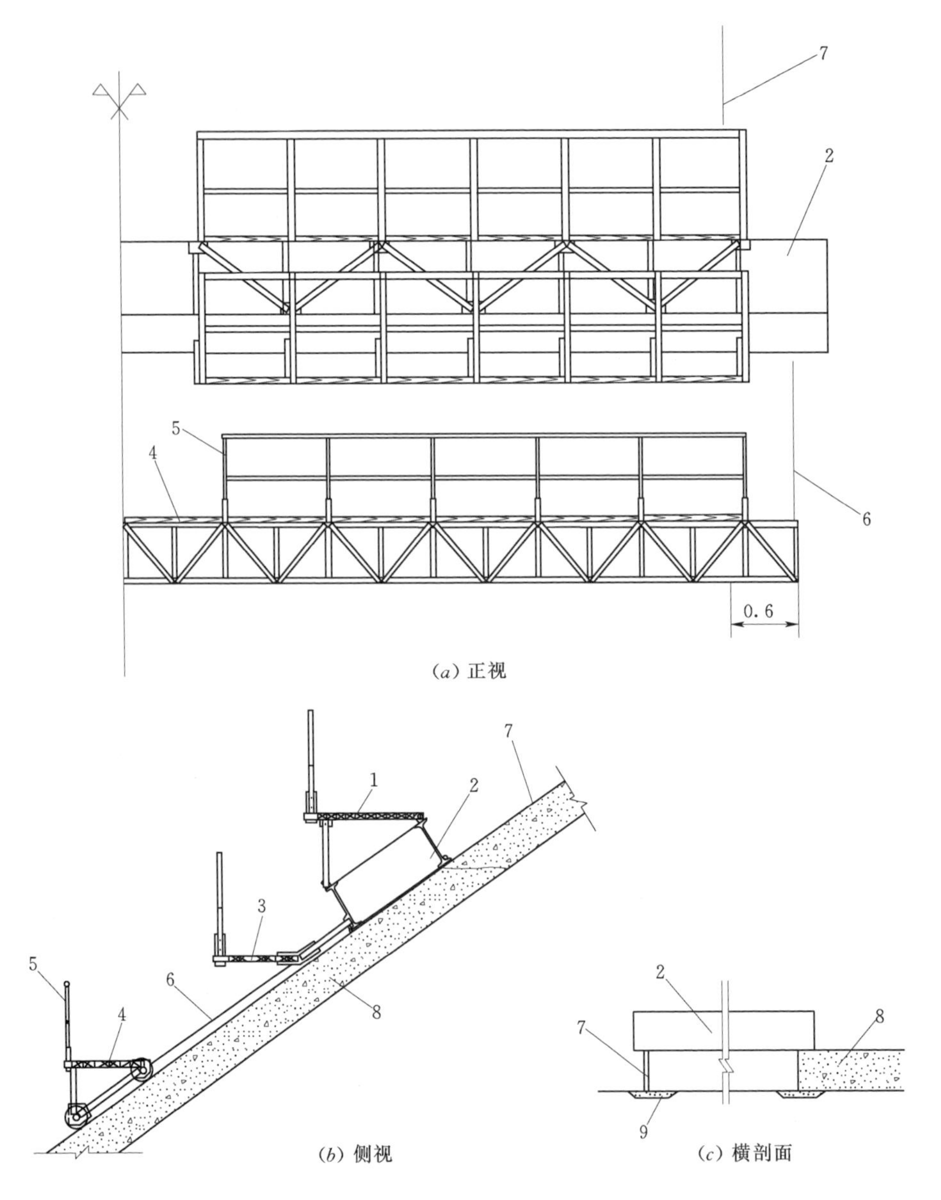

图 8-5　无轨滑模系统图（单位：m）

1—操作平台；2—滑模；3—一次抹面平台；4—二次抹面平台；5—活动栏杆；6—钢丝绳；7—侧模或已浇面板；8—混凝土；9—砂浆垫层

8.2.3　模板安装

（1）侧模安装。测量放样，放出面板垂直缝位置线和面板顶面线，校正铜止水片位置后，将侧模架立在铜止水片上。安装侧模时，侧模应紧贴 W 形止水铜片鼻子，内侧面应平直且对准铜止水片鼻子中央。由于侧模是滑模的准直轨道，因此，侧模安装应坚固牢靠，并严格按设计线控制其平整度，不得出现陡坎接头。侧模经滑模滑行后，应重新检测其顶面平整度，校正后方可进行混凝土浇筑。

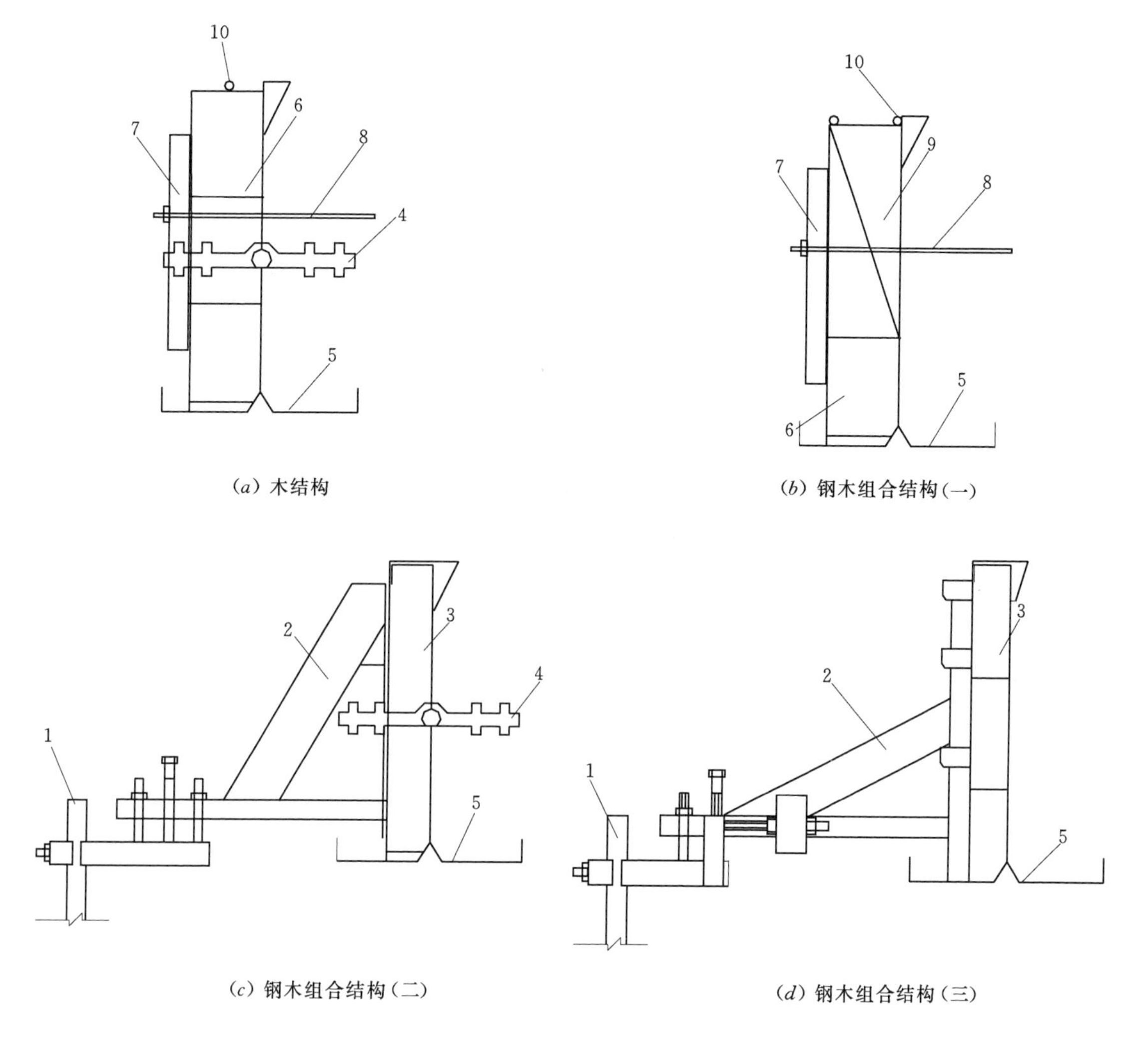

图 8-6　侧模板构造图

1—插筋；2—支架；3—侧模板；4—塑料或橡胶止水带；5—铜止水片；6—12cm×12cm 方木；7—垫木；8—拉筋；9—钢桁架侧模；10—ϕ18mm 钢筋

(2) 卷扬系统安装。卷扬系统由卷扬机、机架、配重块组成。为便于安装，可将卷扬机与机架连成一体。卷扬系统布置在坝面上，采用地锚和配重固定，一般先安装卷扬机，再安装配重块。

(3) 滑模平台安装。待侧模和钢筋安装好后，即吊装滑动模板。在滑模平台安装前，滑动模板必须清洗干净，不得粘有已凝固的混凝土，以保证出填混凝土表面的平整度。卷扬系统就位后，在坝面采用吊机将滑模平台吊到侧模上或先浇块上，然后用保险钢绳将滑模平台固定在卷扬机支架上，吊机卸钩，安装卷扬系统。卷扬系统安装完成，钢丝绳受力后将滑模平台下滑至下部浇筑起始段。为便于滑模平台顺利下滑，一般在滑模平台两端安装滑轮，滑模平台就位后拆除。

8.3 面板混凝土配合比设计

8.3.1 设计原则

(1) 应根据工程要求、结构型式、施工条件和原材料等状况，配制出既满足工作性能、强度及耐久性等要求又经济合理的混凝土，确定混凝土各组成材料的用量。

(2) 在满足工作性能要求的前提下，尽量降低单方混凝土的用水量。

(3) 在满足强度、耐久性及其他要求的前提下，选用合适的水胶比。

(4) 选取最优砂率，在保证混凝土拌和物具有良好的黏聚性和工作性能条件下，选用用水量较小、混凝土拌和物密度大的砂率。

(5) 配置骨料的最佳级配，以减少胶凝材料的用量。

8.3.2 原材料

(1) 水泥的品种及强度等级。宜采用硅酸盐水泥或普通硅酸盐水泥，强度等级不小于42.5MPa。矿渣水泥、火山灰水泥应通过试验论证后方可使用。

(2) 掺合料。掺合料包括粉煤灰、火山灰、矿粉等，以及这些材料的混合料。掺用优质粉煤灰可以减少水化热对防止面板裂缝很有利；还可以减少混凝土的透水性，提高抗侵蚀能力；抑制碱骨料反应；提高混凝土拌和物和易性并减小泌水和离析。粉煤灰掺量过大后将降低混凝土的抗冻性，但合理使用引气剂使其具有一定的含气量，抗冻性仍有保证。粉煤灰的细度和含碳量对混凝土的性能影响较大，选用优质粉煤灰并通过试验来确定其最优掺量。

(3) 骨料。可采用人工骨科和天然砂砾料两种。粗骨料一般采用二级配，其最大粒径为40mm，分为5～20mm和20～40mm两级，小石与中石的比例选用6∶4～5∶5较合适。有助于提高混凝土的均匀性，增强抗裂能力，便于接缝附近的混凝土浇筑密实。选用热膨胀系数小的母岩制备粗骨料，对混凝土的抗裂有利，如灰岩等。

细骨料的质量对混凝土的品质有较大的影响。必须选用级配良好细度模数在2.5～3.0之间，软弱颗粒含量较少的砂子。天然级配不能满足时，可以用人工砂掺配改善，也可掺石粉、粉煤灰等来调整其细度模数。

粗细骨料中的含泥量对混凝土的耐久性十分不利，而且使混凝土收缩性加大，易发生裂缝，必须严格控制。

(4) 外加剂。外加剂的使用对提高混凝土的品质和改善施工性能均有显著效果，是近代混凝土中经常使用的材料。外加剂的种类繁多，作用各不同，需通过试验来确定其品种和掺量。经常使用的是引气剂和各种减水剂。近年来还使用过各种复合外加剂。掺加引气剂可以显著改善混凝土的和易性，大大提高混凝土的抗冻性和耐久性，因此国内外绝大多数工程都在面板混凝土中掺加引气剂，含气量一般控制在4.5%～5.5%。常用的品种有BLY和DH9等引气剂。掺用减水剂对减少混凝土用水量、节约水泥、提高混凝土各种性能等起到很大作用，可以与引气剂复合使用。在高温下浇筑面板时，可适量掺入缓凝型减水剂，而形成减水、引气、缓凝三复合外加剂。但复合型外加剂各自的掺量应与单掺时有所不同，可通过试验确定。防裂剂是一种用补偿收缩的方法防止面板收缩裂缝发生的外加剂。中国水利水电第十二工程局有限公司科研所研制生产的具有补偿收缩性能的 VF 防裂剂，经过大量工程实际应用表明，对提高面板混凝土的抗裂性能有明显效果，其最佳掺量必须经试验确定。

8.3.3 配合比的基本参数

面板混凝土配合比根据设计性能指标和所使用的原材料，通过试验确定，并在施工过程中优化调整，既要满足抗压、抗渗、抗冻和防裂等性能要求，又要满足面板施工性能的要求，其基本参数具体如下。

（1）水胶比。水胶比是控制面板混凝土的强度、抗渗性和耐久性的主要指标，水胶比越大，则混凝土的孔隙率亦大，因而透水性也大，必须限制水胶比。选择水胶比时应考虑水泥品种与标号、外加剂的种类与用量和设计所规定的混凝土性能等因素。根据国外的经验，绝大多数面板混凝土的水胶比在 0.4～0.5 之间，我国部分面板坝面板混凝土的水胶比小于 0.4。因此，在配制面板混凝土时其水胶比以不超过 0.5 为宜。

（2）单位用水量。影响单位用水量的主要因素是水泥、外加剂和掺合料的品种及掺量、粗细骨料的级配以及施工对混凝土拌和物坍落度的要求等因素。从某种意义上说，面板混凝土的单位用水量反映着混凝土配合比的设计水平。降低单位用水量对减少混凝土的收缩和渗透性，提高耐久性都很有效。国内已建工程的面板混凝土用水量变化范围较大，高者达 180～190kg/m^3，低的仅 120～140kg/m^3，大多数在 150～160kg/m^3 范围内。

（3）骨料级配。面板混凝土骨料一般选用二级配。

（4）砂率。最优砂率应根据骨料品种、品质、粒径、水胶比和砂的细度模数等通过试验选取。

（5）外加剂及掺合料掺量。外加剂及掺合料掺量按胶凝材料质量的百分比计，应通过试验确定，并应符合国家和行业现行有关标准的规定。有抗冻要求的面板混凝土，必须掺用引气剂，其掺量应根据混凝土的含气量要求通过试验确定。混凝土的最小含气量应符合《水工建筑物抗冰冻设计规范》（DL/T 5082）的规定，最大含气量宜不超过 7%。

（6）其他参数。面板混凝土的和易性是其施工的重要指标，没有良好的和易性就不能保证混凝土的施工质量。混凝土的流动性大都采用坍落度来表示，面板混凝土拌和物应满足下列要求。

1）在长溜槽中输送易下滑、不离析并具有黏聚性。

2）入仓后不泌水并易振捣密实。

3）出模后的混凝土不离析和不下塌。

4）保证面板滑动模板易升滑。

为此，当采用溜槽输送混凝土拌和物时，坝面入槽坍落度应取 30～70mm。在给定的水胶比条件下，混凝土的砂率、胶凝材料用量和中小石子的比例，对坍落度有较大影响。与常规混凝土相比较，面板混凝土的中小石比例、砂率、胶凝材料用量都要高一些，主要原因在于保证其良好的和易性。

8.3.4 面板配合比设计

（1）混凝土配制强度的确定。混凝土配制强度按式（8-5）计算：

$$f_{cu,o}=f_{cu,k}+t\sigma \tag{8-5}$$

式中 $f_{cu,o}$——混凝土配制强度，MPa；

$f_{cu,k}$——混凝土设计龄期的设计抗压强度，MPa；

t——概率系数，由给定的保证率 p 选定，其值按表 8-2 选用；

σ——混凝土抗压强度标准差，MPa。

表 8-2　　保证率和保证率系数的关系表

保证率 p/%	70.0	75.0	80.0	84.1	85.0	90.0	95.0	97.7	99.9
概率系数 t	0.525	0.675	0.840	1.0	1.040	1.280	1.645	2.0	3.0

(2) 混凝土配合比的计算。

1) 混凝土配合比计算应以饱和面干状态骨料为基准。

2) 选定水胶比。计算配制强度 $f_{cu,o}$ 求出相应的水胶比，同时根据混凝土抗渗、抗冻等级和其他性能要求，允许的最大水胶比限值选取定水胶比。

根据混凝土配制强度选择水胶比时，在适宜范围内，可选择 3～5 个水胶比，在一定条件下通过试验，建立设计龄期的强度与胶水比的回归方程式（8-6），按强度与胶水比关系，选择相应于配制强度的水胶比：

$$f_{cu,o}=Af_{ce}\left(\frac{c+p}{w}B\right) \tag{8-6}$$

式中 $f_{cu,o}$——混凝土的配制强度，MPa；

f_{ce}——水泥 28d 龄期抗强度实测值，MPa；

$(c+p)/w$——胶水比；

A、B——回归系数，应根据工程实际使用的水泥、掺合料、骨料、外加剂等，通过试验由建立的水胶比与混凝土强度关系式确定。

3) 选取混凝土单位用水量。应根据骨料最大料径、坍落度、外加剂、掺合料及适宜的砂率通过试拌确定。

4) 选取最优砂率。最优砂率应根据骨料品种、品质、粒径、水胶比和砂的细度模数等通过试验选取。

5) 混凝土的胶凝材料用量（m_c+m_p）、水泥用量 m_c 和掺合料用量 m_p 按式（8-7）～式（8-9）计算：

$$m_c+m_p=\frac{m_w}{w/(c+p)} \tag{8-7}$$

$$m_c=(1-P_m)(m_c+m_p) \tag{8-8}$$

$$m_p=P_m(m_c+m_p) \tag{8-9}$$

式中 m_c——混凝土水泥用量，kg/m³；

m_p——混凝土掺合料用量，kg/m³；

m_w——混凝土用水量，kg/m³；

P_m——掺合料掺量；

$w/(c+p)$——水胶比。

当不掺加掺合料时，p、P_m、m_p 均取0。

6）砂、石料用量由已确定的单位用水量、水泥（胶凝材料）用量和砂率，根据“绝对体积法”计算。

A. 每立方米混凝土中砂、石的绝对体积按式（8-10）计算：

$$V_{s,g}=1-\left(\frac{m_c}{\rho_c}+\frac{m_p}{\rho_p}+\frac{m_w}{\rho_w}+a\right) \tag{8-10}$$

B. 砂料用量按式（8-11）计算：

$$m_s=V_{s,g}S_v\rho_s \tag{8-11}$$

C. 石料用量按式（8-12）计算：

$$m_g=V_{s,g}(1-S_v)\rho_g \tag{8-12}$$

式中 $V_{s,g}$——砂、石的绝对体积，m³；

m_w——混凝土用水量，kg/m³；

m_c——混凝土水泥用量，kg/m³；

m_p——混凝土掺合料用量，kg/m³；

m_s——混凝土砂料用量，kg/m³；

m_g——混凝土石砂料用量，kg/m³；

a——混凝土含气量；

S_v——体积砂率；

ρ_w——水的密度，kg/m³；

ρ_c——水泥密度，kg/m³；

ρ_p——掺合料密度，kg/m³；

ρ_s——砂料饱和面干表观密度，kg/m³；

ρ_g——石料饱和面干表观密度，kg/m³；

其余符号意义同前。

各级石料用量按选定的级配比例计算。

7）列出混凝土各组成材料的计算用量和比例。

（3）混凝土配合比的试配、调整和确定。

1）试配应注意以下几点。

A. 在混凝土配合比试配时，应采用工程中实际使用的原材料。

B. 在混凝土试配时，每盘混凝土试配的最小拌和量，应符合表8-3的规定。当采用机械拌和时，其拌和量不宜小于搅拌机额定拌和量的1/4。

表 8-3 混凝土试配的最小拌和量表

骨料最大粒径/mm	拌和物数量/L	骨料最大粒径/mm	拌和物数量/L
20	15	40	25

C. 按计算的配合比进行试拌，根据坍落度、含气量、泌水、离析等情况判断混凝土拌和物的工作性，对初步确定的用水量、砂率、外加剂掺量等进行适当调整。用选定的水胶比和单位用水量，变动 4～5 个砂率每次增减砂率 1%～2%进行试拌，坍落度最大时的砂率即为最优砂率。用最优砂率试拌，调整用水量至混凝土拌和物满足工作性能要求，然后提出混凝土试验用配合比。

D. 混凝土强度试验至少应用采用 3 个不同水胶比的配合比，其中一个应为确定的配合比，其他配合比的用水量不变，水胶比依次增减，变化幅度为 0.05，砂率可相应增减 1%。当不同水胶比的混凝土拌和物坍落度与要求值的差超过允许偏差时，可通过增、减用水量进行调整。

E. 根据试配的配合比成型混凝土立方体抗压强度试件，标准养护到规定龄期进行抗压强度试验。根据试验得出混凝土抗压强度与其对应的水胶比关系，用作图法或计算法求出与混凝土配制强度（$f_{cu,o}$）相对应的水胶比。

2）调整步骤。

A. 按上述试配结果，计算混凝土各组成材料用量和比例。

B. 按下列步骤进行调整。以确定的材料用量按式（8-13）计算每立方米混凝土拌和物的质量：

$$m_{c,c}=m_w+m_c+m_p+m_s+m_g \tag{8-13}$$

按式（8-14）计算混凝土配合比校正系数：

$$\delta=\frac{m_{c,t}}{m_{c,c}} \tag{8-14}$$

式中 δ——配合比校正系数；

$m_{c,c}$——混凝土拌和物的质量计算值，kg/m³；

$m_{c,t}$——混凝土拌和物的质量实测值，kg/m³；

m_w——混凝土用水量，kg/m³；

m_c——混凝土水泥用量，kg/m³；

m_p——混凝土掺合料用量，kg/m³；

m_s——混凝土砂子用量，kg/m³；

m_g——混凝土石子用量，kg/m³；

其余符号意义同前。

按校正系数 δ 对配合比中每项材料用量进行调整，即为调整的设计配合比。

（4）部分混凝土面板堆石坝混凝土配合比见表 8-4。

表 8-4　部分混凝土面板堆石坝面板混凝土配合比表

序号	施工年份	工程名称	坝高/m	强度等级	水泥品种	骨料种类	水灰比 w/c	砂率/%	水泥用量/(kg/m³)	粉煤灰掺量/%	VF防裂剂掺量/%	纤维用量/(kg/m³)	骨料比例	NMR减水剂/%	BLY引气剂/%	水/(kg/m³)	28d强度/MPa
1	1999	珊溪水库混凝土面板堆石坝	132.5	C25W12F100	虎山 P.O525	河砂、卵石	0.338	35	287	15	8	—	45:55	0.75	1.0	124	37.5
2	1999	白溪水库混凝土面板堆石坝	124.4	C25W12F100	海螺 P.O525	河砂、卵石	0.39	33	254	15		0.9	50:50:00	0.75	1.0	127	40.2
3	2000	港口湾水库混凝土面板堆石坝	68.0	C25W10F100	海螺中热525	河砂、卵石	0.356	37	266	15	12	—	50:50	0.75	1.0	125	36.8
4	2000	丽水黄村水库混凝土面板堆石坝	47.0	C25W8F100	虎山 P.O525	河砂、卵石	0.4	35	286	—	12	—	50:50	0.75	1.0	130	35.8
5	2002	白水坑水库混凝土面板堆石坝	101.3	C30W12F150	虎山 P.O42.5	卵石	0.34	32	303	15	10	—	40:60	0.75	1.0	137	40.2
6	2002	龙泉瑞墙二级电站混凝土面板堆石坝	89.35	C25W12F100	虎山 P.O42.5	碎石	0.42	37	296	—	12	—	30:70	0.75	1.0	141	39.8
7	2004	桐柏抽水蓄能电站下水库混凝土面板堆石坝	71.4	C25W10F100	虎山 P.O42.5	河砂、碎石	0.42	40	248	15	10	—	40:60	0.75	1.0	139	30.5
8	2005	浙江滩坑水库混凝土面板堆石坝	162.0	C30W10F100	虎山 P.O42.5	河砂、卵石	0.32	26	280	15	12	0.9	55:45	0.75	1.0	123	39.8
9	2007	重庆巴山水电站混凝土面板堆石坝	155.0	C25W12F100	地维 P.O42.5	人工砂、碎石	0.38	40	213	25	12	—	50:50	0.75	1.0	128	37.8
				C30W12F101	地维 P.O42.5		0.33	39	249	25	12	—	50:51	0.75	1.0	130	42.1
10	2012	沁河河口村水库混凝土面板堆石坝	86.0	C30W12F200	同力 P.O42.5	人工砂、碎石	0.35	33	268	15	10	—	40:60	0.75	1.0	125	37.8
11	2014	仙居抽水蓄能上水库混凝土面板堆石坝	88.2	C25W10F101	虎山 P.O42.5	河砂、碎石	0.42	35	215	15	10	—	40:60	0.75	1.0	121	34.2

注　骨料比例指 5～20mm、20～40mm 两种骨料用量重量的比例。

8.4 仓面准备

8.4.1 坡面处理

浇筑面板前，先清除垫层坡面上的废料，然后布置 3m×3m 网格进行平整度测量。由于坝体沉降变形、施工控制等原因，坝面平整度会有较大起伏，对超过面板设计线 5cm 或低于设计线 8cm 的坡面需进行整修，整修内容包括表面修凿、砂浆补坡等。同时，应对垫层固坡进行脱空检查，对脱空部位必须进行处理。

8.4.2 周边缝与垂直缝基础处理

（1）周边缝基础处理。周边缝去掉铜止水的保护罩，检查铜止水有无损伤并修复，在设计位置凿挖砂浆垫坑，验收合格后，浇筑沥青砂浆垫，铺设厚 6mm PVC 带，PVC 带与沥青砂浆垫及 F 形止水铜片应接触紧密。

（2）垂直缝基础处理。为使止水铜片安装平整，必须在其底部设置了砂浆垫层。砂浆垫层宽 70～90cm，厚 10cm，强度等级为 M10。砂浆垫层施工包括测量→挖槽→测量→修整→抹砂浆垫层工序，施工方法如下。

1）在纵缝附近坡面上设置一排高程控制点。

2）以测量放样点为基准挖一条宽 70～90cm 的倒梯形槽。

3）在槽内打一排短钢筋，复测槽底高程。

4）修整合格后，以短钢筋测点拉线，放出砂浆垫层顶面线，然后抹砂浆垫层，平整度为±5mm/2m。

8.4.3 钢筋加工与安装

面板钢筋的安装一般采用现场绑扎和焊接方法，用人工或钢筋台车将钢筋送至坡面。高坝宜采用钢筋台车运送钢筋，以节省人工。

（1）尺寸的选定。台车宽度可取 1.2～1.4m，长取 4m。

（2）台车结构。为减轻台车重量，台车宜采用钢桁架结构，它由一榀矩形桁架和 5 榀三角形桁架组成空间桁架［见图 8－7（*a*）和图 8－7（*b*）］。

（3）台车牵引力的计算。台车牵引力的大小与台车自重、载重量有关，按式（8－15）计算：

$$T=[(G_1+G_2)\sin\alpha+(G_1+G_2)f\cos\alpha]K \tag{8-15}$$

式中 T——台车牵引力，kN；

G_1——台车自重，kN；

G_2——台车载重量，kN；

f——台车滚轮与坡面滚动摩擦系数；

α——坡面与水平面夹角；

K——安全系数，可取 3～5。

面板钢筋由加工厂加工成形后运抵现场。面板钢筋的安装方式一般有两种：一是采用现场绑扎和焊接；二是预制钢筋网片，现场拼接。第一种方式简单，但在斜坡上安装钢筋

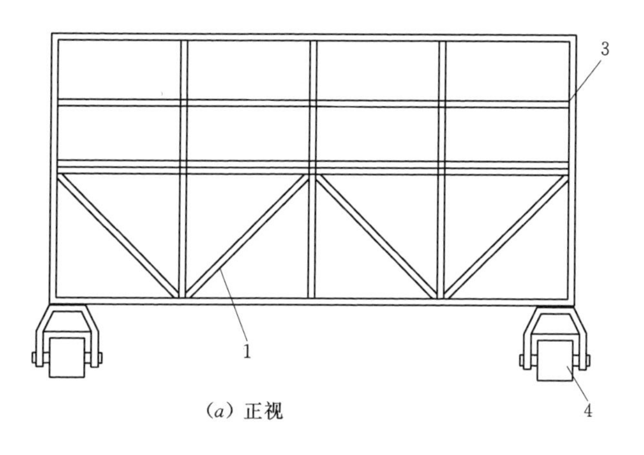

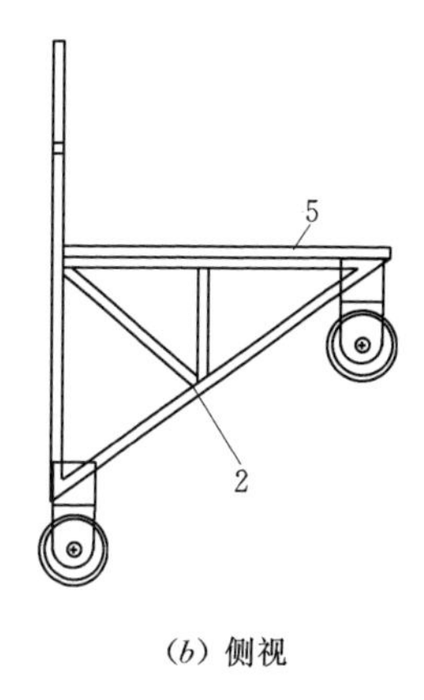

图 8-7　钢筋运输台车构造图

1—主桁架；2—三角桁架；3—栏杆；4—轮子；5—平台板

时有些不便，施工速度稍慢；第二种方式需特制的钢筋网台车及大吨位卷扬机和吊车，但在平地上绑扎钢筋较方便，施工速度快。国外多用第二种方式施工，而我国一般都采用第一种方式施工。

利用坝坡钢筋运输台车配合人工运输钢筋至仓面。先在坡面上打法向架立筋，按 2m×1.5m 布设，架立筋采用直径 20～25mm 的螺纹钢筋，打入垫层不小于 30cm，随后绑扎直径 20mm 横向架立筋。

在架立筋架设一段后，即可按设计间距网绑扎面板钢筋，形成流水作业。钢筋绑扎顺序为：法向架立筋→横向架立筋→纵向面板钢筋→横向面板钢筋→每块周边加强筋。采用自下而上人工绑扎、钢筋接头焊接或机械连接。

打入垫层的架立筋，在面板混凝土浇筑过程中，覆盖以前，用气割将其在砂浆坡面处割断，减少对面板约束。

8.4.4　施工缝处理

面板滑模施工应连续作业，如因故中断浇筑时间超过混凝土初凝时间，则必须停止浇筑，按施工缝处理。施工时应尽量避免这种情况的发生。

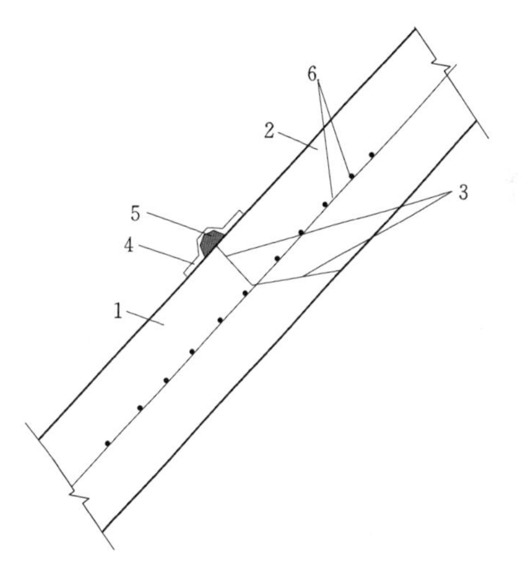

图 8-8　面板水平施工缝处理示意图

1——期面板；2—二期面板；3—施工缝；4—防渗盖片；5—塑性填料；6—钢筋

高坝面板以分期施工为主，必须设施工缝，施工缝一般按图 8-8 所示的形状浇筑，钢筋网以下缝面水平，钢筋网以上缝面为面板法线方向。浇筑后续面板时，应对施工缝进行处理。处理要求如下。

(1) 清除缝面杂物，在清理观测仪器电缆附近杂物时必须十分小心，以防损坏电缆。

(2) 先浇面板外露钢筋必须调直、除锈后方可绑扎后续面板钢筋。

（3）缝面凿毛、冲洗、清除污物并排除表面积水。

（4）在湿润的缝面上，先铺一层厚2～3cm的水泥砂浆，其水灰比不得高于所浇混凝土，水泥砂浆应摊铺均匀，然后在其上再浇筑混凝土。

8.5 面板混凝土施工

8.5.1 混凝土拌制

混凝土的配料和拌制必须做到以下几点。

（1）为了减少料斗的黏料现象，应按中石、小石、水泥、粉煤灰、砂顺序进行投料，在上料过程中，要及时向搅拌筒加水，以减少环境污染，最后加入液体外加剂。

（2）坝顶拌和系统中的砂料仓应搭防雨棚，以便控制砂子含水率。

（3）混凝土必须搅拌均匀，常规混凝土搅拌时间不得少于2.5min，加防裂剂的拌和时间比普通混凝土延长30～60s，掺聚丙烯纤维搅拌时间不得少于5min。

（4）混凝土坍落度的检查，每班应在机口取样4次，仓面取样2次；仓面坍落度宜为2～4cm。

（5）混凝土试件除机口随机取样，还应在浇筑仓面取一定数量的试件，以便更直观地评价面板混凝土质量。

8.5.2 混凝土运输

（1）场外运输。场外运输应注意以下几点：①混凝土运输设备和运输能力，应与拌和、浇筑能力、仓面具体情况相适应，以保证混凝土运输的质量，充分发挥设备效率；②过程中应避免发生分离、漏浆、严重泌水或过多降低坍落度，并应尽量减少转运次数和缩短运输时间；③用拌和楼拌制混凝土且运距较远时，其运输设备应用混凝土搅拌车；④用大坝附近或坝顶拌和站拌制混凝土时，其运输设备可采用自卸汽车、机动翻斗车。

（2）仓面运输。

1）溜槽运输。采用在浇筑仓面上布置溜槽运输时，应注意以下几点。

A. 溜槽采用1～2mm钢板卷制成半圆形或倒梯形，其尺寸为40cm×30cm×200cm（可根据工程经验和材料而定）。所用材料内表面应平整光滑，不得有凸起物，以减少下滑摩阻力。

B. 宽6m的板块应布置1条溜槽，宽12m的板块布置2条溜槽，宽18m的板块布置3条溜槽。溜槽布置在面板钢筋网上，上接集料斗，下至离滑模前缘0.8～1.5m处，浇筑过程中摆动末端溜槽下料。在滑模滑升过程中按需要取下末节溜槽。

C. 溜槽安放应平直，不应有过大的起伏差，防止混凝土在输送过程中溢出槽外，溢出槽外的混凝土应及时清除干净。同时，还应防止溜槽脱节和漏浆撒料现象。

D. 为避免因日晒、雨淋而影响混凝土的质量，同时也为防止飞石伤人，溜槽应遮盖防雨布。溜槽应分段系在钢筋网上，以确保安全。

E. 在混凝土进入集料斗前，应先倒入1.5～2m^3（视溜槽长度而定）水泥砂浆或一级配混凝土，用于润滑溜槽，便于开仓混凝土在槽内滑行，确保周边缝混凝土质量。

F. 在混凝土下滑的过程中应随时移动末端溜槽或布料器上旋转溜槽（见图8-9），以免混凝土堆积过高而影响平仓。

G. 当板宽大于12m时，为便于仓面均匀下料，可将溜槽布置在相邻板块边缘，并在滑模前面加装一套布料机构，使溜槽滑下的混凝土能均匀入仓（见图8-10）。

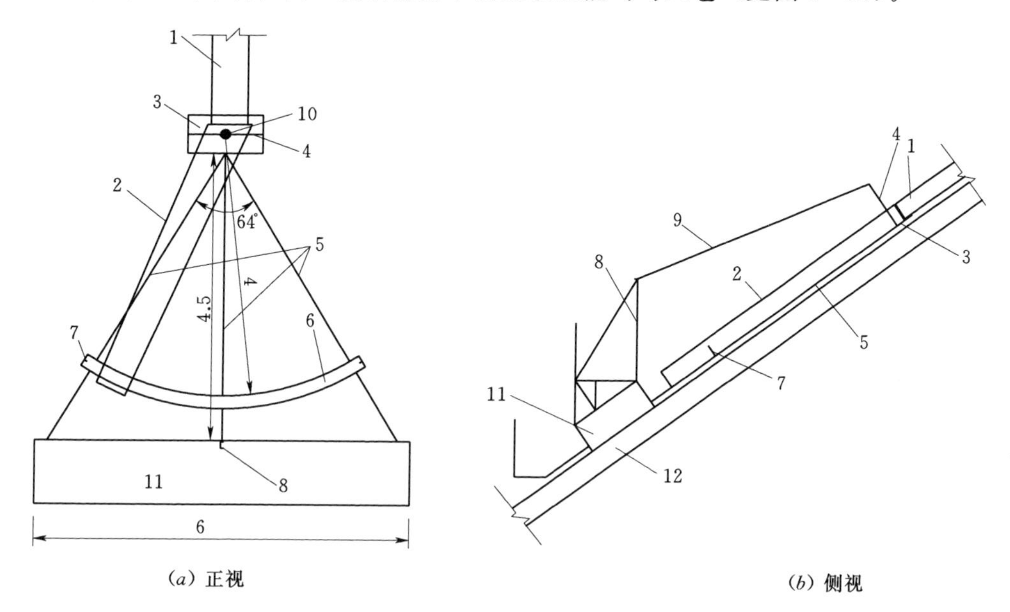

图8-9 混凝土布料器结构图（单位：m）

1—固定溜槽；2—旋转溜槽；3—小平台；4—支架；5—支撑架；6—滑板；7—挡板；8—立柱；9—钢丝绳；10—固定溜槽锚栓；11—滑模；12—侧模

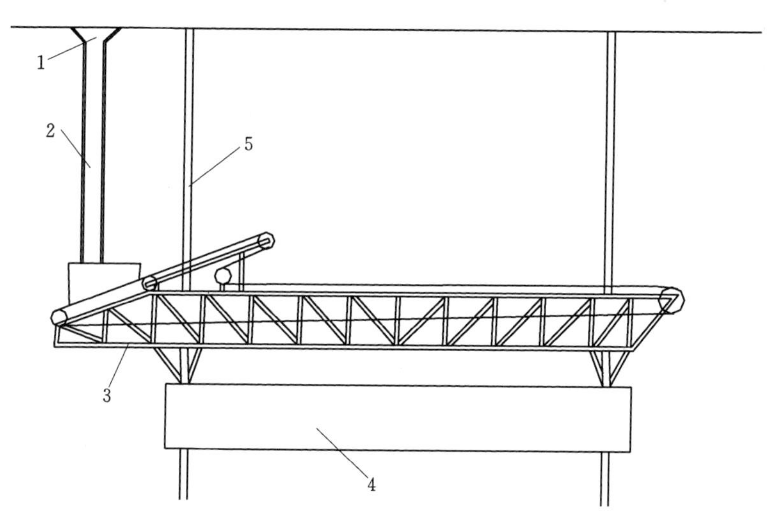

图8-10 布料机布置图

1—集料斗；2—溜筒；3—布料机；4—滑模；5—侧模

2）布料槽车运输。在寒冷、干燥、刮大风地区宜采用布料槽车进行仓面运输。混凝土拌和料由混凝土搅拌车或自卸汽车卸于布料槽车，用两台10t卷扬机牵引，输送至浇筑仓面，人工卸料平仓。布料槽车采用钢结构，其结构尺寸14.3m×1.32m×2.0m（长×宽×高）。布料槽车结构见图8-11。

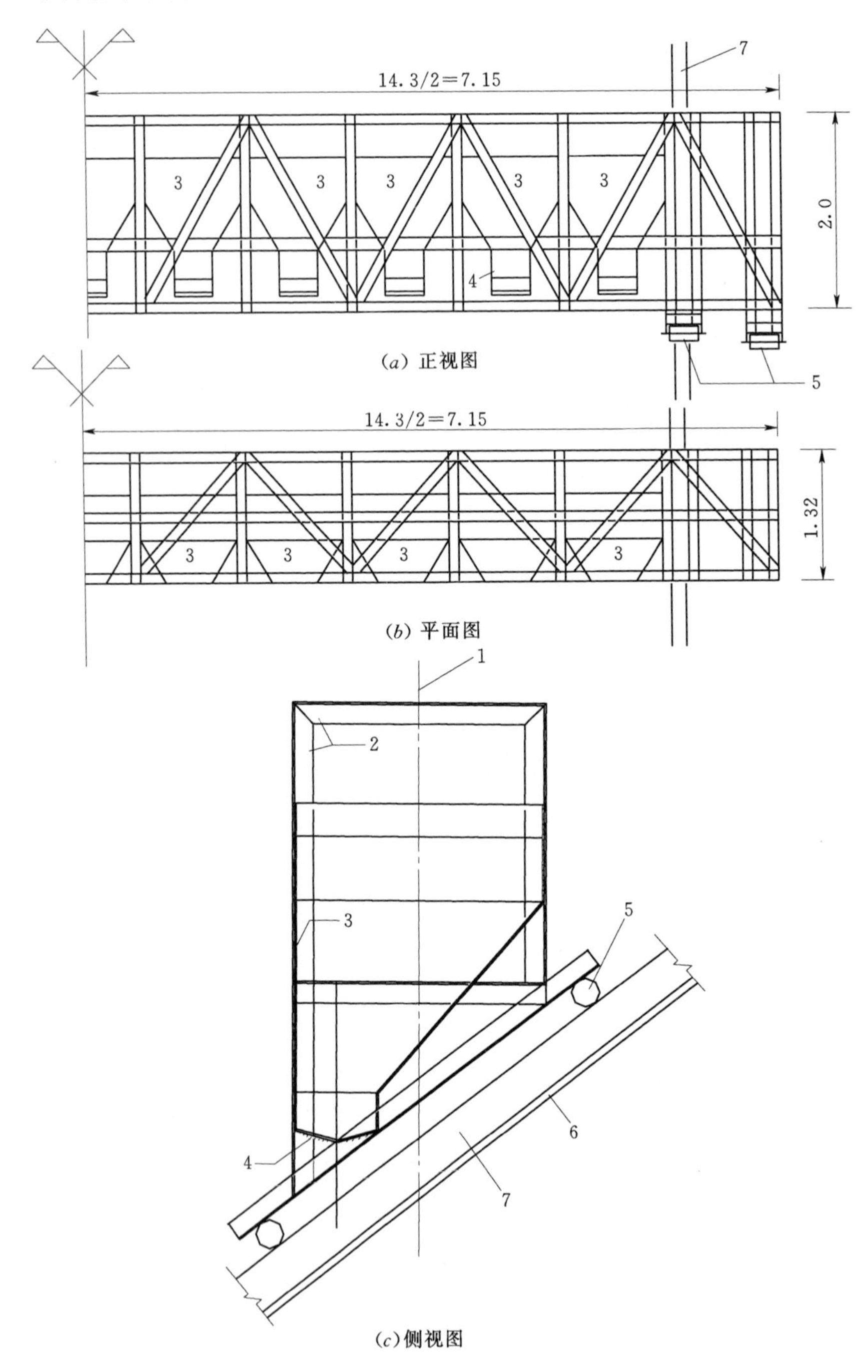

图8-11 布料槽车结构图（单位：m）

1—布料槽车中心线；2—槽车桁架；3—混凝土储料斗（4mm钢板）；4—自闭式旋转卸料挡板；5—ϕ150mm行走滚轮；6—垫层砂浆；7—侧模

8.5.3 混凝土浇筑

(1) 模板的滑升与混凝土的浇筑。

1) 入仓、振捣。混凝土入仓应均匀布料，每层布料厚度25～30cm，并应及时振捣。仓内采用插入式振捣器，振捣器应在滑模前缘振捣，不得靠在滑动模板上或靠近滑模顺坡插入浇筑层，以免抬模。振动间距不得大于40cm，深度应达到新浇筑底部以下5cm，振捣时间15～25s，以混凝土不再显著下沉、不出现气泡，并开始泛浆时为准。靠近侧模位置采用直径不大于30mm的插入式振捣器，止水片周围的混凝土应采用人工入仓，以防分离料进入接缝处，影响其质量，另外必须特别注意振捣密实。

2) 模板滑升。滑模滑升前，必须清除其前沿超填混凝土，以减少滑升阻力。每浇筑一层（25～30cm）混凝土提升滑模1次，不得超过一层混凝土的浇筑高度。滑模滑升速度，取决于脱模时混凝土的坍落度、凝固状态和气温，一般凭经验确定。滑升速度过大，脱模后混凝土易下塌而产生波浪状，给抹面带来困难，面板表面平整度不易控制；滑升速度过小，易产生黏模而使混凝土拉裂。滑模滑升要坚持勤动少滑的原则，平均滑升速度控制在1～2m/h，最大滑升速度不宜超过4m/h。

3) 压面。混凝土出模后立即进行一次压面，待混凝土初凝前完成二次压面。

4) 交接班制度。面板混凝土应连续浇筑，交接班时，不应全部拌和机停机交班，至少要保留一台拌和机（由多台拌和机组成的拌和站）超时运行交替交接，下班前，滑模操作人员应完成滑模提升移位后，才能离开工作岗位。

(2) 周边三角块的滑模浇筑。周边三角块（起始板）可采用以下方法进行滑模浇筑。

1) 旋转法。当周边倾角较小，且滑模长度大于三角块斜边长度时，可先将滑模降至周边趾板顶部，然后由低向高逐步浇筑混凝土，并逐步提升滑模低端，高端不提升，使滑模以高端为圆心旋转，直至低端滑升到与高端平齐后，再进入标准块正常滑升[见图8-12(*a*)]。

2) 平移法。对于周边倾角较大，且趾板头部高出面板的三角块，在靠陡周边的一端滑模上安装三角形附加模板，并在其斜边端部安装2只侧向滚轮。浇筑前，将滑模沿已浇板块或附加轨道和仓面附加轨道平移至相邻的已浇块或仓面上，拆除浇筑仓面附加轨道。浇筑时滑模两端同时提升，使滑模沿趾板水平移动，直至三角块浇筑完后脱离周边而进入正常滑升[见图8-12(*b*)]。

3) 平移转动法。对于周边倾角较大，且趾板头部与面板平齐的三角块，可采用平移转动法进行滑模。先将滑模降至岸坡趾板顶部，然后由低向高逐步浇筑混凝土，并逐步提升滑模低端，高端暂不提，使滑模沿高端转动，随后通过岸坡趾板导向葫芦，同时启动高端卷扬机，使滑模沿趾板平移，如此下去，直至三角块浇筑完后，卸掉趾板导向葫芦而进入正常滑升[见图8-12(*c*)]。

(3) 可调滑模在圆弧渐变段混凝土面板中的施工应用。以宜兴抽水蓄能电站上水库库盆面板转角编号为S21的圆弧渐变段面板块（下口尺寸为3605mm、上口尺寸为11815mm）为例，介绍圆弧段面板采用可调模板滑模的施工方法。

1) 首先将2台10t起重卷扬机就位于待浇筑面板S21块上口后部（坝顶环库公路）平台上，每台卷扬机采用特制的3块铸钢配重块（每块重4.2t，共12.6t），对机架进行

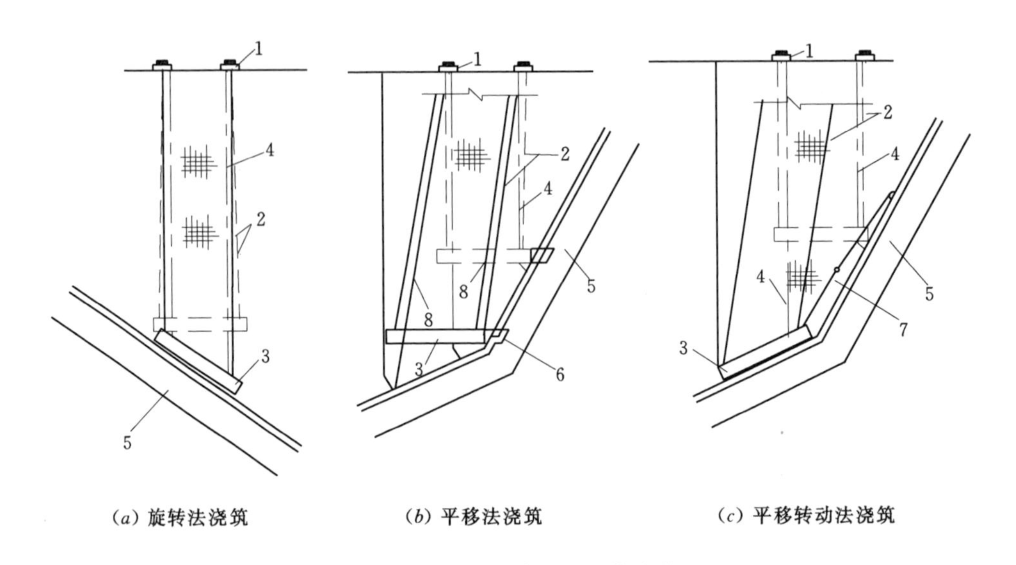

(a) 旋转法浇筑　　(b) 平移法浇筑　　(c) 平移转动法浇筑

图 8-12　周边三角块的滑模浇筑

1—卷扬机；2—钢丝绳；3—滑动模板；4—侧模；5—趾板；6—侧向滚轮；7—葫芦；8—轨道

压重固定，再将卷扬机机架前后周边与事先插入基岩并已灌浆的 4～6 根 ϕ22mm 的锚筋进行安全加固。然后分别将 2 台卷扬机的钢丝绳放下至待浇面板下口处准备牵引可调滑模平台。

2）将可调滑模平台吊运至 S21 块下口处。收起左右两侧的活动模板，将可调模板平台的有效利用长度调至最小（8m）。因下口尺寸比可调滑模平台最小尺寸要小很多，需将可调滑模平台斜放到面板下口处，再将可调滑模与 2 根牵引钢丝绳连接好。最后用卷扬机调整好滑模平台上下位置与角度，并将滑模上滑一小段距离。

3）可调滑模平台下部三角形面板块用人工翻模的方法浇好并拆去模板后，将滑模平台下放一小段距离盖住部分已浇好的混凝土面板，即可进行混凝土面板的滑模浇筑施工，滑模在向上滑行中逐渐将滑模调整至接近水平状态。

4）当滑模滑行至可调滑模平台的最小长度极限 8m 时，放下左右两侧（或一侧，与左右相邻两侧的面板是否已浇好混凝土或绑箍好钢筋等状况有关）活动模板。为避免可调模板平台两端碰到左右相邻的面板或钢筋，必要时将可调滑模平台斜向布置，边滑行边调整，直至滑模滑行到待浇面板的上口端。

5）当可调滑模滑行至面板顶部后，按常规将可调滑模吊离施工工作面即可。

可调滑模圆弧渐变段混凝土面板滑模施工见图 8-13。

（4）可调滑模在普通混凝土面板中的施工应用。由于可调滑模可灵活方便地随时收起或放下左右两侧的活动模板来调整滑模的长度模数，因而它也可用于平面面板的滑模施工。

宜兴抽水蓄能电站上水库库盆面面板中，有小于 16m 标准宽度的平面面板共 14 块，因可调滑模长度可调、重量轻，工地内转运方便，且使用灵活，因而大部分的非标准宽度的平面面板的滑模施工也都用可调滑模进行施工，其施工方法与普通滑模施工方法相同。

可调滑模用于不同宽度平面面板施工见图 8-14。

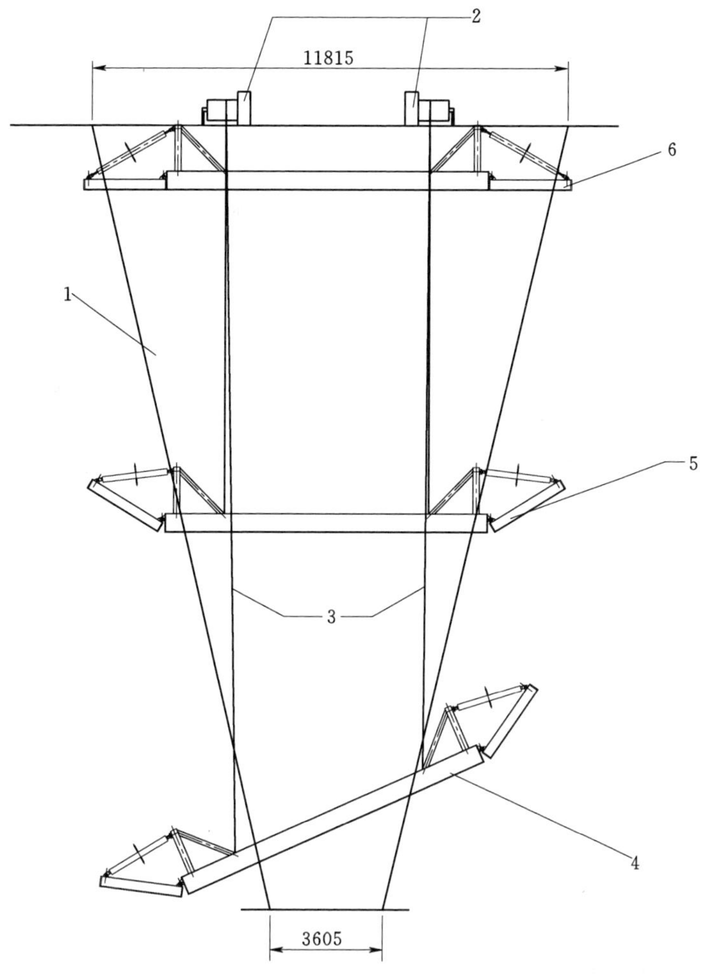

图 8-13　可调滑模圆弧渐变段混凝土面板滑模施工示意图（单位：mm）

1—圆弧渐变段混凝土面板块；2—10t卷扬机；3—牵引钢丝绳；4—滑模在圆弧段面板起始位置；5—滑模至圆弧段面板中间位置；6—滑模至上部圆弧段面板位置

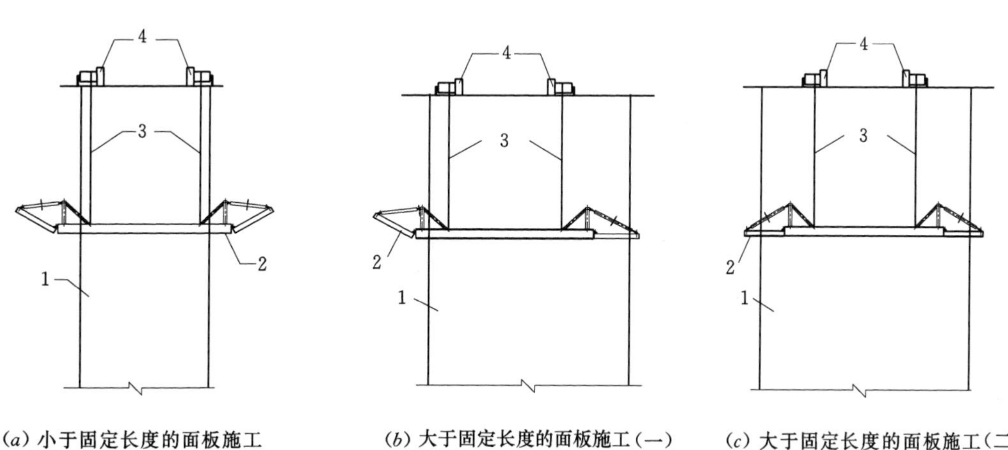

(*a*) 小于固定长度的面板施工　(*b*) 大于固定长度的面板施工(一)　(*c*) 大于固定长度的面板施工(二)

图 8-14　可调滑模用于不同宽度平面面板施工示意图

1—普通混凝土面板块；2—可调滑模；3—牵引钢丝绳；4—10t起重卷扬机

8.5.4 混凝土养护与保温

混凝土养护主要应做好以下几方面工作。

(1) 在滑模架后部拖挂长为12m左右的比面板略宽的塑料布，二次压面结束后立即覆盖塑料薄膜，防止表面水分过快蒸发而产生干缩裂缝。

(2) 混凝土终凝后掀掉薄膜，覆盖草帘（袋）或麻袋，并进行不间断的洒水养护，以达到保温保湿，防止裂缝的发生之目的。寒冷地区混凝土脱模后（混凝土龄期7d前）应采用保温性能良好材料覆盖，如单层（或双层）线毯等。

(3) 当混凝土龄期达到7d，进行喷水养护或者在面板上部安装带有小孔的水管进行长流水养护。养护时间至少90d，有条件时可养护到蓄水为止。

(4) 经常检查草袋或麻袋覆盖情况，及时补充草（麻）袋，修补混凝土裸露面。

(5) 面板蓄水前必须做好面板的越冬保护。可采用覆盖厚50cm粉砂土、厚5cm聚苯乙烯板、线毯或其他覆盖材料越冬防护保温。

8.6 面板防裂

8.6.1 脱空检查及处理

在浇筑Ⅱ期、Ⅲ期面板前，必须对前一期面板脱空情况进行检查，尤其是前期面板的顶部进行脱空检查。发现前期面板有脱空现象时，必须进行处理完毕后才可进行后期面板的施工。根据天生桥水电站一期工程经验，对脱空部位可采用水泥：粉煤灰：水=2：8：5浆液用自流方式灌注。

8.6.2 裂缝控制

混凝土面板堆石坝的混凝土面板由于受复杂边界约束条件，温度、湿度环境变化，混凝土面板的几何尺寸等因素的影响，容易出现非荷载作用引起的收缩裂缝，据统计这种非荷载裂缝占混凝土面板裂缝的80%左右。混凝土面板一旦出现裂缝，不仅降低其使用功能，而且对坝体本身的结构耐久性影响极大，因此混凝土面板的裂缝防治已成为其施工的关键技术之一，普遍受到工程界的关注，尤其是一次性拉模长度较大的混凝土面板。2000年后我国工程界在混凝土面板堆石坝的混凝土面板（尤其是高堆石坝的混凝土面板）的收缩裂缝控制技术方面做了大量研究性和探索性的工作。从混凝土收缩裂缝的控制理论到混凝土防裂施工方法的研究都做出了卓越的成就。经过多年的不断探索和研究，中国水利水电第十二工程局有限公司在长期的混凝土面板裂缝控制实践中形成了一整套面板混凝土防裂的有效方法，从混凝土防裂配合比设计、试验到混凝土防裂产品生产和混凝土防裂施工，积累了丰富的理论和实践经验。在过去的30年中，克服了不利环境条件等诸多影响因素，在几十座混凝土面板堆石坝工程中取得了良好效果，实现混凝土面板无裂缝或少裂缝的控制目标，为我国混凝土面板堆石坝的混凝土面板裂缝控制技术的发展做出了贡献。在国家重点工程珊溪水库混凝土面板施工中创造了7万m^2无裂缝的中国企业新纪录，其中一次性浇筑最大长度达142.63m，之后在桐柏抽水蓄能电站下库混凝土面板、江山白水坑水库创造了一次性浇筑最大长度为160.8m无裂缝的纪录。

（1）混凝土面板裂缝成因。混凝土面板的裂缝主要有结构性裂缝和非结构性裂缝之分。混凝土面板结构性裂缝主要是在水荷载作用下，堆石坝体产生不均匀沉降变形和位移造成面板和坝体脱空而引起的。混凝土面板结构性裂缝一般是在坝体蓄水后出现，混凝土面板的结构性裂缝一般由坝体设计和施工质量保证措施来控制。混凝土面板非结构性裂缝主要为混凝土收缩裂缝，混凝土面板收缩裂缝一般出现在施工期，由混凝土面板材料的收缩变形引起的。当混凝土面板材料在外部环境和自身因素影响下，产生体积收缩变形时受到混凝土面板结构体内和周边的约束条件的限制，会在混凝土面板内产生与收缩变形方向相反的收缩拉应力，当混凝土面板内的收缩拉应力超过混凝土的抗拉强度时，混凝土面板开裂。因此，混凝土面板的收缩变形和约束是引起收缩裂缝的必要条件。混凝土面板体内的收缩应力可用式（8－16）计算：

$$\sigma_X(t)=E_c(t)K_rS(t)\varepsilon_c(t) \tag{8-16}$$

式中 $\sigma_X(t)$——面板收缩拉应力，随时间和面板位置变化；

$E_c(t)$——混凝土的弹性模量，随时间变化；

K_r——约束系数；

$S(t)$——混凝土徐变松弛系数，随时间变化；

$\varepsilon_c(t)$——混凝土面板在外界和自身因素影响下的体积自由收缩应变，随时间变化。

其中：$E_c(t)K_rS(t)$三者的积构成混凝土收缩应力与收缩应变的非线性本构关系在某一时间$\sigma_X(t)$的最大值为：

$$\sigma_{\max}(t)=\sum\sigma_X(t) \tag{8-17}$$

说明收缩应力在混凝土面板结构体内有累加作用，不同的结构型式其累加方式是不同的，其中一维线性结构的累加方式最为简单，混凝土面板的收缩应力最大值一般出现在面板长度方向的中间部位。

当某一时间$\sigma_{\max}(t)$大于混凝土抗拉强度时结构开裂，即：

$$\sigma_{\max}(t)>f(t) \tag{8-18}$$

式中 $f(t)$——混凝土抗拉强度，随时间变化。

从以上关系可得出，混凝土面板收缩裂缝发生的必要条件有两个：一是混凝土面板周边有约束存在；二是混凝土面板有体积收缩变形。

可见消除混凝土面板的收缩裂缝最有效的方法，应从减少面板约束和混凝土面板收缩这两个方面采取措施。

通常受客观条件的影响，要完全消除混凝土面板的约束是不可能的，因此，在控制混凝土面板的收缩变形方面采取措施就变得非常重要。

引起混凝土面板收缩变形的因素主要有以下几个方面。

1）混凝土自生体积收缩。混凝土是由胶凝材料和砂石骨料组成的混合体，胶凝材料在凝结硬化过程中会产生体积收缩变形，其变形量与胶凝材料的用量和性能有关。

2）混凝土的温度变形。由于混凝土材料具有热胀冷缩的变形性能，尤其是在混凝土面板施工期间随着环境温度的降低混凝土会产生体积收缩变形，其变形量和温降梯度及混凝土的线胀系数大小有关，按混凝土线胀系数$\alpha=1$计算，环境温度降低1℃混凝土会产生 10ε。此外，对于厚度较大面板，水泥水化热的影响会使混凝土面板产生内、外温差，使混凝土内部产生温度膨胀变形而外部产生相对的收缩变形，容易引起混凝土面板的表面裂缝。

3）混凝土的干缩变形。混凝土除了上述的热胀冷缩的性能外，还有湿胀干缩的性能。在混凝土的拌和用水中约有 20%的水是水泥水化所必需的，其余的 80%水都要被蒸发，混凝土失水后体积缩小（干缩），尤其在混凝土面板的收缩变形中干缩起主导作用，约占总收缩变形量的 60%左右。

以上混凝土几种变形叠加构成了混凝土面板总的收缩变形，这种变形的量值是随时间变化的，由此产生的收缩应力也是随时间变化的。

（2）混凝土面板裂缝控制措施。由于混凝土面板几何尺寸长并要求一次成型，混凝土面板内钢筋密布、混凝土周边约束大，尤其在高寒干燥地区混凝土裂缝控制的难度是比较大的。混凝土面板结构性裂缝的控制主要从坝体的填筑质量方面采取措施，严格控制坝体的变形，防止混凝土面板和垫层脱空。为了有效地防止面板混凝土收缩裂缝的发生，必须从以下两个方面采取措施。一是从面板混凝土配合比的优化、面板混凝土施工时的环境条件选择、面板混凝土施工方案的准备上采取控制措施，防止面板产生过大的收缩变形；二是想方设法地减小混凝土面板的约束。

从以上分析，要使混凝土面板不出现收缩裂缝，则必须满足以下关系：

$$\sigma_{max}x(t)<f(t) \tag{8-19}$$

即在混凝土凝结硬化过程中的任一时间内，混凝土面板中的最大收缩应力值都应小于混凝土抗拉强度值。

要满足式（8-19）的条件就必须想办法增大 $f(t)$ 值或减小 $\sigma_{max}x(t)$ 值。事实上增大 $f(t)$ 值最普通的办法是提高混凝土的强度等级，而混凝土强度等级的提高势必提高混凝土的弹性模量从而导致混凝土抗裂韧性下降。因此，靠提高混凝土强度来提高面板混凝土的抗裂能力效果并不理想。在混凝土中加入纤维有助于提高混凝土早期的抗拉强度，能有效地防止混凝土早期裂缝的发生。更为有效的方法是采取措施减小 $\sigma_{max}x(t)$ 的值，而 $\sigma_{max}x(t)$ 值与混凝土的收缩应变值有直接的关系。

混凝土面板裂缝主要采取以下措施控制。

1）控制结构性裂缝。混凝土面板结构性裂缝的控制主要从提高坝体的填筑质量，严格控制坝体的变形，设置预沉降期，防止混凝土面板和垫层脱空等。

严格按施工规范和设计要求，控制坝体的填筑质量，减少坝体不均匀的沉降和位移。加强坝体的沉降位移观测，坝体填筑完成后应留有足够的预沉降时间，等坝体沉降位移趋于稳定后才能浇筑混凝土面板。根据经验，各期面板混凝土浇筑前，相应部位坝体应超前 3～6 个月完成填筑施工，即要留有 3～6 个月的预沉降时间，当坝体沉降速率不大于 5mm/月，坝体沉降位移趋于稳定后才能浇筑面板混凝土。

2）优化面板混凝土配合比设计。混凝土配合比设计的好坏直接影响混凝土质量和裂缝的发生，混凝土配合比的优化设计中主要做好以下几项工作。

A. 混凝土原材料的选择。混凝土原材料主要包括水泥、砂石骨料、外加剂及优质粉煤灰等掺合料。

从裂缝控制的角度考虑面板混凝土的水泥应选用普通硅酸盐低热水泥并且其收缩性能小、体积稳定性好，以降低水化热，减少收缩。

砂石骨料选用粒径级配好、线胀系数小、体积稳定、吸水率低的天然、人工砂石骨料。

混凝土外加剂的选择，根据面板混凝土的性能要求，外加剂的主要品种有：混凝土减水剂、混凝土引气剂、混凝土防裂剂等。根据面板混凝土的施工条件最好选用减水及混凝土拌和物性能好的混凝土高效减水剂，以减少混凝土单方用水量，减少混凝土干缩，并使混凝土容易振捣密实，以提高混凝土的抗裂性能。混凝土防裂剂是在新拌混凝土中加入能使混凝土体积发生膨胀变形的外加剂，主要用于补偿收缩混凝土，防止混凝土收缩裂缝的发生。目前，常用的混凝土防裂剂主要有中国水利水电第十二工程局有限公司生产的 VF 防裂剂，它的优点主要是加入后混凝土的膨胀时间和大小可人为控制，以提高混凝土的补偿收缩效果。VF 混凝土防裂剂在几十个工程中得到应用，均取得了理想的混凝土裂缝控制效果，并获得了多项省部级科技进步奖。VF 防裂剂的开发研究成功填补了补偿收缩混凝土设计理论的空白，提高了补偿收缩混凝土防裂效果。

选择优质粉煤灰或矿粉作为混凝土的掺合料，以改善混凝土的施工性能并可降低混凝土的发热量减少混凝土的温度收缩变形，对混凝土面板裂缝控制有利。

B. 优化混凝土配合比设计。在满足强度和施工度的前提下，尽量减少胶凝材料的用量以达到减少混凝土塑性收缩量。此外，混凝土拌和物应满足面板施工的要求，具有较好的和易性、流动性、保水性以满足面板施工高质量的要求。面板混凝土拌和物和易性好骨料不易分离，流动性好、坍落度损失小，以满足混凝土长距离运输并使其容易振捣密实的要求，消除面板混凝土抗裂的薄弱环节。

C. 做好混凝土面板补偿收缩混凝土防裂试验和设计工作。通过以上原材料的选择和配合比的优化，可使混凝土的体积相对稳定产生的收缩变形小，减小混凝土出现收缩裂缝的概率，对防止收缩裂缝的发生有利。但是，在外界环境条件影响下并不能完全消除其收缩变形，混凝土收缩裂缝还有较大的可能出现。因此，补偿收缩混凝土防裂设计就显得十分重要。补偿收缩混凝土防裂试验工作主要是了解混凝土在不同的环境条件下的强度和变形发展规律，绘出混凝土强度和变形的变化曲线，在此基础上确定和设计混凝土在某个时间点上的补偿收缩量，通过调整防裂剂的掺量并达到设计要求，使混凝土在设定的环境条件下的变形始终处于微膨胀状态，以此消除收缩变形引起的收缩拉应力。通过混凝土的变形试验和补偿收缩设计，按混凝土在施工期 60d 内的任一时间的收缩变形小于零的原则设计（即混凝土在外界环境温、湿度变化条件下，始终处于微膨胀状态）。

3）优化面板混凝土施工方案。

A. 选择面板混凝土合适的浇筑时间。混凝土浇筑的环境温度对裂缝的发生有十分重要的影响，经施工方案的优化调整，可将面板混凝土的浇筑时间定在环境温度为 5～20℃ 的时段内，将有利于裂缝的控制，面板混凝土浇筑尽可能避开夏季高温和冬季严寒时段。

B. 精心制定面板混凝土的浇筑方案。通过计算确定混凝土浇筑强度和混凝土缓凝时间的关系，防止面板混凝土产生冷缝。采取有效措施确保面板混凝土下料均匀、浇捣密实（尤其是在边角地带），不能出现蜂窝和空洞，消除面板易出现裂缝的薄弱部位。

C. 重视混凝土的养护工作。混凝土的养护工作分为保温和保湿养护，混凝土的保温、保湿养护对混凝土的收缩裂缝的控制是极为有利的。面板在浇筑完成的部分抹面后，随即盖上塑料薄膜防止水分过分蒸发。等到混凝土终凝后抽掉塑料薄膜，盖上保温被或草袋洒水养护，使混凝土始终保持在湿润状态。

4）加强面板混凝土施工过程质量管理。混凝土裂缝控制是一项较为严密的系统工程，不仅要有精确的防裂设计和合理的施工方案，而且要有一整套严密的施工过程质量管理方法，以保证在整个面板的施工中防裂设计意图得以贯彻落实。

A. 做好混凝土浇筑前的各项准备工作。混凝土施工前应召开技术交底会，将施工中的质量控制关键点向施工人员交代清楚。还应组织专人对拌和系统设备状况和计量进行专项检查，应增加班前交底会。

B. 加强混凝土原材料的质量检测和控制，确保原材料的各项性能指标满足设计要求。质量检测人员要按规范要求对每批进场原材料性能进行检测，并做好台账记录，杜绝将不合格的材料用于面板工程。

C. 混凝土拌和系统的称量准确、拌和均匀，严格按设计要求控制混凝土的拌和时间，根据原材料的性能变化情况及时调整用量。根据混凝土拌和站到浇筑现场的运距和气温变化情况，及时调整混凝土拌和物的凝结时间，减少坍落度损失，确保仓面下料顺利。

D. 现场应组织专人负责混凝土的养护工作，尤其是补偿收缩混凝土对保湿养护有较高的要求，要使混凝土始终保持在湿润状态下有助于混凝土的强度和膨胀量增长。面板施工现场安排专人负责混凝土温度变化测量，一般在混凝土浇筑 7d 内每 4h 应测 1 次温，并记录混凝土面板中心温度、混凝土面板表层温度和气温，当混凝土面板中心温度和表层温度差大于 25℃时，应加强混凝土表面的保温措施。

E. 混凝土浇筑现场每个台班安排专人对混凝土拌和物的含气量和坍落度等指标抽样检测，发现异常及时调整。

F. 为减少面板周边的约束，在面板浇筑前应对面板垫层坡面平整度进行处理，达到规范要求。面板垫层坡面上和面板侧面应刷涂乳化沥青以减少面板周边的约束。随着面板浇筑上升固定，面板钢筋的插筋应及时切断。

8.6.3 裂缝处理

由温差、干缩引起的浅表性裂缝是面板混凝土最常见的缺陷。裂缝主要采用化学灌浆和嵌填、粘贴止水材料的方法进行处理。具体根据裂缝的不同性状，采用不同的处理方法。

（1）裂缝宽度小于 0.2mm 的处理。对于裂缝宽度小于 0.2mm 的仅做表面处理［见图 8－15（*a*）］，其施工工艺如下。

1）基面清理。用钢丝刷将裂缝两侧各 20cm 范围内的松动物及凸出物除去，并用水冲洗干净、晾干。

2）涂刷底胶。待基面完全干燥后，沿缝两侧各 16cm 均匀涂刷 SR 底胶，涂刷底胶既不能漏刷（露白），也不能过厚。

3）粘贴复合柔性防渗盖片。待柔性底胶表干后（黏手但不沾手），撕去复合柔性防渗盖片的防粘保护纸，沿裂缝将盖片粘贴于柔性底胶上，并用力压紧，用柔性对边缘进行封边，并每隔5m或搭接、转弯处用20cm长的角钢和膨胀螺栓固定，当缝长小于5m，且无转弯搭接时，则在两端用角钢固定。

（2）裂缝宽度0.2～0.5mm的处理。对于裂缝宽度0.2～0.5mm的处理，可先用LW/HW水溶性聚氨酯化学灌浆材料进行化学灌浆处理，其工艺与趾板裂缝处理相同（参见本书7.5.4节相关内容），然后进行嵌缝和表面处理，对浆液灌不进的裂缝仅做嵌缝和表面处理［见图8-15（*b*）］，其施工工艺如下。

1）凿槽、基面清理。沿缝凿出4cm×5cm的V形槽，用钢丝刷将槽内及裂缝两侧各20cm松动物及凸出物清除，并用水冲洗干净、晾干。

2）涂刷底胶。

3）嵌填柔性材料。待底胶表干后，将柔性材料搓成细条，填入V形槽深处和各个侧面，并压实。

4）粘贴复合柔性防渗盖片。柔性材料嵌填结束后，立即粘贴复合柔性防渗盖片，其工艺与趾板裂缝处理相同（参见第7.5.4条相关内容）。

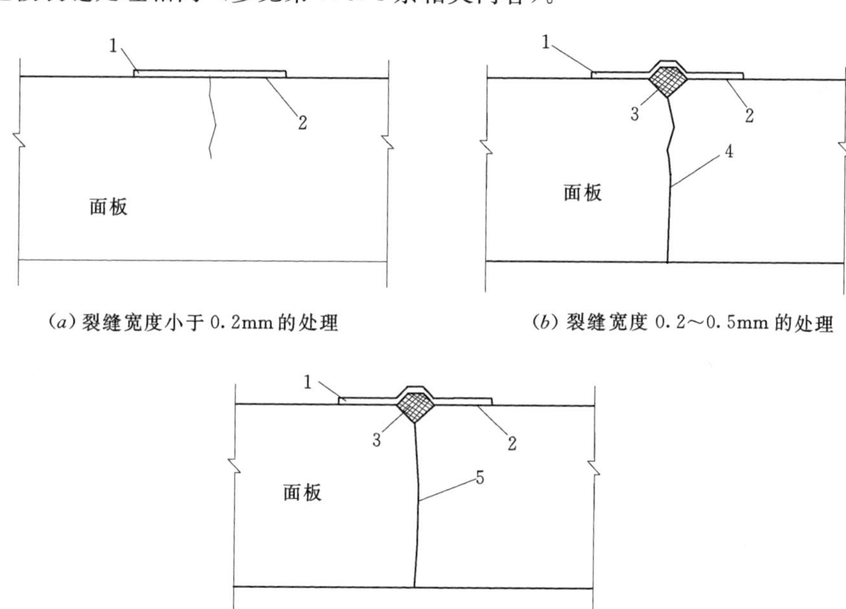

（*a*）裂缝宽度小于0.2mm的处理

（*b*）裂缝宽度0.2～0.5mm的处理

（*c*）裂缝宽度大于0.5mm的处理

图8-15　裂缝处理方法示意图

1—SR防渗盖片；2—SR底胶；3—SR柔性止水材料；4—裂缝宽度0.2～0.5mm；5—裂缝宽度大于0.5mm

（3）裂缝宽度大于0.5mm的处理。对于裂缝宽度大于0.5mm的处理，应先进行化学灌浆处理，然后进行嵌缝和表面处理［见图8-15（*c*）］，其施工工艺如下。

1）灌浆处理。

A. 清理缝面。清除裂缝表面的浮尘及污物。

B. 钻孔。在裂缝下部5cm用冲击钻沿缝间隔30cm打斜孔，孔径12cm，深孔20cm，使其穿过缝面，并用水冲洗干净，埋设灌浆管。

C. 封缝。用 964 环氧增厚涂料对缝面进行封缝，以保证灌浆时不漏浆。

D. 试压。待封缝材料有强度后（24h），进行压力试验，以了解吃浆量、灌浆压力及各孔之间的串通情况，同时检验止封效果。

E. 材料。灌浆材料宜选择适应变形的弹性止水材料。LW 水溶性聚氨酯化学灌浆材料是一种遇水膨胀材料，具有弹性止水和以水止水的双重功能，可与 HW 水溶性聚氨酯化学灌浆材料以任意比例混合使用，以配制不同强度和不同水膨胀倍数的材料。

F. 灌浆。接上灌浆泵和灌浆管开始灌浆，灌浆压力视裂缝开度、吸浆量等其他实际情况而定。灌浆顺序一般由下而上，由深而浅。当邻孔出现纯浆液后，将其用铁丝扎紧，继续灌浆，所有邻孔都出浆后，继续稳压 15min，停止灌浆。

2）表面处理。待浆液固化（一般 24h）后，拔掉灌浆管，进行下一步表面处理，其工艺与趾板裂缝处理相同。

（4）预缩砂浆封堵。对于裂缝宽度大于 0.2mm 也可采用凿 U 形槽，然后回填预缩砂浆。其施工工艺如下。

1）凿槽、基面清理。沿缝凿出 7cm×8cm 的 U 形槽，并用水冲洗干净。

2）拌制预缩砂浆。按表 8-5 配合比拌制砂浆，先干拌（反复翻拌 3～4 次），使之均匀混合，再加水（水中加入引气剂）翻拌 3～4 次。砂浆的稠度以手握能成团，手松砂散，手上有潮湿而又无水析出为准。拌和后的砂浆仍为松散体，将其归堆存放 30～90min，使砂浆预缩。为防止阳光直射及水分蒸发，砂浆应放置在遮阳棚下并覆盖水泥纸袋的环境下进行预缩。

表 8-5　　预缩砂浆配合比（重量比）表

水灰比	42.5 水泥	砂（FM=1.8～2.0）	水	木钙/‰
0.28～0.32	100	200～20	28～32	1

3）回填砂浆。在回填预缩砂浆前，先涂一层厚 1mm 的水泥浆，其水灰比为 0.45～0.5，然后填入预缩砂浆，分层用木槌捣实，直至表面出现少量浆液为止。每次铺料层厚 4～5cm，捣实后层厚 2～3 cm。为加强层间结合，层与层之间应用钢丝刷刷毛。最后一层的表面必须用铁板反复压实抹光。预缩砂浆必须在 2（夏天）～4h（冬天）内用完，超时不得使用。

4）养护。砂浆铺填完成后，立即覆盖塑料薄膜，4～8h 后掀掉薄膜，用湿草袋覆盖，经常洒水，保持草袋湿润。

5）质量鉴定。在砂浆强度超过 5.0MPa（一般 2～3d）后进行质量鉴定，此时用小铁锤轻击砂浆表面，声音清脆者质量好，声音沙哑或有“咚咚”声音，说明有脱空或结合不良现象，必须凿除重补。

8.7　防浪墙施工

8.7.1　施工程序

（1）防浪墙基础混凝土施工程序。防浪墙单块基础混凝土施工程序见图 8-16。

(2) 防浪墙墙身混凝土施工程序。

1) 固定式组合大模板。防浪墙墙身混凝土施工程序见图 8-17。

2) 钢模台车。防浪墙单块墙身钢模台车施工程序见图 8-18。

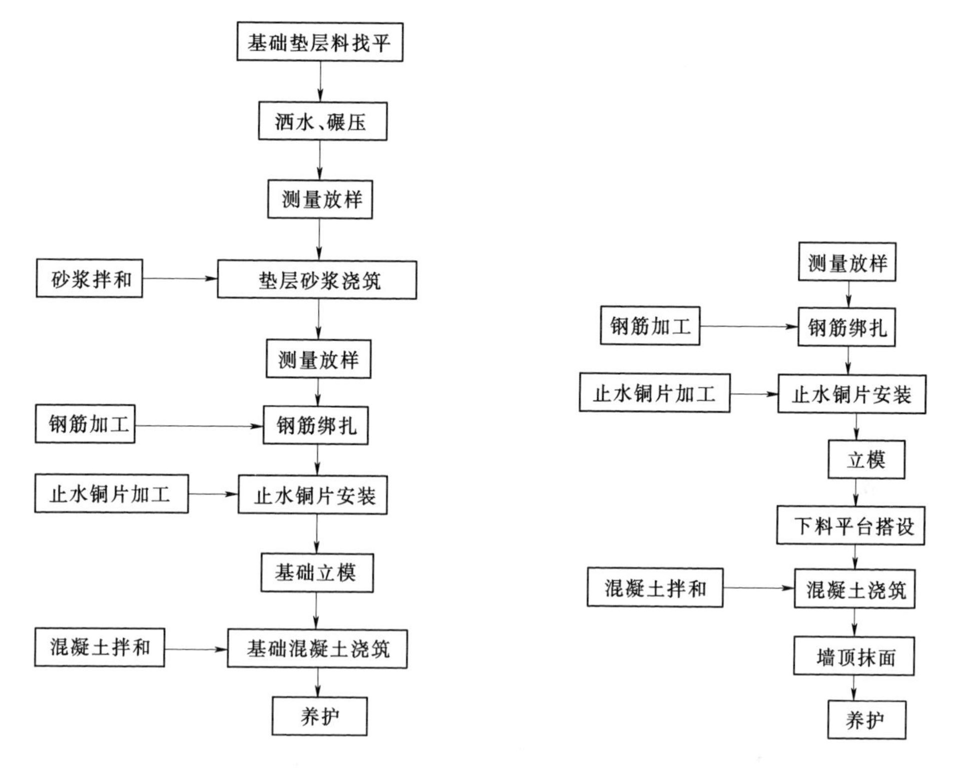

图 8-16　防浪墙单块基础混凝土施工程序图　　图 8-17　防浪墙墙身混凝土施工程序图

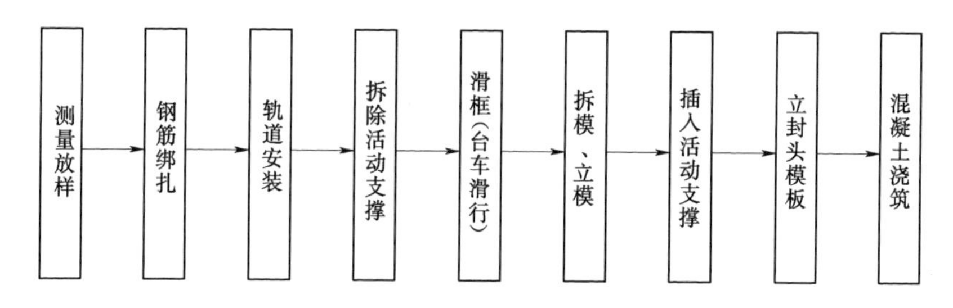

图 8-18　防浪墙单块墙身钢模台车施工程序图

8.7.2　模板设计

从材料上分为钢模板、竹（模）胶板模板、钢木组合模板，从形式上分为固定式组合大模板、滑模、钢模台车。

(1) 固定式组合大模板。

1) 模板平面尺寸的选定。防浪墙分块长度一般为 12m（与面板宽相同），模板的长度（水平方向）以 3m 为宜，高度根据墙身结构定。模板系统必须要有足够的强度、刚度和整体稳定性，钢模板采用标准组合钢模板加工，单块模板尺寸为 1500mm×600mm、

1500mm×300mm，模板面板钢板厚 2mm，模板背面采用槽钢作加强肋，以保证模板有足够的刚度，确保模板在浇筑时不发生变形（见图 8-19）。竹（模）胶板模板采用 2440mm×1220mm×12mm 加工，模板背面采用 50mm×70mm 的竖围檩和 120mm×120mm 横围檩作加强肋。

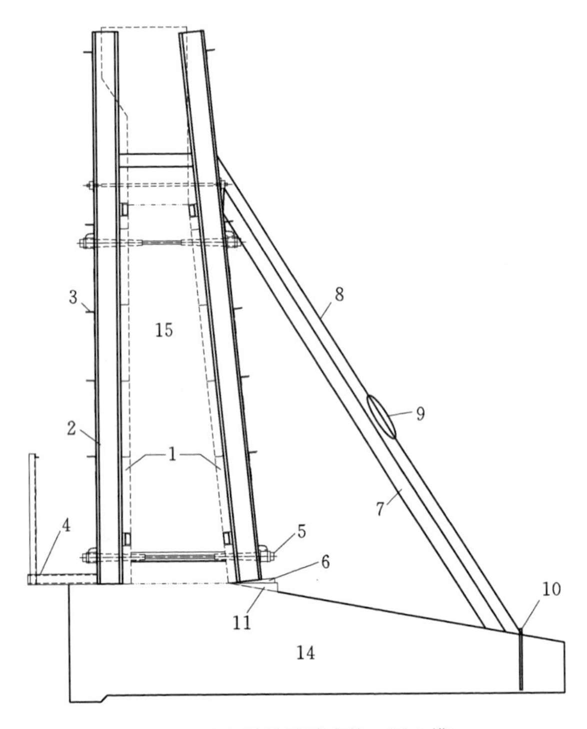

(a) 防浪墙墙身第一层立模

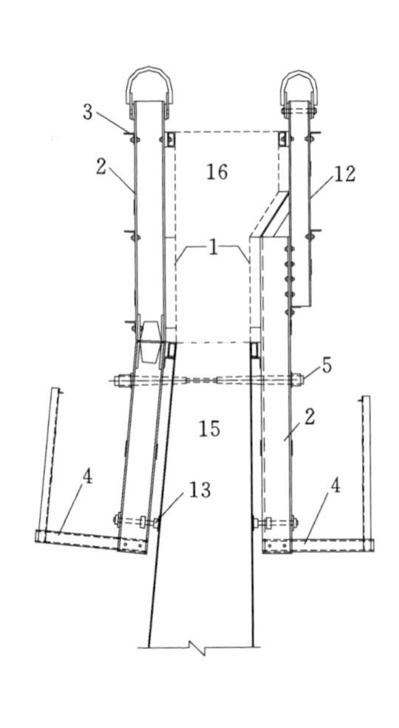

(b)防浪墙墙身顶层立模

图 8-19　防浪墙墙身模板结构及立模图

1—标准钢模板；2—20a 槽钢；3—∠75×7；4—操作平台；5—对拉螺杆；6—钢楔形块；7—12cm×12cm 方木；8—ϕ10mm 拉条；9—花篮螺栓；10—ϕ20mm 插筋；11—混凝土找平；12—14 号槽钢；13—调整丝杆；14—防浪墙基础；15—第一层墙身；16—第二层墙身

2）模板侧压力计算。模板强度、刚度和整体稳定性主要取决于模板侧压力。模板侧压力一般根据式（8-20）、式（8-21）进行计算，即：

$$F=0.22\gamma_c T_o \beta_1 \beta_2 V^{0.5} \tag{8-20}$$

$$F=\gamma_c H \tag{8-21}$$

式中　F——新浇混凝土对模板的最大测压力，kN/m^2；

γ_c——混凝土的重力密度，对普通混凝土可取 $24kN/m^3$；

T_o——新浇混凝土的初凝时间，h，验算时可偏于安全地取 8h；

V——混凝土的浇筑速度，m/h，主要与构件的复杂程度、施工现场的机械设备条件有关，一般在 1～5m/h 之间；

β_1——外加剂影响修正系数，在混凝土中掺有缓凝作用的高效减水剂，取 1.2；

β_2——混凝土坍落度影响修正系数，坍落度为 100～150mm，取 1.15；

H——混凝土侧压力计算位置至新浇混凝土顶面的总高度，m。

式（8－20）是根据混凝土浇筑高度有效压头进行计算，即任意高度模板侧压力的最大值。浇筑速度较慢，将造成下部混凝土已经初凝，初凝部分对模板的侧压可以不作考虑，故在有效压头以外，不进行考虑。计算式中根据浇筑速度及初凝时间考虑未初凝部分的混凝土侧压力，也就是说，在浇筑速度、混凝土初凝时间及容重等相同参数下，浇筑任意高度模板侧压力的最大值。但一般浇筑高度较小，在浇筑完毕时，第一层混凝土未初凝，则该值与现场实际情况偏差就较大。

式（8－21）是按照实际全浇筑高度全部液态混凝土计算，可能会出现浇筑速度较慢，初凝快，没有浇筑完毕下部混凝土已经初凝，该部分混凝土对模板已经没有侧压力。计算结果也远大于实际值。

因此，按照两式计算取小值。

（2）滑模。

1）模板设计。滑模设计长与浇筑长度相同。模板系统首先必须要有足够的强度、刚度和整体稳定性，模板采用标准组合钢模板加工，单块模板尺寸 1500mm×600mm、1500mm×300mm，模板面板钢板厚 2mm，模板背面采用槽钢作加强肋，确保模板在浇筑时不发生变形。

2）液压提升系统设计。滑模由液压系统使模体滑升，混凝土依靠自重，克服其与模板间的摩擦力而与模体发生相对移动并脱落。滑模荷载主要包括模体自重、钢模板与混凝土的摩阻力及施工荷载。混凝土与模板之间的摩阻力包括新浇混凝土侧压力对模板产生的摩擦力、模板与混凝土间的黏结力以及由于模板变形等而产生的滑升阻力。模板滑升时，混凝土能够正常脱模而不被带动造成裂缝是关系到滑模施工成败与否的关键。

由于墙体混凝土很薄，一般仅 70cm 厚，滑升时模体的摩阻力易将混凝土拉裂，因此，对模体必须进行精心的计算与设计。

模体沿铅垂方向运行，滑模牵引力：

$$T=K(G+F+D) \tag{8-22}$$

式中 T——滑动模板液压提升力；

G——模体系统自重（包括配重、施工荷载等）；

F——混凝土与模板之间的摩阻力；

D——施工动荷载；

K——提升力安全系数，取 1.5～2.0。

根据《水工建筑物滑动模板施工技术规范》（DL/T 5400），摩阻力下值在 1.5～2.5kN/m^2 之间，取 2.0kN/m^2，施工荷载取 1.5kN/m^2，提升安全系数取 2.0，计算得滑模提升力。可使用 HY56 型液压操作台，QYD－60 型液压千斤顶，满足提升要求。承力爬杆采用 ϕ50mm 钢管，可取代一根结构钢筋，滑模设计见图 8－20。

（3）钢模台车施工。钢模台车的基本原理与滑模相同，其核心便是一台钢模台车，与常规钢模台车略有区别，采用标准钢模板，与台车支撑系统连成整体。施工时，混凝土整体浇筑。移位时台车行走（滑框）0.9～1.2m，然后进行立模、拆模，把台车后方拆下的模板从其前方插入（立模），循环滑模 10 余次，直至仓面模板全部插入台车，完成端头模

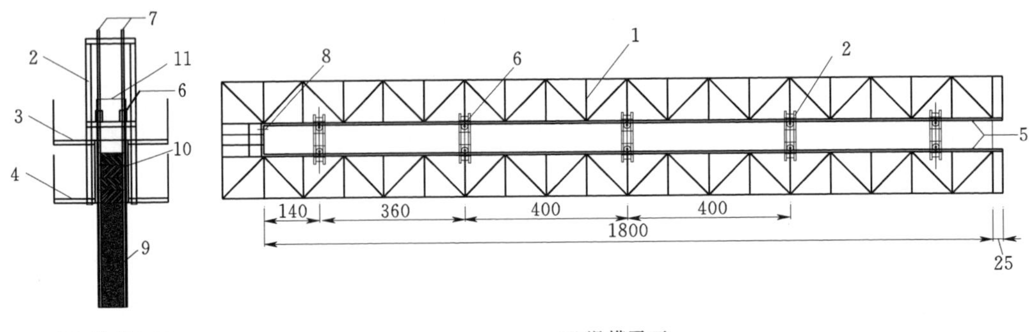

(*a*) 滑模立面

(*b*)滑模平面

图 8-20　滑模设计图（单位：cm）

1—钢桁架；2—井字架；3—操作平台；4—抹面平台；5—标准钢模板；6—千斤顶；7—ϕ50mm 爬杆；8—铜止水；9—已经浇筑混凝土；10—正在浇筑混凝土；11—防浪墙顶

板后，便可进行该块混凝土浇筑。

钢模台车由 9 榀钢桁架平行连接而成，它由 8 个部分组成：上操作平台、下操作平台、混凝土提升系统、模板系统、卸料系统、脚手架系统、轨道、牵引系统，其结构布置见图 8-21。

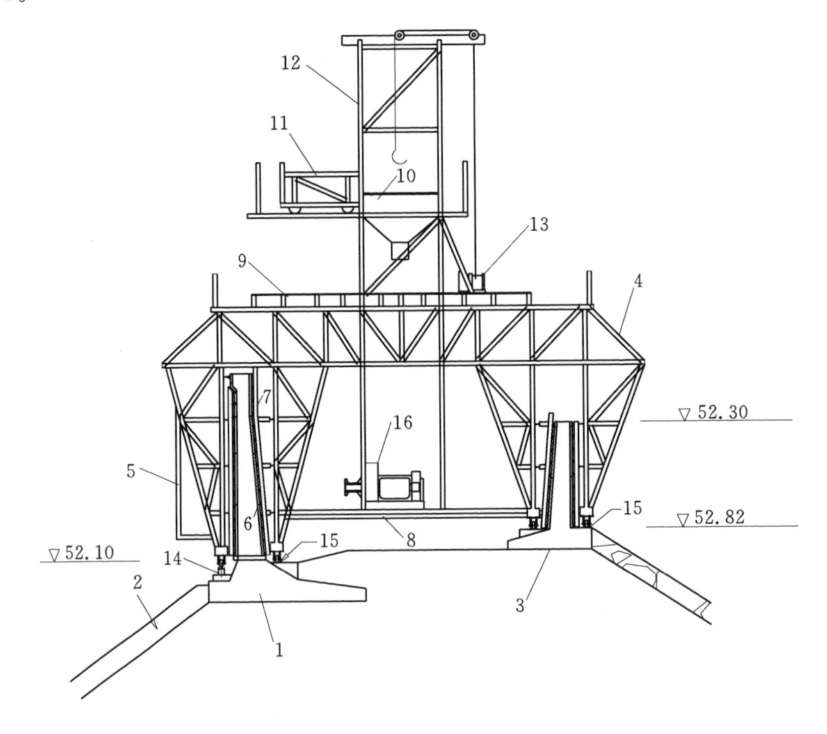

图 8-21　钢模台车结构布置图

1—防浪墙；2—面板；3—下游挡墙；4—钢桁架；5—脚手架；6—标准钢模板；7—滑道；8—下操作平台；9—上操作平台；10—储料箱；11—小车；12—提升架；13—1t 卷扬机；14—A 型轨道；15—B 型轨道；16—5t 卷扬机

1）上操作平台。上操作平台由主次梁、栏杆、平台铺板组成。主梁采用梯形桁架，次梁采用I10或12cm×12cm方木，上铺厚4cm松木板，它主要用于混凝土入仓。

2）下操作平台。下操作平台由水平桁架、吊杆、平台铺板组成。它用于布置牵引卷扬机，堆放电焊机、模板等设备。

3）混凝土提升及卸料系统。混凝土提升系统由提升架、卷扬机、卸料平台及小车组成。在上操作平台下游仓面各布置4支喇叭口及溜筒组成仓面卸料系统。

4）模板系统。模板系统由支撑桁架、横竖围囹、滑道、钢模等组成。采用倒三角行桁架与上操作平台桁架组成模板支撑，横竖围囹均采用I10。在竖围囹与滑模之间设置滑道，采用ϕ48mm、厚3.5mm钢管制作，并固定在竖围囹上。平面采用P3012、P2012、P1012标准钢模，牛腿采用转角钢模，模板之间采用U形卡连接。

5）脚手架系统。脚手架分上下两层，上层利用倒三角行桁架铺厚4cm松木板即可，下层利用它焊接吊脚手架。

6）轨道系统。轨道分A、B型两种，A型轨道由3根[14组合而成；B型轨道用[14，并在其两侧每隔1m焊一段角钢用于固定轨道。

7）牵引系统。牵引系统由5t卷扬机、地锚和滑轮组组成。

8.7.3 钢筋与混凝土施工

（1）钢筋工程。钢筋由钢筋厂加工。基础钢筋（主筋）可一次成型；墙身主筋（垂直方向）分两次加工，即第一次加工短插筋，长短错开50%，第二次加工扣除插筋长度后墙身主筋，主筋接头采用双面搭接焊；墙帽主筋可一次成型。水平方向钢筋接头采用绑扎。

（2）混凝土浇筑。

1）混凝土拌和及运输。采用三级配或二级配混凝土，坍落度控制在5～7cm之间。拌和系统拌制混凝土，由自卸汽车或的混凝土搅拌车运输至坝顶，垂直运输采用25t汽车吊1.5m^{3}吊罐入仓。

2）混凝土入仓、振捣。由于防浪墙第一层墙身钢筋外露，卧罐直接入仓困难，另下料高度偏高，为确保人身安全、防止骨料分离，在模板顶部搭设仓面下料平台，12m块布置4个下料口，每个下料口由一只喇叭口和2～4只1m长的溜筒组成。

混凝土由自卸汽车或混凝土罐车倒入1.5m^{3}卧罐后，再用25t汽车吊吊入卧罐入仓。墙身混凝土浇筑时应严格控制下料速度，确保浇筑层（坯层）厚度控制在30～40cm之间。混凝土入仓后采用ϕ50mm软轴振捣器振捣，防浪墙基础需用平板振捣器辅助振捣，振捣器布点应均匀，要加强坯层接缝处振捣，以防漏振。

采用滑模或拉模施工时，适宜的出模强度非常重要。混凝土除满足设计规定的强度和耐久性等之外，更需根据现场的气温条件，掌握早期强度的发展规律，以便在规定的滑升速度下正确掌握出模强度。出模强度一般宜控制在0.05～0.25MPa之间。如出模混凝土用手指按时无明显指坑，且有水印，砂浆不黏手，指甲划过有痕，表明混凝土将进入终凝，可以进行滑升15～20cm。滑模滑升应控制好初滑、正常滑升和末滑三个阶段。第一层混凝土浇筑厚度控制在50cm，第一层混凝土浇筑完成后开始进行初次滑升。第一层混凝土被拉裂出现的可能性大，须控制滑升时机和速度。为了减小摩阻力，在第一层混凝土浇满后，应先滑升1～2个行程，每个行程宜控制在10cm左右，通过初滑可判断混凝土的和易性和坍落度是否合适，如需改进则立即进行微调；混凝土正常浇筑后，模板每小时滑升一次，一次滑升高度不大于20cm；上部混凝土重量轻，滑升间隔时间要缩短，次数增加，每隔半小时滑模滑升一次，滑升高度为5～10cm，混凝土浇筑至顶高程时，待顶部混凝土初凝后再将模板滑出墙体进行下一仓位的吊装。

3）养护。防浪墙采用洒水养护。

8.8 坝顶结构施工

坝顶结构由防浪墙、下游L墙、电缆沟、路面、下游栏杆和扶手等组成。

8.8.1 施工程序

坝顶结构按如下顺序进行施工：防浪墙→静碾区填筑→下游L墙→静碾区填筑→电缆沟→路面→下游栏杆安装。

8.8.2 路面施工

（1）水泥稳定级配碎石施工。水泥稳定级配碎石材料应满足规范及设计要求，颗粒粒径应不大于37.5mm，碎石压碎值应不大于35%。级配碎石采集前应清除树木、杂等，并筛除超径颗粒。

1）主要施工工艺流程。底基层验收→测量放样→备料、拌制→运输、摊铺和整形→碾压→养生及交通管制。

2）主要施工方法。施工前应充分了解未来几天气象情况，选择施工期间天气晴好的时间段安排施工。基层施工采用流水作业法，使各工序紧密衔接，施工中尽量缩短从拌和到完成碾压之间的延迟时间。

A. 底基层验收。水泥稳定级配碎石层施工前，应逐断面检查级配碎石底基层标高和横坡是否满足要求，经检查全部符合要求后方可进行水泥稳定级配碎石基层施工。

B. 测量放样。在静碾区或级配碎石底基层上恢复中线，直线段每15～20m设一桩，并在两侧路肩边缘外指示桩上用明显标记标出水泥稳定碎石边缘的设计高程。

C. 备料、拌制。混合料采用配有自动计量系统的强制式搅拌机按配合比进行集中拌和。在正式拌制混合料之前，进行混合料的颗粒组成和含水量检测，根据集料和混合料含水量的大小，及时调整加水量。

D. 运输、摊铺和整形。拌制后，尽快将拌成的混合料运送到铺筑现场。混合料采用自卸汽车进行运输，在施工路段内用后退法由远到近卸置混合料。当气温高、运输距离较远时，车上的混合料应采取覆盖措施，以减少水分的损失。

根据铺筑层的厚度和要求达到的压实干密度，计算每车混合料的摊铺面积，然后将混合料均匀地卸在铺筑路段内，卸料距离严格掌握，避免料过稀或过多。用推土机将混合料按松铺厚度摊铺均匀，并按规定的路拱进行整平和整形。在整平、整形过程中，设一个3～5人的小组，携带一辆装有新拌混合料的小车，及时铲除粗集料集中带，补以新拌的均匀混合料、或补撒拌匀的细混合料并拌和均匀。

整形时，由两侧向路中心进行刮平，必要时再返回刮一遍。然后用压路机在初平后的地段快速碾压一遍，以暴露潜在的不平整。再用推土机进行整形。

E. 碾压。整形后，立即用18t压路机在结构层进行全路幅碾压。两侧路肩向路中心碾压。碾压时，应重叠1/2轮宽，后轮要超过两段的接缝处，一般需碾压6～8遍。压路机的碾压速度，头两遍以采用1.5～1.7km/h为宜，以后宜采用2.0～2.5km/h。

碾压后压实度应达到设计要求。碾压过程中，水泥稳定基层的表面应始终保持潮湿。如表面水分蒸发得快，应及时补洒适量的水。严禁压路机在已完成或未碾压层的路段上“调头”和急刹车，以保证水泥稳定基层表面不受破坏。

F. 养生及交通管制。水泥稳定级配碎石层碾压完成后应及时养护，养生时间不少于7d，养护采用洒水方式进行，洒水量和次数根据气候条件决定。

（2）混凝土路面施工。

1）混凝土路面施工工艺流程见图8-22。

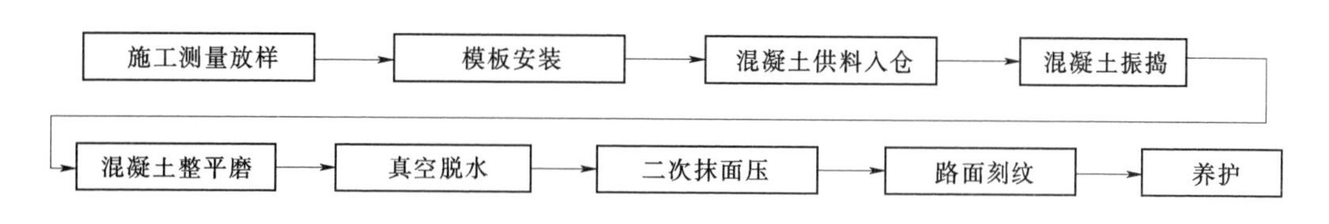

图8-22　混凝土路面施工工艺流程图

2）模板安装及拆除。模板须支撑固定，与基层紧贴，并经1.7～2.2kW振动器30s而不走动。若模板底部与基层间有空隙，用木片垫衬垫实，垫衬间的空隙再用砂填塞，以防混凝土振捣时漏浆。当混凝土强度达到25%时即可进行拆模，拆模时避免因用力过猛造成混凝土面板或模板损伤。

3）混凝土供料。由混凝土拌和站供料，自卸汽车或搅拌车运至浇筑现场直接卸料入仓，摊铺均匀，人工整平。

4）混凝土振捣、平仓。混凝土振捣采用插入式软管振捣器梅花形均匀布点振捣密实，平板振捣器进行面层振捣，混凝土振动梁进行仓面平整振捣，人工配合补料压实，使混凝土浇捣仓面平整，并用ϕ150mm滚杆搁置在两侧模板上反复拖滚几次使仓面平整。

5）混凝土抹面。混凝土终凝前作好抹面工作，抹面分三次进行。抹面时不能加干水泥，也不能另加水泥浆找平，更不能洒水。

6）混凝土养护。施工完成12～18h以后开始养护。

8.9　质量控制

8.9.1　质量检查

（1）面板混凝土。面板混凝土浇筑质量要求和检查方法见表8-6。

表 8-6　面板混凝土浇筑质量要求和检查方法表

项　　目	质　量　要　求	检查方法
入仓混凝土料	不合格料不入仓	试验与观察检查
平仓	厚度不大于 30m，铺设均匀，分层清楚，无骨料集中现象	观察检查
混凝土振捣	振捣器应垂直下插至下层 5m，有次序，无漏振	观察检查
浇筑间歇时间	符合要求，无初凝现象	观察检查
积水和泌水	无外部水流入，仓内不允许有泌水现象	观察检查
混凝土养护	在规定的时间内，混凝土表面保持湿润，无时干时湿现象	观察检查
混凝土表面	表面基本平整，局部凹凸不超过±20mm	2m 直尺检查
麻面	无	观察检查
蜂窝空洞	无	观察检查
露筋	无	观察检查
表面裂缝	表面裂缝按设计要求处理	观察和测量检查
深层及贯穿裂缝	无或按要求处理	观察检查
抗压强度	符合设计要求	试验
均匀性	按《水工混凝土施工规范》(DL/T 5144) 的规定执行	统计分析
抗冻性	符合设计要求	试验
抗渗性	符合设计要求	试验

检查数量：每班每仓取一组抗压强度试件，抗渗试件每 500～1000m^3 成型一组，抗冻试件每 1000～3000m^3 成型一组，不足以上数量者也应取一组试件。

（2）防浪墙混凝土。防浪墙混凝土浇筑既要满足模板制作质量要求和检查方法（见表 8-6），又必须满足模板安装质量要求和检查方法（见表 8-7、表 8-8）的要求。

表 8-7　防浪墙模板制作质量要求和检查方法表

项　　目	质量要求	检查方法
小型模板长和宽	允许偏差±2mm	钢卷尺检查
大型模板（长、宽大于 2m）长和宽	允许偏差±3mm	钢卷尺检查
大型模板对角线	允许偏差±3mm	钢卷尺检查
模板面局部不平	允许偏差 2mm	用 2m 直尺检查
连接配件的孔眼位置	允许偏差±1mm	钢尺检查

表 8-8　防浪墙模板安装质量要求和检查方法表

项　　目	质量要求	检查方法
轴线位置	允许偏差 5mm	测量检查
层高垂直，全高不小于 5m	允许偏差 6mm	测量检查
层高垂直，全高大于 5m	允许偏差 8mm	测量检查
相邻两面板高差	允许偏差 2mm	钢尺检查
表面局部不平	允许偏差±1mm	用 2m 直尺检查

8.9.2 质量控制

（1）面板混凝土质量控制措施。

1）原材料的质量控制措施。对混凝土所用的原材料如砂子、骨料、水泥、钢筋、粉煤灰、外加剂等严格按照技术规范要求进行控制，材料进入现场后要及时进行抽样试验，合格料才能用于工程。

2）施工过程质量控制措施。

A. 砂浆固坡检测，要求坝坡修补后，斜坡面的平整度为＋5cm、－8cm。

B. 铜止水片安装位置不允许偏离设计 5mm，尽量减少止水片的接头，止水片的连接采用焊丝单面焊，焊接接头表面应平整、光滑、无空洞和缝隙、不漏水。当涂刷沥青乳剂时，沥青乳剂容易流淌到止水片上，为防止污染，应予以保护。

C. 钢筋间距偏差不超过设计值的 10%，钢筋接头采用单面搭接焊，焊缝长度不小于钢筋直径的 10 倍。

D. 混凝土配合比料单由技术质检人员审核确认后无误后，才能送拌和楼生产。在混凝土拌和楼安排专职试验人员，进行混凝土拌和物的质量专控，对砂石骨料的含水量进行监控，含水量变化后要对加水量进行必要的调整。拌和楼每年要经过当地技术监督局对其计量进行校验，保证称量的准确性，在生产过程中出现异常情况及时进行称量的校验。

E. 混凝土拌和物的入仓坍落度控制在 4～7cm 之内，每班应在机口取样进行四次，仓面取样进行两次进行混凝土坍落度的检查，保持混凝土拌和物的和易性，不合格料做弃料处理，不得进入仓内。

F. 振捣棒的操作要求“快插慢拔”，插入下层混凝土不小于 5cm，严禁过振、漏振，加强止水部位的平仓、振捣，防止脱空。

G. 对橡胶止水带，用 ϕ6mm 钢筋加工成固定件，用以保证的正确位置和形状不发生变形。止水安装施工由专门人负责施工检查与维护，混凝土浇筑期间设置专业小组进行混凝土的浇筑与细心振捣或捣实，严防振捣过程中损坏止水或变形。同时，要保证止水两侧混凝土的密实度，严防脱空。

H. 面板混凝土施工，中途因故停工，应做好施工缝处理，清除未振捣的混凝土，并凿毛。在接缝处铺上厚 2cm 的水泥砂浆后，才能再继续上部的混凝土施工。为防止雨水冲刷，仓面应用钢管架和雨布搭设防雨篷；如果遇到未设防雨设施，而开块仓突然遇到大雨，应暂时停止施工，待雨小后，排除仓内积水，将表层混凝土挖除，铺上同标号的水泥砂浆后，再继续浇筑混凝土。

3）混凝土外观质量保证措施。

A. 为满足滑模稳定性要求，侧模每隔 4m 用 2 根 ϕ14mm 的拉条与面板钢筋焊接牢固，侧模安装时不得破坏止水设施，其允许安装偏差为偏离设计线 3mm；不垂直度 3mm；20m 范围内起伏差 5mm。

B. 在卷扬机安装时，必须严格控制牵引绳角度，尤其是滑模接近分期面板顶部时，牵引绳必须与面板坡比一致，以防抬模。

C. 根据浇筑条件的变化，及时调整混凝土配合比，加强混凝土拌和质量控制，保证混凝土达到设计的坍落度。

D. 混凝土在浇筑过程中，严格按照振捣要求进行，并加强周边混凝土的振捣，做到不漏振、不过振。

E. 混凝土浇筑时，严禁在拌和楼（或机）外加水，如发现混凝土和易性较差，应采取加强振捣等措施，以避免出现蜂窝和麻面。

F. 浇筑混凝土允许间隔时间，应严格按照试验确定或按有关规范的规定执行，保证混凝土浇筑的连续性，避免出现冷缝。

G. 混凝土入仓卸料均匀，铺筑层厚不超过 50～60cm，及时平仓，禁止骨料分离，不允许混凝土堆积，超过滑模前沿板。

H. 控制滑模提升速度在 1～2m/h 范围内，且每次提升距不得大于 30cm。

I. 脱模后的面板混凝土表面，应及时压平和抹面，并在混凝土初凝时进行二次压面。切实做好先浇块面板两侧分缝处 50cm 范围内的抹面工作，要求平整度小于 2mm（2m 靠尺），为表层止水的施工提供一个良好的建基面。

J. 混凝土脱模后，应立即消缺，用剔除粗骨料的水泥砂浆人工修补缺陷处，初凝前人工抹面、压实，并用塑料布予以掩盖保护，防止混凝土表面产生裂缝。

（2）防浪墙混凝土质量控制措施。混凝土工程的施工工艺较复杂，其施工质量的好坏将直接影响到整体工程的质量。混凝土工程的质量控制主要分为原材料质量控制、混凝土拌和物质量控制、止水铜片加工与安装控制、模板制作及拼装控制、混凝土浇筑质量控制及混凝土的抹面和养护质量控制等。

1）原材料质量控制。砂、碎（卵）石、水泥、水、钢材及橡胶止水等原材料在使用前都必须按设计和规范要求进行严格检验和试验，检验和试验结果符合标准后方可进入工地使用。

2）混凝土拌和物质量控制。

A. 确定配合比。依据设计强度要求和选用的砂、卵石、水泥等建筑材料情况，经过试验确定混凝土配合比。

B. 控制坍落度。根据结构特点和部位选择混凝土坍落度范围为 3～5cm。为控制混凝土坍落度在允许范围内，要求每 1 个班次测量 2～3 次坍落度。

C. 拌和程序及拌和时间。混凝土拌好系统采用电子秤自动计量。为了保证混凝土配比的准确性，按石子→水泥→砂的顺序依次投料，且控制砂石的称量偏差±5%，水、外加剂的称量偏差±1%，混凝土搅拌时间不小于正常标准。

D. 气候条件。因砂、卵石都在露天堆放，含水率随温、湿度变化而变化，所以应增加砂、卵石含水率的检测次数，并及时根据砂、卵石含水率调整混凝土配合比，使其符合设计要求。

3）止水铜片加工与安装控制。止水铜片材质应符合有关规定要求；止水铜片尺寸满足设计要求，其表面做到光滑平整，并有光泽，其浮皮、锈污、油漆、油渣均应清除干净，如有砂眼、钉孔予以补焊；止水铜片安装时其鼻梁必须居中（在防浪墙伸缩的中间）。

4）模板制作及拼装控制。

A. 模板制作。采用钢模板，其长宽尺寸允许偏差为 2mm。钢模板制作精度严格按规范要求控制，有凹陷、变形的小模板严禁使用，组装时严格控制模板的缝隙与错台，模板使用过程中若有损坏，及时更换。

B. 模板安装及支撑。模板安装要求不漏浆，模板缝隙之间应加纸垫或塑料泡沫垫。模板每次使用前均必须清理干净，并涂刷脱模剂，有局部损坏的模板不得用在外露结构面上；模板安装必须按设计尺寸测量放样，重要结构应多设控制点，以利检查校正，立模后用测量仪器进行校模。安装过程中必须经常保持足够的临时固定设施以防倾覆，支撑或拉条必须坚固、稳定，不准滑动。

C. 模板拆除。防浪墙所用模板均属侧面模板，要求混凝土强度达到3.5MPa以上才能拆除。

5）混凝土浇筑质量控制。

A. 浇筑前检查。检查模板安装尺寸是否符合设计要求、模板缝隙是否严密、模板支撑拉条是否稳定；检查钢筋绑扎是否符合设计要求；检查模板内杂物是否清除干净；检查预埋件埋放是否准确牢固，检查止水是否准确牢固。

B. 混凝土拌和物及设备检查。在生产运行过程中，混凝土拌和物及拌和设备应经常进行检验，包括混凝土拌和物的均匀性、适宜的拌和时间、衡器的准确性、各种原材料的配合量；混凝土坍落度的检查，每班应在机口取样检测二次；严格执行质量三检制度，未经检查合格，不得进入下道工序施工。

C. 混凝土浇筑层厚度。为防止混凝土表面聚集过多的气泡，保证混凝土施工质量，严格控制混凝土浇筑层厚度，每层浇筑高度控制在30～50cm之内。

D. 混凝土振捣。采用插入式振捣器振捣，使混凝土入仓速度和振捣的速度相协调，严禁出现漏振和过振现象。同时，为了克服顶端倒角处存在的混凝土气泡，在混凝土振捣完成10～20min后，采用二次振捣。

6）混凝土的抹面和养护质量控制。

A. 为了做好防浪墙顶面的抹平工作，避免出现墙顶高低不平现象发生，抹面前，先由测量人员在混凝土顶面做几个控制点，然后按控制点挂线抹平，发现问题及时处理，以混凝土表面光洁、平顺为准。

B. 混凝土的养护。混凝土浇筑后要及时覆盖或洒水养护，以防混凝土表面出现裂缝；严格控制拆模时间，以防混凝土棱角脱落损坏。另外，在冬季施工时，应延长拆模时间，避免混凝土的局部受冻造成混凝土缺棱掉角。

7）混凝土外观质量保证措施。防浪墙混凝土出现外观缺陷，主要是由于在施工中不正当操作造成的，因此采取有针对性的措施是可以避免产生缺陷。

A. 调整好配合比。混凝土配比不准确或计量不准确，造成砂浆少、石子多，成型后混凝土就会出现蜂窝。因此，在施工中对骨料的量具要统一，不准随意调整。

B. 保证搅拌时间。混凝土搅拌时间小于正常标准，混凝土中材料混合不均匀，和易性差，使混凝土振捣后不能密实形成麻面和蜂窝。

C. 控制运输距离。混凝土在运输过程中，运输延续时间超过规范规定，又有离析现象。因此，运料时间过长的情况下，在浇灌前要必须进行二次搅拌，同时要避免运料盛器构成材料吸水或漏水泥浆等现象，使入仓混凝土达到设计应有的坍落度及和易性，这样会有效地避免蜂窝的形成。

D. 掌握浇筑程序。在防浪墙混凝土浇灌过程中，由于内部狭窄，仓内还有钢筋、模板、防水等材料，混凝土极容易出现蜂窝或孔洞或露筋现象。因此，在浇筑防浪墙过程中必须严格按照混凝土浇筑规范要求施工，同时要注意以下几方面：在浇筑之前要封堵好模板缝隙避免跑浆，第一层浇筑前必须要先铺一层 2～3cm 水泥砂浆，然后分层浇筑；混凝土自由倾落高度不能超过 2m，如超出 2m 要用串筒或溜槽向仓中倾入，避免混凝土砸在钢筋及侧向模板，使混凝土中粗细料分离，石子集中，振不出水泥浆，则会出现蜂窝、孔洞；采用插入式振捣器要均匀不要漏振或过振，不要振动模板，特别是模板倒角处要振到位避免产生蜂窝和麻面现象；当浇筑到防浪墙顶部时要降低混凝土水灰比，及时清除仓内的泌水。

E. 注重后期养护。混凝土养护不及时、暴晒或浇水不及时，造成水分过早蒸发，混凝土中水泥凝结硬化过程因水分不足而影响了混凝土材料间凝聚力，而出现干缩裂缝；混凝土养护不好，或拆模过早，都会因构件棱角混凝土强度不够、棱角混凝土与模板黏结使混凝土棱角脱落损坏。另外，冬季施工时，混凝土的局部受冻以及拆模时受外力作用过大也会造成混凝土缺棱掉角。

F. 其他方面的控制。混凝土拌制用水泥品种不一，会使混凝土表面色泽不一，宜采用同批号的水泥。混凝土拆模后，应立即对混凝土表面出现麻面及蜂窝进行处理，可以采用黑白水泥按一定的比例掺配的方法处理，确保混凝土表面色泽一致。除了要注意以上提到的一些混凝土施工工序中的操作，更要抓好施工队伍组织与管理工作。

8）滑模质量控制。

A. 滑模模板质量控制：滑模模板全部采用新购的标准模板进行拼装，模板间要求采用焊接固定，模板面要求光滑平整，无凸凹现象，接缝处接触紧密，无漏缝；外部加强肋采用槽钢焊接固定，模板整体刚度强，确保吊装和施工过程不变形；模板附加操作平台和收光抹面平台要求稳固，以确保施工过程中的人员安全。

B. 滑模滑升质量控制：滑模滑升要根据混凝土坍落度来控制滑升速度，滑升过程中要控制好垂直度，滑模在初次就位测量定位后还应设置滑升垂直参照，在基础层测量放好定位点，在滑模上设置吊锤，每次滑升后由专人负责校核模板偏移情况，发现偏差及时进行模体校正；滑升过程中应加强对液压系统的维护。滑模施工过程中，千斤顶的爬升速度有快、慢之分，从而产生了千斤顶不同步现象，当其发展到一定程度，将使模板产生高差，如不及时进行调平，将会增大模板与墙体间的摩阻力，使滑出来的墙体不光洁，严重时混凝土也会被拉裂。因此，滑升过程中应加强对千斤顶的监测，对超差大的千斤顶进行更换或维修。

C. 混凝土浇筑质量控制：滑模施工时混凝土的坍落度、混凝土的搅拌、运输能力、浇筑厚度等，均对混凝土的成型质量产生重要影响。混凝土的坍落度要综合考虑气温、垂直运输、滑升速度等确定。混凝土浇筑过程应加强振捣，混凝土滑升后及时收光抹面，以保证混凝土内实外光。

8.10 工程实例

8.10.1 白溪水库混凝土面板坝面板混凝土施工

白溪水库位于浙江宁波，混凝土面板堆石坝最大坝高 124.4m，混凝土面板最大板块

长 206.4m，混凝土面板厚度由坝顶至坝底为 30～66cm，混凝土面板分二期施工，一期、二期面板分别为 22 块、33 块，除左岸 2 块和右岸 1 块宽小于 12m 外，其余每块宽均为 12m，总浇筑面积为 2.63 万 m^2，一期、二期混凝土面板的最大滑模长度分别为 128.09m 和 78.33m，面板混凝土标号为 C25 W12。混凝土面板采用单层双向配筋，置于截面中间，每纵横方向含筋率均为 0.35%～0.4%。

一期、二期混凝土面板均采用无轨滑模施工。一期混凝土面板施工于 1999 年 11 月 2 日开始至 2000 年 1 月 10 日结束，共历时 70d；二期混凝土面板施工于 2000 年 9 月 20 日开始至 2000 年 12 月 5 日结束，共历时 77d。

（1）施工程序。混凝土面板施工从右岸向左岸跳仓浇筑混凝土，其单块面板施工程序见图 8-23。

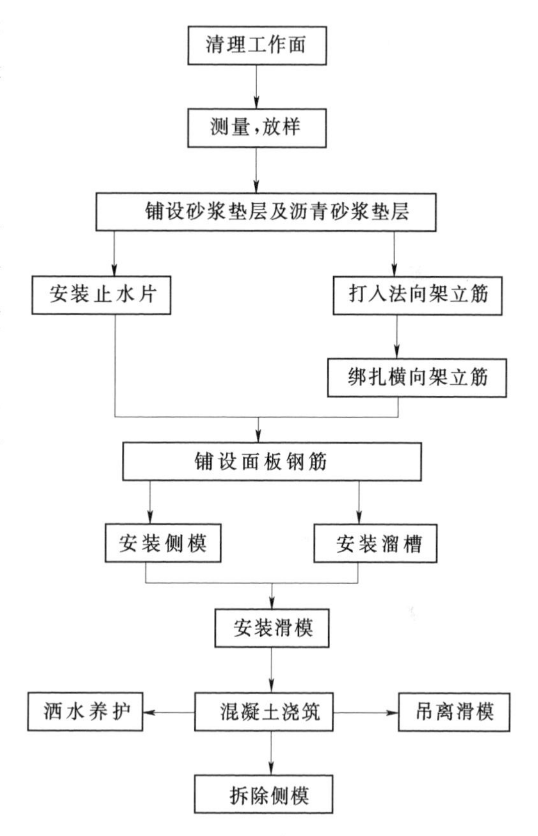

图 8-23　白溪水库单块面板施工程序图

（2）施工方法。

1）止水材料安装。

A. 周边缝。由于沥青砂浆在低温季节施工，很快就凝固，施工难度大，因此在面板混凝土浇筑前开始施工，沿面板周边缝挖成深 20cm、宽 60～100cm 的倒梯形槽，然后回填沥青砂浆，沥青砂浆入仓采用手推车通过卷扬机牵引系统送入回填部位。沥青砂浆回填，从河床向两岸连续进行，一次性施工完成。待垂直缝止水铜片安装好后，再与周边缝止水片连接。

B. 垂直缝。以测量放样点为基准挖一条深 10cm、宽 70～90 cm 的梯形槽，测量复测合格后回填 M10 水泥砂浆垫层。砂浆由拌和系统拌制，经工程车卸入受料斗经溜槽到砂浆垫层槽内，再人工夯实抹平，抹平后坡比必须为 1∶1.4。在找平后的砂浆表面重测垂直缝的位置，并校核坡比，然后在其上铺设 500mm×4mm 氯丁橡胶片，并用 5cm 长水泥钉固定在砂浆条带上，然后在 W 形止水铜片接触面范围涂一层沥青。最后将连续压制一次成型的止水铜片安装到氯丁橡胶片上。

C. 水平缝。水平缝止水材料的施工方法基本上与垂直缝相同，先按设计尺寸做水泥砂浆垫，再安装并固定氯丁橡胶片，最后将连续压制一次成型的 V 形止水铜片安装到氯丁橡胶片上。浇筑混凝土时在溜槽下垫方木对止水铜片进行保护，以防止铜片变形，错位。

2）钢筋制作安装。面板钢筋由钢筋加工厂加工成形后，成品由自卸车运至浇筑块，再用在坝坡上安装的钢筋台车运输到仓位。因面板钢筋是铺设在中部，故必须用架立筋来支撑面板钢筋，法向架立筋按 1.5m×1.5m 的方格布设，架立筋采用 ϕ20mm，长 80～100cm 的钢筋，锚入垫层 50cm，横向架立筋直径也为 ϕ20mm 圆钢。

在架立筋架设好后，开始架设钢筋，并同时进行人工绑扎成 20cm×20cm 方格网。架立筋架设一段后，即开始绑扎面板钢筋，形成流水作业。钢筋绑扎顺序为：法向架立筋骨→横向架立筋→纵向面板钢筋→横向面板钢筋→每块周边加强筋，且自下而上人工绑扎，焊接。

3）侧模安装。由于面板厚度由坝脚 66.1cm 渐变成 30cm，自下而上逐渐变薄，侧模的制作是按照面板厚度加工的，侧模为钢木结构，侧模上面部分为钢桁架式结构，其中高 23cm 的桁架长 4m，高 48cm 的桁架长 2m，侧模下面部分用 12cm×12cm×400cm 的方木加工成楔形体，方木之间需用蚂蟥钉连成整体。安装侧模时，下部木模应紧贴 W 形止水铜片鼻子，侧模内侧面对准 W 形止水铜片鼻子中央。

4）混凝土施工。

A. 起始块、异形块的施工。起始块浇筑：先将滑模上的抹面平台栏杆拆除，然后转动活动抹面平台并固定在工作平台上。滑模从上部下放滑至趾板顶部周边缝上，进行面板滑模。

异形块浇筑：岸坡异形块均宽为 12m，斜边长达 27m，采用平移转动法进行异形块滑模，先将滑模降至岸坡趾板顶部，然后由低向高浇筑混凝土，三角区滑模时，启动低端卷扬机，使滑模沿高端转动，同时通过岸坡趾板导向滑轮，使滑模高端沿周边缝向上滑行（见图 8-24）。三角块出模后，及时在搭设的操作平台上进行抹面。待滑完三角块后，拆除导向滑轮，进入标准块面板滑模。滑模不能就位的周边三角块采用翻转式模板浇筑混凝土。

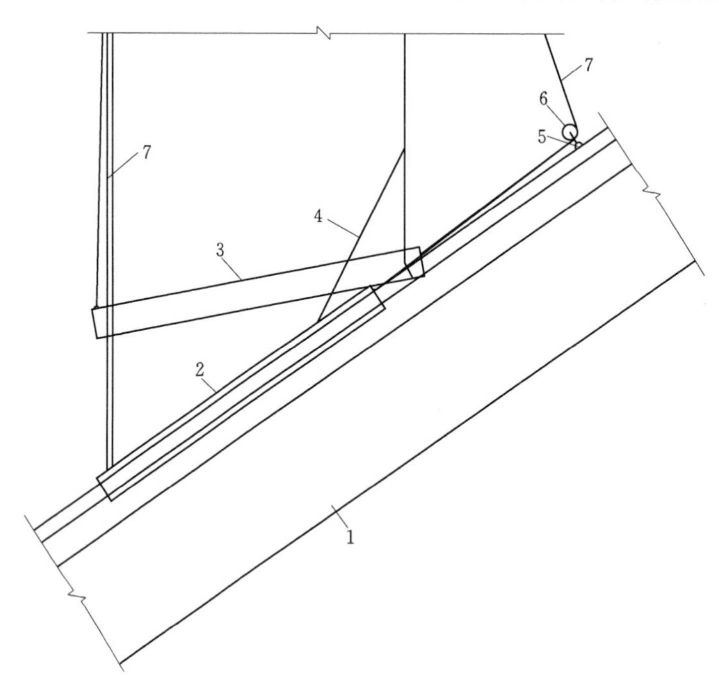

图 8-24　白溪水库周边三角块的滑模浇筑图

1—趾板；2—滑模起始位置；3—滑模滑动位置；4—临时轨道；5—预埋地锚；6—导向滑轮；7—钢丝绳

B. 混凝土入仓、振捣。混凝土用工程车运至下料口，通过安装在面板钢筋网上的溜槽入仓，人工布料。每块面板需挂 2 串溜槽，溜槽出口离仓面距离应小于 3m。由中间向两边布料时，轻轻斜拉溜槽，防止溜槽脱落。混凝土入仓铺料应均匀，每次浇筑层厚为 30cm，并应及时振捣，振捣间距不大于 40cm，深度达到新浇筑层底部以下 5cm。振捣棒不得靠在模板上或靠近滑模斜向插入新浇筑层，防止模板被振动抬起。仓内采用 ϕ50mm 插入式振捣器进行振捣，靠近侧模位置采用 ϕ30mm 插入式软管振捣器进行振捣，振捣后混凝土与滑模上边线齐平。止水片周围的混凝土必须注意振捣密实。

C. 混凝土养护。在滑模表面修整平台的下方约 12m 范围铺盖塑料薄膜保水，其下覆盖草袋或草帘，为防止草袋或草帘被风吹走，在其表面用铁丝固定，该铁丝固定在预埋 S 形铁丝上。在混凝土初凝后即开始洒水养护。混凝土浇筑至顶后，在顶部安设花管流水养护，待部分Ⅱ序块浇筑后，在面板顶部安装金属摇臂式喷头（安装间距 50m）洒水养护，一直到蓄水。

（3）混凝土温控、防护措施。为了防止混凝土裂缝出现，采取如下切实可行的温控防护措施。

1）严格控制混凝土原材料的质量，加强取样试验和检查，发现不合格材料坚决不采用。

2）面板施工前，做好混凝土级配试验，根据面板混凝土各项性能要求，掺入一定比例的引气剂、高效减水剂。

3）尽量提高堆料高度。

4）严格控制仓面混凝土的浇筑工艺和滑模滑升速度及工艺。

5）因一期面板混凝土在低温季节施工，为了保温、防冻，施工过程中如遇气温骤降，在混凝土初凝后，表面覆盖一层塑料薄膜，再加盖 1～2 层润湿草袋，草袋周边搭接不小于 10cm。

6）浇筑过程中，如遇下雨，仓面用彩条布遮盖，在滑模上用塑料薄膜搭遮盖棚，并在滑模尾部安设挡雨棚，其长度不小于 3m，防止雨水对所浇筑混凝土的冲刷。

7）日平均气温连续 5d 低于 5℃时，须停止混凝土浇筑和洒水养护。大雨期间停止混凝土浇筑。

8.10.2 宜兴抽水蓄能电站上水库库盆面板施工

宜兴抽水蓄能电站上水库库盆面板包括主坝面板、主坝趾板、库岸面板、连接板面板、库底面板及前池面板等，总防渗面积为 18.2 万 m^2，其中库底 5.86 万 m^2，库岸 12.34 万 m^2。面板混凝土浇筑总量达 7.21 万 m^3，主坝混凝土面板坡比为 1：1.3，库岸混凝土面板标准坡比为 1：1.4。通过圆弧段将主坝坡比由 1：1.3 逐渐过渡到库岸标准坡比 1：1.4。

混凝土防渗结构由主坝面板 37 块、主坝趾板 44 块、库岸面板 109 块、连接板 48 块、库底面板 164 块、前池面板 37 块等组成，共 439 块；混凝土结构采用双层双向配筋，面板混凝土按 0.5kg/m^3 掺聚丙烯腈纤维；混凝土面板标准宽度为 16m，面板厚度由底部 60cm 过渡 1.5m 后渐变为 40cm 等厚度至库顶。库岸面板最长为 76.6m。

上水库因地形而建，库岸面板异形结构多（异形面板有 76 块），占主坝及库岸防渗面板结构总数的52%，其中，圆弧渐变段面多达60块（见图8-25），占主坝和库岸面板总数的41%。因此，圆弧渐变段面板施工的快慢与好坏将直接关系到整个上水库库盆混凝土面板施工的进度与质量。

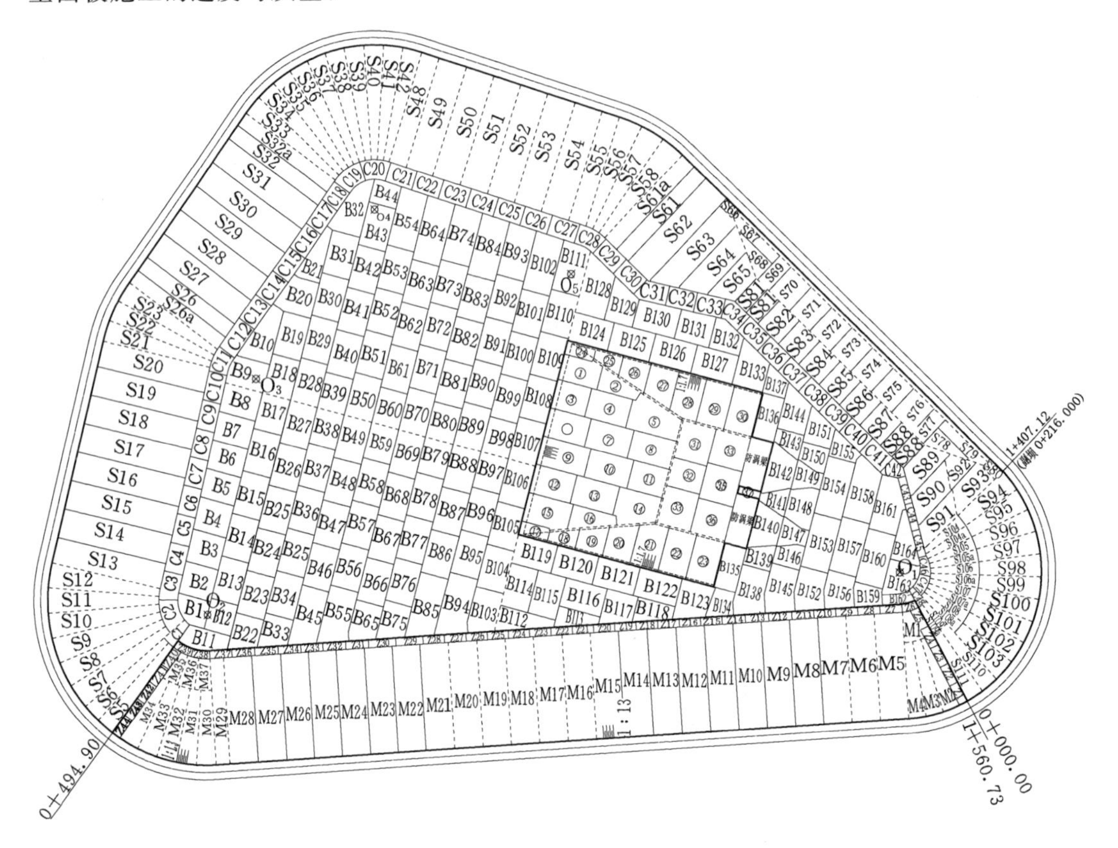

图8-25　上水库库盆面板分块编号图

1～36—前池面板编号；B1～B164—库底面板编号；C1～C48—连接板编号；

S5～S111—库岸面板编号；Z1～Z44—主坝趾板编号；M1～M37—主坝面板编号

该工程圆弧渐变段面板采用可调滑模施工，取得满意的效果。主要施工方法如下。

(1) 钢筋施工。钢筋均在库底和库岸钢筋堆放场地集中加工，自卸车运送至待绑扎块旁，人工搬运至绑扎部位。所有钢筋均人工绑扎，钢筋绑扎前先进行竖向和水平向架立筋设置，然后再进行面板钢筋绑扎，钢筋接头均采用单面焊接。

(2) 模板施工。面板侧模采用三块12cm×15cm的方木及小三角木组成，上下方木之间采用蚂蟥钉固定。侧模采用外拉内撑的办法进行固定。前池护底和1：5斜坡面板、库底面板和连接板混凝土浇筑只需立侧模，库岸面板和前池1：1.7护坡面板需采用滑模浇筑，滑模采用无轨滑模，模板长度为18m。滑模牵引系统采用2台10t卷扬机，卷扬机采用预制混凝土配重块和地锚固定，滑模施工区域为库岸标准块和圆弧段面板。圆弧段采用可调整滑模模数的滑模，可调滑模下部三角形面板块用人工翻模，先进行圆弧段下部三角形面板块人工翻模，待其浇好并拆去模板后，将滑模下放一小段距离盖住部分已浇好的混凝土面板，即可进行混凝土面板的滑模浇筑施工。副坝异形块均需采用翻模施工，翻模施工面板的模板采用脚手架钢管作主架，模板采用标准钢模，脚手架钢管与标准钢模间采用钩头螺栓固定，模板架固定采用在坡面上竖直向打插筋的办法进行固定。

（3）混凝土施工。面板混凝土拌制利用上水库的三座拌和站：主拌和站、库底新建拌和站和库岸新建拌和站。面板混凝土的拌制根据每天所开仓面的具体情况安排拌和站，原则上库岸面板混凝土拌制在库岸新建拌和站进行，库底面板混凝土在库底新建拌和站进行，主拌和站作为机动使用。

库底面板混凝土水平运输采用工程车、连接板采用自卸车、库岸面板采用工程车。混凝土入仓方式库岸采用溜槽入仓；库底采用仓面上布置马凳工程车直接入仓，连接板采用吊机配 $3m^3$ 吊罐入仓。

库底面板及连接板采用平铺法浇筑，用 ϕ50mm 插入式振捣器进行振捣，后人工进行抹面。库岸面板及前池 1：1.7 护坡面板采用滑模施工，ϕ50mm 插入式振捣器振捣密实。

副坝段异型块采用翻模施工，ϕ50mm 插入式振捣器进行振捣，脱模后人工抹面，异型块面板每次翻高 90cm。

（4）抹面。库岸及前池 1：1.7 斜坡面板混凝土脱模后，立即进行抹面，抹面采用后拖式抹面平台，分一次抹面和二次抹面；库底面板、连接板和前池护底面板以及 1：5 护坡面板泥工直接站在混凝土面上倒退着进行抹面，抹面时先对混凝土面进行拍打，直至表面泛浆后再抹。一次抹面结束后，待混凝土表面收水后，即进行二次抹面。

（5）混凝土养护。混凝土二次压面结束后，即加盖棉毡洒水进行保湿养护，进入冬季后先加盖两层塑料薄膜，再加盖两层棉毡进行保湿养护，不洒水。

8.10.3 白溪水库大坝防浪墙施工

白溪水库拦河坝为钢筋混凝土面板堆石坝，坝顶长 398m，顶宽 10.0m，最大坝高 124.4m。坝顶上游侧设长 395.2m、高 5.22m 的 L 形钢筋混凝土防浪墙，墙底板宽 4m，墙顶宽 70m，墙底高程 173.38m，墙顶高出坝顶 1.4m。混凝土设计强度等级 C20。防浪墙分 33 块，其中长 7m、11.5m、16.7m 各 1 块，12m 长 30 块，它与面板垂直缝错开布置，缝宽 2cm，缝内设止水铜片、沥青杉木板，与面板顶部水平缝内止水铜片焊接。

防浪墙混凝土于 2000 年 12 月 17 日开始防浪墙基础混凝土施工，2001 年 3 月 31 日施工结束，历时 105d，平均 0.94 块/d，浇筑混凝土总方量 $2198m^3$。

防浪墙按设计伸缩缝分块，每块分三层，即基础、墙身第一层、墙身第二层。基础采用厚 4cm 松木板立模，墙身采用悬臂大模板立模，主要施工方法如下。

（1）钢筋制作安装。

1）钢筋加工。钢筋由钢筋厂加工。基础钢筋（主筋）一次成型；墙身主筋（垂直方向）分两次加工，即第一次加工短插筋，长短错开 50%，第二次加工扣除插筋长度后墙身主筋，主筋接头采用双面搭接焊；墙帽主筋可一次成型。辅筋（水平方向）接头采用绑扎。

2）钢筋安装。基础钢筋安装：根据测量高程点，安装架立筋，架立筋由纵向（水平）3 根 ϕ22mm 钢筋和竖向钢筋（ϕ16～20mm、间距 1.5m）组成，竖向架立筋直接打入坝体 30cm。纵向架立筋与竖向架立筋焊接牢固后，再进行主筋、辅筋、墙身插筋安装。

墙身钢筋安装：在坝面搭设 2～3 个移动脚手架，用于墙身钢筋安装。为确保混凝土保护层厚度，在钢筋与砂浆面、模板之间设置 M20 水泥砂浆垫块，并互相错开、分散固定在钢筋上。

(2) 止水铜片制作安装。止水铜片分两段制作安装，第一段为基础止水，第二段为墙身止水。基础止水铜片一端与面板顶缝止水铜片焊接；另一端与墙身止水铜片焊接。止水铜片采用铜片加工机成形，现场安装。

(3) 立模、拆模。

1) 基础。基础采用厚 4cm 松木板立模，$12cm \times 12cm^2$ 方木围楞固定，ϕ16mm 钢筋拉条和木支撑组合支撑系统支模。

2) 第一层墙身。为确保墙身底部形体尺寸，方便支模，立模前先在防浪墙基础插筋上焊上 12 根$\angle 50 \times 5$ 的短角钢内支撑，其长度与防浪墙厚度一致，布置在大模板底部拉条附近。为确保防浪墙外观质量，第一层墙身采用 3.2m×3m（高×长）组合钢大模板，用 25t 汽车吊立模。长 12m 的块子分四段立模，先立下游大模板，固定后再立上游大模板，最后用花篮螺栓调整模板的垂直度。逐段完成大模板立模后，再进行封头模板立模（先浇块有），封头模板采用厚 4cm 松木板做成定型模板。为防止漏浆，模板接缝处贴双面泡沫胶带。该层立模的关键是控制模板垂直度及形体尺寸。为便于第二层墙身立模，在该层立模时需预埋套筒螺栓，混凝土浇筑 2d 便可进行拆模。

3) 第二层墙身。防浪墙第二层墙身采用 1.6m×3m（高×长）的悬臂组合钢大模板，用 25t 汽车吊立模，立模时先固定套筒螺栓，再用下丝杆调整模板垂直。大模板立模结束后，再进行封头模板立模（先浇块有）。该层立模的关键是要严格控制墙顶高程。

拆模时间由防浪墙混凝土强度控制，以筑后 3～5d 为宜。拆上游大模板时应特别注意牛腿的保护，为防止 25t 汽车吊拆模时提升过度，损坏牛腿，在吊钩上挂 2 只 2t 手动葫芦，用葫芦吊钩挂住大模板，以手动葫芦慢慢吊紧模板，待模板上套筒螺栓拆除后，再用手动葫芦慢慢脱模，脱板后再用汽车吊将其移位。

(4) 混凝土浇筑。混凝土拌和及运输采用三级配混凝土，坍落度控制在 3～5cm 之间。采用厂房拌和系统拌制，由 5t 自卸汽车运输至坝顶。为便于防浪墙第一层墙身下游立模，在浇筑基础混凝土时，在防浪墙墙身下游侧基础顶面形成宽 40cm 的小平台。由于防浪墙第一层墙身钢筋外露，卧罐直接入仓困难，另外下料高度偏高，为确保人身安全、防止骨料分离，在模板顶部搭设仓面下料平台，12m 块布置 4 个下料口，每个下料口由一只喇叭口和 3 只长 1m 的溜筒组成。混凝土由自卸汽车倒入 $1m^3$ 卧罐后，再用 25t 汽车吊吊入卧罐入仓。

8.10.4 梅溪水库大坝防浪墙施工

浙江鄞县梅溪水库大坝为钢筋混凝土面板堆石坝，坝顶宽 8m，长 660m，坝顶设双 L 形钢筋混凝土墙，上游 L 形防浪墙高 5.2m，顶宽 40cm；下游 L 形挡墙高 2.85m，顶宽 20cm，混凝土标准强度等级 C18。L 形墙分 55 块，每块长 12m。采用拉模工艺进行防浪墙施工。拉模工艺是将钢模台车、滑模和常规工艺之优点融为一身，它既有常规拉模同等速度，又具有滑膜不损伤混凝土的优点，克服了常规拉模混凝土表面易拉裂的缺陷。同时，还解决了常规钢模台车整体模板不易刷脱模剂的难题。坝顶 L 形墙自 1997 年 9 月 17 日起滑至同年 11 月 23 日结束，共历时 68d，正常施工日强度达 12m/d（一个浇筑块）。

（1）基本原理。拉模的基本原理与滑框倒模（下称滑模）相同，其核心便是一台钢模台车，与常规钢模台车略有区别。它采用标准钢模板，与台车支撑系统互不相连；与常规台车采用焊接大模板并与台车支撑系统连成整体不同。施工时，立模采用滑模工艺，混凝土采用整体浇筑，即台车行走（滑框）0.9～1.2m，然后进行立、拆模，把台车后方拆下的模板从其前方插入（立模），循环滑模10余次，直至仓面模板全部插入台车，立完堵头模板后便可进行该块混凝土浇筑。

（2）主要施工方法。

1）轨道安装。轨道的作用有两个：一是台车行走；二是控制L形墙的形体。这样就要求轨道位置准确，安装牢固。轨道安装前，要根据测量点放出的轨道中心线，检查轨底高程是否合适，处理后再用ϕ12mm膨胀螺栓固定轨道。

2）钢筋架立。L形墙设双层钢筋网，可采用超前架立（在台车前面），分块绑扎。

3）立模、拆模。立模由以下工序构成：第一，基础找平，防浪墙底部用角钢找平，且与基础预埋件焊接；第二，立模，在台车前沿以钢筋网为依托，将标准钢模逐块叠成台阶状，且用U形卡连成整体；第三，滑框，当模板上口立至0.9～1.2m时，台车便可滑行，将模板插入台车；第四，重复第二、第三工序10余次，直至模板全部插入台车；第五，插入活动支撑、立堵头模板。

拆模时间由防浪墙牛腿混凝土强度控制。为确保12m/d的施工强度在混凝土中掺入早强剂，以满足拆模强度，深秋初冬季节以8～12h为宜。拆模按下列工序进行：第一，拆除活动支撑；第二，滑框；第三，拆模，清理、上脱模剂为立模做准备；第四，重复第二、第三工序10余次，直至拆模结束。

4）混凝土浇筑。混凝土采用二级配，坍落度控制在4～5cm之间。当坍落度过大时，会延长混凝土终凝时间，且混凝土表面易产生气孔。混凝土用工程车运至台车下面，经1t卷扬机将工程车斗提至上操作平台，倒入储料箱，然后用手推车运至下料口通过溜筒入仓。

5）养护。L形墙脱模后，可利用台车尾部脚手架喷养护剂养护混凝土。因模板是逐段拆除，故混凝土养护也随之逐段进行，直至整个浇筑块喷完。

8.10.5 吉林台一级水电站大坝防浪墙施工

吉林台一级水电站大坝工程为混凝土面板砂砾堆石坝，坝高157m。大坝填筑高程1421.00m，高程1421.00～1427.00m为大坝坝顶U形防浪墙，防浪墙底板厚1m，上、下游防浪墙高5m，厚70cm，设双层布筋，上、下游防浪墙净宽10m。防浪墙全长436m，每9m设一道铜止水结构缝。

防浪墙混凝土施工一般采用常规钢模板或拼装大模板，但对于高墙薄壁型防浪墙采用常规方法施工，不仅难度大，成本高，而且工期质量难以得到保证，安全风险也大。该工程采用滑模施工，用时40d完成全部混凝土浇筑，浇筑成型的混凝土体型控制好，墙体偏差未超过2cm，外观质量优良，主要施工方法有以下几种。

（1）仓面准备。由于防浪墙底板混凝土已提前浇筑，因此，在进行墙体施工前，先对仓面进行凿毛处理，同时将钢筋安装至模体高度以上30cm（即高1.8m），W形铜止水一次安装就位，经监理验收后进行滑模吊装就位。

(2) 滑模组装就位。吉林台一级水电站防浪墙上下游对称布置，滑模一次加工两套，每套长 18m，即一套滑模一次浇筑两个块号。滑模在坝顶加工拼装焊接成型，经验收合格后采用 12t 吊车吊装到位。吊装前先进行测量定位，吊装时严格按测量定位将模体安放定位。模体就位后，由测量人员对模体就位情况进行检测，检测项目包括模体水平位置是否正确，模体垂直度是否满足规范要求，经检查合格后开仓浇筑。

(3) 混凝土施工及滑模滑升。混凝土在拌和楼拌制后采用 $6m^3$ 的混凝土罐车运输至浇筑现场，垂直运输采用 12t 汽车吊 $0.8m^3$ 吊罐入仓。混凝土吊装入仓能力为 $10m^3/h$，滑模滑升速度为 20cm/h，12t 吊车同时供料两套滑模，入仓能力满足混凝土浇筑强度要求。防浪墙浇筑混凝土为 C25W4F200、二级配，坍落度控制在 5～7cm 之间，浇筑过程中根据环境气温和滑模运行情况进行微调。

适宜的出模强度对于滑模施工非常重要。滑模施工所用混凝土除满足设计规定的强度和耐久性等之外，更需根据现场的气温条件，掌握早期强度的发展规律，以便在规定的滑升速度下正确掌握出模强度。出模强度过低，混凝土会坍陷或产生结构变形；出模强度过高，模板与混凝土之间的黏结力增大，使其间的摩阻力增大，从而造成结构表面毛糙，甚至被拉裂。出模强度在 0.05MPa 以下，混凝土将坍陷；0.05～0.07MPa 以上出模，混凝土将呈塑性状态；在 0.25MPa 以上出模，混凝土表面毛糙；强度更高时出模，则可能出现拉裂和掉角现象。因此，出模强度一般宜控制在 0.05～0.25MPa 之间。如出模混凝土用手指按时无明显指坑，且有水印，砂浆不沾手，指甲划过有痕，表明混凝土将进入终凝，可以进行初升 15～20cm。

若液压、模板系统工作正常，即可正常滑升，滑至高层时，应注意风荷载由结构物承担，出模强度宜控制在上限。滑模滑升应控制好初滑、正常滑升和末滑三个阶段。滑模初始滑升，第一层混凝土浇筑厚度控制在 50cm，第一层混凝土浇筑完成后开始进行初次滑升，初滑最慢滑升速度约为 2.5cm/h。为了减小摩阻力，在第一层混凝土浇满后，应先滑升 1～2 个行程，每个行程宜控制在 10cm 左右，通过初滑可判断混凝土的和易性和坍落度是否合适，如需改进则立即进行微调。

混凝土正常浇筑后，模板每小时滑升一次，一次滑升高度不大于 20cm。滑模至末滑时，上部混凝土重量轻，滑升间隔时间要缩短，次数增加，每隔半小时滑模滑升一次，滑升高度为 5～10cm，混凝土浇筑至顶高程时，待顶部混凝土初凝后再将模板滑出墙体进行下一仓位的吊装。

8.10.6 街面水库混凝土面板堆石坝混凝土防裂配合比设计

(1) 概况。街面水库混凝土面板堆石坝工程，位于福建省尤溪县坂面乡街面村。大坝高 126m，坝顶宽度 8m，上游面板共划分 44 块。其中，中部宽 12m 的面板 25 块，两边宽 6m 的面板 19 块。面板坡比 1∶1.4，浇筑高程由底部 170.00m 至顶部高程 290.20m，厚度由底部 69.5cm 渐变至顶部 30cm，最大斜长 208.03m，面板钢筋单层双向，配筋率 0.3%～0.4%。大坝面板分二期浇筑。一期面板浇筑高程 170.00～262.00m，最大斜长 160.7m，混凝土浇筑量 2.2 万 m^3。二期面板浇筑高程 262.00～290.20m，最大斜长 47.33m，混凝土浇筑量约 $4900m^3$，混凝土设计总量 2.69 万 m^3。

大坝面板混凝土设计强度等级为抗压 C25，抗渗标号 W10，抗冻标号 F100。面板混凝土采用滑模施工。因此，面板混凝土设计除了满足设计强度、抗渗及抗冻要求之外，还必须满足实际施工要求，要求混凝土应具有良好的和易性，混凝土拌和物在溜槽下滑过程中不产生离析，入仓后不泌水，混凝土出模后不下塌、不流淌，混凝土不被拉裂，滑动模板易于滑升等。为了满足设计和施工对面板混凝土的特殊技术要求，采用补偿收缩混凝土配合比设计。

（2）混凝土原材料。

水泥：采用普通硅酸盐 32.5R、42.5R。

细集料：天然河砂。

粗集料：人工轧制碎石，粒径为 5～20mm、20～40mm 两档。

粉煤灰：二级灰。

外加剂：VF 防裂剂、NMR 高效减水剂、BLY 引气剂；BD－5 型缓凝高效减水剂、BD－1 型高效减水剂；DH9 引气剂。

VF 防裂剂性能、限制膨胀率性能、化学指标检测结果见表 8－9～表 8－11。

表 8－9　VF 防裂剂性能检验结果表

项目	细度 0.08mm 筛筛余/%	凝结时间/(h：min)		温度/℃	抗压强度/MPa		抗折强度/MPa	
		初凝	终凝		7d	28d	7d	28d
标准	≤10	≥45min	≤10h	20	≥25.0	≥45.0	≥4.5	≥6.5
				5	≥18.0	≥30.0	—	—
检验结果	9.2	2：25	3：28	20	32.6	46.7	5.1	6.5
				5	26.4	38.6	2.6	4.8

表 8－10　VF 防裂剂限制膨胀率性能检验结果表

VF 防裂剂掺量/%	项目	温度/℃	水中限制膨胀率/(1×10⁻⁴)					空气中限制膨胀率/(1×10⁻⁴)
			3d	5d	7d	14d	28d	28d
12	标准	20	—	—	≥2.50	—	≤8.0	≥－2.0
	检验结果		1.54	2.08	2.96	4.07	6.0	－2.00
	标准	5	—	—	≤2.50	—	≤6.0	—
	检验结果		0.57	0.93	1.71	2.36	4.0	—

表 8－11　VF 防裂剂的化学指标检测结果表

名称	项目	MgO/%	含水率/%	总碱量/%	氯离子含量/%
VF 防裂剂	标准	≤5.0	≤3.0	≤0.75	≤0.05
	检验结果	1.76	0.3	0.69	0.04

检测表明，其抗压强度、抗折强度、限制膨胀率性能及化学指标等符合标准要求。

BLY、DH9 引气剂性能分别见表 8－12、表 8－13。

表 8-12　BLY 引气剂性能表

项目	减水率/%	泌水率比/%	含气量/%	凝结时间差/min		抗压强度比		
				初凝	终凝	3d	7d	28d
标准	≥6.0	≤70	4.5～5.5	−90～+120		≥90	≥90	≥85
检验结果	9.1	1.2	4.8	+30	+35	101	100	93

表 8-13　DH9 引气剂性能表

项目	减水率/%	泌水率比/%	含气量/%	凝结时间差/min		抗压强度比		
				初凝	终凝	3d	7d	28d
标准	≥6.0	≤70	4.5～5.5	−90～+120		≥90	≥90	≥85
检验结果	7.0	1.8	4.8	+45	+40	98	98	90

从表 8-12、表 8-13 可以看出：BLY、DH9 引气剂，引气效果都比较好，泌水率比、凝结时间、抗压强度比符合规范要求。减水率检验结果 BLY 引气剂稍好于 DH9。

NMR 高效减水剂、BD-5 缓凝高效减水剂、BD-1 高效减水剂性能指标分别见表 8-14～表 8-16。

表 8-14　NMR 高效减水剂性能指标表

项目	减水率/%	泌水率比/%	含气量/%	凝结时间差/min		抗压强度比			结论
				初凝	终凝	3d	7d	28d	
标准	≥15	≤95	<3	−60～+90		≥130	≥125	≥120	—
检验结果	21.6	0	2.2	+10	+10	136	135	124	合格

表 8-15　BD-5 缓凝高效减水剂性能指标表

项目	减水率/%	泌水率比/%	含气量/%	凝结时间差/min		抗压强度比			结论
				初凝	终凝	3d	7d	28d	
标准	≥15	≤ 95	< 3.0	+ 120 ～ + 240		≥ 125	≥ 125	≥ 120	—
检验结果	12.4	0	2.3	+ 160	+ 155	112	106	108	不合格

表 8-16　BD-1 高效减水剂性能指标表

项目	减水率/%	泌水率比/%	含气量/%	凝结时间差/min		抗压强度比			结论
				初凝	终凝	3d	7d	28d	
标准	≥15	≤ 95	< 3.0	−60 ～ + 90		≥ 125	≥ 125	≥ 120	—
检验结果	13.4	0	1.9	+ 31	+ 26	125	127	120	合格

从表 8-14～表 8-16 可以看出：NMR 高效减水剂的减水效果好，抗压强度比、凝结时间、含气量、泌水率比等性能指标达到《水工混凝土外加剂技术规程》（DL/T 5100）的要求。BD-5 缓凝高效减水剂、BD-1 高效减水剂凝结时间、含气量、泌水率比等指标符合规范要求，而减水率指标比较低，分别为 12.4%、13.4%，BD-5 抗压强度比达不到规范要求。

（3）外加剂优化选择试验。外加剂的优选至关重要，直接影响混凝土各项性能，包括混凝土力学性能、耐久性能和施工性能。

通过混凝土外加剂性能比较试验，包括减水率、泌水率、凝结时间、混凝土含气量、混凝土抗压强度及外加剂复合性试验，结果表明 NMR 高效减水剂、BLY 引气剂、DH9 引气剂性能较好。因此，选用 NMR 高效减水剂、VF 防裂剂、BLY 引气剂，作为本工程的外加剂。

（4）基准混凝土配合比确定。

1）混凝土面板设计指标：抗压 C25，抗渗 W10，抗冻 F100。

根据《混凝土结构工程施工及验收规范》（GB50204）和街面水库混凝土设计要求，抗压强度保证率 95%，混凝土强度标准差 $\delta=5$，则混凝土配制强度为 $f_{cu,k}+1.645\sigma=25+1.645\times5.0=33.2$MPa。

2）基准配合比选定。根据街面水库工程面板混凝土设计和施工要求，首先进行了混凝土试拌，掺入 NMR 高效减水剂和 BLY 引气剂，选择不同骨料比例进行试拌比较和选择性试验，试验选定骨料中小石比例，小石：中石为 50：50、40：60、35：65 三种情况，因 5～20mm 粗集料中小于 10mm 的含量较多颗粒级配欠佳，50：50 比例所拌制混凝土比较涩，40：60 比例的混凝土和易性比较好，35：65 比例的混凝土最好。因此，选择骨料比例小石：中石为 35：65，机口坍落度控制在 50～70mm 之间。

对不同水灰比、不同砂率等参数进行抗压强度试验，并对抗压强度与水灰比的关系进行回归分析，结果表明：水泥为 32.5R，水灰比 0.39 时就能达到配制强度 33.2MPa 要求。但考虑到混凝土中内掺粉煤灰代替水泥及混凝土耐久性、特别是混凝土防裂等要求，选择水灰比 0.36、砂率 39%，作为防裂混凝土试验研究用基准配合比（见表 8-17）。基准配合比混凝土拌和物性能见表 8-18。

表 8-17　　　　混凝土基准配合比表

配合比编号	混凝土强度等级	水灰比	砂率/%	坍落度/mm	水泥	砂	碎石/mm		NMR	BLY	水
							5～20	20～40	0.75%	1.0%	
J13	C25 W10 F100	0.36	39	50～70	394	680	399	751	2.955	3.94	142

表 8-18　　　　基准配合比混凝土拌和物性能表

配合比编号	拌和温度/℃	坍落度/mm	黏聚性	析水情况	泌水率/%	容重/(kg/m³)	含气量/%	凝结时间/(h：min)	
								初凝	终凝
J13	20	70	好	无	0	2370	4.7	7：05	10：35

3）粉煤灰掺量的确定。混凝土中掺用粉煤灰具有改善混凝土和易性、降低水泥用量、减少水化热温升、降低工程造价等优点，水工混凝土掺用粉煤灰已经得到广泛的应用。但掺量过大，将会影响混凝土力学性能和耐久性。在基准混凝土配合比试验的基础上，选定一个水灰比，选用粉煤灰掺量为 0、15%、20%、25%分别进行混凝土强度试验，以确定粉煤灰的最佳掺量。

试验成果表明，与不掺粉煤灰相比，粉煤灰掺量 15%时，28d 抗压强度不降，粉煤灰掺量为20%、25%时，28d抗压强度分别降低9%、20%，但早期3d抗压强度均降低较多。因此，粉煤灰掺量代替水泥量不应过大。经过分析，选定粉煤灰掺量为15%。

（5）面板混凝土防裂性能试验研究。堆石坝混凝土面板由于厚度比较小，所暴露的面积又比较大，对环境温度变化影响较敏感，同时普通水泥混凝土由于干缩和冷缩等因素，往往导致面板变形开裂。因此，应用补偿收缩理论，利用混凝土适量膨胀来补偿部分收缩，防止面板混凝土产生的裂缝效果明显。为使面板混凝土能够满足设计和施工要求，并具有较高抗裂能力。在基准配合比试验的基础上，加入VF防裂剂配制性能优良的面板混凝土，不仅能满足混凝土设计指标及耐久性的要求，而且能满足混凝土防裂要求。在面板混凝土试验中，对VF防裂剂掺量为0、8%、10%、12%分别进行混凝土物理力学性能和变形性能试验，以确定满足面板设计指标和防裂要求的防裂剂最佳掺量。

1）不同防裂剂掺量对混凝土抗压强度见表8-19。

表8-19　　不同防裂剂掺量混凝土抗压强度表

配合比编号	VF掺量	水胶比	砂率/%	坍落度/mm	含气量/%	混凝土材料用量/(kg/m³)									抗压强度/MPa (28d)
						水泥	粉煤灰 15%	VF	砂	碎石/mm 5～20	碎石/mm 20～40	减水剂 NMR 0.75%	引气剂 BLY 1.0%	水	
J18	0	0.36	39	50～70	4.5	335	59	—	673	395	744	2.955	3.94	142	36.8
J19	8	0.36	39	50～70	4.2	303	59	32	673	395	744	2.955	3.94	142	36.0
J20	10	0.36	39	50～70	4.3	296	59	39	673	395	744	2.955	3.94	142	36.2
J21	12	0.36	39	50～70	4.5	288	59	47	673	395	744	2.955	3.94	142	34.9

从表8-19看出，在配合比相同的情况下防裂剂掺量在8%、10%、12%时，抗压强度与空白（不掺）相比基本相同。

2）不同养护条件对混凝土抗压强度影响。街面水库部分面板浇筑时段安排在12月至次年2月，该时段月平均最低气温在5℃以下；部分面板安排在5月至6月浇筑，该时段气温在20℃以上。为了使室内试验与现场实际更接近，增加了5℃、30℃温度养护条件下混凝土抗压强度试验见表8-20。

表8-20　　5℃、30℃温度养护条件下混凝土抗压强度试验表

配合比编号	温度/℃	VF掺量	水胶比	砂率/%	坍落度/mm	混凝土材料用量/(kg/m³)									抗压强度/MPa (28d)
						水泥	粉煤灰 15%	VF	砂	碎石/mm 5～20	碎石/mm 20～40	减水剂 NMR 0.75%	引气剂 BLY 1.0%	水	
J18	5	0	0.36	39	50～70	335	59	—	673	395	744	2.955	3.94	142	23.3
J19		8	0.36	39	50～70	303	59	32	673	395	744	2.955	3.94	142	23.3
J20		10	0.36	39	50～70	296	59	39	673	395	744	2.955	3.94	142	22.9
J21		12	0.36	39	50～70	288	59	47	673	395	744	2.955	3.94	142	19.3
J20	30	10	0.36	39	50～70	296	59	39	673	395	744	2.955	3.94	142	39.7
J21		12	0.36	39	50～70	288	59	47	673	395	744	2.955	3.94	142	38.6

从表 8-20 可以看出：混凝土在 5℃条件下混凝土抗压强度比较低，现场混凝土浇筑后必须及时做好保温养护工作，30℃条件下混凝土抗压强度比标准条件下强度提高 3MPa 左右。

3）防裂混凝土变形性能试验。防裂混凝土配合比设计的关键是研究混凝土的限制膨胀率和收缩率的大小，以及各种因素包括钢筋限制程度、自由膨胀率、防裂剂掺量、养护温度湿度、抗压强度等对混凝土限制膨胀率和收缩率的影响规律，通过定量计算确定补偿收缩量。为了提高街面水库面板混凝土的防裂效果，对三种养护温度即 5℃、20℃、30℃，防裂剂不同掺量（0、8%、10%、12%）的混凝土分别进行混凝土变形性能试验和混凝土干缩率试验。

A. 试验条件。采用相同的原材料和表 8-17 配合比，防裂剂分别以内掺法等量取代水泥，以不同掺量进行比较试验。

B. 试验模具。混凝土限制膨胀率试件 100mm×100mm×300mm 试件中间埋入一个纵向限制器具。混凝土自由膨胀率试件 100mm×100mm×515mm（试件中间无钢筋）。混凝土自由干缩率试件 100mm×100mm×515mm（试件中间无钢筋）。

C. 配筋率分别为 0.785%、0.4%（后者为面板设计配筋率）。

D. 养护条件。

a. 混凝土试件成型后置于 20℃（±3℃）的养护室内，养护至混凝土强度达 1～2MPa 时，拆模测定试件初始长度，然后将试件移入 20℃（±2℃）的水中养护 28d，水中养护期间分别测量不同龄期的膨胀率，再将试件移入温度 20℃（±2℃），湿度 60%（±5%）恒温恒湿养护室中，分别测定空气中各龄期膨胀率。

b. 混凝土试件成型后置于 5℃（±0.5℃）养护箱内，养护至混凝土强度达 1～2MPa 时，拆模测定试件初始长度，测量初长后将试件移入 5℃（±0.5℃）的水中长期养护，水中养护期间分别测量不同龄期的膨胀率。

c. 混凝土试件成型后置于 30℃（±0.5℃）养护箱内，养护至混凝土强度达 1～2MPa 时，拆模测定试件初始长度，测量初长后将试件移入 30℃（±0.5℃）的水中长期养护，水中养护期间分别测量不同龄期的膨胀率。

混凝土变形性能和干缩率性能分别见表 8-21、表 8-22。

表 8-21　　混凝土变形性能表

配合比编号	VF 防裂剂	温度/℃	配筋率/%	水中各龄期膨胀率/(1×10^{-4})						空气中各龄期膨胀率/(1×10^{-4})	
				3d	5d	7d	14d	21d	28d	14d	32d
J18	0	5	自由	0	0.067	0.067	0.067	0.067	0.067	—	—
			0.785	0.283	0.384	0.400	0.400	0.400	0.400	—	—
			0.400	0	0	0.017	0.017	0.017	0.017	—	—
		20	自由	0.293	0.293	0.344	0.354	0.354	0.354	−1.767	−2.751
			0.785	0.25	0.366	0.366	0.366	0.366	0.366	−1.550	−2.605
			0.400	0.688	0.850	0.850	0.850	0.850	0.850	−1.456	−2.467

续表

配合比编号	VF防裂剂	温度/℃	配筋率/%	水中各龄期膨胀率/(1×10⁻⁴)						空气中各龄期膨胀率/(1×10⁻⁴)	
				3d	5d	7d	14d	21d	28d	14d	32d
J19	8	5	自由	0.836	1.370	1.672	2.960	3.011	3.332	—	—
			0.400	0.666	0.767	0.984	2.150	2.20	2.234	—	—
		20	自由	2.832	3.125	3.317	3.317	3.317	3.317	1.042	−1.000
			0.785	0.980	1.200	1.433	1.634	1.634	1.634		
			0.400	1.150	1.433	1.684	1.834	1.883	1.883	−0.050	−1.000
J20	10	5	自由	1.449	2.128	2.533	4.438	4.914	5.815	—	—
			0.785	0.017	0.434	0.650	1.500	1.80	2.350	—	—
			0.4000	0.466	0.600	0.916	2.200	2.417	2.783	—	—
		20	自由	3.194	3.903	4.237	4.763	4.763	4.763	2.730	1.050
			0.785	1.616	1.733	2.066	2.833	2.934	2.950	1.000	0
			0.400	1.833	2.233	2.684	3.450	3.516	3.516	1.117	0.084
		30	0.400	3.284	3.533	3.650	3.700	3.700	3.700	—	—
J21	12	5	自由	1.313	2.222	2.807	5.058	6.442	8.188	—	—
			0.785	0.034	0.850	0.883	2.233	2.584	3.300	—	—
			0.400	0.883	1.117	1.417	2.767	3.483	4.033	—	—
		20	自由	4.099	5.404	6.182	8.268	8.684	8.684	6.832	3.500
			0.785	1.602	2.817	3.000	3.384	4.150	4.150	2.134	1.400
			0.400	2.283	2.867	3.450	4.150	4.250	4.250	3.467	1.850
		30	0.400	3.867	4.367	4.400	4.400	4.400	4.400	—	—

表 8-22　　混凝土干缩率性能表

配合比编号	VF防裂剂	配筋率/%	恒温20℃±2℃，恒湿60%±5%　干缩率/(1×10⁻⁴)							
			3d	5d	7d	14d	21d	28d	42d	60d
J18	0	自由	−1.052	−1.638	−2.154	−2.984	−3.642	−4.046	−4.946	−5.139
		0.785	−0.600	−0.917	−1.116	−1.167	−1.300	−1.784	−2.000	−2.000
		0.400	−0.184	−0.900	1.267	−1.417	−1.600	−2.300	−2.733	−2.950
J20	10	自由	−0.496	−0.922	−1.317	−2.300	−3.010	−3.263	−4.246	−4.428
		0.785	−0.40	−0.882	−1.283	−1.684	−1.817	−2.350	−2.900	−3.067
		0.400	−0.133	−0.500	−0.867	−1.250	−1.400	−1.950	−2.450	−2.667
J21	12	自由	−0.020	−0.262	−0.717	−1.777	−2.665	−3.109	4.138	−4.310
		0.785	0.034	0.084	−0.067	−0.667	−0.734	−1.283	−1.584	−1.750
		0.400	0	0.067	−0.084	−0.367	−0.667	−1.350	−1.917	−2.050

按表8-20、表8-21配置的混凝土，各龄期所测得的混凝土变形曲线分别见图8-26～图8-31。

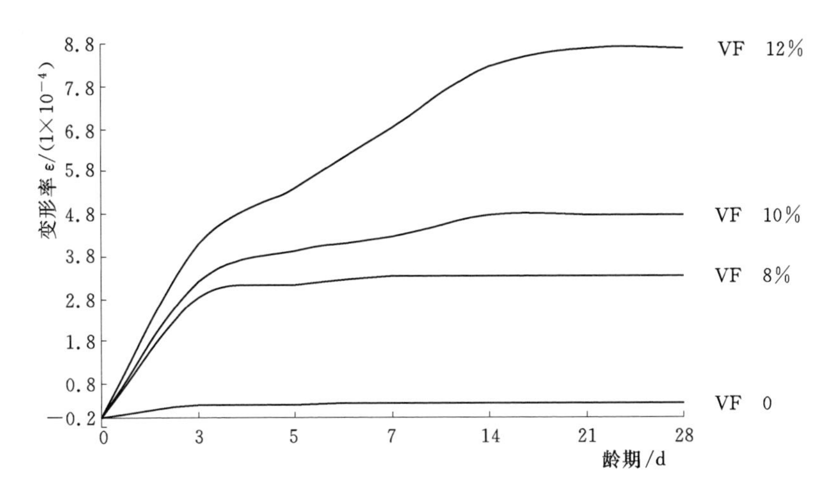

图 8-26 自由状态下不同 VF 掺量混凝土变形曲线图

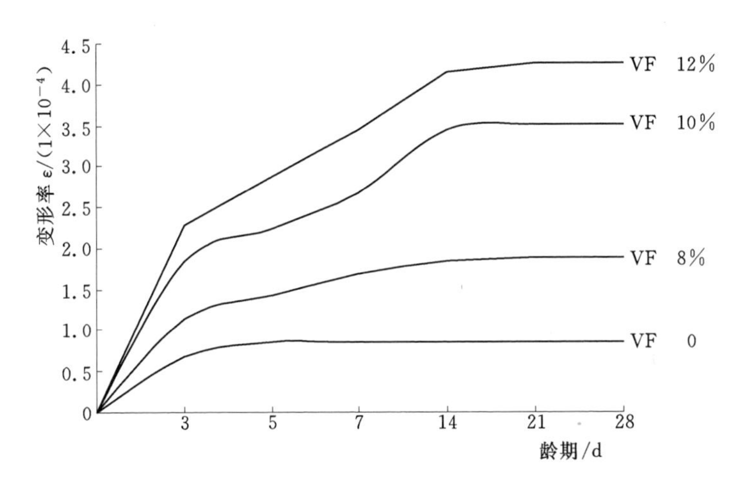

图 8-27 配筋率 0.4%状态下不同 VF 掺量混凝土变形曲线图

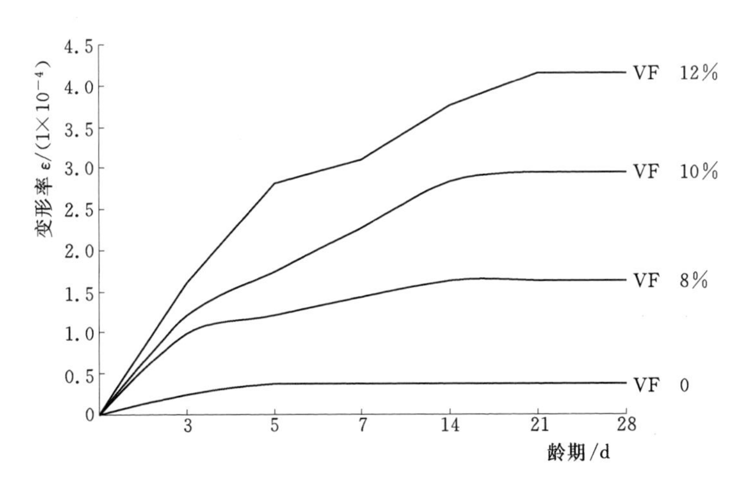

图 8-28 配筋率 0.785%状态下不同 VF 掺量混凝土变形曲线图

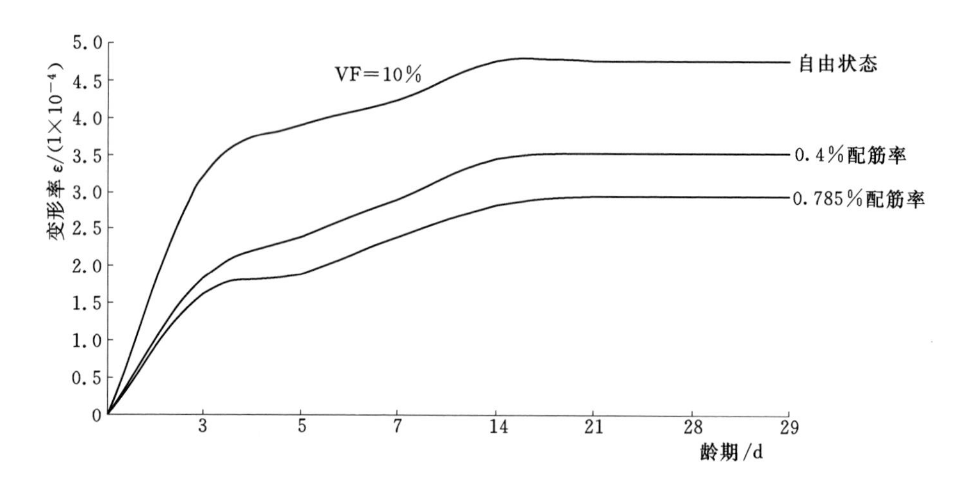

图 8-29 VF 掺量 10%不同配筋率混凝土变形曲线图

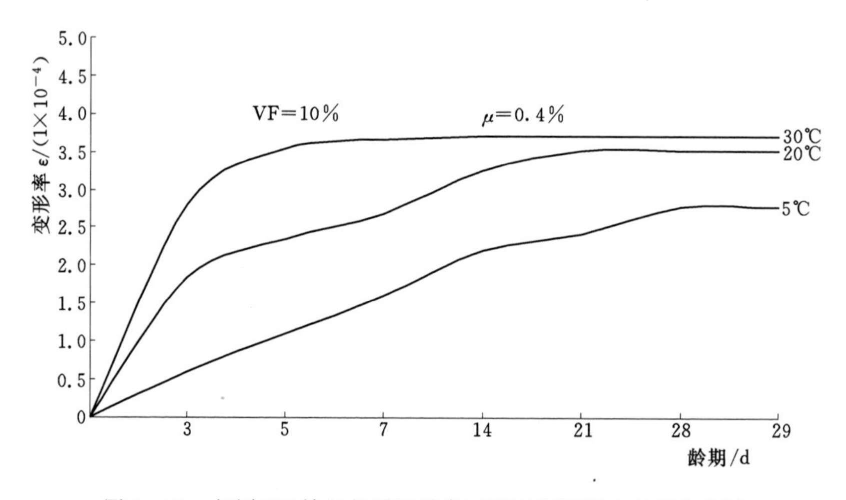

图 8-30 相同 VF 掺量相同配筋率不同温度混凝土变形曲线图

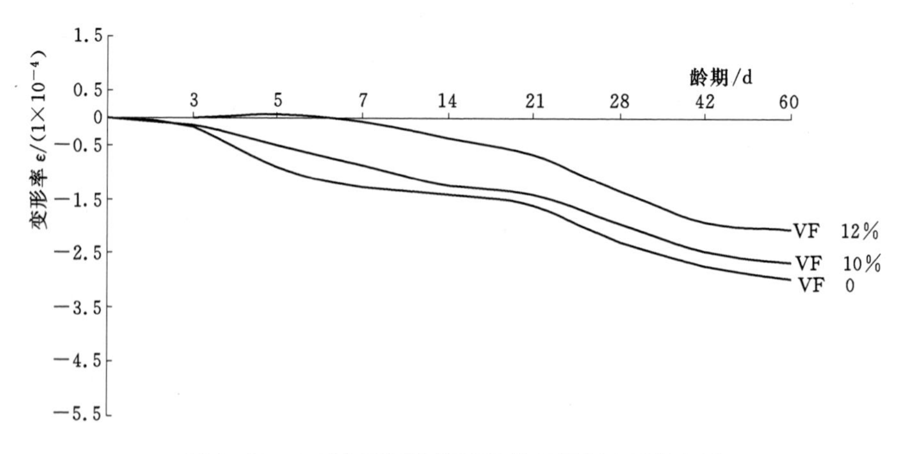

图 8-31 0.4%配筋率不同 VF 掺量混凝土干缩率图

试验成果如下。

A. 混凝土在VF防裂剂掺量相同条件下，自由膨胀率比限制膨胀率大。小配筋率（$\mu=0.4\%$）膨胀率比标准配筋率（$\mu=0.785\%$）膨胀率要大。

B. 在5℃条件下同龄期所测得的膨胀率较20℃、30℃条件下膨胀率小，这样有利于在低温条件下，强度较低而膨胀量也相对较小混凝土结构不会被破坏，强度和膨胀量协调发展，避免混凝土早期在过大膨胀作用下胀裂，确保VF防裂剂的安全使用。

C. 在30℃条件下同龄期所测得的膨胀率比5℃、20℃要大，随着养护温度适度升高，膨胀速度加快而且膨胀量也增加，温度的升高同时也加快了混凝土强度发展。

D. 混凝土随着VF防裂剂掺量增大，膨胀量逐渐增大。掺量8%时，虽然有膨胀量，但膨胀值偏小，没有达到预期值，而掺量增至10%、12%时则膨胀效果较理想。

E. 防裂混凝土在有水情况下，才能充分发挥其膨胀性能，湿养后置于空气中，混凝土会产生收缩，说明防裂混凝土在混凝土浇筑完毕后应尽早进行保湿养护，否则不能很好地发挥补偿收缩效果。

F. 防裂混凝土的干缩受膨胀率和约束程度影响很大，限制状态下的混凝土干缩率比自由状态下的干缩率要小。

G. 掺用VF防裂剂后混凝土干缩率明显低于空白混凝土。

4）混凝土强度与限制膨胀率的关系。试验表明，防裂剂内掺掺量为6%～14%时，混凝土限制膨胀率在1.5×10^{-4}～4.0×10^{-4}之间，所配制的补偿收缩混凝土强度基本不降低；防裂剂掺量超过14%以上时，限制膨胀率在4.0×10^{-4}以上，28d抗压强度会有所降低；防裂剂掺量在8%～12%之间时，限制膨胀率在2.5×10^{-4}～3.5×10^{-4}之间，对强度影响不大，补偿收缩效果较好。

5）防裂剂不同掺量（8%、10%、12%）的混凝土耐久性试验。混凝土耐久性能主要包括抗冻、抗渗等性能，混凝土耐久性能与土建筑物的安全和使用年限密切相关。其中冻融循环正温和负温共同反复作用，是造成混凝土结构破坏的最严重因素之一。混凝土抗冻性能的好坏主要取决于混凝土含气量和混凝土强度，在设计防裂混凝土配合比时通过掺入BLY引气剂，使混凝土中产生适量的微小的均匀分布的独立气泡，含气量控制在4%～6%之间，适当提高混凝土强度，从而提高了混凝土耐久性。

抗冻试验采用快冻法进行，混凝土冻融试验的试件尺寸为10cm×10cm×40cm，冻结时控制混凝土试件的中心温度为－17℃±2℃，融化时试件中心温度控制为6～8℃，一次冻融循环为3～4h，试件在冻结和融化过程中均处于全浸水状态。冻融试验机采用全自动混凝土冻融试验机。混凝土冻融破坏的控制指标，按《水工混凝土试验规程》（DL/T 5150）的规定，相对动弹性模量下降至初始值的60%，质量损失率达5%时即认为试件已冻坏；按《混凝土面板堆石坝设计规范》（SL 228）对混凝土抗冻有着更高的要求，规定混凝土动弹性模量值降至80%作为控制指标下限。按SL 228的要求，专门进行了防裂剂掺量为8%、10%、12%的混凝土分别进行力学性能、耐久性能试验，其试验成果见表8－23。

试验表明，防裂剂不同掺量下混凝土抗压强度达到并超过33.2MPa，抗渗标号大于W12，抗冻指标大于F100。

表 8-23　　混凝土力学性能、耐久性试验成果表

配合比编号	防裂剂掺量/%	抗压强度/MPa		抗渗标号	混凝土极限拉伸/(1×10^{-4})	混凝土弹性模量/GPa		快冻（28d）					
						压弹	拉弹	50次冻融		100次冻融		150次冻融	
		7d	28d	28d	28d	28d	28d	相对动弹性模量/%	失重率/%	相对动弹性模量/%	失重率/%	相对动弹性模量/%	失重率/%
J19	8	23.6	36.0	>W12	1.09	30.0	33.6	97	0	96	0	95	0
J20	10	23.4	36.2	>W12	1.08	29.9	34.4	97	0	96	0	95	0
J21	12	21.0	34.9	>W12	1.08	29.7	33.7	96	0	94	0	90	0

（6）配合比优化。通过现场试验和实际应用，建设、设计、监理和施工等单位共同分析研究，决定对配合比进行优化调整。对配合比中的砂率进行优化调整，水泥由32.5级更换成42.5级即由原岩城普硅水泥更换为岩城普硅42.5R水泥，并对粉煤灰15%、20%、25%的不同掺量分别进行混凝土抗压强度试验。

（7）街面水库面板混凝土补偿收缩参数确定。

1）补偿收缩混凝土的防裂原理。混凝土收缩裂缝主要是在约束条件下，由干缩、冷缩引起的。补偿收缩混凝土就是使混凝土适度膨胀，来抵消其有害的收缩，从而达到减轻混凝土开裂的目的，这就是补偿收缩混凝土的理论依据，补偿收缩混凝土防裂的基本原理就是利用限制膨胀来补偿限制收缩。混凝土补偿收缩模式见图8-32。

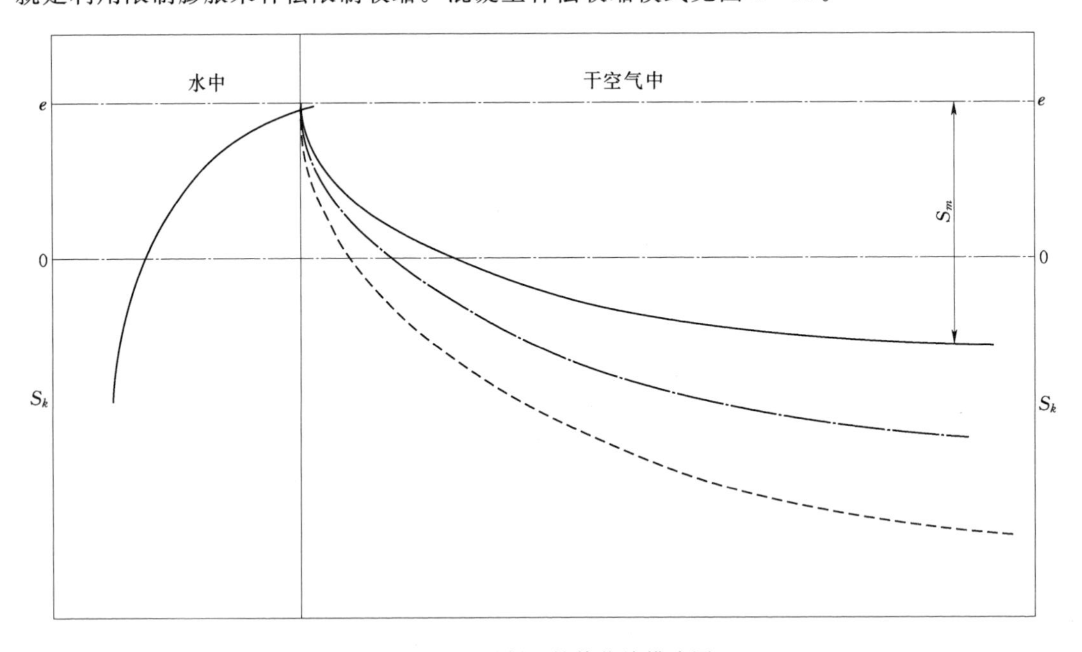

图 8-32　混凝土补偿收缩模式图

从图8-32可以看出，对膨胀混凝土进行补偿收缩的能力设计，最主要的是合理确定混凝土的限制膨胀率 e 和限制收缩（S_m），如果 $e>S_m$，且控制适宜的膨胀率，混凝土不会出现裂缝；如果 $e<S_m$，其差值的绝对值大于混凝土极限拉伸值（S_k）时，其内部应力

超过混凝土抗拉强度将使混凝土出现裂缝。因此，要使补偿收缩混凝土不产生裂缝，必须满足式（8－23）要求：

$$e+S_k\geqslant S_m \tag{8-23}$$

式中 e——混凝土的限制膨胀率,%；

S_k——混凝土的极限拉伸值，一般取值为0.01%～0.02%；

S_m——混凝土在限制条件下收缩总和,%（即在限制条件下混凝土干缩和冷缩的总和）。

根据补偿收缩混凝土防裂原理，结合试验成果，对街面水库面板补偿收缩混凝土参数加以确定。

2）街面水库面板混凝土补偿收缩参数确定。街面水库所处的尤溪县属于中亚热带海洋性气候，坝址以上多年平均年降雨量为1617.7mm。区域内气候温和，针对街面水库所处的地理位置，设计的防裂混凝土除应具有较好的补偿收缩功能，除要有一定膨胀能储备外，还应具有较好的耐久性，以满足混凝土抗冻的设计要求。对防裂混凝土进行补偿收缩能力的设计，最主要的是确定混凝土的限制膨胀率 e，限制膨胀率是补偿收缩混凝土设计中的一个关键参数，它的选定是以混凝土不出现裂缝，满足补偿收缩要求，使混凝土最终变形小于混凝土极限拉伸为判定标准。

其补偿收缩通式（8－24）为：

$$|D|=|e-S_2-S_T|\leqslant|S_k| \tag{8-24}$$

式中 e——混凝土的限制膨胀率,%；

S_2——混凝土的限制干缩率,%；

S_T——混凝土的冷缩率,%；

D——混凝土补偿收缩后的最终变形,%；

S_k——混凝土的极限拉伸值,%。

为了确定设计限制膨胀率（e），必须先确定干缩率（S_2）和冷缩率（S_T）及极限拉伸值（S_k）。

A. 极限拉伸值 S_k 的确定。实测防裂混凝土极限拉伸值为 1.10×10^{-4}，考虑徐变可以缓解收缩应力因素，实际混凝土极限拉伸值可增大1倍，可趋于安全地取增大值0.9倍。因此，混凝土实际极限拉伸为 $S_k=1.10\times10^{-4}\times(1+90\%)=2.09\times10^{-4}$。

B. 混凝土温差收缩值 S_T 的确定。混凝土温差收缩取决于施工时段混凝土实际浇筑温度、水化热温升和当地月平均最低温度。即：

混凝土温差 ΔT＝混凝土内部最高温度 $T_{\max}$－月平均最低温度 $T_{\min}$

式中 $T_{\max}$——混凝土月平均浇筑温度＋水化热温升,℃；

$T_{\min}$——街面水库工地月平均最低温度,℃。

根据浇筑施工时段的气温资料，对混凝土温差进行计算。12月至次年1月施工时段月平均浇筑温度为22.6℃，考虑水化热温升经计算混凝土内部平均最高温度为37.6℃。月平均最低气温12.2℃，计算混凝土温差为 $\Delta T=37.6-12.2=25.4$℃，混凝土线膨胀系数 $d=1\times10^{-5}/℃$，混凝土冷缩率为 $S_T=\Delta T\times d=25.4\times1\times10^{-5}=2.54\times10^{-4}$。

C. 混凝土干缩率 S_2 值的确定。混凝土干缩是由于混凝土中水分散失和环境温度下降引起的，如能及时补充水分，或增加环境湿度，则补偿收缩可逆特性可以发挥，使混凝土由收缩转为微膨胀。分析街面水库的气象资料，该地区属于中亚热带海洋性气候，年平均相对湿度 80%左右。结合试验实测的补偿收缩混凝土限制收缩的试验结果，以 60d 龄期为基准，选定混凝土配合比编号为 J27 混凝土干缩率为 $S_T=(3.2-0.9)\times10^{-4}=2.3\times10^{-4}$。

D. 限制膨胀率 e 的确定。根据补偿收缩通用式（8－24）得出：

$$|D|=|e-S_2-S_T|\leqslant|S_k|$$

$$|e-2.3\times10^{-4}-2.54\times10^{-4}|\leqslant|2.09\times10^{-4}|$$

得

$$2.75\times10^{-4}\leqslant e\leqslant6.93\times10^{-4}$$

补偿收缩混凝土的最小限制膨胀率为 2.75×10^{-4}，最大不超过 6.93×10^{-4}，可以满足街面水库面板混凝土的补偿收缩要求，而混凝土实测限制膨胀率为 3.2×10^{-4}，满足混凝土补偿收缩的要求。

（8）街面水库面板防裂混凝土施工配合比确定。通过试验研究，配合比编号 J33 的 28d 混凝土抗压强度达 37MPa，大于混凝土配制强度 33.2MPa，抗渗大于 W12，抗冻大于 F150。极限拉伸值为 1.10×10^{-4}、混凝土限制膨胀率为 3.2×10^{-4}。各项技术指标均能满足街面水库工程面板混凝土设计指标、施工和易性及抗裂防渗要求。因此，以 J33 为面板混凝土推荐配合比见表 8－24。

表 8－24　　面板混凝土推荐配合比表

配合比编号	水胶比	砂率/%	坍落度/mm	混凝土材料用量/(kg/m³)									抗压强度/MPa		
				水泥	粉煤灰 15/%	VF 10/%	砂	碎石/mm 5～20	碎石/mm 20～40	减水剂 NMR 0.75%	引气剂 DH9 0.5/万	水	3d	7d	28d
J33	0.36	35	50～70	260	52	35	637	443	835	2.6	0.017	125	16.2	26.5	37.0

（9）面板防裂措施及防裂混凝土施工要求。街面水库大坝面板采用具有良好抗裂性能的补偿收缩混凝土技术，该技术已在国内近几十座面板坝工程中成功应用，并取得了较好的防裂成果。街面水库面板要取得预期的防裂抗渗效果。现场施工工艺是面板防裂重要的保证，必须严格管理，精心施工，配制拌和、浇筑和养护等各个方面、各个环节的密切配合，把好面板混凝土施工质量关。

为了确保补偿收缩混凝土的施工质量，除了应遵守普通混凝土施工的有关规定以外，针对补偿收缩混凝土的特点，需特别注意以下事项。

1）混凝土配料计量要准确，特别是防裂剂、引气剂、高效减水剂，要严格控制，严格计量。混凝土的拌和务必要均匀，其拌和时间要比普通混凝土延长 30～60s。

2）混凝土面板表面养护是防止收缩裂缝的有效措施。表面养护的作用是降低面板混凝土内外温差，减小温降梯度。因此，混凝土表面的保温措施尤其是混凝土早期的保温措施对防止面板施工期直至蓄水前产生危害性裂缝是必要的。

3）混凝土浇筑后充分保湿养护是十分重要的，尤其是施工现场干燥风大情况，易使混凝土表面水分蒸发过快。因此，必须采取有效的混凝土保湿、保温措施。面板混凝土浇筑后初凝前及时覆盖塑料薄膜，初凝后覆盖草袋洒水养护，使混凝土始终处在湿润状态，保湿养护时间不少于90d，有条件最好能保湿养护至水库蓄水。

4）混凝土浇筑过程中，当气温下降至0℃时，在滑模架前方用彩条布搭设防寒架，增加相应数量的碘钨灯对仓面进行加温，保证仓面混凝土在正温情况下平仓振捣。混凝土溜槽用彩条布包裹起防风作用，以确保混凝土下溜时不结冰。

5）为了防止面板混凝土产生表面裂缝，混凝土表面及时进行人工修整、压平和二次抹面，对于出模后的混凝土缺陷要及时处理，混凝土初凝之前进行二次压面，增加和提高混凝土表面平整度与光洁度。

6）面板滑模施工开始应连续作业一次浇筑完成，如因故中止浇筑间歇时间过长，而超过混凝土初凝时间，则必须停止浇筑，等混凝土强度达到2.5MPa时按施工缝处理。

7）在预计浇筑时间内，预报无雨或小雨时可以开仓，如中雨或大雨则不宜开仓。在浇筑过程中遇有大雨、暴雨，应立即停止浇筑，并注意用塑料布遮盖混凝土表面，而后排除仓内积水，混凝土初凝前需加铺同标号砂浆后继续浇筑，否则按施工缝处理。

8）现场拌和混凝土时应严格控制坍落度，不可随意加水，扩大水灰比，机口坍落度控制在50～70mm之间为宜。

9）混凝土配合比中骨料以饱和面干为准，拌和混凝土时，应根据现场砂、石料实际含水率情况，予以调整加水量。

10）混凝土配合比中骨料为标准粒径，使用时应根据粗、细骨石料实际超逊径予以调整。

9 接 缝 止 水

接缝止水结构是混凝土面板堆石坝安全运行的关键，混凝土面板堆石坝接缝包括趾板缝、周边缝、垂直缝（张性缝和压性缝）、防浪墙结构缝、防浪墙水平缝以及施工缝等（见图 9-1）。

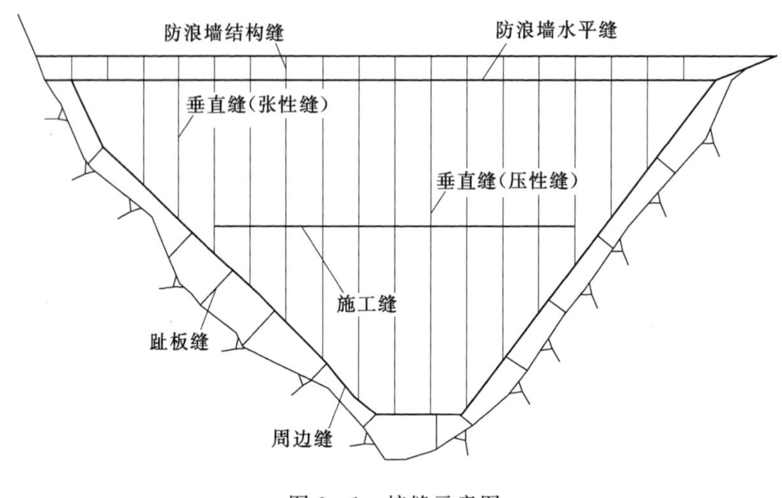

图 9-1 接缝示意图

接缝止水材料包括金属止水片、塑料或橡胶止水带、缝面嵌缝止水材料及保护盖片等。

9.1 止水结构

混凝土面板堆石坝接缝止水结构，从早期的单一止水型、自愈型向多道止水与自愈型相结合的方向发展。在面板周边缝、垂直缝的底部设置金属止水，中部设置 PVC 或橡胶止水，表面设置柔性止水材料。坝高 200m 以下的混凝土面板堆石坝，面板垂直缝多倾向于取消中部止水。现代混凝土面板堆石坝，止水材料通过改性耐久性大幅提高，金属止水多采用较柔软的紫铜带，表面柔性止水所采用的塑性填料，有 GB 和 SR 两大品牌系列，广泛应用三复合橡胶板盖片保护。

9.1.1 止水的主要结构型式

早期的一些混凝土面板堆石坝在面板的压性垂直缝、张性垂直缝内均采用一道接缝止水结构，即在面板底部设置一道 W 形不锈钢止水。周边缝采用两道止水，在面板中部设

置橡胶止水，在底部设置F形不锈钢止水。中部橡胶止水没有与底部不锈钢止水相连接形成封闭系统，中部止水的主要作用是延长渗径减小漏水量。

从塞萨纳混凝土面板堆石坝开始逐步发展为以底部铜止水为基本止水的多道止水结构，成为了现代混凝土面板堆石坝止水系统的主要结构型式。有的工程以不锈钢止水代替铜止水，但其布置方式基本不变。经过大量的工程实践和系统的理论研究，现代面板堆石坝的止水结构主要有以下几种形式。

(1) 对于坝高50m以下的混凝土面板堆石坝，周边缝位移小，一道止水能满足防渗要求。PVC止水带价廉，但止水带底部混凝土不易浇筑密实；铜止水带稍贵，施工期需要保护，混凝土浇筑质量较有保证；缝顶用塑性填料止水，施工方便，但成本高。从确保接缝止水施工质量和减少成本出发，一般采用在底部设铜止水带的结构型式。

(2) 对于坝高50～100m的混凝土面板堆石坝，周边缝一般设置两道止水即可满足大坝安全运行要求。其中上部止水的结构与施工经验和经济有关。若在中部设PVC止水带，价格低廉，但其周围混凝土不易振实，容易形成漏水通道，要求精细施工；若在顶部设置塑性填料，容易保证止水效果，但需与底部铜止水片连接或自成表面封闭的止水系统；若采用无黏性填料，缝底下的反滤料（小区料）需满足反滤条件，共同构成止水系统，无黏性填料的保护罩结构稍为复杂。三种结构都可行，视各工程具体条件选择。但从提高止水的可靠性出发，一般采用塑性填料在缝顶设置表面止水结构。

(3) 对于100m以上的混凝土面板堆石坝，周边缝底部铜止水带和表面塑性填料或无黏性填料止水是必须设置的。同时，根据工程需要增设中部（第三道）止水。巴西的塞格雷多（Segredo）坝（坝高145m）和辛戈（Xingo）坝（坝高140m），在缝顶部同时使用粉细砂和塑性填料止水。我国水布垭水电站混凝土面板堆石坝（坝高233m）除在底部设置铜止水带、顶部设置表面塑性填料止水外，在中部设置了一道铜止水带；洪家渡水电站混凝土面板堆石坝（坝高179.5m）将中部橡胶止水带移至缝顶并改成波纹状，其上同时使用塑性填料和无黏性填料（粉煤灰、粉细砂），缝底设铜止水带；滩坑水电站混凝土面板堆石坝（坝高162m）将中部PVC止水带改成橡胶棒支撑体，缝顶部同时使用塑性填料和无黏性填料（粉煤灰），缝底设铜止水带。

目前在高坝周边缝设计中通常采用以下三种止水结构。

1) 底部设置一道铜止水带，中部设置一道橡胶或塑料止水带，顶部为塑性填料或无黏性填料及防渗保护盖片［见图9-2 (*a*)、图9-2 (*d*)］。

2) 底部设置一道铜止水带，顶部缝口设支撑橡胶棒、波纹形橡胶止水带、塑性填料及防渗保护盖板［见图9-2 (*b*)］。

3) 底部设置一道铜止水带，中部设置一道橡胶棒作为塑性填料的支撑体，顶部设置塑性填料及防渗保护盖片［见图9-2 (*c*)］。

有的工程缝顶部同时使用塑性填料和无黏性填料（粉煤灰）以及粉土。目前在200m级高混凝土面板堆石坝的周边缝止水结构设计中，通常采用图9-2 (*b*)、图9-2 (*c*) 两种止水结构型式。

(4) 垂直缝主要经受张开或压缩位移。对于中、低坝垂直缝位移小，压性垂直缝只设底部铜止水带就能满足防渗要求。张性垂直缝和高坝的压性垂直缝，相对位移较大，需要

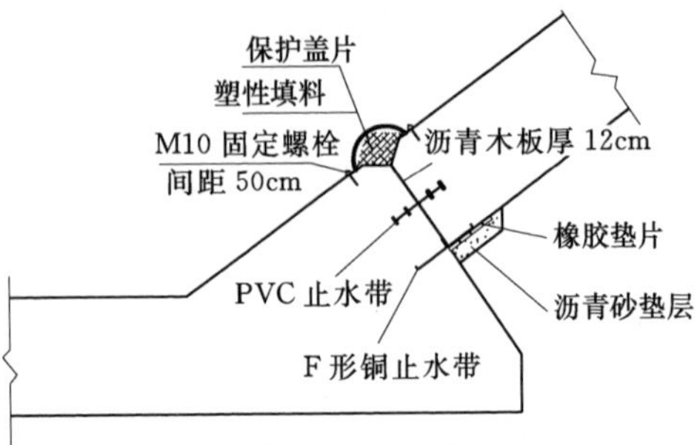

(a)周边缝止水结构一

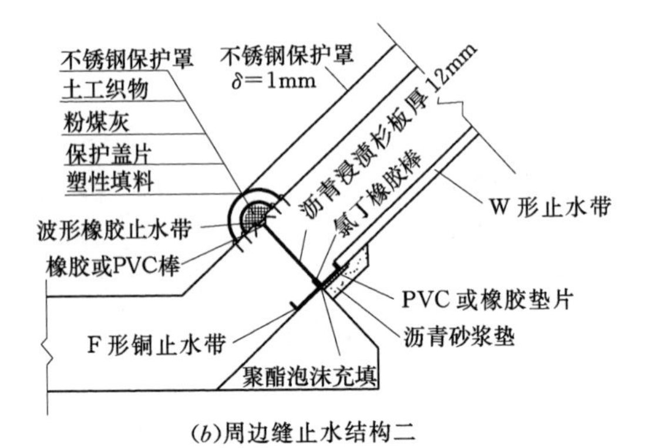

(b)周边缝止水结构二

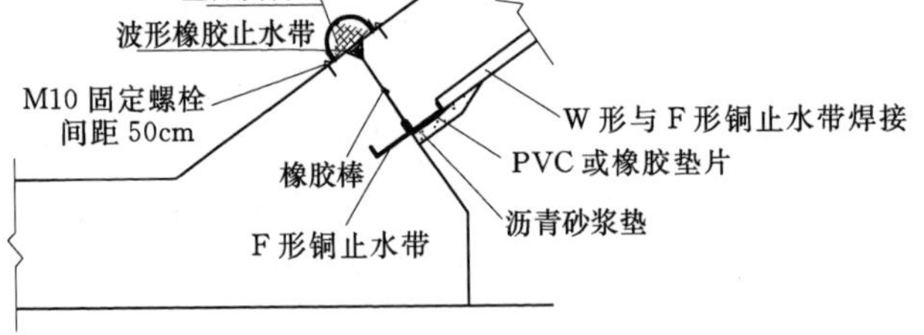

(c)周边缝止水结构三

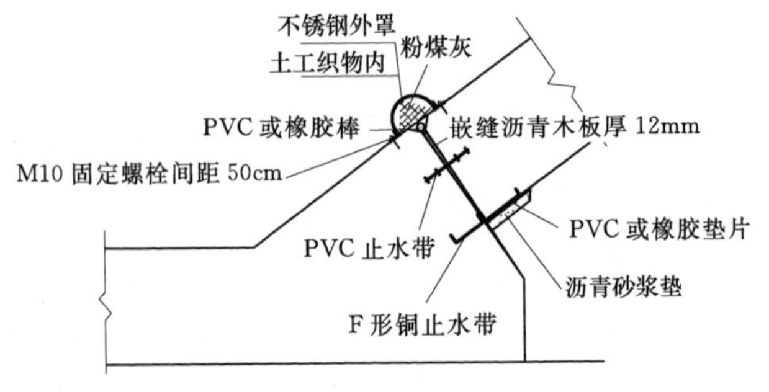

(d)周边缝止水结构四

图 9-2　周边缝止水结构图

设置第二道止水。第二道止水位置和周边缝结构有关，顶部止水施工较为方便，第二道止水一般都采用顶部塑性填料止水，压性垂直缝表面止水的截面积可比张性垂直缝小一些。垂直缝止水结构主要有以下三种结构：

1）张性垂直缝，底部设置一道铜止水带，表面设置无黏性填料［见图 9－3（*a*）］；

2）张性垂直缝，底部设置一道铜止水带，表面设置塑性填料［见图 9－3（*b*）］；

3）压性垂直缝，底部设置一道铜止水带，表面设置塑性填料［见图 9－3（*c*）］。

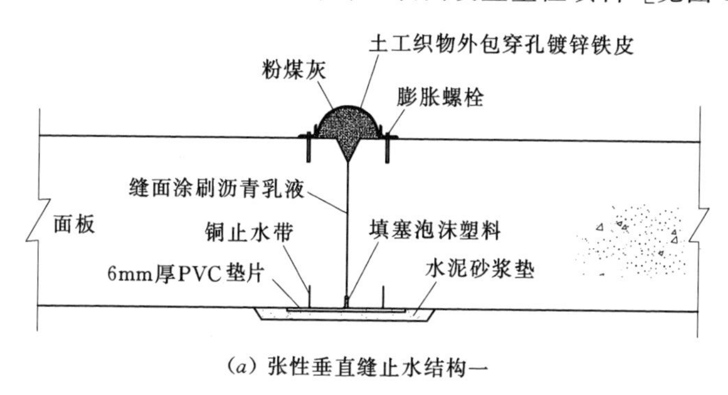

（*a*）张性垂直缝止水结构一

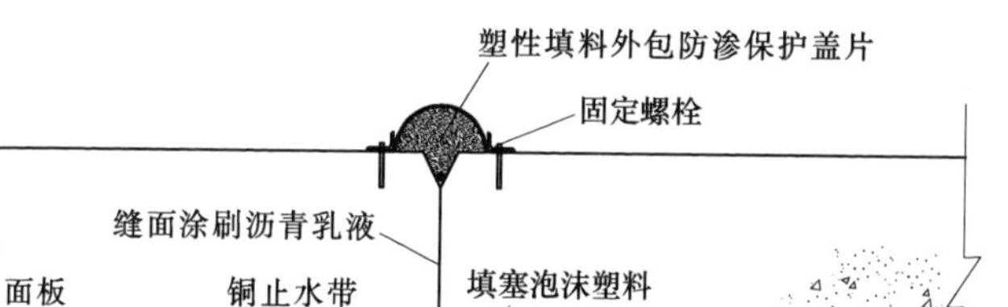

（*b*）张性垂直缝止水结构二

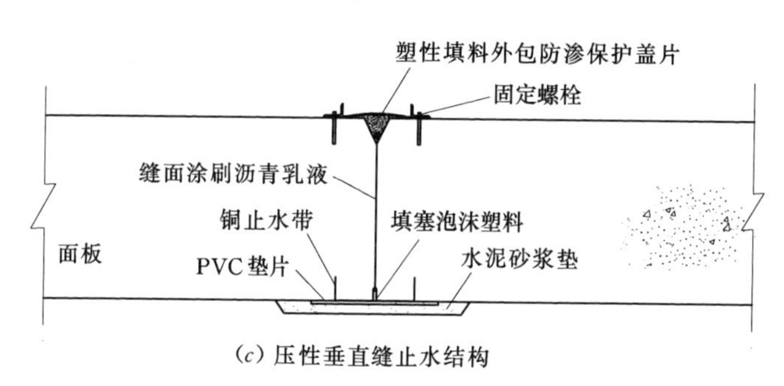

（*c*）压性垂直缝止水结构

图 9－3　混凝土面板坝垂直缝止水结构图

天生桥一级水电站混凝土面板堆石坝面板张性垂直缝顶部设置粉煤灰罩缝，不设中部止水，底部铜止水与周边缝止水相封闭；压性缝只设置一道底部铜止水。我国近期建成的洪家渡、三板溪、水布垭、滩坑等水电站混凝土面板堆石坝均不在面板垂直缝中部设置止水，采用在顶部设置塑性填料及防渗保护盖片，采用粉煤灰作为无黏性材料做表面止水。

为减少面板的位移，垂直缝一般都采用平接硬缝形式，缝内一般不设填充料。但近来国内外均出现面板压性缝的混凝土被挤压破坏的实例，坝高从 100～200m 均有，如我国的天生桥一级水电站大坝，国外巴西的 Barra Grand 坝、Campos Novos 坝、莱索托的 Mohale 水电站大坝等。紫坪铺水库在 2008 年“5·12”汶川特大地震中也出现了部分面板压性缝上部表面止水和面板混凝土被挤压破坏的情况。为避免坝体较大变形及地震期间挤坏面板混凝土，对超过 100m 或 8～9 度地震区的面板坝需要设置柔性垂直缝。天生桥一级水电站大坝面板挤压破坏处理时，在面板接缝部位采用厚 2cm 的橡胶片充填在面板缝间，共设置了 3 条柔性接缝；墨西哥的阿瓜密尔巴水电站大坝面板设了 5 条柔性垂直缝，缝宽 12.7mm；公伯峡水电站大坝混凝土面板设了 4 条柔性垂直缝，缝宽 12.0mm，缝内填沥青浸渍木板。

（5）趾板结构缝以及采用分段浇筑在各段之间设置的收缩缝，需在缝内设置止水系统，止水带的一端要埋入基岩内；另一端要与周边缝的止水带连接，以构成封闭止水系统。与周边缝止水连接，可以与底部铜止水带连接，也可与顶部塑性填料止水连接。坝高超过 50m 的趾板伸缩缝一般设两道止水，常用以下有两种连接形式。

1）第一道表面塑性填料止水，与周边缝的塑性填料止水连接。第二道铜止水带一端埋入基岩内；另一端与周边缝底部的铜止水带连接。

2）第一道铜止水带，一端埋入基岩内；另一端与周边缝的塑性填料止水连接。第二道铜止水带，一端埋入基岩内；另一端与周边缝底部的铜止水带连接。

墨西哥阿瓜密尔巴大坝及天生桥一级水电站混凝土面板堆石坝，以及现代多数的面板坝，均采用连续趾板，其施工缝可不设止水。

分期施工的面板，在施工缝顶部设置表面止水，与面板垂直缝止水相连，形成封闭止水体系。结构型式与面板垂直缝表面止水相同。

（6）防浪墙水平缝高程若低于正常蓄水位，一旦此缝损坏后也将导致坝体漏水，因此需要高度重视其止水结构。面板垂直缝、周边缝、防浪墙结构缝的铜止水带须与防浪墙水平缝铜止水带连接，形成封闭止水系统。防浪墙结构缝一般采用铜止水或橡胶、PVC 止水带。

9.1.2 止水材料

（1）金属止水片。金属止水片包括紫铜止水片和不锈钢止水片，其中紫铜止水片比较常用。铜止水片主要有 F 形、W 形和 U 形等三种（见图 9-4）。

压水试验及混凝土中预埋铜带的拉拔试验表明，铜止水带在 1.8MPa 水压力下不会发生水力劈裂，混凝土的黏结力达 1.78MPa 以上。铜止水带的鼻子使它能适应周边缝的沉降、张开和一定的切向位移，它是面板坝的主要止水防线。但在适应剪切位移的能力方面较差，还需与其他止水结构配合使用。

铜止水带的厚度一般为 0.8～1.0mm，在一些高坝中使用厚度为 1.2mm 的铜止水带。面板坝接缝止水结构中的铜止水带一般采用 T2、T3 软态铜带材轧制而成，在加工过程中不易发生破坏。与硬态铜相比，软态铜具有较大的延伸率，根据《铜及铜合金带材》（GB/T 2059）的要求，软态铜片的延伸率不小于 30%，可适应接缝变形能力要求。

由于铜止水带在施工过程中容易变形，因此有的工程采用不锈钢止水带代替铜止水带，如黑泉水电站、引子渡水电站混凝土面板堆石坝。黑泉水电站混凝土面板堆石坝不锈钢止水带物理力学性能指标实测值见表 9-1。

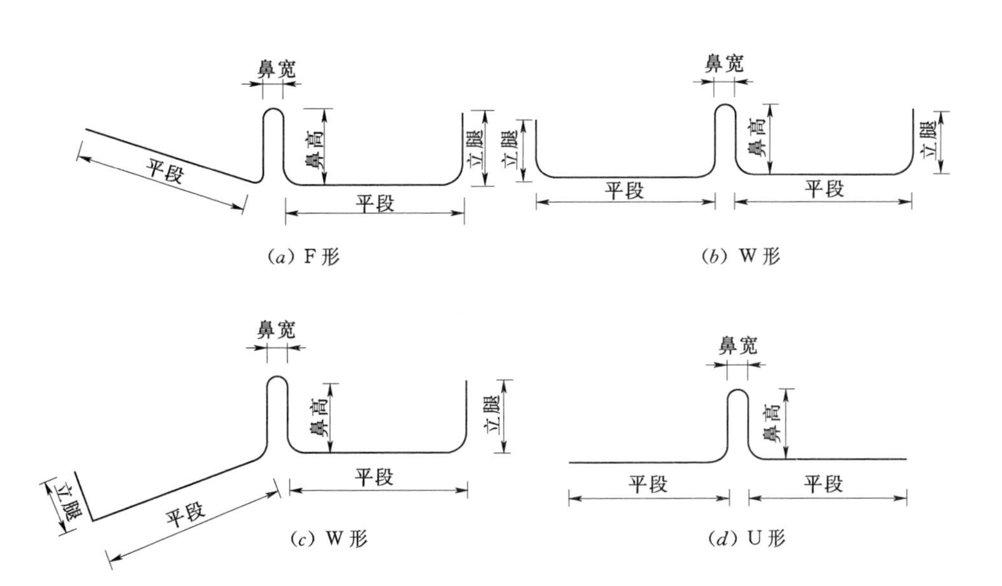

图 9-4　铜止水结构型式图

表 9-1　黑泉水电站混凝土面板堆石坝不锈钢止水带物理力学性能指标实测值表

不锈钢牌号	抗拉强度 σ_b /MPa	屈服强度 σ_s /MPa	延伸率 /%	弹性模量 E /MPa	泊松比 μ
0Cr18Ni9	700	365	59	2×10^5	0.27

根据《水工建筑物止水带技术规范》(DL/T 5215)的要求，不锈钢止水带的拉伸强度应不小于 205MPa，伸长率应不小于 35%。由于不锈钢止水带的性能基本能达到或超过铜止水带的性能要求，因此在经过经济性和技术性(包括材料耐久性、防锈蚀性能)比较后，可以选择选用。但由于其焊接工艺比较复杂，使用前需对其焊接工艺进行试验研究。

(2) PVC 止水带和橡胶止水带。在面板周边缝中，一般在底部设置一道金属止水，在中部或顶部设置一道在 PVC 或橡胶止水，PVC 及橡胶止水带普遍采用生产厂家定型产品。常用周边缝 PVC 及橡胶止水带结构型式见图 9-5。

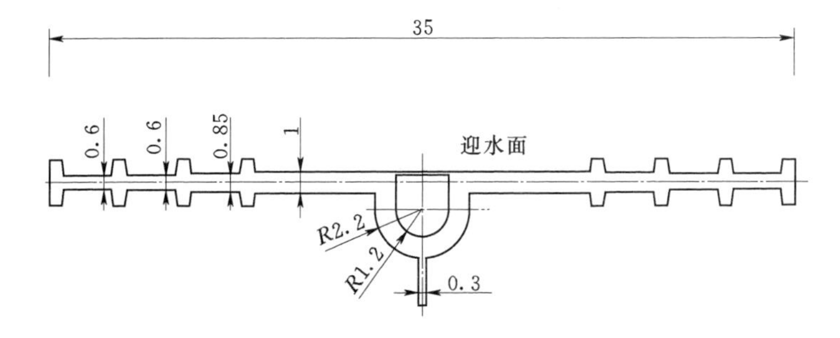

图 9-5　常用周边缝 PVC 及橡胶止水带结构型式图(单位：cm)

《水工建筑物止水带技术规范》(DL/T 5215)规定了 PVC 止水带和橡胶止水带的物理力学性能(见表 9-2、表 9-3)。

表 9-2　　　　PVC 止水带物理力学性能表

序号	项目		单位	指标	试验方法
1	硬度（邵尔 A）		（°）	≥65	《塑料邵氏硬度试验方法》（GB/T 2411）
2	拉伸强度		MPa	≥14	《塑料　拉伸性能的测定　第 1 部分　总则》（GB/T 1040.1）Ⅱ型试件
3	扯断伸长率		%	≥300	
4	低温弯折		℃	≤-20	《高分子防水材料　第 1 部分　片材》（GB 18173.1） 试片厚度采用 2mm
5	热空气老化 70℃，×168h	拉伸强度	MPa	≥12	《塑料　拉伸性能的测定　第 1 部分　总则》（GB/T 1040.1）Ⅱ型试件
		扯断伸长率	%	≥280	
6	耐碱性 10% $Ca(OH)_2$ 常温（23±2）℃×168h	拉伸强度保持率	%	≥80	《硫化橡胶或热塑性橡胶耐液体试验方法》（GB/T 1690）
		扯断伸长率保持率	%	≥80	

表 9-3　　　　橡胶止水带物理力学性能表

序号	项目			单位	指标		
					B	*S*	*J*
1	硬度（邵尔 A）			（°）	60±5	60±5	60±5
2	拉伸强度			MPa	≥15	≥12	≥10
3	扯断伸长率			%	≥380	≥380	≥300
4	压缩永久变形	70℃×24h		%	≤35	≤35	≤35
		23℃×168h		%	≤20	≤20	≤20
5	撕裂强度			kN/m	≥30	≥25	≥25
6	脆性温度			℃	≤-45	≤-40	≤-40
7	热空气老化	70℃×168h	硬度（邵尔 A）	（°）	≤+8	≤+8	—
			拉伸强度	MPa	≥12	≥10	
			扯断伸长率	%	≥300	≥300	
		100℃×168h	硬度（邵尔 A）	（°）	—	—	≤+8
			拉伸强度	MPa			≥9
			扯断伸长率	%			≥250
8	臭氧老化 50pphm：20%，48h				2 级	2 级	2 级
9	橡胶与金属黏合				断面在弹性体内		

注　*B* 为适用于变形缝的止水带；*S* 为适用于施工缝的止水带；*J* 为适用于有特殊耐老化要求接缝的止水带。

试验表明，PVC 止水带在 1.3MPa 水压力下会发生绕渗。混凝土施工过程中要求精心操作，稍有不慎会产生混凝土缺陷，形成渗漏通道。因此，在坝高 100m 以上高坝有不用它的趋势。

（3）塑性填料。塑性填料嵌填于面板周边缝和垂直缝顶部预留的 V 形槽内，是混凝土面板堆石坝表面止水系统中的重要止水材料。工程应用研究表明，塑性填料的作用是，在水压力作用下，由嵌缝位置流入接缝中，从而发挥其止水作用。塑性填料的耐水、耐碱盐、耐冻融循环、与混凝土黏结可靠、流动止水、抗击穿性等是它的重要指标。塑性填料要和一个支撑体构成止水系统，试验证明在缝口设橡胶棒，可以阻止塑性填料向缝内流动，起支撑体的作用，塑性填料技术性能见表 9－4。国外混凝土面板堆石坝工程的塑性填料常用 IGAS 玛蹄脂材料，目前我国混凝土面板堆石坝在止水结构和塑性止水材料研究方面都已达到国际领先水平，国内常用的 SR 与 GB 塑性填料其性能均超过了国外的 IGAS 玛蹄脂材料。

表 9－4　　塑性填料技术性能表

序号	项　　目			单位	指标
1	浸泡质量损失率（常温×3600h）	水		%	≤2
		饱和 $Ca(OH)_2$ 溶液		%	≤2
		10%NaCl 溶液		%	≤2
2	拉伸黏结性能	常温，干燥	断裂伸长率	%	≥125
			黏结性能	—	不破坏
		常温，浸泡	断裂伸长率	%	≥125
			黏结性能	—	不破坏
		低温，干燥	断裂伸长率	%	≥50
			黏结性能	—	不破坏
		300 次冻融循环	断裂伸长率	%	≥125
			黏结性能	—	不破坏
3	流动止水长度			mm	≥130
4	流淌值（下垂度）			mm	≤2
5	施工度（针入度）			0.1mm	≥100
6	密度			g/cm^3	≥1.15

注　常温指（23±2）℃；低温指（－20±2）℃。

为保证塑性填料与混凝土能牢固黏结，充分发挥塑性填料的作用，需使用配套黏结剂。一般通过黏结试验的结果来判定配套黏结剂的好坏，凡是发生内聚破坏的表明黏结剂质量较好，若发生黏结破坏的则表示黏结剂质量不合格。

（4）防渗保护盖片。防渗保护盖片覆盖在塑性填料表面，起到保护塑性填料的作用。通常用橡胶片或 PVC 片作为防渗保护盖片，用膨胀螺栓或沉头螺栓进行压固。一般在防渗保护盖片内侧复合塑性止水材料，通过配套黏结剂，使防渗保护盖片与混凝土表面牢固黏合，再通过螺栓压固，不仅能够较好地保护塑性填料，同时本身与混凝土表面完全密封，形成一道独立的止水，大大提高了抗渗能力。

三元乙丙橡胶是目前耐老化性能较好的合成橡胶之一，我国混凝土面板堆石坝中广泛使用三元乙丙橡胶片作为防渗保护盖片，取得良好的效果，如水布垭、三板溪、芹山、洪家渡、引子渡、公伯峡、紫坪铺、吉林台、盘石头、那兰、龙首二级、泗南江等水电站混凝土面板堆石坝。

在工程中使用的防渗保护盖片分成均质片型和复合片型两种。均质片型由同一种橡胶组成，复合片型是在橡胶板中采用了高强织物进行增强，它的好处是可以在不增加胶板厚度的情况下，大大提高胶板的抗拉强度和抗撕裂强度，减轻防渗保护盖片的自重，方便施工。目前，工程中有常用的三元乙丙橡胶防渗保护盖片，其性能指标见表 9-5。

表 9-5　　三元乙丙橡胶防渗保护盖片性能指标表

序号	项目		指标	
			均质片	复合片
1	断裂拉伸强度（常温）		≥7.5MPa	≥80N/cm
2	扯断伸长率（常温）		≥450%	≥300%
3	撕裂强度		≥25kN/m	≥40N
4	低温弯折		≤−40℃	≤−35℃
5	热空气老化（80℃×168h）	断裂拉伸强度保持率	≥80%	≥80%
		扯断伸长率保持率	≥70%	≥70%
		100%伸长率外观	无裂纹	—
6	耐碱性[10% $Ca(OH)_2$ 常温×168h]	断裂拉伸强度保持率	≥80%	≥80%
		扯断伸长率保持率	≥80%	≥80%
7	臭氧老化（40℃×168h）	伸长率 40%，500pphm	无裂纹	—
		伸长率 20%，200pphm	—	无裂纹
8	抗渗性		≥1.0MPa	≥1.0MPa

（5）无黏性填料。无黏性填料止水的机理是，填料被渗水带入缝内，受缝底反滤料的拦截，淤积在缝内，在渗水压力长期作用下密实，渗透流量逐渐减小，达到止水的目的。为此填料本身要无黏性，粒径要小，容易进入细小的缝内；渗透系数至少要比反滤料小一个数量级，才能在填料内形成较大的渗透压力差，缩短自愈的过程。

无黏性填料一般采用粉煤灰或粉细砂，覆盖在周边缝和面板垂直缝表面止水外部，需要做面膜或保护罩，常用镀锌铁片、土工膜制作保护罩，如阿利亚坝采用厚 0.5mm 镀锌铁片制作面膜保护罩。无黏性填料靠渗水带入缝内，与缝底反滤料形成止水系统，保护罩应透水；水位变动时，无黏性填料不应被带出罩外，需土工布的反滤保护，一般采用带孔金属片内衬土工布作保护罩。

9.2　止水施工

9.2.1　金属止水带的加工

金属止水片的加工成型方式有冷挤压、热加工和手工成型三种。热加工和手工成型时，加工件的长度受到限制；手工成型的止水片平整度差，断面不规则且易损坏金属。常用冷挤压法对铜卷材进行加工成型，从而有效地减少接头数量；冷挤压成型后的止水片长度大，易发生扭曲变形。因此，应靠近工作面加工，并设置托架。金属止水带冷挤压加工成型方法见表 9-6。

表 9-6　　　　金属止水常用冷挤压加工成型方法表

序号	加工方法	机具结构简	操　作　工　艺
1	液压加工	由机架、凹模、凸模、导向机构、V形鼻梁与翼缘冲压转换装置、液压系统等组成。该机一次成型长度 1500mm	将金属止水卷材就位，并用人工送入加工机，转换装置处在压鼻梁状态，启动液压装置，冲压V形鼻梁，V形鼻梁成型后，关闭液压装置，拉动传动杆，使转换装置处在压翼缘状态，再次启动液压装置，翼缘冲压成型后，关闭液压装置，转换装置复位至压鼻梁状态，一个循环结束
2	滚压加工	由减速传动装置，V形鼻梁滚压装置、翼缘冲击装置组成。该机一次成型长度不受限制	先启动电动机，滚压装置开始工作，将金属止水卷材送入第一对滚轮，止水片中的V形鼻梁经过各对滚轮的滚压，逐渐滚压成半成品，半成型的止水铜片经第四对滚轮后，自动送入冲击装置。当止水片送到冲压板顶端时，关闭滚压装置电机。同时，启动冲压装置电机，油泵工作，操作换向阀，使用油缸中的活中带动上成型板向下冲压成型。变换方向控制阀，拉起活页，关闭冲压装置电机，一个循环结束

由于铜止水片焊接工艺复杂，且在上游坡面进行焊接，施工质量和安全问题较为突出。我国在混凝土面板堆石坝的工程实践中，研制发明了能加工超长止水铜片的连续滚压成型机。将连续滚压机放置在坝面上，将成卷的止水铜带在施工现场压制成型，滚压成型机出料口正对面板垂直缝方向，出料方向与面板坡度基本一致，现场滚压制作出的止水铜片即可方便地安装到位，并根据止水片需要的长度连续整体加工，实现了面板垂直缝止水铜带一次性连续超长加工成型无接头，减少和避免了接头焊接的薄弱环节。这种金属止水片加工成型机具，可实现一机多用，能加工各种规格和形式的金属止水带。金属止水带加工成型机具结构见图 9-6。

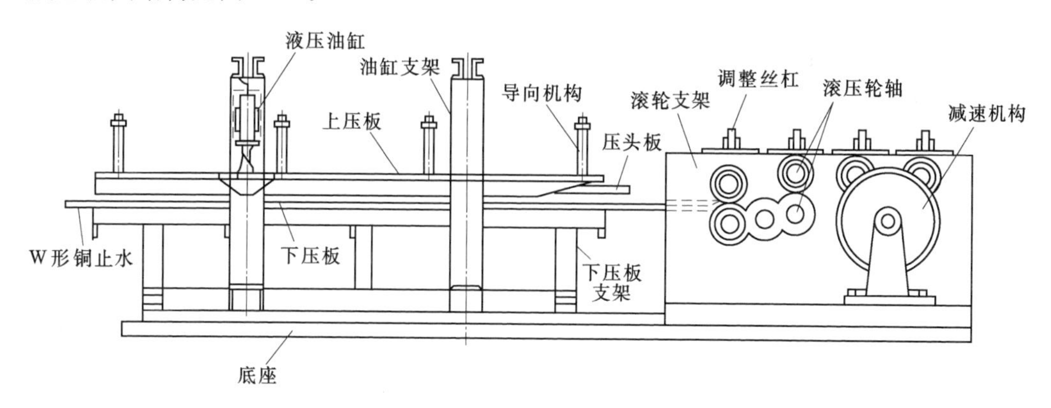

图 9-6　金属止水带加工成型机具结构示意图

宜兴抽水蓄能电站上水库库盆钢筋混凝土面板施工，共有超过 21300m 的 W 形止水铜片，单片斜长 76m，采用滚压机一次性加工成型，每片加工成型时间仅需 20min，滚压出的止水铜片外形美观，形状、尺寸、平直度等指标，均符合设计要求［见图 9-7 (*a*)、图 9-7 (*b*)］。

9.2.2　接头加工与止水连接

(1) 异形接头加工。周边缝趾板转角处、周边缝与垂直缝连接处、垂直缝转角处、防浪墙水平缝与垂直缝周边缝连接处等部位，止水接头均为异形接头，接头形式有 T 形、

(a)

(b)

图 9-7　江苏宜兴抽水蓄能电站上水库止水铜片加工

十字形、L 形等。这些异形接头现场施焊质量不易保证。为适应面板三向变形的特点保证异形接头质量，一般先在车间内进行十字形、T 字形或 L 形止水接头整体加工，形成整体异形接头（见图 9-8）。

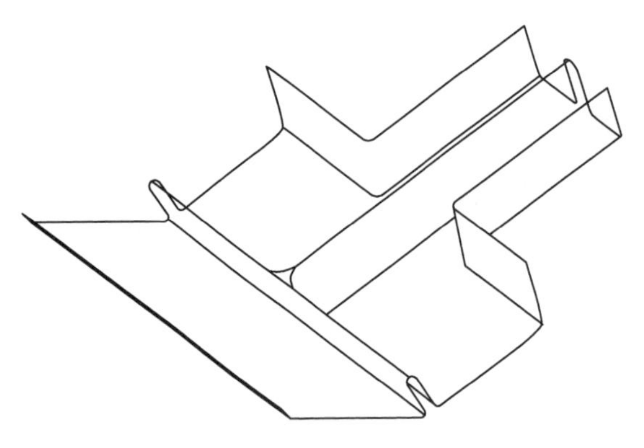
图 9-8　T 字形异形接头图

1）铜止水片异形接头加工。铜止水带的异形接头现场车间内加工采用钨极氩弧焊焊接或在工厂整体冲压成型并作退火处理。成型后的接头不应有裂纹或孔洞等缺陷，并经检验合格后方可用于止水工程。钨极氩弧焊是用惰性气体保护，其不与液态金属起化学反应且热量集中，焊接热影响区小，在小电流下能稳定燃烧，适合焊接薄板，能保持延性，焊缝质量好，但其对环境条件要求高，适合在车间内焊接加工。对于中小型工程，水头低，异形接头也可在现场焊接。铜止水带异形接头采用焊接时，其焊缝长，由于黄铜焊缝的延伸率比母材低得多，止水质量会受到一定的影响。

在工厂采用冲压成型，并经退火处理，能显著改善接头的质量，已在十三陵抽水蓄能电站、洪家渡水电站、宜兴水电站等多个大型工程中使用。洪家渡水电站混凝土面板堆石坝施工中研发明了 T 形、十字形、L 形等异形接头整体冲压成形的新工艺，并在后续其他工程应用中得到完善和改进，解决了异形止水接头整体成型的技术难题，提高了铜片止水系统在高水头下运行的可靠性。但由于异形接头鼻子部位延伸变形大而复杂，会引起局部减薄，冲压后其厚度与延伸率难以满足，反易形成薄弱通道。

2）橡胶或塑料止水带异型接头加工。橡胶或塑料止水带一般设置于周边缝和垂直受拉缝中间，止水一般要承受周边较大的变形和较高的水压。因此，需精心施工，以确保其防渗效果。对已老化或有缺陷及强度、防渗性能损伤的止水带，不得使用。橡胶或PVC塑料止水带异形接头，一般根据具体形体尺寸委托厂家进行定做加工。若在现场加工时，接头连接处不得有气泡或漏接存在，中心部分应黏结紧密、连续。

3）防渗保护盖片的异型接头加工。防渗保护盖片的异型接头也适宜在工厂定做，采用简单的搭接运行中容易造成的脱落或移位，因此若在现场制作，防渗保护盖片的异形接头部位应外覆同材质的盖片进行加强处理。

（2）止水连接。金属止水片的现场拼接方式按其厚度可分别采用折叠咬接、搭接或对缝贴焊。铜止水带焊接宜采用黄铜焊条气焊，不应用手工电弧焊接。采用搭接焊时，搭接长度不得小于20mm，并采用双面焊接；试验表明，若焊接缝内有夹渣、裂纹，容易漏水，为确保止水效果，因此需要采用双面焊接。如果确因条件所限搭接焊接不易进行双面焊接时，采用钨极氩弧焊的单面焊。采用单面焊接时，要采用双层焊道的方法进行（即焊接一遍后，再在其上加焊一遍）。单层焊道焊缝因可能存在薄弱面而强度低，双层焊道焊缝可基本排除薄弱面提高焊缝强度。

采用对缝焊接时，应单面双层焊道焊缝，必要时可在对缝焊接后，采用相同形状的止水片和宽度为40～60mm的贴片，先将两条止水片对缝点焊，然后将贴片中心对准接缝，再将贴片分别焊于两条金属止水片上。对于特别重要的工程或质量不易保证时，可以在对缝焊接后焊接与止水带形状相同的贴片，以增加抗拉强度，提高变形能力。

钨极氩弧焊（TIG）是用惰性气体保护，用它能成功地焊接易氧化、化学活动较强的有色金属和不锈钢。大型工程在厂内加工，宜采用钨极氩弧焊。滩坑水电站混凝土面板堆石坝止水带接头利用铜带母材采用钨极氩弧焊焊接，质量较好。

气焊需要预热，预热温度约为400～500℃。气焊常使用焊剂，焊剂主要由硼酸盐、卤化物和它们的混合物组成。焊接时焰芯离开工件表面的距离应保持在2～4mm之间，焊后沿焊缝两侧100mm范围内进行热锤击。可使用紫铜丝或黄铜焊丝。当铜带很薄，为降低气焰温度，可用丙烷和丁烷混合物代替氧—乙炔。十三陵抽水蓄能电站工程用黄铜焊条气焊解决了铜片的焊接工艺问题，用黄铜焊条气焊，不受施工现场影响，焊缝具有较好的塑性，焊接质量满足要求，价格低。手工电弧焊接易出现气孔和裂纹，一般不应采用。

不锈钢止水带的焊接宜采用钨极氩弧焊。由于现场环境差，为减少环境对焊接质量的影响，应在焊接部位搭设简易作业棚。

金属止水带焊接接头应表面光滑，不渗水，无孔洞、裂隙、漏焊、欠焊、咬边伤及母材等缺陷。抽样检查接头的焊接质量，可采用煤油或其他液体做渗透试验检验。

橡胶（塑料）止水带的接头，一般采用熔接，即用红外线电热器熔化，再施挤压，使其黏结一起。实施熔接时先将止水带的油污和泥土等清除干净，把两端切割平整对齐，不能有缺口，再将熔接器插头接上，接通电源，将止水带的两端对准熔接器两侧进行烘烤，使止水带整个断面都熔化（但不能烧焦），立即把两个端头对在一起，并用力挤压直至冷却。熔接处不能烧焦发黄，要密实无气泡、孔洞等现象。止水带冷却后，用手尽可能地把它弯成尖角，接缝处没有出现开裂的痕迹即为合格。若发现有孔眼，要用焊枪补焊或重新熔接。

PVC止水带或橡胶止水带与铜止水片连接时，将PVC止水带或橡胶止水带平段的一面削平，热压在铜止水片上，趁热铆接；也可在两止水片间利用塑性密封材料或优质黏结剂黏结后，再实施铆接或螺栓连接。天生桥水电站混凝土面板堆石坝和辛戈水电站混凝土面板堆石坝采用了用螺栓连接。

铜止水带或PVC止水带或橡胶止水带与塑性填料止水的连接有沥青井式、插入式等方法。

防渗保护盖片之间的接头可采用硫化连接或搭接，搭接长度应大于200mm。

9.2.3 止水垫层及垫片施工

对于周边缝，其止水垫层一般采用嵌铺沥青砂、水泥砂浆，或采用沥青砂浆、水泥砂浆预制块，然后在其上铺一层塑料（橡胶）垫片。沥青砂是沥青与砂按比例掺合的混合料，沥青与砂的比例一般为1∶9，沥青的针入度为50～60，用拌和混凝土的砂，不加其他填充料。砂浆的水泥与砂之比一般为1∶3。

对于垂直缝，金属止水片的垫层一般采用水泥砂浆，其上再铺塑料（橡胶）垫片。砂浆垫宽度要求宽于止水垫片，一般采用人工直接在垫层的保护面上铺筑，表面抹平整。砂浆垫施工平整度控制面板表面的平整度，平整度控制标准是：在5m长度范围内最大凹凸不大于5mm。

砂浆条带强度达70%后即可铺设塑料（橡胶）垫片。铺设前，先在水泥砂浆垫床上用热沥青刷涂，以便将塑料（橡胶）片平整地黏结在水泥砂浆垫床上，铺设时不得有褶曲、空泡和漏涂等现象，塑料（橡胶）垫片的中线应与缝的中线重合。如果铺设PVC垫片出现褶曲和空泡，在水压力作用下，垫片被压紧，导致铜止水带局部位移，增加渗水的可能性。因此，要求垫片与砂浆垫平铺紧密。国内部分工程采用黏合剂或热沥青将垫片与砂浆粘贴，但也有些工程，不粘贴而是直接平铺在砂浆垫上，为防止移动，平铺后在铜止水带覆盖范围外2cm处用5cm长水泥钉固定，间距在50～80cm之间。

9.2.4 止水的安装与保护

趾板止水按照设计要求把止水带固定安装于模板上的预留口处，要求安装位置准确，固定牢固，模板预留口处形状尺寸应与止水带鼻子的形状尺寸一致。对于趾板采用滑模施工段，应在滑模就位、调试完毕后，按施工块号长度把加工好的止水带固定。混凝土浇筑过程中，应设专人对止水带进行维护。对于橡胶（塑料）止水带的安装，须将止水带牢固地夹在模板中，止水带中部腔体应安装在接缝处，不允许在空腔体附近钉钉子或凿孔，安装后应每隔1～1.5m设一加固点将止水带固定。

面板止水安装。待砂浆垫铺筑完成并达70%强度以上时铺橡胶（塑料）垫片，然后进行止水带的安装，将加工好的金属止水摆放到工作面并进行焊接连接，在鼻腔中先填塞橡胶棒和聚苯乙烯泡沫并用胶带封闭，再将连接好的止水安放就位，紧贴于橡胶（塑料）垫片上，最后在止水上安装固定面板侧模。

当趾板或前期面板混凝土浇筑完成后，其一部分止水因施工先后安排而暴露在外时间较长，而且该部分止水受破坏后很难恢复。因此，对该部分止水采用方木对夹或采用木制、金属盒罩进行保护。

9.2.5 嵌缝材料施工

嵌缝材料包括黏性材料和无黏性材料，黏性材料为一种沥青改性材料，即：塑性填料，无黏性材料主要是粉煤灰和粉细砂。

9.2.5.1 塑性填料施工

塑性填料是设在周边缝和垂直缝顶部的柔性止水材料，是目前国内混凝土面板堆石坝工程常用的黏性嵌缝材料，主要有GB和SR两大品牌，塑性填料表面采用复合橡胶板盖片保护。塑性填料施工工艺有以下几个方面。

（1）接缝基面清理。用钢丝刷将预留槽的两边刷干净，再用水冲洗槽内外，除去表面的灰砂，亦可用喷砂法或用高压水冲洗处理。若槽内有平整的缺陷可用水泥砂浆填平或凿除凸起。接缝清洗干净后，应晾干或采用酒精灯将缝烘干。

（2）涂底胶（黏合剂）。混凝土表面必须清洁、干燥，黏结剂涂刷均匀、平整、不得漏涂、露白，黏结剂必须与混凝土面黏结紧密。黏结剂涂刷后，应防止灰尘、杂物污染，黏结剂与塑性填料的施工间隔时间，应按照材料生产厂家的要求控制，如黏结剂失效后，应返工处理。底胶使用前要先用搅拌棒搅拌后再倒出，用毛刷将槽内、外壁均匀涂刷一遍，外壁部位要适当刷宽一些，不可漏刷。

为保证周边缝塑性填料的止水效果，必须确保塑性填料与混凝土表面的良好黏结。为做到这点，先去掉接触面上的浮浆或松动的混凝土块，用钢丝刷刷净表面，烘干接触面（如果潮湿）后，再按照材料性能要求，涂刷黏结剂。注意涂刷的范围应略大于填料填塞需要的范围。我国开发的用于潮湿面的黏结剂，已成功在潮湿多雨的地区应用。

（3）填料施工。填料应充满预留槽，外凸鼓包截面形体应满足设计要求断面尺寸，边缘允许偏差±10mm，填料施工应按材料生产厂家规定工艺进行。缝口设置PVC或橡胶棒时，应在塑性填料嵌填前，将PVC或橡胶棒嵌入接缝V形槽下口，棒壁与接缝壁应嵌紧。PVC或橡胶棒接头宜采用焊（黏）结并固定。塑性填料具有憎水性和较强的温感性，当混凝土表面潮湿时会影响效果，温度太低时也会影响施工质量。因此，宜在较高的环境温度和无雨天气施工，以保证塑性填料施工质量。根据经验，推荐在日平均气温高于5℃、无降雨的白天施工，以免影响质量，也有利于安全施工。若由于施工工期等原因填料必须在低于5℃或潮湿天气下施工时，填料和底胶应根据实际工况选取适合于该时段施工的材料以确保填料施工质量，如潮湿天气下或其他原因施工难以保证干燥面时，可用潮湿面黏结剂。当分期施工塑性填料时，其端部需封闭，防止水进入缝内产生反向压力。

（4）保护。缝顶塑性填料保护是防止塑性填料流失，保证止水效果的重要措施。嵌缝材料嵌填完毕后，及时盖上防渗保护盖片，并用冲击电钻钻孔，埋设膨胀螺栓或沉头螺栓，用角钢或扁钢将其牢固地固定在趾板或面板的混凝土上，膨胀螺栓的间距不大于0.5m。防渗保护盖片与混凝土面的接触面要贴合，并应黏结紧密，不得脱开，如果接触面起伏大，必要时用塑性填料找平。角钢或扁钢应锚压牢固。防渗保护盖片之间的接头可采用硫化连接或搭接，搭接长度应大于200mm。

进行塑性填料嵌缝时还应注意如下几点：①运往工地的材料，应存放于干燥的库房内，不得露天存放；嵌缝材料的上方不要放置刚性重物；库房应注意防火；②雨天进行嵌缝施工，应有防雨措施；③塑性填料在使用过程中，不得黏上污物；如材料较硬，可用碘钨灯照射或红外线加热器加热烘烤，严禁用明火烘烤，加热过程中应规定严格控制温度和加热时间，以防材料老化。

9.2.5.2 塑性填料的机械化施工

根据塑性填料的作用机理，要求填料必须与V形槽混凝土面良好黏结且嵌填密实，填料才能在水压力作用下向缝腔内流动，所以黏结面紧密牢靠和填料嵌填密实是表层止水施工的关键。目前国内外广泛采用的嵌填方式为人工绳梯嵌填，国内外市场上销售的塑性填料产品多为断面矩形的板或柱，且填料本身黏软并具有一定弹塑性，所以在大坝坡面上将其人工密实地嵌入V形槽有很大难度，当外界温度偏低导致填料硬度增大时，嵌填难的问题尤为突出。因此，人工嵌填效率低且嵌填质量并不理想，这种缺陷会造成体系防渗可靠性的降低，甚至失效。另外，施工人员在绳梯上施工，人身安全也难保障。针对以上情况，有关单位着手研制柔性填料挤出机，实现周边缝和垂直缝填料机械化施工，一次挤出成形。这种挤出机曾在公伯峡水电站混凝土面板堆石坝（坝高139m）、街面水电站混凝土面板堆石坝的垂直缝上试验应用。填缝质量好，但由于挤出机嵌填速度太慢，只有3～4m/h，影响了这一技术的推广。为进一步提高挤出机嵌填效率，在原挤出机设计细节上作了改进和完善，并在双沟水电站混凝土面板堆石坝和溧阳抽水蓄能电站上水库混凝土面板堆石坝等工程上应用取得了成功，2010年6月在温泉水电站混凝土面板堆石坝（坝高102m），实现了全部面板板间缝表层止水的机械化施工。

挤出机是根据工业橡胶挤出机的原理，采用螺旋挤压成形，填料从满足设计断面要求的模口挤出，成形填料直接落入板间缝。挤出成形的填料外形美观、内部密实，且通过螺旋挤压加热后，既黏且软，可以更好地与混凝土面和盖板黏结。挤出机由挤出施工台车、牵引台车、送料车组成，挤出施工台车在坝面上作业，由停在坝顶上的牵引台车牵引，送料车从坝顶向施工台车运送塑性填料等材料，牵引台车由一台W120型履带式挖掘机改装而成，可沿坝顶行走；其上配有两部功率为15kW的卷扬机，分别用于牵引挤出施工台车和送料车；卷扬机配有变频器调整电机运行速度，实现牵引速度与挤出速度的同步控制。在牵引台车上设置可停放挤出施工台车的斜台。斜台坡度与坝面坡度一致，可使较长的挤出施工台车在需要移动工作面时，直接用卷扬机将其沿坝面拉上斜台停放，而无需吊车起吊施工台车。挤出施工台车配有停放送料车的平台和使送料车直接驶入施工台车平台的探板。这样送料车便可直接载着材料进入挤出施工台车，便于施工人员装卸材料，同时，送料车可停放于挤出施工台车的平台上，而施工台车可停放于牵引台车斜台上，便于组合台车拼装成一体后移动工作面。挤出施工台车配有盖板卷轴和夯实设备。当挤出施工台车沿板间缝自下而上行进时，操作人员同时释放盖板卷轴上的盖板，并使其就位于已挤出成形的填料包上；后续跟上的夯实设备则把盖板与填料包间、填料包与混凝土面间夯压紧密。牵引台车的行进装置为履带式，可使牵引台车在不平整的坝顶稳定行进，便于更换工作面。

温泉水电站为大（Ⅱ）型二等工程，其大坝为混凝土面板堆石坝，水库正常蓄水位955.00m，最大坝高102m，总库容2.07亿m^3，总装机容量135MW，多年平均年发电量7.6亿kW·h（不调水）。2010年6月，在温泉水电站混凝土面板堆石坝实现了全部面板板间缝表层止水机械化施工，完成A型缝982.8m，B型缝1600.5m，周边缝497.3m。利用挤出机进行表层止水施工，显著提高了施工质量，降低了工人劳动强度，提高了施工效率，现场挤出成形速度达到20～120m/h，挤出断面规则、美观，得到工程建设各方的一致好评（见图9-9）。表面止水采用机械化施工，安全而高效，可缩短施工工期1个月以上。同时，克服了低气温对止水施工的影响，可在秋末和春初各延长至少1个月的止水施工期。填料挤出机也可用于已建混凝土面板堆石坝坝面止水维修。

(a) 止水机械化施工

(b) 填料挤出成形

(c) 盖板就位

图9-9　温泉水电站混凝土面板坝表面止水机械化施工

9.2.5.3　无黏性材料的施工

混凝土面板堆石坝周边缝及垂直缝采用粉煤灰和粉细砂等无黏性材料嵌填时，需按设计要求的形体和断面尺寸用土工织物和穿孔镀锌铁皮做外罩，并用膨胀螺栓予以固定，施工较为方便，并能取得很好的止水效果。国内多个工程均采用这一方法。在趾板的斜坡段和面板上，无黏性填料要靠保护罩固定时，需先固定保护罩，再填无黏性填料。为了要填塞密实，应先加水将填料湿润成团填入，必要时还可加水使其进一步密实。当岸坡较缓或河床部分无黏性填料能在水下自稳时，无黏性填料直接覆盖在缝顶，用土石或砂袋压重保护，不一定要保护罩。与固定塑性填料的防渗保护盖片不同，无黏性填料不要求保护罩隔水，但保护罩和混凝土接触面应密封，防止粉煤灰会从缝隙中流失。

9.3 质量控制

混凝土面板堆石坝周边缝、面板垂直缝、水平缝、趾板（墙）周边缝和防浪墙周边缝等部位的接缝止水，是混凝土面板堆石坝工程的关键结构，是水库止水的重要防线，必须确保设计和施工质量。应按照重要隐蔽工程施工要求进行施工和验收，上道工序不合格不得转入下道工序，施工过程必须认真、仔细，精心操作、精心施工，加强施工过程质量管理和控制，确保工程止水施工质量，避免止水失效质量事故的发生。接缝止水设施验收不合格，混凝土面板堆石坝不应投入运行。

9.3.1 止水带制作及安装质量控制

止水材料质量是影响接缝止水效果的重要因素，应严格把好止水材料质量关，避免低劣材料进入施工现场、用于工程。对于每一批材料，除要求有厂家的检测报告外，施工前还应进行抽样检查，不合格者，不能使用。

止水带加工成型、接头焊接后，应进行外观检查，确认符合质量要求后再进行安装。对有加工缺陷或焊接质量不符合要求的部位应标识并及时处理。止水带制作及安装质量控制标准见表9-7，止水带连接质量标准见表9-8。

表9-7 止水带制作及安装质量控制标准表

项目		允许偏差/mm	
		铜止水带	聚氯乙烯或橡胶止水带
制作（成型）偏差	宽度	−5～+5	—
	鼻子高度	−3～+3	—
	立腿高度	−3～+3	—
安装偏差	中心线与设计线偏差	−5～+5	−5～+5
	两侧平段倾斜偏差	−5～+5	−10～+10

表9-8 止水带连接质量标准表

项目	质量标准
铜止水带连接	焊缝表面光滑、无孔洞、无裂缝； 对缝焊接为单面双层焊接； 搭接焊接，搭接长度不小于20mm
聚氯乙烯或橡胶止水带连接	聚氯乙烯止水带连接焊缝内不得有气泡，黏结牢固、连接橡胶止水带硫化连接牢固

9.3.2 混凝土浇筑质量控制

止水带安装后及浇筑过程中，指定专人对其进行检查，以便发现问题及时纠正，如果在混凝土浇筑后发现问题将难以补救。施工中，止水片（带）如有损坏或破坏，应及时修补或更换，并查明原因，记录备案。混凝土浇筑前，应对止水带的安装质量进行专项检查，止水片（带）有严重变形时，在浇筑前应做整形处理。修补处理后应经验收合格方可进行下一道工序。止水片（带）及其安装经验收合格后才能开仓浇注。混凝土浇筑过程中，应加强止水带及模板的位移和变形情况检查，发现问题应及时处理。

对垂直方向的止水带，应在止水带两侧均匀密实地浇筑混凝土；对水平或倾斜方向的止水带，在浇筑止水下部混凝土时宜先将止水带稍稍翻起，待止水以下混凝土浇筑振捣完成并排气后放下止水带，然后再浇上面的混凝土，以免气泡和泌水聚集在止水带下部。混凝土浇筑时，在止水附近应采用小型软轴振捣器仔细振捣密实，使止水片结构下面的气体排净，保证止水周边混凝土施工质量和止水带位置准确。

9.3.3 嵌缝填料施工质量控制

嵌缝填料施工前，应先用钢丝刷清理混凝土表面，除去混凝土表面的油渍、灰浆皮及杂物，再用棉纱或毛刷除去浮土和浮水，接缝混凝土表面必须平整、密实，不得有露筋、蜂窝麻面、起皮、起砂及松动等缺陷，长 2m 允许起伏差为 5mm 且起伏均匀平顺，不得存在错台及凹凸体。如混凝土表面存在漏浆、蜂窝麻面、起砂、松动等，会导致止水安装完毕后产生绕渗问题的缺陷，应先凿除后再采用丙乳砂浆处理。

嵌缝填料施工时，先用棉纱将待粘贴止水带和柔性填料的混凝土表面擦拭一遍，除去表面的浮土、浮水。

塑性填料嵌填完成后，应以 30～50m 为一段，用模具检查其几何尺寸是否符合设计要求，并抽样切开检查塑性填料与 V 形槽表面是否黏结牢固、填料是否密实。如黏结质量差，应返工处理，经验收合格后，及时覆盖保护盖片。对保护盖片固定螺栓的紧固性应抽样检查。塑性填料和保护盖片施工质量检查项目和质量要求见表 9－9。

表 9－9　　塑性填料和保护盖片施工质量检查项目和质量要求表

项　　目	质　量　要　求
接缝的混凝土表面	表面必须平整、密实，不得有露筋、蜂窝、麻面、起皮、起砂和松动等缺陷
预留槽涂刷黏结剂	混凝土表面必须清洁、干燥，黏结剂涂刷均匀、平整、不得漏涂、露白，黏结剂必须与混凝土面黏结紧密。黏结剂涂刷后，应防止灰尘、杂物污染，黏结剂与塑性填料的施工间隔时间，应按照相关技术要求控制
塑性填料施工	塑性填料应充满预留槽，并满足设计要求断面尺寸，边缘允许偏差±10mm，填料施工应按规定工艺进行
保护盖片施工	保护盖片与混凝土面应黏结紧密，不得脱开。不锈钢扁钢锚压牢固，不得漏水

无黏性填料施工完成后，应检查保护罩规格尺寸及其安装的牢固程度等内容。无黏性填料的质量检查项目和质量要求见表 9－10。

表 9－10　　无黏性填料的质量检查项目和质量要求表

项　　目	质　量　要　求	允　许　偏　差
保护罩规格	材质、材料规格、外形尺寸符合设计要求	保护罩位置误差不大于 30mm
保护罩安装	螺栓的种类、规格、间距符合设计要求，安装牢固，与混凝土接触面密封	螺栓孔距误差不大于 50mm 螺栓孔深误差不大于 5mm
无黏性填料填筑	填料品种、粒径符合设计要求	

9.4 工程实例

9.4.1 滩坑水电站混凝土面板堆石坝接缝止水

(1) 周边缝止水。面板与趾板间预留缝宽 1.2cm，缝间置沥青松木板，周边缝设三道止水，底部设一道止水铜片，中间为复合橡胶棒，顶部充填塑性填料。低高程（高程 80.00m 以下）周边缝外侧，设置粉煤灰区作为辅助防渗措施。趾板在地形、地质变化区部位设置永久伸缩缝，伸缩缝设两道止水，顶部充填塑性填料，中部设置 W 形止水铜片与周边缝的下部止水铜片相接，形成封闭的止水防渗系统。

(2) 垂直缝止水。

1) 垂直缝分压性缝和张性缝。压性缝系指大坝中部面板受压区的垂直缝；在两岸坝肩区面板受拉，该区的垂直缝为张性缝。面板分缝间距 12.0m，共设垂直缝 41 条，其中左、右坝肩分别设 14 条和 11 条的张性缝，中部其余 16 条皆为压性缝。

2) 张性缝施工时不留缝宽，采用两道止水。在底部设一道底部 W 形铜片止水，顶部设塑性填料加盖片。压性缝在底部设一道 W 形止水铜片，顶部设塑性填料加盖片，但塑性填料截面较张性垂直缝小。

3) 施工缝。一二期面板间设水平施工缝，施工缝不设止水片，先期施工的面板打毛洗净，钢筋伸过接缝，使两侧面板紧密相连。

4) 防浪墙缝。面板与防浪墙间设水平防浪墙底部水平缝，在缝底部设一道 W 形铜片止水，缝顶充填塑性填料。

防浪墙每隔 15m 设垂直伸缩缝（防浪墙垂直结构缝），该缝采用一道 W 形铜片止水，并与防浪墙底部的 W 形止水铜片连接。

9.4.2 思安江水库混凝土面板堆石坝接缝止水

思安江水库混凝土面板堆石坝的面板接缝止水总长 4496.28m，分 A、B、C、D 四种类型，其中 A 型缝长 1783.8m、B 型缝长 1775.7m、C 型缝（周边缝）长 562m、D 型缝长 374.78m。

趾板与面板连接的周边缝为 C 型缝，底部设一道 W 形止水铜片，缝间设置厚 12mm 沥青松木板，止水铜片下铺水泥砂浆，并垫入 PVC 垫片，顶部设表面止水；面板间垂直缝分 A 型缝、B 型缝，缝间刷厚 3mm 沥青乳胶，底部设一道 W 形止水铜片，W 形止水铜片下铺水泥砂浆垫层，并垫入 PVC 垫片，顶部设表面止水；面板与防浪墙之间为 D 型缝，底部设一道 W 形止水铜片下铺水泥砂浆垫层，并垫入 PVC 垫片，顶部设表面止水。

表面的止水主要由波浪形止水带、GB 柔性填料、GB 三复合橡胶盖板组成。不同类型的缝，表面止水的尺寸不同。

9.4.2.1 GB 复合波浪形橡胶止水带的安装

(1) 安装止水带前，首先除去混凝土表面的油漆、浮土、灰浆皮及杂物，保证混凝土表面在长度 500mm 范围内的不平整度高度小于 5mm，对于 3mm 以上的错台及凹凸体打磨或填补平整。

(2) 用冲击钻在混凝土上按设计要求打孔，孔的大小以膨胀螺栓为准。成孔后将孔内及混凝土表面的粉尘清除干净。

（3）在孔内灌注水灰比小于0.35的自流平水泥净浆，再放入膨胀螺栓，并在水泥净浆失去流动性之前紧固膨胀螺栓，拆下螺母。

（4）用棉纱将待粘贴波形止水带部位混凝土表面的浮土、污渍擦拭干净。

（5）在擦拭干净后的混凝土表面涂刷SK底胶，将事先打好孔的GB复合波形止水带贴在混凝土表面上。

（6）将预先打好孔的扁钢安放在波形止水带上，装入螺母，适当紧固，使波形止水带与混凝土表面之间紧密结合。膨胀螺栓拧紧后，锯掉螺帽上露出的螺杆。

（7）波形止水带接头的连接采用硫化连接工艺。

9.4.2.2　GB柔性填料的嵌填

（1）开始嵌填之前，再次拧紧固定GB复合波形橡胶止水带的膨胀螺栓，除去止水带表面的油漆、浮土、灰浆皮等杂物。

（2）根据GB填料的设计断面确定分层嵌填的宽度，把GB填料切割成相应宽度分层进行嵌填。

（3）在与混凝土接触的部位先在表面涂刷SK底胶。

（4）将GB填料嵌入槽内，并采用木槌锤压密实，接头部位做成坡形过渡，以利第二层粘贴，每层接头部位均匀错开。

9.4.2.3　GB三复合橡胶盖板安装

（1）安装时，首先将与复合盖板相粘贴的混凝土表面处理干净，该部分混凝土表面在长度500mm范围内的不平整度小于5mm，对于3mm以上的错台及凹凸体，打磨或填补平整。

（2）在处理后的混凝土表面上涂刷SK底胶，然后将复合盖板贴在混凝土上及GB填料上，复合盖板铺展平整后，用手按压密实。

（3）用打孔器在复合板上打孔，打孔位置及间距与表面紧固扁钢上的预留孔一致，孔的大小以膨胀螺栓为准，按设计深度钻孔。

（4）将打孔后的扁钢安放在复合盖板上，然后在孔内灌注水灰比小于0.35的自流水泥净浆，再放入膨胀螺栓，并在水泥净浆失去流动性之前紧固膨胀螺栓，使扁钢、复合盖板与混凝土表面紧密结合。

（5）膨胀螺栓的拧紧分三次进行。第二次与第一次紧固时间间隔2d，最后一次紧固在粉土铺（或下闸蓄水前进行）。

（6）复合盖板之间采用搭接连接，搭接长度20～30cm。

9.4.3　芹山水电站混凝土面板堆石坝接缝止水

芹山水电站混凝土面板堆石坝接缝止水，将早期设置在面板中部塑料（橡胶）止水带提至缝的表层，采用在趾板和面板中预埋的角钢和螺栓、或膨胀螺栓将止水带固定在缝口混凝土表面。为了适应较大的接缝位移，将表层止水带设计成波浪形，其尺寸可以完全吸收接缝位移，而不致在止水带中产生过大的附加应力。为了确保止水带在较大的接缝张开情况下承受高水压力作用，在止水带下面的缝口处设置了支撑橡胶棒（或PVC棒）。橡胶棒应确保在止水运行过程中滞留在缝口，不被压入接缝以发挥支撑作用。在底部铜止水和表层塑性嵌缝材料止水基本保持了常规止水的做法，在波形止水带上部同样设置表层塑性嵌缝材料。所不同的是，铜止水按照大变形数值分析和模型试验得到的结果进行尺寸设计，可以确保铜止水在运行中不发生破坏，同时铜片上还复合了GB柔性止水板，以提高铜止水的抗绕渗能力；嵌缝柔性填料必须具备可靠的流动止水性能，而普通柔性填料没有这一要求。在表层柔性填料顶部用GB复合盖板覆盖，这一复合盖板具有优异的抗老化性，与下部柔性填料优异的粘贴性，盖板自身具有一定延伸率和强度，以适应接缝位移和承受水压力的需要。

芹山混凝土面板堆石坝周边缝表层止水结构见图9-10。

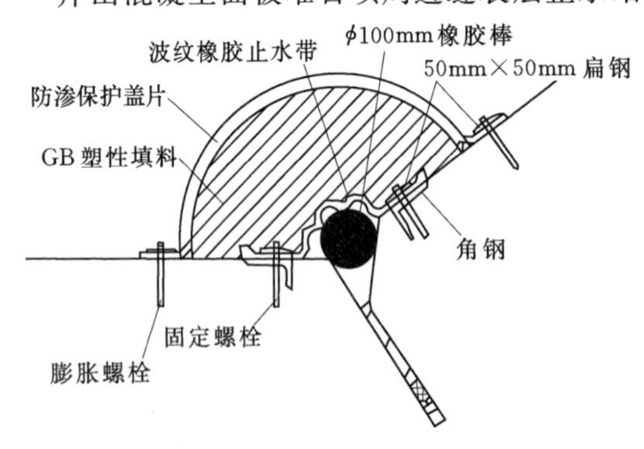

图9-10 芹山混凝土面板堆石坝周边缝表层止水结构示意图

该止水结构型式在芹山面板坝（坝高122m）获得成功应用之后，国内水布垭、洪家渡、吉林台、紫坪铺、引子渡等水电站高混凝土面板坝均采用了该止水结构型式。其中2008年5月12日紫坪铺面板坝（坝高156m）经历了震级为里氏8级的汶川特大地震，大坝距离震中仅17km，地震前后的渗漏量变化很不大，基本稳定在19L/s。大坝运行基本正常，经受住了地震考验，为高混凝土面板堆石坝接缝止水的抗震研究提供了宝贵的经验。

9.4.4 那兰水电站接缝止水

那兰水电站接缝止水结构型式如下。

（1）周边缝止水。周边缝按不同高程区间分为以下三个区：①区坝前覆盖高程370.00m以下；②区坝前覆盖顶部高程370.0m～死水位（高程389.00m）；③区死水位高程389.00m以上。三个区周边缝底部均设置铜片止水，中部均设置PVC止水，顶部均设置柔性止水，缝内填12mm的沥青木板；但顶部柔性止水外部采用三种不同结构型式：①区坝前覆盖高程370.00m以下周边缝顶部设置粉煤灰或粉细沙（厚度50cm）层和黏土层（厚度150cm）铺盖；②区坝前覆盖顶部高程370.00m～死水位（高程389.00m）区间的周边缝覆盖厚度150cm的黏土层；③区死水位（高程389.00m）以上的周边缝不设覆盖层，其河床段周边缝止水结构见图9-11。

（2）垂直缝。垂直缝分压性应垂直缝和张性垂直缝，其中两岸各有7条为张性垂直缝，中间10条为压性垂直缝。压性垂直缝底部设铜片止水，缝内填12mm后沥青木板；张性垂直缝底部设铜片止水，缝顶设柔性止水，其垂直缝的接缝止水结构见图9-12。

（3）河床段趾板、连接板、防渗墙接缝。那兰水电站混凝土面板堆石坝坝基坐落在深厚覆盖层上，采用钢筋混凝土防渗墙作为河床段坝前覆盖层以下的止水结构，在钢筋混凝土防渗墙和趾板间设置连接板。河床段趾板、连接板、防渗墙接缝间的接缝均设置为柔性变形缝，缝底设置一道铜止水片，缝中部设置一道PVC止水，缝顶设柔性止水，缝内填12mm后沥青木板，顶部覆盖粉煤灰和黏土料，连接板和趾板下铺一层厚50cm的2B坝料作为反滤料，再在其上铺一层400g/m^{2}的土工织物，其混凝土面板堆石坝连接板与防渗墙、趾板接缝见图9-13。

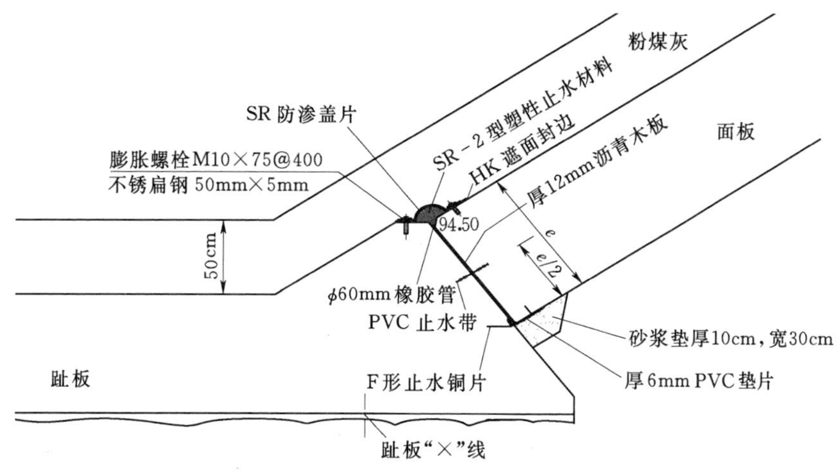

图 9-11　那兰水电站混凝土面板堆石坝河床段周边缝止水结构图

e—面板厚度

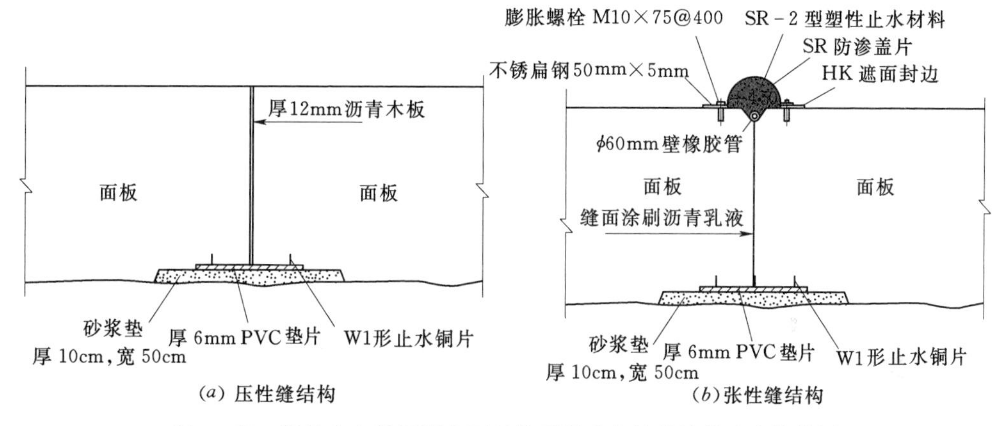

图 9-12　那兰水电站混凝土面板堆石坝垂直缝的接缝止水结构图

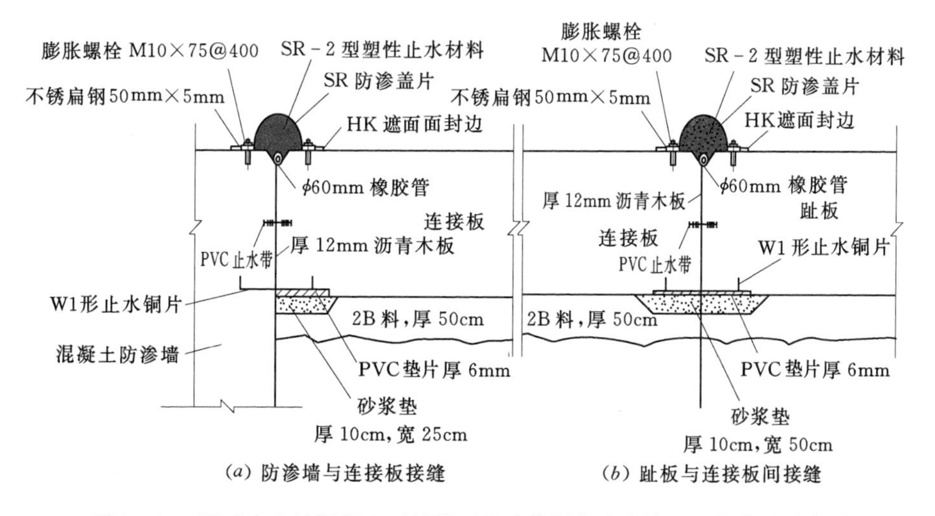

图 9-13　那兰水电站混凝土面板堆石坝连接板与防渗墙、趾板接缝示意图

目前，我国在深厚覆盖层上修建的混凝土面板堆石坝中，坝高超过 100m 的有那兰、察汗乌苏和九甸峡等水电站。深厚覆盖层上修建混凝土面板堆石坝，其接缝止水的结构型式均根据覆盖层的地层地质情况进行专门系统的试验研究和论证确定。

9.4.5 溧阳抽水蓄能电站上水库主坝混凝土面板堆石坝表面止水机械化施工

溧阳抽水蓄能电站上水库主坝混凝土面板堆石坝表面止水采用三元乙丙橡胶增强型 SR 防渗盖片＋SR 柔性填料＋PVC 棒的结构型式，其主要工程量见表 9-11。

表 9-11　　上水库主坝表面止水主要工程量表

序号	内容		长度/m	备注
	SR 填料断面面积/cm²	SR 盖片		
1	345	展开宽 640mm（R140）	5650.65	A 型张性垂直缝（70 条）
2	35	展开宽 490mm（R600）	1515.90	B 型张性垂直缝（22 条）
3	345	展开宽 640mm（R140）	204.41	D 型水平缝（2 条）
4	560	展开宽 620mm（R190）	1094.11	E 型缝（面板与防浪墙间水平缝）（1 条）
5	665	展开宽 830mm（R200）	827.90	连接板周边缝（1 条）
6	102	展开宽 500mm（R300）	139.50	观测平台分缝
7	PVC 棒		9712.31	
8	不锈钢固定螺栓		97064 套	
9	不锈钢扁钢		19288	

面板垂直缝表面止水总长度 7290m，采用机械化施工，平均施工速度 16.7m/h，每天完成 3 条直缝施工。

9.4.5.1 施工程序

面板表面止水在施工前应做好生产和技术上的准备。主要包括止水材料采购加工、施工人员和施工机械设备组织、施工技术措施和质量安全技术交底、现场供水供电系统安装等。

垂直缝塑性填料施工，在面板混凝土强度达到设计强度的 70%以后，自下而上通长施工，在一条缝的表面止水全部完成以后再进行下一个条缝的表面止水施工。

面板表面止水施工程序见图 9-14。

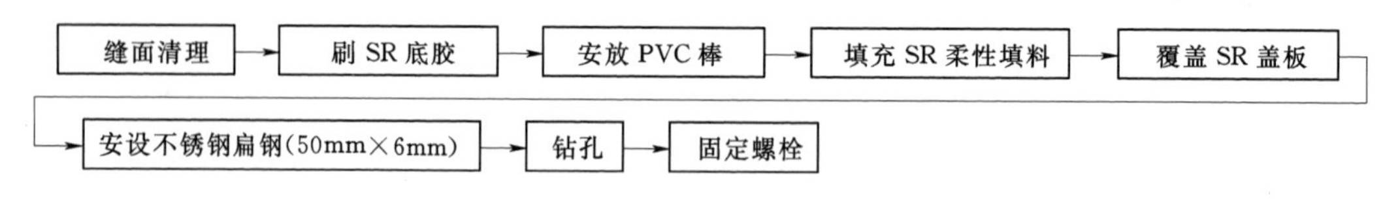

图 9-14　面板表面止水施工程序图

9.4.5.2 施工方法

上水库主坝面板表面止水先进行垂直缝表面止水施工，垂直缝采用组合台车进行施工，趾板与面板接缝部位的表面止水根据现场情况能采用施工台车的使用施工台车施工，不能使用施工台车的采用人工施工。

（1）施工设备。表面止水施工采用组合台车，由牵引台车、送料车和施工台车组成。牵引台车布置在坝顶牵引施工台车和送料车沿坝面上下行走。牵引台车上配有两台功率为15kW的卷扬机，分别用于牵引施工台车和送料车；卷扬机配有变频器调整电机运行速度，实现牵引速度与施工速度同步。送料车往返于施工台车和坝顶间，运送止水材料；施工台车是在混凝土坝面上进行表面止水施工的操作平台，其上配有柔性填料挤出机和柔性填料成型控制器等装置。

（2）机械化施工方法。

1）缝面清理。接缝顶部预留填塞柔性填料的V形槽，其形状和尺寸应满足设计要求，混凝土表面必须平整密实。对V形槽及缝面两侧SR填筑范围面板不平整部位，采用角向磨光机打平，对缝面有掉块、缺角的部位凿毛后采用丙乳砂浆补平。将止水施工部位混凝土表面及V形槽内用钢丝刷清理，除去表面松动的混凝土，将混凝土表面的油渍、浮土、灰浆及杂物等清除干净，清理宽度比止水宽度宽5cm，然后用湿纱布将清理后的混凝土表面擦拭一遍，自然晾干或用喷灯烘干，以保证混凝土表面的洁净、干燥，缝面一次清理长度以1m为宜。

基础面清理干净后，按不同的分缝填料区域测量放点，并弹线标识设计的表面止水边线，验收合格后立即施工下一道工序。

2）SR填料准备。先将SR底胶用木棒搅匀，倒入小桶，待用；将SR填料的包装箱（桶）除去，撕去防黏纸，用细钢丝和切刀将SR填料切成小块，待用。

3）台车下行。先将牵引台车就位于坝顶相应部位的工作面，依次将施工台车和送料车吊放在面板上。施工台车跨缝下行，下行过程中，台车上工人完成以下工序操作。

A. 基础面处理。对于盖板边缘两侧外延10cm范围内的混凝土表面，首先用钢丝刷、扁铲和砂轮除去浮渣及污渍，然后用施工台车上的风枪清洗干净。

B. 铺设PVC棒。PVC棒卷盘就位于施工台车的卷轴上，台车下行时同步释放卷轴上的PVC棒；将PVC棒安装于V形槽底部，用力拉直，使棒壁与接缝壁嵌紧，棒轴心与缝中心线一致。台车料斗中存放多卷PVC棒备用。

C. 涂刷底胶。待粘贴部位经过表面处理后，涂刷底胶。底胶涂刷应均匀，不宜过厚。

4）台车上行。当施工台车跨缝下行至底部后，用送料车将盖板和柔性填料送至台车料斗中，将盖板卷盘就位于台车的卷轴上，台车上行完成柔性填料的嵌填施工。

A. 嵌填柔性填料及铺设盖板。用柔性填料成型控制器卡压在橡胶盖板上部，使橡胶盖板与混凝土表面间形成空腔，启动柔性填料挤出机将填料注入空腔内。挤出施工台车沿板间缝自下而上连续行进，操作人员同时释放盖板卷轴上的盖板就位。

SR防渗盖片T形、L形、十字形等接头在工厂成型。垂直缝与水平缝接头的部位盖片在施工时预留1m左右先不刷底胶，待水平缝施工到该部位时一起涂刷底胶。

B. 固定。防护盖板和柔性填料就位后，人工安装扁钢和膨胀螺栓固定。当组合台车施工强度不高时，可利用送料车沿坝面运送扁钢和螺栓，工人站在施工台车上安装扁钢和螺栓，以提高安装效率。

C. 转移工作面。当完成一条垂直缝的表止水施工后，利用吊机将施工台车和送料车吊放在车厢内，转移至下一垂直缝工作面继续施工。

9.4.5.3 质量控制

（1）安排专门的管理人员，对施工人员进行专门技能培训，并严格按照施工工艺要求施工，确保施工质量。

（2）对所用的材料必须进行严格控制，分批购进的材料应按要求进行质量检验，检验合格的材料才能使用。

（3）接缝表面止水材料不得露天存放，应将材料存放在指定仓库，施工前从指定仓库按需领取，剩余材料应当天返回仓库。

（4）嵌填施工宜在无雨、无雪的白天进行，在低温下进行，需采取专门的施工措施。塑性填料分期施工时，缝的端部应进行密封。

（5）SR 填料未使用时不要将防黏纸撕开，以防材料表面受到污染，影响使用效果。

（6）施工基面必须坚实、干燥。

（7）对 SR 盖片施工段的表面高低不平和搭接处，用揿压检查是否存在气泡；每一施工段选 1～2 处，将 SR 盖片揭开大于 20cm 长，检查混凝土基面上黏有 SR 塑性止水材料的面积比例，黏结面小于 60%的为不合格。对不合格的施工段，须将施工的 SR 盖片全部揭开，在混凝土表面上重新用 SR 材料找平后，再进行 SR 盖片粘贴施工，直至通过质量验收。

（8）止水材料施工完毕，须加以保护，避免机械损伤。

10 安 全 监 测

受混凝土面板堆石坝填筑规模及河谷形态、填筑材料与填筑方式、施工环境及参数控制等多种不同因素影响，人们始终在不断总结、努力探索，力求深入掌握坝体相关变化机理及准确的效应量，期待着混凝土面板堆石坝的建设能从理论到实践不断趋于成熟。通过一大批混凝土面板堆石坝，尤其是高混凝土面板堆石堆投入建设的契机，大量有价值的工程安全监测成果及时反馈指导设计与施工，使理论研究及后续的工程建设水平得以不断提高，工程安全监测工作也备受国内外的关注与重视，并为不断提升对混凝土面板堆石坝的认知水平，进一步改进施工工艺、加快施工进度、降低工程投资，确保工程长期运行安全发挥着积极作用。

10.1 监测内容

10.1.1 监测作用与目的

（1）指导设计与施工。坝肩及趾板区边坡开挖支护过程中，通过监测资料适时分析反馈，避免盲目性，进一步优化、改进设计和施工开挖支护方案，使边坡工程处理手段更为合理有效。坝体工作性态与填筑材料及分区、铺层厚度、碾压遍数、洒水量、施工进度控制等密切相关。监测设施在施工期可及时获取坝体水平、沉降位移变形规律，直接反映其变形规律是否正常，变形量是否控制在设计允许范围内，有利于填筑方式的及时优化与调整。作为防渗体的面板贴靠在垫层料上，期望在坝体变形速率较小时进行面板浇筑，以利面板受力条件的改善，但往往与度汛、施工进度产生矛盾。连续有效的监测成果，能为寻求面板合理浇筑时机提供重要依据。通过对监测资料分析，及时掌握面板应力应变及变形性态，以及垂直缝、周边缝前期开合状态，当出现缺陷时，为处理方案的制订提供指导。完整的安全监测数据是工程下闸蓄水或竣工验收质量安全评价的重要依据。

（2）指导安全运行。当水库蓄水后，大坝第一次受强大的水荷载作用，坝体及面板将产生特定变形，大坝渗流场也将发生显著改变，监测大坝变形与渗流渗压变化规律和变化量，可及时发现隐患及时处理。初期蓄水期间，大坝各项指标有一个明显的变化和调整过程，其各项指标也是后期运行的重要依据。通过监测数据分析并掌握其变化规律，为优化运行工况，充分发挥工程效益提供依据。通过安全监测可掌握库水位变化、时效、季节变化引起的大坝变形，库水位陡升陡降时变形将发生变化，特别是在校核洪水工况下，大坝将产生较大的变形，通过与设计计算值对比，评价安全裕度。

（3）验证并改进设计。每一座混凝土面板堆石坝，由于所处河谷地形、气象条件、坝基地质条件、筑坝材料、坝体填筑方式、趾板开挖、面板浇筑等均有所不同；高坝或超高坝施工和运行期的工作性态也会出现较大差异，因此，通过对监测资料系统分析和反馈，验证设计计算的参数取值、计算方法、计算模型等是否正确合理，并可通过反演修正或完善数学模型，对工程后期运行状态进行预测，为今后同类工程设计积累经验。

10.1.2 监测设计原则与项目划分

（1）监测设计原则。一是对各部位不同时期的监测项目的选定应从施工、首次蓄水、运行期全过程考虑，监测项目相互兼顾，做到一个项目多种用途，在不同时期各有侧重，严格做到投资省、重点突出、设备选型合理、反映全面。监测系统尤其应以变形和渗流两个效应量为重点。二是监测仪器测点布置时，应总体布置合理，对关键部位应集中优势重点反应。除按有关规范外，还应结合工程具体情况进行监测设计，并结合科研要求设置部分项目，为设计及科研积累经验。三是监测仪器设备的选型，应对各类设备进行充分论证和对比，使所选仪器设备种类尽可能少。仪器设备具有耐久性、稳定性、适应性，并满足精度要求。也要为运行管理和后期自动化系统提供方便。

（2）监测项目划分。混凝土面板堆石坝安全监测包括仪器监测和人工巡视检查。人工巡视检查工作，分为日常巡视检查、年度巡视检查和特殊情况下的巡视检查。根据工程规模和具体工程结构特点、工程地质特征等，按照《土石坝安全监测技术规范》（DL/T 5259）的要求，仪器监测部分又分为必需监测项目和专门监测项目。针对混凝土面板堆石坝本身而言，必需监测项目分为环境量监测、变形监测、渗流监测、应力应变及温度监测、地震反应监测五大类。

1）环境量监测：主要包括水位、库水温、气温、风速、降水量、冰压力、坝前淤积和下游冲淤等项目。

2）变形监测：包括表面变形、内部变形、面板周边缝及垂直缝开合度、面板挠度及脱空等。主要的监测手段有：采用视准线法或前方交会法监测坝面变形；采用水管式沉降仪、引张线式水平位移计、弦式沉降仪、电磁沉降仪及测斜仪监测堆石体内部变形；通过安装在周边缝、竖直缝上，以及面板与垫层间的大量程测缝计监测接触缝位移；用测斜仪、电平器或光纤陀螺仪监测面板挠度。

3）渗流监测：包括坝基、岸坡及坝体的渗漏量、坝体及坝基渗流压力、绕坝渗流等。主要监测手段有量水堰、钻孔或坑埋式渗压计、水位监测孔等。

4）应力应变及温度监测：包括坝体内部应力、接触应力、混凝土面板应力应变。主要的监测手段均为埋入式仪器，如土中土压力计、界面土压力计、应变计组、无应力计、钢筋计和温度计等。

5）地震反应监测：地震强震监测系统由加速度传感器、数字式强震仪、GPS授时系统、避雷器、电源涌浪保护器和防雷击设备、信号传输电缆和计算机终端及配套软件等组成。

10.1.3 监测系统实施原则

（1）仪器设备质量控制是安全监测工作的基础。仪器设备应选择性能稳定、质量可靠、适应性强、长久耐用、技术参数（量程、精度等）符合工程要求的仪器设备。在监测设备安装埋设前，必须按监测规程规范要求，对监测仪器进行力学性能、温度性能、绝缘性能等全面测试、校正和标定。所有光学、电子测量仪器在使用的全过程中，必须经国家计量部门或国家认可的检验部门进行定期检验、标定。

（2）监测仪器设备安装埋设质量控制是安全监测工作的重要环节。各类不同仪器设备安装埋设时应充分考虑工程施工进度、施工工艺、构筑物特性及变化机理、周边环境损坏风险及维护手段等因素，确保其长期正常有效工作。

（3）监测数据采集与周边环境的收集整理预示着相关信息收集工作开始。针对不同的建筑物、不同的区域和不同的监测项目，监测信息的收集方式如开始的时间、频次等均有所区别。监测数据采集过程中数据的准确性判断，时效性、真实性和连续性，以及周边施工环境变化的把握，都是十分重要的工作环节。

（4）监测资料分析及反馈工作的逐渐展开，是监测工作效能的体现。通过对监测数据的及时、动态的整编计算和各种分析手段，可取得各类所需要的时效物理量，从时效物理量变化与监测对象特点的相关分析，可及时论证、评价客观状态，判明可能出现的异常、安全隐患及预测后期变化趋势，使之服务于工程各阶段。

10.2 仪器埋设

10.2.1 总体要求

（1）根据建筑物施工的进度计划，制定详细的监测仪器设备安装埋设计划，当土建施工到监测仪器布置部位时，及时进行监测仪器设备的安装埋设，不应有任何拖延。

（2）将监测仪器设备安装埋设计划，列入建筑物施工的进度计划中，以便及时提供监测仪器安装埋设所必需的工作面，协调好监测仪器设备安装埋设和建筑物施工的相互干扰。同时，将已完成的仪器安装埋设部位及电缆埋设走向图提供给土建施工单位，以免施工损坏。

（3）所有监测仪器设备安装埋设后应立即测读取得初始值。

（4）使用经过批准的编码系统，对各种仪器设备、电缆、监测断面、控制坐标等进行统一编号，每支仪器均须建立档案卡，录入仪器档案库中。

（5）每支仪器安装埋设后应填写《安装埋设考证表》。

（6）仪器电缆敷设应尽可能减少接头，拼接和连接应按设计和厂家要求进行。

（7）施工期间，所有仪器的电缆上应采用 3 个耐久、防水、间距 10m 的标签，以保证识别不同仪器所使用的电缆。

（8）在施工过程中，所有仪器设备（包括电缆）和设施应予有效保护，必要时应加装保护罩、设立标志和路障。

（9）监测房（站）应牢固、防水，如有必要时应安装避雷针等设施。

（10）在仪器安装埋设、回填作业中，如发现异常或损坏现象，应及时采取补救措施。

10.2.2 外部变形测点安装埋设

外部变形测点包括：平面位移工作基点、表面变形监测点、水准基点、水准测点。

10.2.2.1 平面位移工作基点和表面变形监测点

（1）平面位移工作基点和表面变形监测点标墩均为现浇钢筋混凝土监测墩，监测点标墩高于地面1.2m，并与监测部位紧密结合。

（2）标墩顶部设置强制对中盘。强制对中盘应调整水平，其倾斜度不得大于4″。

（3）布设时，应注意与交会视线上任何障碍物的距离必须大于1m以上。

10.2.2.2 水准基点和水准测点

（1）水准工作基点，标石为基岩水准标或岩石水准标。

（2）水准测点为混凝土水准标或岩石水准标。

（3）点位选择在隐蔽不易被破坏，基础稳定的地方，埋设时标心采用不锈钢标心，表面加保护盖防止破坏。

（4）水准标心顶端高于标面表面5～10mm。

10.2.3 堆石体内部监测仪器安装埋设

10.2.3.1 引张线式水平位移计

引张线式水平位移计和水管式沉降仪埋设与坝体填筑同时进行，为不影响大坝填筑进度、质量，又确保仪器埋设的安装质量，选择合理的埋设方法和制定有效施工组织措施十分重要。在现场仪器安装过程中，应派专人昼夜值班，防止设备丢失或损坏。对已埋设的设备，在未达到安全规定高程之前，应做好仪器安全保护措施，标出醒目标记和设立警戒线，禁止施工机械通过。为能保证监测仪器在埋设后能够尽早投入使用，监测房应提前实施。

堆石坝体内仪器的埋设分表面埋设、沟槽（坑）埋设和半沟槽埋设等方法（见表10-1）。

表10-1　坝体内仪器的埋设分类表

埋设方式	埋设特点
表面埋设	在已填筑并压实的堆石体表面按设计部位埋设仪器。此方法的优点是仪器的埋设效应较小，埋设场地开阔，便于施工。不足处对填筑面高程要求高，上部覆盖时易损坏仪器
沟槽（坑）埋设	在已填筑并压实的堆石体层面上按设计部位开挖沟槽埋设仪器。此方法的优点是利于仪器保护；不足处是往往需要较长的埋设工期，对施工影响较大，也容易产生明显的埋设效应
半沟槽埋设	填筑至埋设高程时，在仪器条带部位将填筑工作面划开，在两侧填筑或一侧填筑，形成台阶式半沟槽。此方法既集中了表面埋设与沟槽埋设的优点，又克服了其存在的不足

各种埋设方法均应考虑混凝土面板坝堆石料的特性，确保埋设后的仪器完好并有效的使用。引张线式水平位移计安装埋设程序如下。

（1）沟槽开挖与回填。

1）根据测点布置图及设计技术要求，进行坝体沟槽开挖设计，明确开挖顶面高程、开挖边界、开挖沟槽形体及底面坡度，基面开挖坡度1%，并按规定碾压达到坝体填筑干密度要求。当基面开挖误差较大时，应扩大开挖深度并回填过渡料，保证其基面坡度达到设计要求。沟槽开挖应测量验收，基面高程误差不超过±2cm，且不允许出现倒坡，两侧面开挖线误差不大于±1m。

2）坝体基面在回填中粗砂或河砂、垫层料等细料并经过碾压，形成厚度约0.5m埋设基床，并按1%坡度整平埋设基床。测量管线和测点位置，在基床开挖线路沟槽，其深度约0.3m，宽度按管线直径测算。

（2）锚固装置的埋设。锚固端接头及锚固板固定盘结构，应按图纸要求埋设，并详细

记录埋设位置高程、桩号。

（3）铟钢丝。

1）铟钢丝在埋设前必须是经检验合格的产品，并在工地试验室进行抗拉强度试验。

2）在整平的基床上，沿管线和监测点的位置，配管道、基点板、伸缩接头、万向接头、分线盘，挡泥圈等，按设计的铟钢丝中心各测点高程，埋设所有配套设施。

3）按每个测点（即埋设锚固板处）至监测房内标点的距离配铟钢丝，其长度应各放长5m，盘绕钢丝时切忌交叉和弯折。微弯的钢丝必须校直，且无损伤，否则应予以更换。

4）从监测房一端的保护管开始配铟钢丝。将各测点的钢丝汇集到装有固定标点的监测台水平位移计测量装置上。为了防止钢丝在穿引过程中打弯和交叉缠绕，必须用专用的引线器进行牵引。

5）水平位移计的监测，应平行测定两次，其读数差不得大于2mm。

6）具体安装技术要求，应按供应商产品使用说明书进行。

（4）回填。

1）采用人工回填管线和设备周围的过渡料，压实密度应满足坝体填筑要求。坝体堆石区应以反滤形式回填压实。

2）回填超过仪器顶面以上约1.1m，一般即可进行大坝的正常施工填筑，但不得进行震动填压。

（5）监测房内设备的安装调试。监测支架的纵轴线应与待安装的管路中心线大致在同一轴线上，监测台面高程略低于保护管中心线。安装时，监测台与监测房管路端头应有不小于0.5m的距离，另考虑到水管式沉降仪沉降后要求监测房的地面高程大体一致。因此，应比管路中心线高程低1.4～1.6m，并用ϕ10mm×10cm膨胀螺栓牢固地将监测台固定在监测房的地面上。最后安装自动控制与测量系统，该系统设备的安装应按厂家技术要求进行。

引张线式水平位移计安装见图10-1。

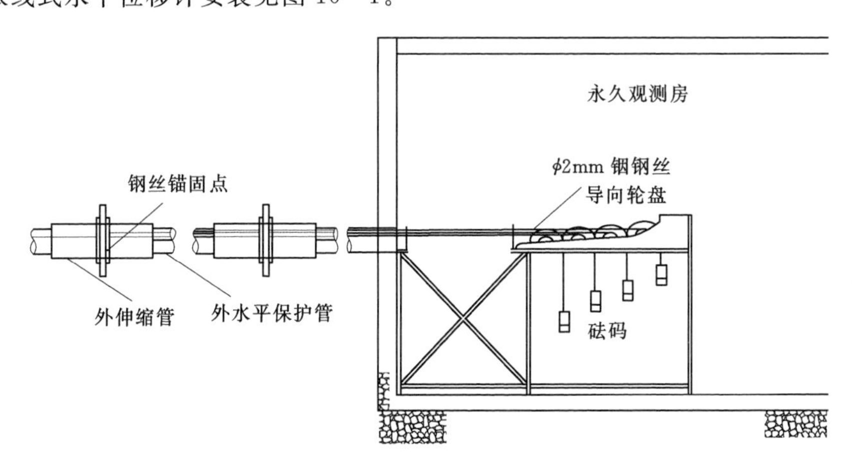

图10-1　引张线式水平位移计安装示意图

（6）监测。

1）仪器埋设完毕，测读初始读数前，应对铟钢丝进行预拉，即在测读装置的各大轮下面分别挂上 80～100kg 的配重砝码，将各铟钢丝拉直。

2）加重后等待 30min 读数 1 次，经多次重复读数至最后两次读数值不变时，则记录在考证表上，并作为初始读数。

10.2.3.2　水管式沉降仪

（1）埋设线路开挖和基床的整理。

1）引张线式水平位移计与水管式沉降仪共用沟槽和仪器基床。

2）各测点混凝土监测墩或浆砌石监测墩顶应基本控制在同一高程，用水平尺校准测头的水平度，其不平整度应小于±2mm。

3）管路的坡度取 1%～2%倾向监测房，能保证测点沉降量的可测性。采用水准仪校测管路基床坡度及测点高程。

4）水管式沉降仪监测，安装前应先排尽测量管路内的水和气。用测量板上带刻度的玻璃管测定。应平行测读两次，读数差不得大于 2mm。

（2）测头和管路的安装埋设。

1）将测头置于混凝土监测墩基床面上，根据管路埋设坡度决定基床面顶高程。测头采用 50cm×50cm 方形或 ϕ50cm 圆柱形混凝土保护。混凝土（一般采用 C20）浇筑时，应注意各部位均充填密实，至距顶面约 10cm 时，平放一张钢筋网，继续浇筑，将顶面抹平。按常规养护方法养护至拆模。浇混凝土前须对测头性能进行测试，确定其合格后方可开始浇筑。测头外部必须加防护罩。

2）将各管路外套 ϕ114mm（或 ϕ110mm）保护管，然后沿已整平的基床蛇形平放引至监测房的测量板上。

3）在堆石料坝体中，以反滤形式人工回填压实，回填至测头顶面以上约 1.1m 时，即可恢复坝面填筑碾压；在过渡料坝体中，管路周围回填原坝料，人工夯实至测头以上 1.1m 即可恢复正常施工填筑，但不得进行振动填压。

（3）监测房内的量测板调试。

1）将各测头的管路对号就位接到量测板上，打开各测头通气管阀门，依次用脱气水给各测头的测量管充水排气。气泡排尽后打开通向玻璃量管的阀门，使其水位升高一点，关进水阀，待管内水位稳定后，读出水面刻尺数值，此值即为测头的起始读数，同时测出量测管安装基面高程，一并记入埋设考证表。

2）各测头的量测管应采用无接头的整管，排气管和排水管若必须连接时，应有专门的连接措施。

3）最后安装自动控制与测量系统，该系统设备的安装应按厂家技术要求进行。

水管式沉降仪安装见图 10-2。

10.2.3.3　测斜管暨电磁沉降环

利用安装埋设在堆石体内的测斜管暨电磁沉降环，通过活动式（或固定式）测斜仪和电磁沉降仪，可同时监测到填筑施工过程中坝体内部平面位移和沉降变化规律。该监测仪器安装埋设与大坝施工干扰大，为保证测斜管垂直度、导槽方向扭转角、伸缩节的伸缩量、回填料密实度等均满足设计要求，同时又不遭受填筑施工损坏，主要采取以下措施。

（1）坝基覆盖层应钻孔安装测斜管，坝体内部的部分孔段或全孔均可采用钻孔方法安

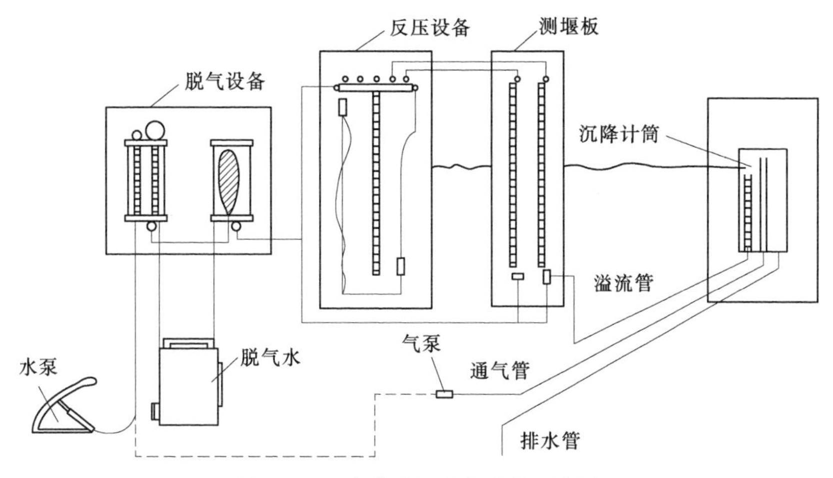

图 10-2　水管式沉降仪安装示意图

装测斜管。孔位偏差小于±50mm，钻孔直径 130mm，钻孔倾斜度小于 1°。

(2) 通过全站仪精确定位，控制管斜和测斜管导槽的扭曲度，做好测斜管连接处专门的防水及保护处理，并进行临时固定，待该段测管埋入后解除固定装置。

(3) 根据基座高程的实际位置，沉降环高程可适当调整，并保证沉降环安装在设计高程的一根测斜管底接头以上至少 1m。在沉降环以下 1m 段涂少量黄油。

(4) 在理论计算沉降量分布规律基础上，通过专项试验和现场填筑情况确定位于不同区域和不同高程的管间伸缩预留值。

(5) 采用人工回填料时，注意剔除测斜管周围 5cm 以上颗粒或砾石，在人工对称夯实的基础上，辅以小型振动夯板，但不得触及管身，使之与周围土料压实标准一致。

(6) 整个实施过程均采用 24h 严格守护措施，直至全部安装埋设工作完成，并在管口建混凝土保护墩保护，设盖板并加锁。

测斜管暨电磁沉降环安装埋设见图 10-3。

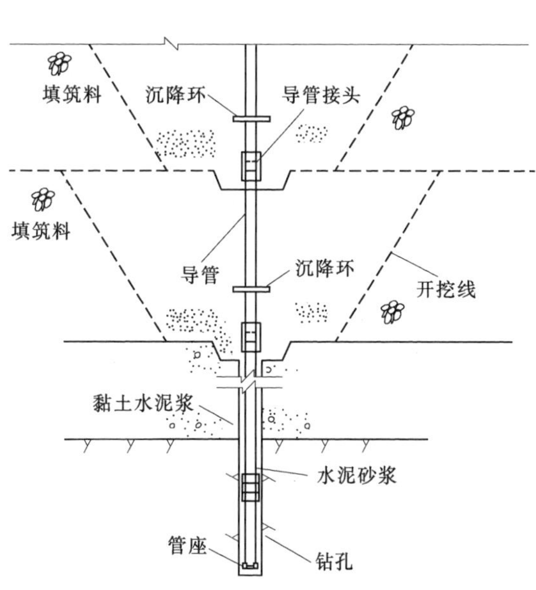

图 10-3　测斜管暨电磁沉降环安装埋设示意图

10.2.3.4　土体位移计串

位移计应设置保护钢管内，钢管长度根据位移计长度确定。仪器结构件尺寸如下：选择 ϕ50mm PVC 保护管将拉杆套在管内。选择 ϕ10mm 不锈钢杆作为传力杆，并通过钢铰将各位移计串联（见图 10-4）。选择锚固板（长×宽×厚）60cm×40cm×1cm 的铁板。选择垫板（长×宽×厚）60cm ×15cm ×1cm 的铁板。

仪器埋设中心位置开挖沟槽（长×宽×高）33m×0.3m×0.1m。另外，在每个锚固板位置挖一个（长×宽×高）

0.9m×0.4m×0.4m 坑槽。在沟槽和坑槽内回填厚 10mm 水泥砂浆，其不平整度应小于 2mm。将岸坡基岩、覆盖层或混凝土上钻 ϕ70mm 孔，孔深为 1m。将 ϕ20mm×1m 锚固钢筋和传力杆连接在一起放入孔内，孔内再充填 M20 水泥砂浆。将位移计串联放入沟槽和坑槽内。回填细料，其粒径不得大于 20mm，再回填过渡料，采用人工压实，当回填料超过 1.5m 时，方可按正常碾压施工。

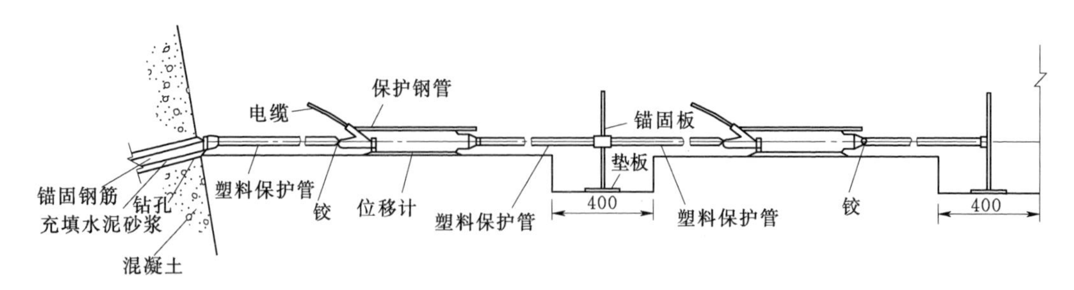

图 10-4　土体位移计串安装埋设示意图（单位：mm）

10.2.3.5　土压力计

土压力计的埋设通常采用过渡层法或透镜体法进行。当填方超过埋设高程 0.50m 并经碾压密实后，严格按仪器安装埋设方位进行人工基槽开挖，开挖过程中应注重周边料体保护并减小扰动，经修整后的基槽必须平整、均匀、密实，并符合仪器规定的埋设方向。

（1）界面式土压力计。

1）面板混凝土浇筑前，在经测量定位的土压力计埋设点的垫层料坡面上挖一个坑，坑顺坡长 100cm，宽 70cm，深 20cm。用筛除去粒径大于 5mm 粗料的ⅡB 料作置换，分两层铺填夯实，并整平置换料表面使之与垫层料坡面齐平。

2）从试验室把制备的混凝土底座连同仪器（电缆）小心地运到埋设现场，以防止混凝土底座断裂。

3）把底座上表面（土压力计承压盒面）紧贴在经置换的ⅡB 料坑表面，使两者接触面紧贴不留间隙，混凝土底座底面预埋的插筋与面板钢筋固定。

4）将垫层料内预埋的电缆连接到土压力计。

5）面板混凝土浇筑到仪器埋设区域时，振捣器不得触及预埋的仪器底座，以免损坏或移动就位仪器。

界面式土压力计安装埋设见图 10-5。

（2）土中土压力计。

1）堆石体内土压力计埋设。将土压力计按设计方位固定，电缆端朝向下游坝坡监测房。筛除大于 5mm 粒径颗粒的河滩料，按 10～15cm 一层回填夯实仪器埋设坑，使之与堆石体沉降与水平位移测线基床带持平。在堆石体沉降与水平位移测线基床带回填时，仪器埋设坑上部将小心地人工夯实。堆石体内土压力计安装埋设见图 10-6。

2）过渡区土压力计埋设。四支土压力计就位在仪器埋设坑内四个仪器垫床面，使仪器承压盒面与垫床面紧贴不留间隙。仪器电缆集中到该高程堆石体沉降和水平位移测线基床带，牵引入下游坝坡监测房。

筛除大于 5mm 粒径颗粒的河滩料，按 10～15cm 一层回填夯实仪器埋设坑，使之恢

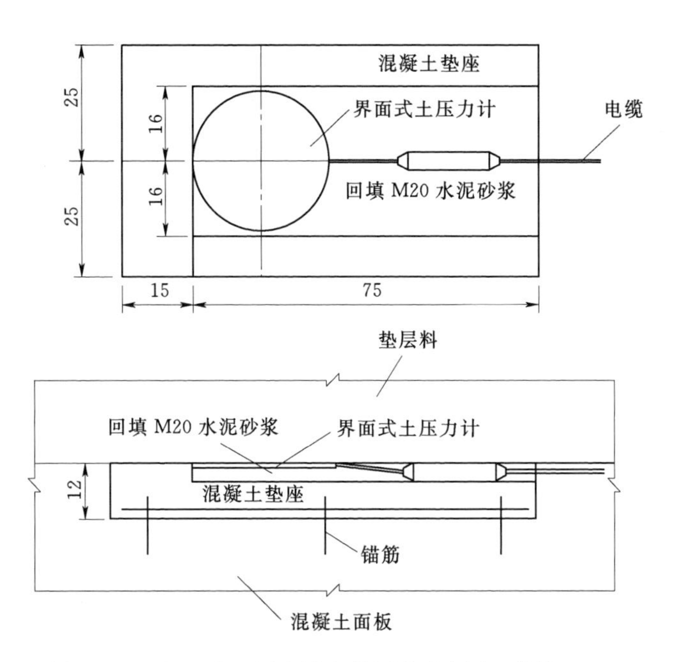

图 10-5　界面式土压力计安装埋设示意图（单位：cm）

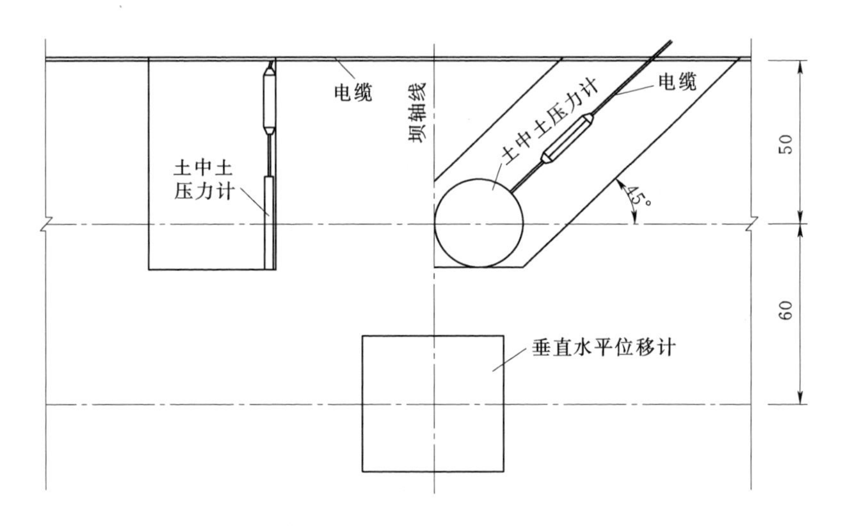

图 10-6　堆石体内土压力计安装埋设示意图（单位：cm）

复到过渡层填筑坝面高程。在其上面的三层过渡料填筑时静压，以防因振动而损坏仪器或变动仪器埋设方位。

过渡区土压力计安装埋设见图 10-7。

10.2.3.6　坝基渗压计

（1）清理好渗压计埋设点处的基础面后，开挖埋设坑。埋设坑底（长×宽）15cm×40cm、深度 40cm，并在坑底四个角各钻一个孔径 15cm、孔深 60cm 的浅孔。

（2）在渗压计测头包上饱和细砂袋，使仪器进水口通畅，并防止水泥浆进入渗压计内部。

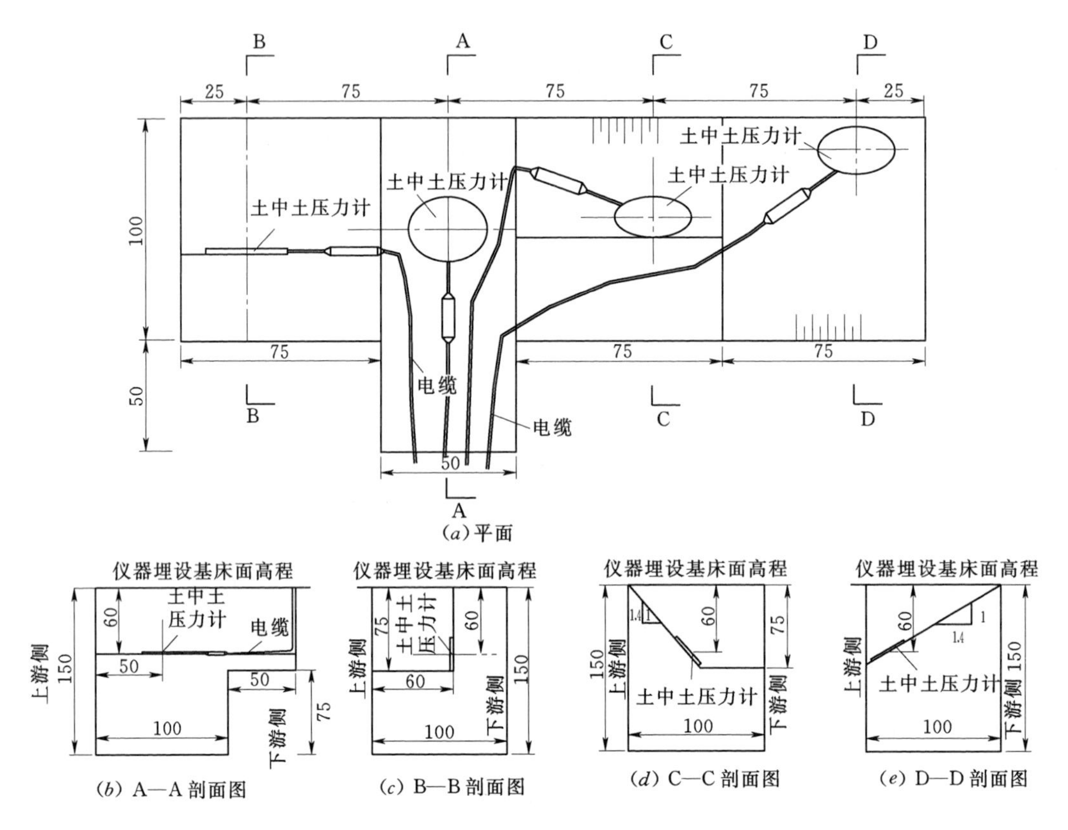

图 10-7　过渡区土压力计安装埋设示意图（单位：cm）

(3) 将包有砂袋的仪器埋入预先完成的坑或槽内，周围回填砾石，注水饱和。上部铺一层干硬性水泥砂浆。

(4) 连接电缆沿坝基开挖沟槽敷设，留 10%的裕度，并注意不要互相交绕。

坑埋式渗压计安装埋设见图 10-8。

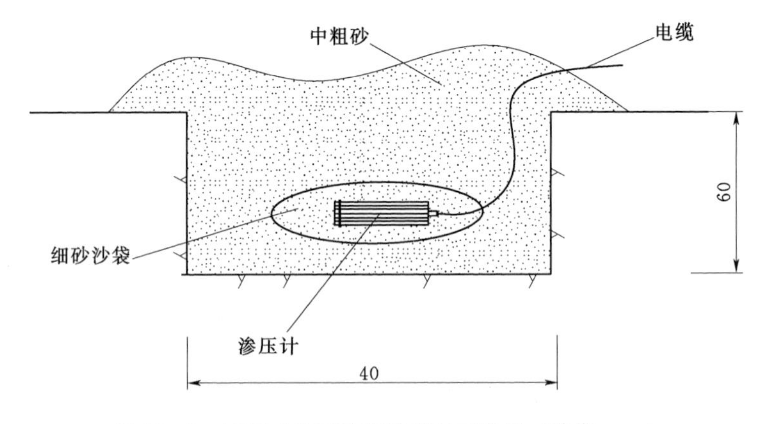

图 10-8　坑埋式渗压计安装埋设示意图（单位：cm）

10.2.3.7　量水堰

(1) 量水堰的形式根据测点部位流量确定，量水堰的堰板采用厚度为 8mm 的不锈钢板制作。

(2) 堰槽采用矩形断面，其总长度应大于7倍堰上水头，且不小于2m。其中堰板上游的堰槽长度应大于5倍堰上水头，且不小于1.5m；堰板下游的堰槽长度应大于2倍堰上水头，且不小于0.5m，堰槽宽度应不小于堰口最大水面宽度的3倍。

(3) 在堰槽的预留位置安装堰板，堰顶至排水沟沟底的高度大于5倍堰上水头，堰板应直立且与水流方向垂直。堰板应为平面，局部不平处不得大于±3mm。堰口的局部不平处不得大于±1mm。堰板顶部应水平，两侧高差不得大于堰宽的1/500。直角三角堰的直角，误差不得大于30″。

(4) 堰板和侧墙应铅直。倾斜度不得大于1/200。侧墙局部不平处不得大于±5mm。堰板应与侧墙垂直，误差不得大于30″。

(5) 两侧墙应平行。局部的间距误差不得大于±10mm。

(6) 测读堰上水头的测针，应设在堰板上游1.0m处。

量水堰安装见图10-9。

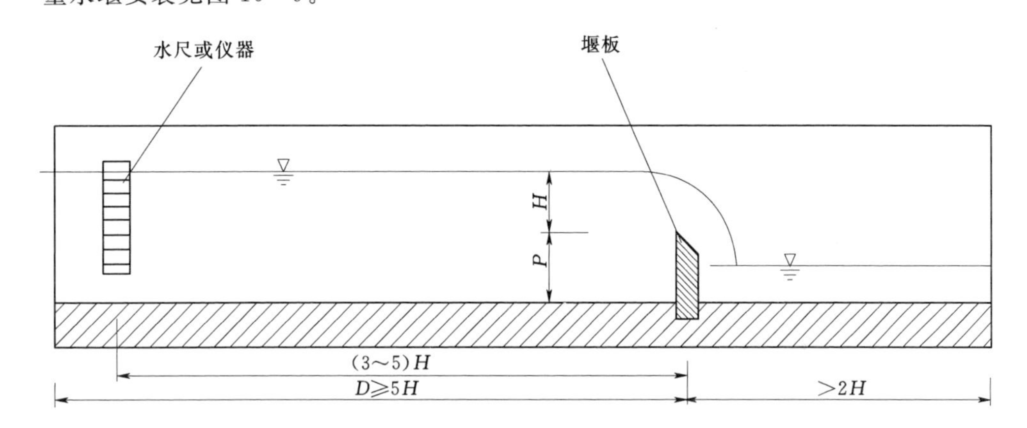

图10-9　量水堰安装示意图

10.2.4　面板和趾板监测仪器安装埋设

10.2.4.1　钻孔式渗压计

钻孔式渗压计位于帷幕线上、下游，用于监测基岩的透水性以及灌浆帷幕的阻渗效果与渗流态势。钻孔式渗压计埋设应注意以下几点。

(1) 造孔须在相应部位的帷幕施工结束并确认邻近区域的帷幕施工不致串浆时进行。

(2) 布置在帷幕后、面板下的钻孔渗压计埋设，应在相应部位的面板施工前完成。

(3) 封孔与同孔中不同高程仪器间的封隔至关重要。特别是位于河床最低部位基坑的钻孔，往往孔中满水，有时甚至有水溢出，给分隔与封孔带来极大困难，可采用在透水段的中粗砂上再分别投放细砂、膨润土干土球，再灌注絮凝微膨胀水泥砂浆的方法。

10.2.4.2　坑埋式渗压计

沿周边缝下游侧布置渗压计，可监测周边缝止水系统的阻渗效果，测量衰减后的水头。周边缝渗压计常采用坑式埋设，并布置在基岩表面。埋设方法与坝基埋设渗压计相近，即在基岩表面挖较小的埋设坑，安置仪器后，用干净中粗砂回填即可。安装埋设时段可在坝料填筑前、后并于面板浇筑前完成。

10.2.4.3 测缝计

（1）单向测缝计。

1）测缝计在与其相关块面板混凝土浇筑 28d 后进行安装。

2）依据测缝计标距，跨越面板垂直缝在埋设中心线两端钻孔，孔深 15cm，埋入膨胀螺栓并注入 M20 混凝土砂浆，以固定测缝计支座。

面板单向测缝计安装见图 10-10。

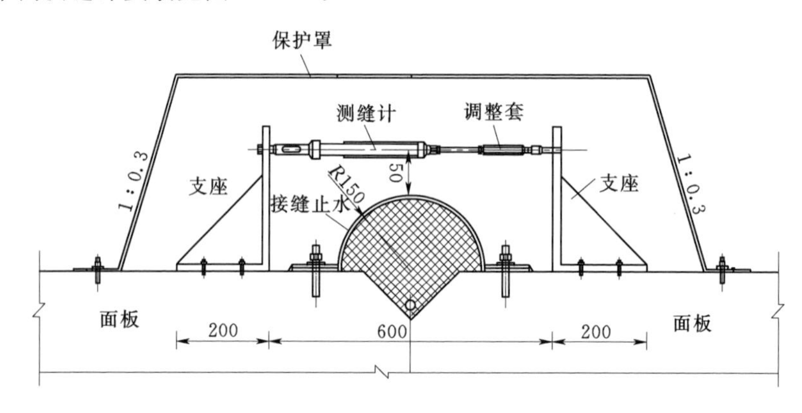

图 10-10 面板单向测缝计安装示意图（单位：mm）

3）测缝计两端分别固定在支座上，并保证仪器能自由伸缩及铰支自由转动。

4）在安装过程中，严格控制传感器的预拉量程。

5）采用钢板罩保护。

（2）三向测缝计。

1）三向测缝计在与其相关块面板混凝土浇筑 28d 后进行安装。

2）将测缝计安装支座分别安装在趾板和面板上。

3）将传感器安装在仪器支座相对应的位置上，调整传感器预拉压量程。

4）仪器周边充填物不得制约仪器自由伸缩和自由铰支转动。

5）三向测缝计和伸长杆用厚钢板罩保护，以防止碎片掉入。

6）所有暴露的仪器电缆将采用适当的防护措施。

7）修建钢筋混凝土墩保护。

面板三向测缝计安装见图 10-11。

（3）电平器。

1）电平器沿所在面板坡面中心成一条直线安装。

2）各支电平器初始读数为 0，保证各支仪器内的气泡处于水平居中状态。

3）电平器安装在面板上后，浇筑混凝土墩进行保护，混凝土墩的插筋固定在面板上。

4）电缆可集中于预留电缆槽铺设或预埋在面板内。

电平器安装见图 10-12。

天生桥一级水电站混凝土面板选用了电平器监测面板的挠曲变形。该仪器安装只需将各支仪器通过微型支架固定在面板表面，必要时加保护罩或浇筑混凝土墩加以保护，并将

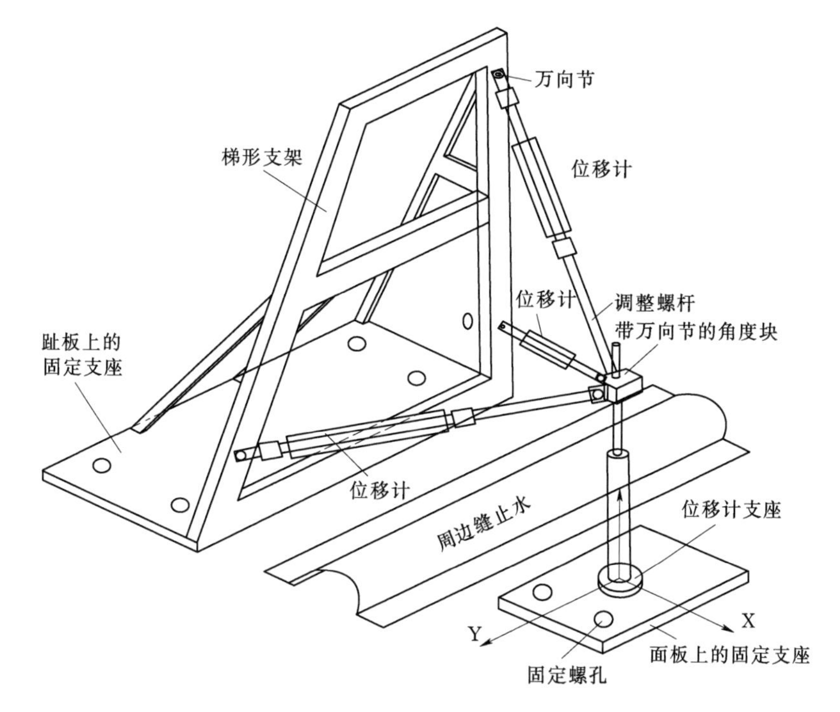

图 10-11　面板三向测缝计安装示意图

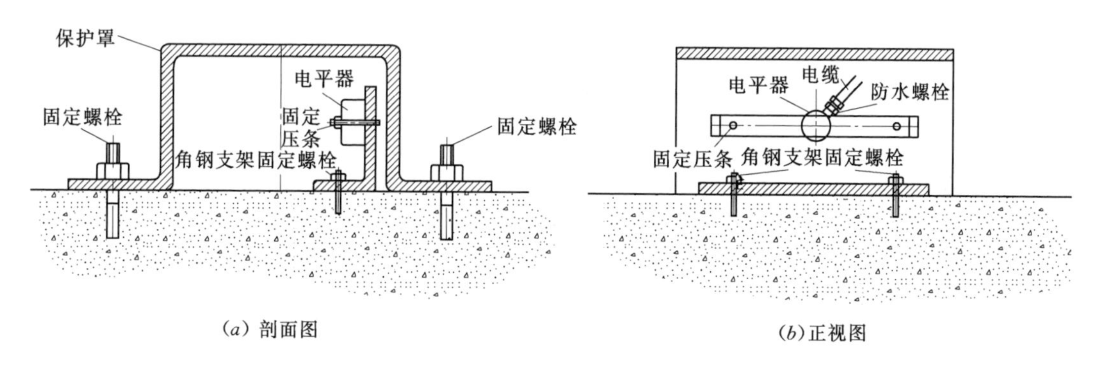

图 10-12　电平器安装示意图

电缆从面板预留电缆槽中引向坝顶并封闭电缆槽即可。

10.2.4.4　应力应变

（1）应变计组。

1）按设计要求，先测量放样，确定应变计组的安装埋设部位。

2）先将安装杆旋入支座再焊接在面板钢筋或专设的钢筋托架上，然后旋上支杆，最后将应变计装在支杆上。所有应变计保证严格控制方向，仪器轴线必须交于一点，埋设仪器的角度误差不超过 1°。

3）混凝土下料时应距仪器 1.5m 以上，振捣器不得接近应变计 1.0m 范围以内。采用人工捣实或小型振动器在周围插振，大型振捣器不得接近距应变计组 1.5m 范围以内，同时振捣器不要碰撞钢筋，否则钢筋发生抖动，容易损坏应变计。

4）振捣过程中应随时检查仪器的角度和方向，有位移应及时调整，并同时对仪器进行监测，一经发现损坏，即刻更换仪器。

5）仪器安装埋设完成后，其部位将做明显标记，并留人看护，直至仪器附近150cm范围混凝土浇筑完毕方可离开。

三向应变计组安装埋设见图10-13。如使用小应变计，且当钢筋网格大于应变计的长度时，可直接用铅丝以铰接的方式将其固定在钢筋网上。

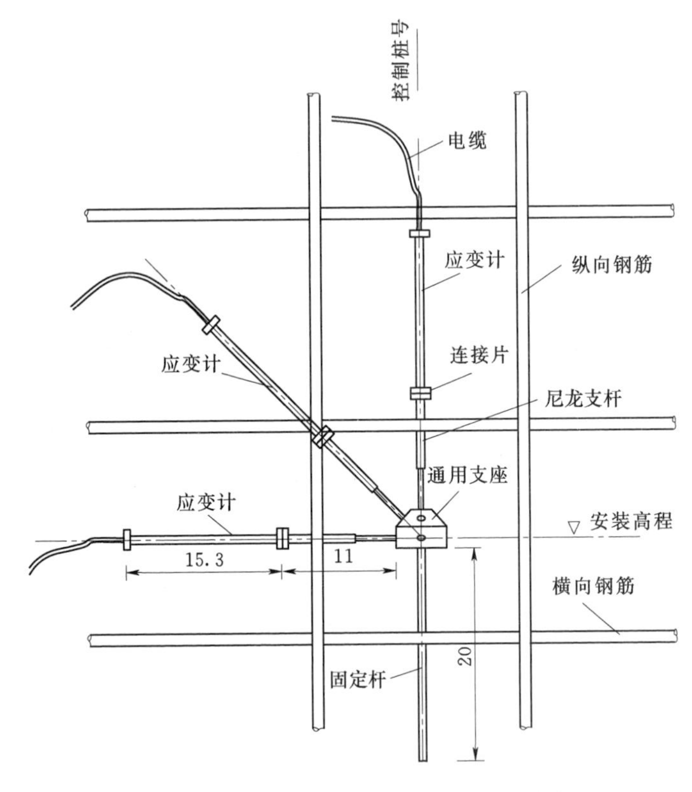

图10-13　三向应变计组安装埋设示意图（单位：cm）

（2）无应力计。

1）面板无应力计的埋设分板外埋设与板内埋设两大类。当面板厚度小于0.6m时，采用板外埋设法。

2）用16号铅丝将一支应变计固定于隔离筒内正中，将系牢应变计的无应力计隔离筒用辅助钢筋架立在设计埋设点位，距相邻应变计1.5m。

3）当混凝土浇至仪器埋设高程后，将系牢应变计的无应力计隔离筒筒口朝上，调整好筒体方向，使筒体中心轴垂直水平面。

4）用中、细石混凝土由上口填入筒内，混凝土回填层厚不小于30cm，以人工捣实或小型振捣器振实，注意不要伤及仪器。

5）当筒内混凝土浇至离筒口5cm时，将橡皮圈放于法兰盘上，盖上顶盖，对称上紧螺栓，随后用混凝土将无应力计筒覆盖，振捣时不得损坏无应力计。

6）无应力计埋设后，应在仪器旁插上标记，继续浇筑混凝土时必须对仪器加以保护，防止振坏或移位。

无应力计安装见图 10－14。

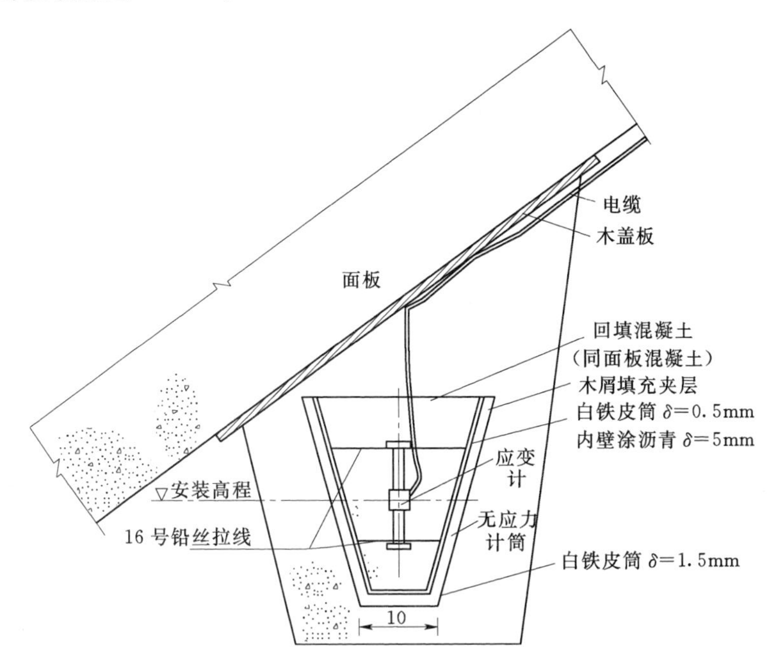

图 10－14　无应力计安装示意图（单位：cm）

（3）钢筋计。

1）按钢筋直径选配相应规格（一般选择等直径）的钢筋计，将仪器两端的连接杆分别与钢筋焊接（或机械连接）在一起，焊接强度不低于钢筋强度，钢筋计应与钢筋保持在同一轴线上。焊接过程中应采取措施避免温升过高（不超过 60℃）而损伤仪器或影响焊接质量。

2）安装、绑扎带钢筋计的钢筋，将电缆引出点朝下。

3）混凝土入仓应远离仪器，振捣时振捣器至少距离钢筋计 0.5m，振捣器不直接插在带钢筋计的钢筋上。

4）带钢筋计的钢筋绑扎后作明显标记，留人看护。

5）混凝土浇筑之前，用篷布遮盖保护，待仪器周围 50cm 内混凝土浇筑完毕后，守护人员方可离开。

（4）温度计。

1）按图纸所示的位置在混凝土面板内埋温度计，以测量混凝土浇筑期温升和水库运行期不同水深的水温。

2）用 16 号铅丝将温度计固定在钢筋网格上，仪器轴线平行面板。

3）为了减少振动和冲击，在温度计外壳包裹一层布，并缠上胶布。

10.2.4.5　面板与垫层料脱空仪

（1）面板脱空监测仪器宜优选精度高、反应灵敏、埋设较为简单的位移计用于监测混凝土面板与垫层料间垂直和平行面板向的变位。

（2）仪器安装埋设应在面板钢筋架设前进行。在垫层料上挖一个约 1.5m 深的坑，用 4～5 根 2m 长的锚筋呈放射状打入垫层料中，上部交于一点并浇筑约 40cm 见方的混凝土墩，即作为位移计的支墩。

（3）由两支位移计与支墩构成等边三角形，两支仪器的一端安装在同一支墩铰座上；另一端分别与平行于面板的支架两端铰接，支架焊接在面板钢筋上。

（4）通过连接杆调整好仪器的伸缩量程。

（5）采用垫层料人工分层回填并夯实。回填夯实过程中应小心操作，以免损坏仪器。

（6）当面板浇筑后，即与面板同步工作。

面板脱空监测仪器安装埋设见图 10－15。

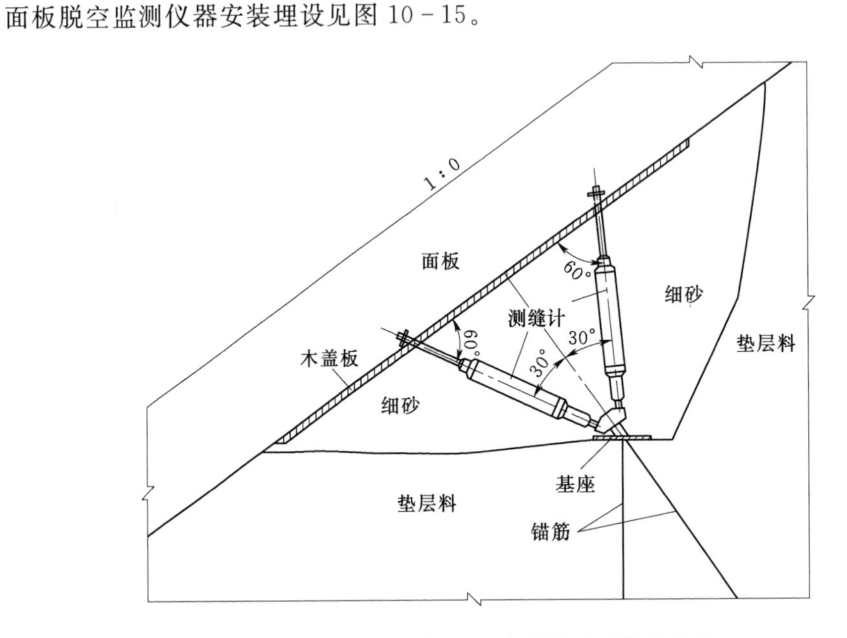

图 10－15　面板脱空监测仪器安装埋设示意图

10.2.5　强震仪安装埋设

（1）仪器安装前，将在有资质的实验室超低频标准振动平台上进行整机标定，主要内容包括：输入—输出特性、幅度—频率特性和相位—频率特性等。

（2）加速度计安装。

1）坝顶加速度计采用预留 0.5m×0.5m×0.5m 的坑埋方式，电缆采用预埋，顶部盖板和坝顶齐平，后坝坡加速度计可直接安装在监测房内。

2）在设计位置浇筑一个 0.4m×0.4m×0.2m 的混凝土墩，混凝土墩和被监测建筑物之间埋设插筋牢固连接，混凝土墩顶面平整度优于 3mm，墩体预留出导线穿入孔。

3）将三分量加速度计底板用黏合剂或螺栓牢固固定在混凝土墩上，安装方向分别为垂直和平行坝轴线、竖直向，其外设置保护罩。

4）传输电缆信号线采用专用电缆，电缆信号线在 100m 内无接头，在电缆信号线与记录器连接处宜设置接线盒，以方便检查，布线须远离高压线。

（3）加速度计测站和保护装置要求。

1）坝内监测间内加速度计可根据现场实际情况对其位置给予适当调整，以不影响交通和监测房、监测廊道内相关监测仪器为准。

2）设有强震动记录仪的监测站须备有220V电源，还应配备一组相互独立的备用的直流电源，其容量使仪器继续工作不低于24h。

3）监测站内有安全接地保护措施，仪器的供电电源、通道线路和GPS分别安装防雷装置，GPS天线安装在室外，离地面高度2m以上的开阔位置，保证能接收到有效的卫星信号。

4）室内环境温度在－5～＋65℃之间，相对湿度不大于90％。

（4）电源。强震监测系统采用集中供电，供电方式为：在数据汇集处理中心配置不间断电源（3kVA）和配电箱，向数据汇集处理中心、各强震监测站的仪器及设备进行集中供电。

10.2.6 仪器电缆连接与敷设

10.2.6.1 橡胶电缆连接

橡胶电缆连接采用硫化接头方式，具体要求有以下几个方面。

（1）根据设计和现场情况准备仪器的加长电缆。

（2）按照规范的要求剥制电缆头，去除芯线铜丝氧化物。

（3）连接时应使各芯线长度一致且芯线接头错开，采用锡和松香焊接。

（4）芯线搭接部位用黄蜡绸、电工绝缘胶布和橡胶带包裹，电缆外套与橡胶带连接处锉毛并涂补胎胶水，外层用橡胶带包扎，外径比硫化器钢模槽大2mm。

（5）接头硫化时严格控制温度，硫化器预热至100℃后放入接头，升温到155～160℃，保持15min后，关闭电源，自然冷却到80℃后脱模。

（6）将1.5个大气压的空气通入电缆，历时15min接头不漏气，在1.0MPa压力水中的绝缘电阻大于50MΩ。

（7）接头硫化前后测量、记录电缆芯线电阻、仪器电阻比和电阻。

（8）电缆测量端芯线进行搪锡，并用石蜡密封。

10.2.6.2 塑料电缆连接

塑料电缆的连接采用热缩接头或常温密封接头方式，常温密封接头具体要求如下。

（1）根据设计和现场情况准备仪器的加长电缆。

（2）将电缆头护层剥开50～60mm，不破坏屏蔽层，然后按照绝缘的颜色错落（台阶式）依次剥开绝缘层，剥绝缘层时避免将导体碰伤。

（3）电缆连接前将密封电缆胶的模具预先套入电缆的两端头，模具头、管套入一头，盖套入另一头。

（4）将绝缘颜色相同的导体分别采用锡和松香焊接，芯线搭接部位用黄蜡绸、电工绝缘胶布和橡胶带包裹，并使导体间、导体与屏蔽间得到良好绝缘。

（5）接好屏蔽（可以互相按压在一起）和地线，将已接好的电缆用电工绝缘胶布螺旋整体缠绕在一起。

（6）将电缆竖起（可以用简单的方法固定），用电工绝缘胶布将底部的托头及管缠绕几圈，托头底部距接好的电缆接头根部30mm。

(7) 将厂家提供的胶混合搅匀后，从模口上部均匀地倒入，待满后将模口上部盖上盖子。

(8) 不小于 10m 长的电缆，在 2.0MPa 压力水中的绝缘电阻大于 500MΩ。

(9) 24h 后用万用表通电检测，若接线良好，即可埋设电缆。

10.2.6.3 电缆敷设与保护

(1) 电缆连接后，在电缆接头处涂环氧树脂或浸入蜡，以防潮气渗入。在电缆两端每隔 3m 用电缆打字机或永久标志牌打上相应仪器的编号，中间每隔 10m 打一个。

(2) 监测电缆一般严格按设计走向敷设，不管上升、水平或下降，均成蛇行放松电缆，在通过填料分区接触面时，成弹簧形放松电缆。

(3) 电缆敷设过程中，配备专人负责将电缆周围较大粒径或锋利棱角的填料剔除，以免刺破电缆。

(4) 严格防止各种油类玷污腐蚀电缆，经常保持电缆的干燥和清洁。

(5) 电缆在牵引过程中，要严防开挖爆破、施工机械损坏电缆，以及焊接时焊渣烧坏电缆，必要时穿管保护。

(6) 电缆跨施工缝或结构缝时，采用穿管过缝的保护措施，防止由于缝面张开而拉断电缆。

(7) 面板内的仪器电缆应沿钢筋引向坝顶。面板外和面板下部的仪器电缆可以预埋入面板内但不应穿透面板。面板区域的仪器电缆走向位置应有详细的测量记录并在相应部位的面板表面做好明显标记，以防止面板裂缝处理时损坏电缆。

(8) 沿电缆牵引线路挖槽形成电缆沟，电缆应埋设于电缆沟中，并穿管保护，保护管采用镀锌管（直径 102mm，厚 6mm），周围回填石渣。

(9) 电缆一时不能引入监测站时，要设临时测站，采用预埋电缆储藏箱作为临时测站。

10.3 数据整理

10.3.1 资料收集

(1) 资料收集的基本原则。

1) 资料的收集必须做到及时、准确、全面、完整。

2) 资料的录入、誊抄、传输、拷贝等项作业按全面质量管理的要求，做好校核检验工作，切实保证资料的准确可靠，严防数据资料的损坏、失误或丢失。

3) 资料的存储和表示方法力求简洁、清晰、直观。采取的存储形式便于保管、归档和查询。目录采用通用规范。保证资料的完整安全，避免丢失、损坏，各种资料都有备份。

(2) 资料收集的内容范围。

1) 详细的观测数据记录、观测的环境说明，与观测同步的气象、水文等环境资料。

2) 监测仪器设备及安装的考证资料。监测设备的考证表、监测系统设计、施工详图、

加工图、设计说明书、仪器规格和数量、仪器安装埋设记录、仪器检验和电缆连接记录、竣工图、仪器说明书及出厂证明书、观测设备的损坏和改装情况、仪器率定资料等。

3）监测仪器附近的施工资料。

4）现场观察巡视资料。

5）监测工程有关的设计资料。如设计图纸、参数、计算书、计算成果、施工组织设计、地质勘测及详查的资料报告和技术文件等。

6）设计、计算分析、模型试验、前期监测工作提出的成果报告、技术警戒值（范围）、安全判据及其他技术指标和文件资料。

7）有关的工程类比资料、规程规范及有关文件等。

（3）原始资料的存储方法。

1）全部的观测资料、图片、录像资料严格按要求归档保存备查。

2）全部的分析计算结果、报表、观测月报、年报、简报、文件及会议记录等按要求归档保存。

3）所有的原始资料、图片、录像及分析计算结果与各种计算结果、报表、观测报告、文件及会议记录等全部录入资料信息管理系统，刻入光盘，实现全部电子化备份保存。

10.3.2 巡视检查

（1）日常巡视检查。在工程施工期和运行期均需进行日常巡视检查，应建立巡视检查机构，制定巡视检查范围、线路、项目和方法。在巡视检查工作中应做好记录，如发现大坝表面有损伤、塌陷、开裂、渗流或其他异常迹象，应立即上报，并分析其原因。检查的次数：在施工期，每周1次；水库第一次蓄水或提高水位期间，每天1次；运行期至工程移交前，可逐步减少次数，但每月不少于1次。汛期应增加巡视检查次数，水库水位达到设计水位前后，每天至少应巡视检查1～2次。

（2）年度巡视检查。在每年汛前、汛后及高水位、低气温时，应按规定的检查项目，对大坝、近坝库岸边坡等部位进行较为全面的巡视检查（在汛前可结合防汛检查进行）。巡视检查结束后应提交简要报告，内容包括发现的问题及拟采取的措施。年度巡视检查通常每年应进行2～3次。

（3）特殊巡视检查。若遇到特殊情况，如大坝附近发生有感地震、大暴雨、大洪水、高水位、地下水位长期持续较高、库水位骤降、低气温、强地震、大药量爆破或爆破失控以及结构受力状况发生明显变化、建筑物出现异常或损坏等情况时，应立即进行巡视检查。

10.3.3 数据采集

（1）从仪器设备安装完毕后及时记录初始读数，长期监测数据采集工作即刻开始。监测数据采集工作必须按照规程规范和设计有关规定的监测项目、测次和时间进行，并做到“四无”（无缺测、无漏测、无不符合精度、无违时）。必要时，还应根据实际情况适当调整监测测次，以保证监测资料的精度和连续性。

（2）各监测项目在仪器设备埋设初期按表10-2所列的测次要求进行监测。

表 10-2 各监测项目在仪器设备埋设初期测次表

监测项目	仪器埋设后的时段/d	测次
变形监测	1～7	1 次/d
	7～30	1 次/周
渗流监测	1～7	1 次/d
	7～30	1 次/周
应力应变监测	1～7	4 次/d
	7～30	2 次/周
温度监测	1～7	4 次/d
	7～30	1 次/d

（3）施工期、蓄水期正常情况下，各监测项目各阶段测次按表 10-3 中所列的要求进行监测。若遇到特殊情况，如大暴雨、大洪水、汛期、地下水位长期持续较高、库水位骤降、强地震以及建筑物出现异常或损坏等情况，应增加测次。

表 10-3 各监测项目各阶段测次表

序号	监测项目	施工初期	首次蓄水期	初蓄期	运行期
1	表面变形	4～1 次/月	10～4 次/月	4～2 次/月	1～1 次/2 月
2	坝体内部位移	10～4 次/月	1 次/d～10 次/月	10～4 次/月	4～1 次/月
3	防渗体变形	4 次/月	1 次/d～10 次/月	10～4 次/月	4～1 次/月
4	接缝变化	4 次/月	1 次/d～10 次/月	10～4 次/月	4～1 次/月
5	坝基变形	4 次/月	1 次/d～10 次/月	10～4 次/月	4～1 次/月
6	界面位移	8～4 次/月	1 次/d～10 次/月	10～4 次/月	4～1 次/月
7	渗流量	2～1 次/旬	1 次/d	2 次/旬～4 次/月	2 次/旬～4 次/月
8	坝体渗透压力	2～1 次/旬	1 次/d	2 次/旬～4 次/月	2 次/旬～4 次/月
9	坝基渗透压力	2～1 次/旬	1 次/d	2 次/旬～4 次/月	2 次/旬～4 次/月
10	防渗体渗透压力	2～1 次/旬	1 次/d	2 次/旬～4 次/月	2 次/旬～4 次/月
11	绕坝渗流（地下水位）	4～1 次/月	1 次/d～10 次/月	2 次/旬～4 次/月	4～2 次/月
12	坝体应力、应变及温度	2 次/旬～4 次/月	1 次/d～4 次/月	2 次/旬～4 次/月	1 次/月
13	防渗体应力、应变及温度	2 次/旬～4 次/月	10～4 次/月	2 次/旬～4 次/月	1 次/月
14	上下游水位		4～2 次/d	2 次/d	2～1 次/d
15	库水温		1 次/d～1 次/旬	1 次/旬～1 次/月	1 次/月
16	气温		逐日量	逐日量	逐日量
17	降水量		逐日量	逐日量	逐日量
18	坝前淤积			按需要	按需要
19	冰冻		按需要	按需要	按需要

续表

序号	监测项目	施工初期	首次蓄水期	初蓄期	运行期
20	水质分析		按需要	按需要	按需要
21	坝区平面监测网	1次/年	2次/年	1次/年	1次/年
22	坝区垂直位移监测网	1次/年	2次/年	1次/年	1次/年
23	下游冲淤			泄洪后	泄洪后

注 1. 表中测次，均系正常情况下人工测读的最低要求。特殊时期（如发生大洪水、地震等），应增加测次。对自动化监测项目，可根据需要加密测次。在施工初期坝体填筑进度快的，变形的次数应取上限；首次蓄水期库水位上升快的或施工后期坝体填筑进度快的，测次应取上限。初蓄期和运行期：高坝、大库或变形、渗流等性态变化速率大时，测次应取上限，低坝或性态趋于稳定时可取下限，但当水位超过前期运行水位时，仍需按首次蓄水执行。

2. 竣工验收后运行5年以上，经资料分析表明位移稳定的中、低坝，变形监测的测次可减少为1次/季。

3. 监测网中基准点和工作基点经运行期5次以上复测表明稳定的，监测网测次可减少为1次/2年～1次/3年。

（4）现场采集的数据要在现场核对无误，防止差错，并及时进行数据处理、分析和反馈。如发现异常情况，应找出原因，排除监测操作程序或监测设备的问题后，应及时口头上报，并在24h内提交书面报告，并增加相关监测测次。

（5）应注意保留全部未经过任何涂改的原始记录。

（6）应做好监测仪器设备和设施保护工作，以确保监测数据完整性、连续性和可靠性。

10.3.4 数据检验与处理

监测数据录入计算机后，对录入的数据进行检查和校核，以修正监测记录错误和录入错误，检查计算方法和公式是否正确，剔除明显的监测差。数据检查和校核主要通过观察物理量过程线进行。

（1）误差分析。

1）过失误差：它一般是安全监测人员过失引起，数据上反映出是错误的或超限差，如读数和记录错误、输入错误、仪器编号弄错、安全监测度不够等。遇到这种错误，直接将其剔除，并及时进行补测或返测。

2）偶然误差：它是由于人为不易控制的互相独立的偶然因素作用引起，是随机出现的，客观上难以避免但在整体上服从正态分布，采用常规误差分析理论进行分析处理。

3）系统误差：它是由安全监测母体的变化所引起，就是由于安全监测条件、仪器结构和环境的变化所造成的，这种误差通常为一常数或为按一定规律变化的量，一般可以通过校正仪器消除。

（2）粗差的判别及处理。

1）人工判断法。人工判断是通过与历史的或相邻的安全监测数据相比较，或通过所测数据的物理意义判断数据的合理性。为能够在安全监测现场完成人工判断的工作，把以前的安全监测数据（至少是部分数据）带到现场，做到安全监测现场随时校核、计算安全监测数据。在利用计算机处理时，计算机管理软件对所有安全监测仪器上次安全监测数据的一览表，在进行安全监测资料的人工采集时参照。在安全监测原始记录表中列出上次安全监测时间和数据栏，其内容由计算机自动给出。

人工判断的另一主要方法是作图法，即通过绘制安全监测数据过程线或监控模型拟合曲线，以确定哪些是可能粗差点。人工判别后，再引入包络线或 3σ 法判识。

2）统计回归法。把以往的安全监测数据利用合理的回归方程进行统计回归计算，如果某一个测值离差为 2～3 倍标准差，就认为该测值误差过大，因而舍弃，并利用回归计算结果代替这个测值。

10.3.5 资料整编

（1）整编资料按内容划分为以下四类。

1）工程资料。包括勘测、设计、科研、施工、竣工、监理、验收和维护等方面资料。

2）仪器资料。包括仪器型号、规格、技术参数、工作原理和使用说明，测点布置，仪器埋设的原始记录和考证资料，仪器损坏、维修和改装情况，以及其他相关的文字、图表资料。

3）监测资料。包括人工巡视检查、监测原始记录、物理量计算成果及各种图表；有关的水文、地质、气象及地震资料。

4）相关资料。包括文件、批文、合同、咨询、事故及处理、仪器设备与资料管理等方面的文字及图表资料。

（2）在收集有关资料的基础上，对整编时段内的各项监测物理量按时序进行列表统计和校对；绘制各监测物理量过程线图、能表示各监测物理量在时间和空间上的分布特征图，以及与有关因素的相关关系图。

（3）在整编资料过程中，应对整编资料的完整性、连续性、准确性进行全面的审查。

1）完整性。整编资料的内容、项目、测次等应齐全，各类图表的内容、规格、符号、单位以及标注方式和编排顺序应符合规定要求等。

2）连续性。各项监测资料整编的时间与前次整编应能衔接，监测部位、测点及坐标系统等与历次整编应一致。

3）准确性。各监测物理量的计（换）算和统计应正确，有关图件应准确、清晰。整编说明应全面，分析结论、处理意见和建议应符合实际。

10.4 成果分析

10.4.1 主要分析方法

监测分析目前常用的方法有比较法、作图法、特征值统计法和测值影响因素分析法等方法。鉴于安全监测工作在本工程的重要性，监测实施单位应参照下述内容要求及时开展监测资料的分析工作。

（1）比较法。比较法有监测值与监控指标相比较、监测物理量的相互对比、监测成果与理论的或试验的成果（或曲线）相对照等三种。监测物理量的相互对比是将相同部位（或相同条件）的监测量作相互的对比，以查明各自的变化量的大小、变化规律和趋势是否具有一致性和合理性。监测成果与理论的或试验的成果相对照比较其规律是否具有一致性和合理性。

（2）作图法。根据分析的要求，画出相应的过程线图、相关图、分布图以及综合过程

线图等。由图可直观地了解和分析观测值的变化大小和其规律，影响观测值的荷载因素和其对观测值的影响程度，观测值有无异常。

（3）特征值统计法。特征值包括各监测物理量历年的最大和最小值与出现时间、变幅、周期、年平均值及年变化率。通过对特征值的统计分析，可以看出监测物理量之间在数量变化方面是否具有一致性和合理性及其重现性与稳定性，从而综合判断观测结果的正常与异常，初步评估边坡的稳定状况。

（4）测值影响因素分析法。尽可能搜集整理对测值有影响的各重要因素（如空间、时间因素，环境因素等），掌握它们单独作用下对测值影响的特点和规律，并将其逐一与现有大坝监测资料进行对照比较，综合分析。

10.4.2 主要分析内容

监测数据资料分析工作内容主要包括以下几个方面。

（1）分析监测资料的准确性、可靠性和精度。对于测量因素（包括仪器故障、人工测读及输入错误等）产生的异常测值进行处理（删除或修改），以保证分析的有效性及可靠性。

（2）分析监测物理量随时间或空间而变化的规律。

1）根据各物理量的过程线，说明该监测量随时间而变化的规律、变化趋势，其趋势有否向不利方面发展。

2）同类物理量的分布曲线，反映了该监测量随空间而变化的情况，有助于分析大坝有无异常征兆。

（3）统计各物理量的有关特征。统计各物理量历年最大或最小值（包括出现时间）变幅、周期、年平均值及变化趋势等。

（4）判别监测物理量的异常值。

1）观测值与预测值相比较。

2）同一物理量的各次观测值相比较，同一测次邻近同类物理量观测值相比较。

3）观测值是否在该物理量多年变化范围内。

（5）初步评估观测部位的工作状态，提出意见和建议。

10.4.3 综合分析与评价

对实测资料加以综合分析，得出对建筑物工作状态的评价。综合分析的对象包括对同一项目多个测点实测值的综合分析；对同一部位多种监测项目测值的综合分析；对同一建筑物各个部位测值的综合分析；仪器定点测值和巡视检查资料的综合分析等。

综合分析以系统工程方法论为指导，定性分析与定量分析相结合，吸取现代科学技术的新思路、新理论，应用系统建模方法、系统诊断方法、层次分析法、突变理论，多目标决策法、模糊综合评判法、非定量数据的数量化理论等。此外，还有聚类分析、判别分析、灰色系统方法等，结合实测资料，做出综合判断。

（1）统计分析方法。安全监测工程由于影响因素复杂，不可避免存在的观测误差，具有不确定性，可变作为随机变量进行处理分析。监测资料分析过程中可以选择引进统计分析方法如统计回归、方差分析、时序分析、模糊数学、灰色系统、神经元网格等进行数值分析，这些方法中以统计回归分析应用最为广泛，方差分析往往配合统计回归分析应用，时序分析在考虑周期性函数、趋势分析和残差分析时有较明显的优越性。

统计回归分析是目前工程中应用最多的一种数值计算分析方法，其主要功能如下。

1）分析研究各种监测数据与其他监测量、环境量、荷载量以及其他因素的相关关系，给出它们之间的定量相关表达式。

2）对给出的相关关系表达式的可信度进行检验。

3）判别影响监测数据各种相关因素的显著性，区分影响程度的主次和大小。

4）利用所求得的相关表达式判断工程的安全稳定状态，确定安全监控指标，进行安全监控和安全预报，预测未来变化范围及可能测值等。

（2）反分析方法。有限元方法是当前连续介质力学应用最广泛的一种数值计算分析方法，它可以处理各种介质、不同的地质构造，考虑开挖施工、安全运行和加固处理等不同时段的环境及荷载条件，解决工程中所能遇到的结构、稳定和渗流等各种不同类型的工程实际问题。在监测资料分析中，有限元方法主要应用于：①对所研究工程的工作状态、物理力学机理和工程特性的深入分析；②与监测资料做全面系统的对比研究；③作为反分析方法和对施工设计反馈计算的核心和基础算法；④为确定性模型和混合性模型提供有关确定性因子的基本算法。

10.5 质量控制

10.5.1 仪器设备选型

作为监测信息最基本和直接的载体，选择有效、合理与具有针对性的监测仪器设备相当重要。监测仪器设备的选择主要应考虑以下主要因素：建筑物重要性、建筑物特性、工作环境、仪器工作性能、长期性质及技术经济性。必须严格做到以下几点。

（1）所选择仪器设备的生产厂家符合《中华人民共和国计量法》的有关规定。国产仪器设备生产厂家须持有《制造计量器具许可证》《工业产品生产许可证》，并已通过 ISO 9002 系列质量体系认证；进口仪器设备具备相应的厂家证书。

（2）所选用的仪器设备在国内 3 个以上大型水电工程中成功应用 15 年以上的全新合格产品，主要仪器设备是国内（外）知名专业生产厂家的产品。

（3）仪器性能在满足本工程要求的前提下，二次仪表品种尽量减少，并选择坚固耐用、操作简便的二次仪表。

（4）选用的电测仪器需满足未来自动化监测的需要。

（5）所选用的仪器设备性能稳定、质量可靠、耐用、技术参数（量程、精度等）满足设计要求。

10.5.2 仪器设备检验

根据要求采购到货的监测仪器仪表及设备，必须进行开箱验收，大型监测仪器设备应进行预组装。

监测仪器在埋设安装前，必须按有关技术规范或生产厂家提供的方法进行力学性能、温度性能、防水性能等各相关指标的检验与率定后方能入库待用。

对于工程现场不能或不具备条件检验、率定的监测仪器，委托具备检验、率定资格和能力的单位进行单独检验、率定。监测仪器在检验、率定后6个月内未埋设安装的，在埋设安装前应重新检验、率定，并以最近的检验、率定结果为准。

10.5.3 仪器设备安装埋设

仪器设备安装均严格按设计图纸和设计要求，以及厂商说明书规定的操作方法进行。对埋设过程中损坏的仪器应立即补埋或采取必要的补救措施。

安装埋设完成后应编录已埋设安装仪器的编号、坐标和方向、电缆走向、埋设时间及埋设前后的观测数据等资料。

监测仪器设备安装埋设后，必须采取有效的保护措施，以防施工及人为造成损坏。每次观测过程中应顺带检查仪器设备是否受到损伤，发现问题及时解决。

10.5.4 监测数据资料

监测数据的质量是后续资料分析、成果评价的重要保障，在仪器设备安装完毕后应及时对仪器设备进行测试、校正，确认仪器是否工作正常，并记录初始读数。严格遵守规程规范测次要求，记录全部原始观测数据，并及时将观测数据换算为相应的温度、应力应变、渗压水位等物理量，绘制出典型测点的变形过程线等，发现异常及时补测判断真伪，确保监测数据资料的真实性、连续性、完整性和可靠性。

10.6 工程实例

10.6.1 天生桥一级水电站混凝土面板堆石坝安全监测

天生桥一级水电站混凝土面板堆石坝坝高178m，坝体布置了三个主要监测断面，即右岸1/2坝高处的0+438断面、河床中部的0+630最大断面以及左岸坝基地形突变处的0+918断面。三个断面上共埋设安装了坝体垂直水平位移计81支、土压力计28支、面板电平器64支、面板与垫层坡面间的测缝计18支，以监测坝体的沉降、位移、压应力、面板挠度以及面板与垫层料坡面间的脱空，其典型断面见图10-16。

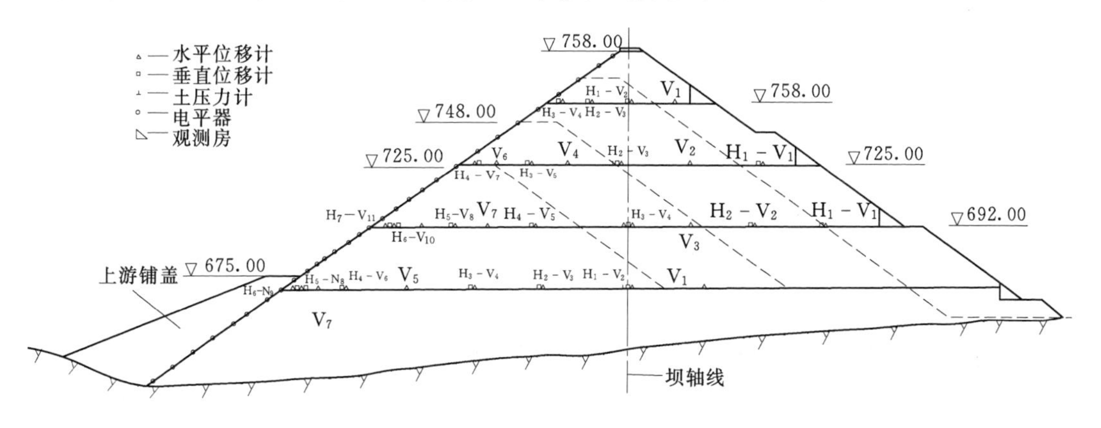

图10-16 天生桥一级水电站混凝土面板堆石坝坝体监测仪器布设典型断面图

(1) 坝体内部变形监测。布置在0+438、0+630、0+918三个断面的8组垂直水平位移计（即0+438和0+918断面高程725.00m、高程758.00m各二层，0+630断面高程665.00m、高程692.00m、高程725.00m、高程758.00m各一层）从1997年1月26日开始第一条埋设安装至1999年2月13日全部完成，历时2年多。由于受坝体分期填筑施工的影响，除0+630、高程665.00m和0+438、高程725.00m二条一次性安装埋设外，其余6条均分段进行埋设，其中0+630、高程692.00m分4次才埋设完成。垂直水平位移计各测头采用现浇混凝土墩固定及保护，安装前先铺填厚30cm过渡料，然后铺填厚20cm垫层料和厚20cm粉细砂形成其基床，并分别采用10t自行式振动碾压实；安装后再分别铺填厚20cm粉细砂、厚20cm垫层料和厚30cm过渡料，并分别采用手扶式振动碾压实，然后恢复正常填筑。垂直水平位移计在其相应的坝后监测房进行监测，分段安装时在临时监测房进行监测。施工期的监测频率为：汛期和蓄水期每3d监测1次，平时每周监测1次。从监测成果表明：最大沉降和位移发生在河床0+630最大断面处，至1999年7月31日，监测到的坝体的最大沉降值为320cm，水平位移值为682.5mm。

（2）面板挠度变形监测。电平器是由巴西一所大学开发、生产的一种重力感应式电解质电位仪。电平器在国内首次应用于混凝土面板堆石坝的面板变形监测，其安装方法简便，即采用膨胀螺栓固定在面板表面上并浇筑小混凝土墩保护即可。其监测通过电缆引至坝后高程758.00监测房进行。电平器安装根据面板分期施工情况分三期完成。电平器采用专门的数据采集仪来测读，并通过公式换算得出面板挠曲变形值。施工期的监测频率为：汛期和蓄水期每3d监测1次，平时每周监测1次。1999年7月31日，对二期面板顶部测得的变形值为22.5cm（0+630断面）、6.0cm（0+438断面）、27.2cm（0+918断面）。

（3）面板与垫层间脱空监测。在施工二期面板前，发现一期面板顶部与垫层坡面间出现脱空现象。为此设计在二期和三期面板增设了对面板与垫层坡面间的监测，即采用单向测缝计组来进行监测，每个测点2支测缝计，共埋设了9个测点、18支仪器。测缝计通过电缆引至坝后高程758.00m监测房进行监测。在二期面板施工完成一年后，通过测缝计测得的最大脱空值为25.1cm，为面板的脱空处理提供了依据。

天生桥一级水电站混凝土面板堆石坝共安装埋设垂直水平位移计、土压力计、测缝计、渗压计、温度计等各种监测仪器达500多支，仪器的埋设完好率达到100%，到竣工移交时仪器运行完好率达到95%以上。天生桥一级水电站混凝土面板堆石坝监测仪器的安装埋设非常成功。它对大坝的安全运行提供了依据，在大坝的运行和管理中将发挥重要的作用。

10.6.2 洪家渡水电站混凝土面板堆石坝安全监测

洪家渡水电站枢纽由混凝土面板堆石坝、洞式溢洪道、泄洪洞、引水发电洞和坝后地面厂房等建筑物组成。混凝土面板堆石坝最大坝高179.50m，坝顶长427.79m，长高比仅为2.38，是目前世界上高面板坝之一。坝顶高程1147.50m，坝顶宽10.95m，上游坡1：1.4，下游局部边坡1：1.25，平均边坡1：1.4，坝体填筑方量900万m^3。

10.6.2.1 监测系统布置

大坝安全监测重点为大坝堆石体变形、面板挠曲变形、面板周边缝三维开合度的变化、大坝及基础渗漏量、坝肩开挖高边坡等。由于坝址两岸极不对称，堆石体将产生不对称纵向位移和不对称纵沉降变形，为此首次运用了横向水平位移监测，同时采用了渗流量分测系统和钢纤维混凝土应变监测等新技术，并取得良好监测效果。

（1）大坝表面变形监测。根据洪家渡水电站的地质地形特点和位移计算成果，堆石体内部变形监测布置按平面网格控制。共布置10条坝面视准线（包含面板和垫层料上临时视准线）。

（2）堆石体变形监测。堆石体变形监测是整个工程监测的重中之重，它主要反映在检查堆石体的填筑质量、寻找面板施工时机、和设计计算对比，也是大坝安全评价的重要指标。大坝堆石体变形具体布置如下。

大坝在高程1002.00m、1030.00m、1055.00m、1080.00m、1106.00m上共布置了11条垂直水平位移计，分三个横断面（L0＋005、L0＋085、R0－085）埋设，其中高程1002.00m、1030.00m L0＋005断面各一条，高程1055.00m、1080.00m、1106.00m三个横断面各一条。

为掌握不对称岸坡条件下堆石体变形影响程度，在高程1080.00m、1105.00m埋设有纵向水平位移计2条，左右岸共布置14个纵向水平位移测点。

（3）面板挠度监测。根据面板的结构和应力计算、堆石体内部观测断面、面板应力应变观测设置，选取5条面板作为观测断面，即：最长面板横L0＋020桩号、L0＋052桩号，坝左右面板横L0＋085、R0－085、R0－175桩号，坝右面板横R0－175桩号。测点间距在加密区相距高程约5m左右，其他为10m。五条测线共76个测点，采用电平器观测面板的挠度变形。

（4）周边缝、竖直缝开合度监测。周边缝采用三维三向测缝计观测，根据设计计算成果，在左岸布置6组，在河床布设一组，在右岸布设7组测缝计。在高程1023.00m、1094.00m、1138.00m应力应变观测断面附近的竖直缝布置18支大量程单向测缝计，掌握面板张性和压性区分布及开合度变化规律。

（5）脱空监测。高面板堆石坝面板与垫层料之间易产生不同程度脱空，若未能及时发现脱空区域与脱空程度，并针对性地进行处理，将恶化面板的运行工况。为此，在高程1023.00m、1094.00m、1138.00m分别布置10组双向测缝计观测面板的脱空现象。

（6）面板应力应变监测。结合洪家渡水电站工程左右岸不对称、左岸较陡、引起面板应力及周边缝产生的变形不同等特点，选取了L0＋085.0、0＋005.0、R0－085.0、0－175.0等四个主要断面为面板应力应变的观测断面，进行温度应力、钢筋应力、无应力应变等项目的观测。

（7）堆石体应力监测。为掌握坝体内部应力分布规律，土压力计沿坝轴线分为四个高程（971.00m、1000.00m、1055.00m、1105.00m）七个横断面埋设（L0＋000、L0＋085、L0＋120.5、L0＋145、R0－080、R0－160、R0－196），共10组。

（8）渗压监测。在水平趾板幕前设置一支渗压计，在幕后依据地质情况设置两个观测线。每条线布置3个渗压计，间距分别为5m、15m，观测最大坝高处帷幕后渗压分布和趾板渗压折减系数。沿坝基分布渗压计了解坝体内滞留水深或渗压情况。

（9）坝体渗流监测。渗流量监测在土石坝工程中是一项非常重要的监测内容，是检验大坝防渗建筑物的防渗效果和地基处理是否满足要求的一项重要指标。为准确掌握各区域渗流量，本工程采用了3区分测系统。

10.6.2.2 大坝监测成果

洪家渡水电站大坝的安全监测设计全面，埋设的仪器数量和种类多，大坝安全监测仪器运行完好率达96.6%，为工程提供了大量连续、真实、准确的监测信息，其观测成果对大坝施工及质量控制起到决定性指导作用。在本工程枢纽验收时，各项监测指标都在设计控制范围之内。

(1) 大坝沉降。坝体的沉降与填筑区域密切相关，沉降规律性较好，通过等时段沉降分析，主堆石区沉降小于次堆石区，中部沉降大于左右岸；大坝于2004年10月填筑完成，至2008年3月30日坝体最大沉降量134.8cm（位于高程1055.00m、L0+005断面、D0-60桩号），为坝高的0.74%；由于大坝填筑的施工质量较好，坝体密实度较高，蓄水期间大坝没有发生异常的沉降变形。高程1055.00m、L0+005断面、从上游至下游各测点沉降变化过程线（见图10-17）。

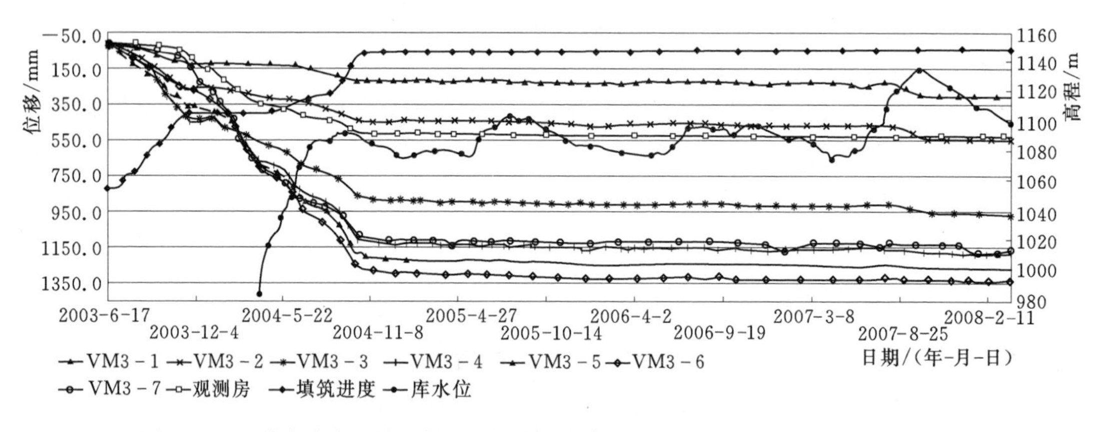

图10-17 洪家渡水电站混凝土面板堆石坝高程1055m各测点沉降变形过程线图

(2) 大坝水平位移。坝体的水平位移与填筑区域及坝体沉降量关系紧密，随着仪器上部坝体填筑到一定高度后，水平位移呈现出规律性变化。水平位移从2007年7月水位达到1100.00m至10月水位达到1134.00m期间，坝体均表现为向下游位移趋势，而在此之后随水位的下降，位移基本收敛，至2008年3月30日大坝最大位移量286.3mm（位于高程1105.00m、L0+085断面、D0-060桩号）。

(3) 大坝渗流渗压。量水总堰在库水位达到1100.00m前渗流量相对较小，受降雨影响较大，汛期最大流量58.7L/s。库水位超过1100.00m后，流量有较大幅度上升。从汛期的观测资料分析，坝体内部水位与帷幕前水位无明显相关性，说明大坝防渗系统阻渗效果较好。

(4) 坝体应力。根据坝体填筑的进度及坝址区地理条件分析，在不对称河谷中坝体内部应力增长及应力分布正常，坝体应力中部>右岸>左岸。至2008年3月30日实测最大铅垂应力为3.17MPa（在坝轴线附近D0+0.9），上下游最大应力1.75MPa，斜坡法向最大为2.44MPa，坝体应力变形稳定。

(5) 面板混凝土应变。面板混凝土应变都在正常变化范围以内，面板混凝土呈现水平向变形大于顺坡向，与面板变形规律相符。在库水位超过高程1090.00m后，混凝土各向应变逐步增加，面板自身体形在水荷载影响下所产生的变形；随着水位下降，面板压应变较最高水位期间有所减小，至 2008 年 3 月 30 日最大压应变位于高程 1023.00m，最大值 508$\mu\varepsilon$，变形趋于稳定。

（6）面板钢筋应力。面板钢筋应力普遍呈现受压状态，面板中部受变形弯曲影响，顺向坡钢筋应力小于水平向钢筋应力；目前上下层钢筋应力相差不大，没有大的弯矩产生。压应力最大出现在面板中部高程 1023.00m，至 2008 年 3 月 30 日最大压应力 104MPa。

（7）面板周边缝开合度。受两岸地形条件影响，整体变形呈左岸大于右岸，从整体上看，虽然左岸变形受地形条件影响大于右岸，但由于施工质量较好，周边缝整体变形量值都很小，至 2008 年 3 月 30 日最大沉降仅 1.23mm，从量值上看不会对左岸周边缝产生影响。右岸最大变形集中在高程 1020.00～1050.00m，位移量值与左岸相比基本上只有其一半，至 2008 年 3 月 30 日其沉降 3.6mm、开合 2.9mm、剪切－3.5mm。从测值看，右岸变形已经很小，所以可以明确判断，右岸周边缝各向变形处于稳定状态。

（8）面板脱空。一期面板高程 1023.00m 脱空测缝计观测资料显示，面板与垫层料之间变形稳定，无脱空出现，剪切最大 8.4mm。高程 1090.00m 左岸仪器观测资料显示脱空与剪切均未出现异常；面板中部前期出现一定脱空和剪切，未继续发展，最大脱空保持在 11mm，剪切 26mm。右岸两组仪器显示脱空与剪切在高水位下均无异常变化，变化量值很小。高程 1138.00m 左岸一直处于稳定状态，中部与右岸脱空随水位的下降，与上月相比有 2～3mm 的增长，主要是由于面板顶部向上游位移所造成；至 2008 年 3 月 30 日最大脱空 7mm，受脱空影响，面板相对垫层料向下剪切也有所增加，至 2008 年 3 月 30 日最大剪切 108mm。整体变形仍然在正常范围以内。

（9）面板垂直缝。高程 1023.00m 在 2007 年高水位下，变形仍然保持稳定状态。高程 1090.00m 垂直缝在蓄水后呈中部压缩，两岸展开状态。中部受面板变形影响呈挤压变形，但量值较小，最大压缩量不到 5mm；右岸开合变形整体不大，最大开合度 8mm 左右；左岸受地形条件和坝体填筑影响，垂直缝变形较大，变形主要集中在面板左 7 和左 8 块间垂直缝，首次蓄水到达高程 1090.00m 后，实测其最大开合度达到 28mm。面板凿除重浇后，在 2005 年汛期，该部位处于稳定状态，但当水位降至左右 1085.00m 时，开合度略有发展趋势，从变形规律可看出，水位变化对其影响较大；高水位下其开合有所增加，至 2008 年 3 月 30 日开合度为 38mm，去掉面板重浇前变形的 28.7mm，实际开合变形 9.3mm。高程 1138.00m 初期基本无变化，到 2005 年枯水期间，随着水位的下降，左右岸开合度才有所增加，但量值很小。2007 年高水位下，右岸变形比较明显，最大开合度出现在接近坝肩处，2007 年 10 月后随着水位的下降，开合度也有所减小，至 2008 年 3 月 30 日实测最大开合度仅 7.7mm，面板中部仍呈压缩状态，整体变形均比较小。

10.6.3 水布垭水电站混凝土面板堆石坝安全监测

水布垭水电站混凝土面板堆石坝最大坝高 233m，坝轴线长 660m，坝顶宽度 12m。大坝上游坝坡比 1：1.4，下游平均坝坡比 1：1.4。坝体填料主要为 7 个填筑区，从上游至下游分别为盖重区（IB）、粉细砂铺盖区（IA）、垫层区（ⅡA）、过渡区（ⅢA）、主堆石区（ⅢB）、次堆石区（ⅢC）和下游堆石区（ⅢD），大坝填筑量包括上游铺盖在内共

1563.74 万 m^3。混凝土面板厚 0.3～1.1m，受压区面板宽为 16.0m，受拉区宽 8.0m，面板面积 13.84 万 m^2。趾板采用坝前设标准板，下接防渗板的结构型式，标准板宽 6～8m，厚 0.6～1.2m，防渗板宽度 4～12m，趾板与基岩间设有锚筋连接。周边缝止水结构在高程 350.00m 以下采用底、中、顶三道止水，高程 350.00m 以上设底、顶两道止水；面板垂直缝设有底、顶两道止水。

10.6.3.1 监测系统布置

安全监测系统布置与洪家渡水电站基本相近，主要包括：坝体表面变形，坝体内部变形，面板与趾板间周边缝，面板与挤压边墙间接缝，面板与面板间接缝变形，面板挠度，面板混凝土应力应变，钢筋应力，库水温度，趾板周边缝后渗流以及强震等监测项目。另外，在面板底部沿周边缝的下游部位布设一套分布式光纤渗漏测量系统，以监测周边缝的可能渗漏部位。该系统通过高精度的分布式温度测量，找出可能的低温渗漏区。该技术的优点在于可监测任意部位和同时监测很多部位，但缺点是无法定量监测，只能判断渗漏部位。

10.6.3.2 监测成果

（1）坝基覆盖层沉降。坝基覆盖层沉降监测成果表明，最大变形量约为 100mm。说明坝基覆盖层的变形得到了很好的控制，其强夯处理效果良好，对坝体填筑及坝体变形的影响很小。

（2）坝体沉降变形。坝体最大沉降变形发生在 0+212 断面（即最大坝高断面）、高程 300.0m，最大沉降测点位于坝轴线下游侧 40m 处，其沉降变形过程线见图 10-18。从监测结果可知，2007 年 9 月最大沉降变形已趋于收敛，之后的增量很小。2008 年 2 月至 2009 年 12 月的测值变化幅度不大，处于收敛状态。2009 年 12 月底观测到的最大沉降量约 2496mm。

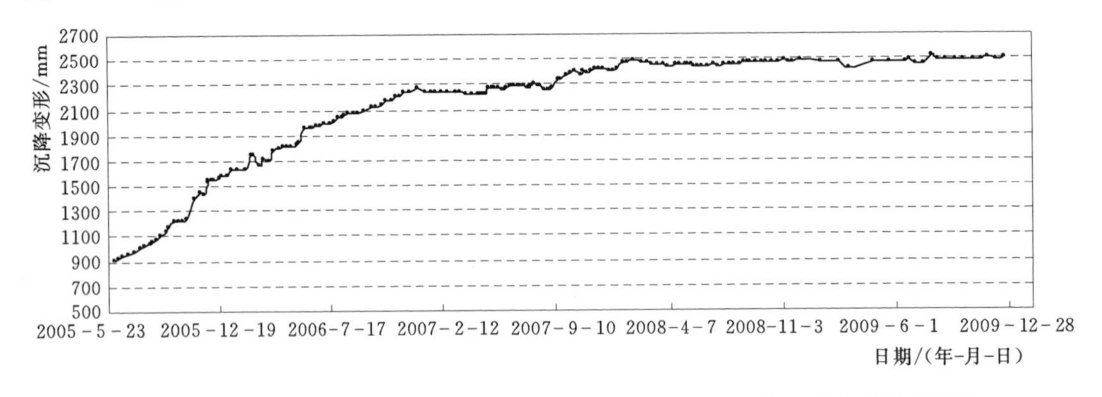

图 10-18 水布垭水电站混凝土面板堆石坝最大沉降变形测点的沉降变形过程线图

（3）坝体水平变形。水平位移以坝轴线为参照线，分为上游侧、下游侧两个区域。上游侧区域施工期最大水平位移测点大致位于高程 265.00m 面板与坝轴线之间的中心点，总体趋势向上游坡面方向变形，施工期最大变形约 470mm，距此中心点愈远则变形愈小；下游侧区域施工期最大水平位移测点大致位于高程 340.00m 坝轴线与下游坡面之间，总体趋势向下游坡面方向变形，施工期最大变形约 240mm。

（4）面板挠度。在0+212最大坝高断面的R2块面板布设了一条挠度测线，采用光纤陀螺仪技术进行观测，测管全长405m。2008年7月28日测得最大挠度为57.8cm，位于高程247.00m（约1/3最大坝高处）。

（5）面板与挤压边墙脱空。在面板L4块、R2块、R6块、R11块和R22块与挤压边墙接触处，目前共埋设有13支2向测缝计，用以监测面板与挤压边墙接缝处的位移变化。施工期观测到的最大脱空高程338.00m的RJ01-6测点，在2006年11月25日之前为29mm。蓄水后脱空位移略有减小，处于稳定状态。

（6）周边缝变形。一期、二期、三期面板周边缝在高程177.00～370.00m，共埋设了13套三向测缝计。由监测数据可知，周边缝最大开合度为6.7mm、最大剪切量8.1mm、最大法向位移15mm。在库水位变化的情况下仅有较小幅度的波动。

（7）面板分期缝变形。一期与二期、二期与三期面板的分期缝监测成果表明，蓄水后一期与二期、二期与三期面板的分期缝变形均小于1mm。在库水位升降变化、面板温度波动变化的条件下，分期缝变形基本处于稳定状态。

（8）面板垂直缝。二期面板垂直缝最大开合度位于L8～L9面板之间约10mm，主要受温度变化影响造成；三期面板垂直缝最大开合度位于L9～L10面板之间约6.7mm。蓄水运行期间各区域张性缝、压性缝开合度均趋于稳定且测值较小，未发现异常变形现象。

（9）大坝渗流量。历经3年多的水库蓄水运行后，实测大坝量水堰渗流量为1528.2L/min。渗流量主要受坝前水位影响，坝前水位增高则渗流量增加。

参 考 文 献

[1] 蒋国澄，傅志安，风家骥．混凝土面板坝工程．武汉：湖北科学技术出版社，1997.

[2] 康世荣，等. 水利水电工程施工组织设计手册．北京：中国水利电力出版社，1990.

[3] 付元初，等. 水利水电工程施工手册．北京：中国电力出版社，2005 年．

[4] 蒋国澄．中国混凝土面板堆石坝 20 年．北京：中国水利水电出版社，2005.

[5] 汪旭光．爆破手册．北京：冶金工业出版社，2010.

[6] 周厚贵．水布垭高混凝土面板堆石坝施工新技术．湖北水力发电，2009，1.

[7] 关志诚．混凝土面板堆石坝筑坝技术与研究．北京：中国水利水电出版社，2005.

[8] 段伟，文亚豪，等．洪家渡混凝土面板堆石坝施工设计，水力发电，2001，9.

[9] 杨泽艳，蒋国澄．洪家渡 200m 级高面板堆石坝变形控制技术．岩土工程学报，2008，8.

[10] 王德军，等．面板堆石坝施工新技术概述．纪念贵州省水力发电工程学会成立 20 周年学术论文选集，2005，11.

[11] 陈木铎．水布垭面板堆石坝填筑施工技术．建设机械技术与管理，2008，12.

[12] 张耀威，秦崇喜．盘石头水库混凝土面板堆石坝施工技术要点．人民长江，2005，5.

[13] 张军，等．翻模固坡技术在蒲石河面板堆石坝施工中的应用．水力发电，2009，6.

[14] 段玉忠，骆民．洪家渡面板堆石坝大坝填筑施工技术．水利水电技术，2006，7.

[15] 曹克明，汪易森，徐建军，刘斯宏．混凝土面板堆石坝．北京：中国水利水电出版社，2008.

[16] 蒋国澄，等．中国混凝土面板坝 20 年．北京：中国水利水电出版社，2005.

[17] 水电水利规划设计学院，等．土石坝技术 2011 年论文集．北京：中国电力出版社，2011.

[18] 张有山，梁娟．猴子岩电站施工导流设计．四川水力发电，2012（1）．

[19] 郑远建，刘安勤，王洪亮．高墙薄壁型防浪墙滑模施工．四川水力发电，2009，6（28）：3.

[20] 贾金生，郝巨涛，陈肖蕾．高混凝土面板堆石坝新型止水结构新型止水材料研究及应用．中国科协 2003 年学术年会论文集（上），2003.

[21] 冯业林，魏亮亮．那兰水电站面板堆石坝接缝止水设计．北京：中国电力出版社，2005.

[22] 朱伯芳．大体积混凝土温度应力与温度控制．北京：中国电力出版社，1998.

[23] 王铁梦．工程结裂缝控制．北京：中国建筑工业出版社，1997.

[24] 袁勇．混凝土结构早期裂缝控制．北京：科学出版社，2004.

[25] 马长顺．混凝土面板堆石坝施工质量控制指南．北京：中国水利水电出版社，2004.

[26] 魏寿松．天生桥一级电站大坝的安全监测设计和监测仪器埋设．大坝观测与土工测试，1998，4.

[27] 宋彦刚，邓良胜，等. 紫坪铺混凝土面板堆石坝施工期沉降监测分析，四川水力发电，2006，2.

[28] 余德平．洪家渡水电站面板堆石坝监测仪器的埋设与安装．贵州水力发电，2005，8.